UG NX 12.0 工程应用精解丛书

UG NX 12.0 数控加工实例精解

北京兆迪科技有限公司 ◎ 编著

扫描二维码
获取随书学习资源

机械工业出版社
CHINA MACHINE PRESS

本书是进一步学习UG NX 12.0数控加工编程的实例类图书，书中选用的实例都是生产一线实际应用中的各种产品，经典而实用。

本书在内容安排上，先针对每一个实例进行概述，说明该实例的特点、设计构思、操作技巧、重点掌握内容和要用到的操作命令，使读者先有一个整体概念，学习也更有针对性；接下来给出的操作步骤翔实、透彻，图文并茂，引领读者一步步完成模型的创建。这种讲解方法能够使读者更快、更深入地理解 UG 数控加工编程中的一些抽象概念和复杂的命令及功能。在写作方式上，本书紧贴软件的实际操作界面，采用软件中真实的对话框、操控板和按钮等进行讲解，使初学者能够直观、准确地操作软件，从而尽快地上手，提高学习效率。本书附赠学习资源，学习资源中包括大量UG数控加工编程技巧和具有针对性的实例教学视频，并进行了详细的语音讲解；学习资源中还包含本书的素材文件和已完成的实例文件。

本书内容全面，条理清晰，实例丰富，讲解详细，图文并茂，可作为工程技术人员学习UG 数控加工的自学教程或参考书，也可作为大中专院校学生和各类培训学校学员的CAD/CAM课程学习及上机练习教材。

本书是“NX 12.0工程应用精解丛书”中的一本，读者在阅读本书后，可根据自己工作和专业的需要，抑或为了进一步提高UG技能、增加职场竞争力，再购买丛书中的其他书籍。

图书在版编目（CIP）数据

UG NX 12.0数控加工实例精解 / 北京兆迪科技有限公司编著. —9版.—北京：机械工业出版社，2019.1（2025.2重印）

(UG NX 12.0工程应用精解丛书)

ISBN 978-7-111-61693-1

Ⅰ.①U… Ⅱ.①北… Ⅲ.①数控机床—加工—计算机辅助设计—应用软件 Ⅳ.①TG659.022

中国版本图书馆CIP数据核字（2019）第000667号

机械工业出版社（北京市百万庄大街22号　邮政编码100037）
策划编辑：丁　锋　　　　责任编辑：丁　锋
责任校对：肖　琳　佟瑞鑫　封面设计：张　静
责任印制：邓　博
北京盛通数码印刷有限公司印刷
2025年2月第9版第7次印刷
184mm×260 mm · 22印张 · 401千字
标准书号：ISBN 978-7-111-61693-1
定价：69.90元

电话服务	网络服务
客服电话：010-88361066	机　工　官　网：www.cmpbook.com
010-88379833	机　工　官　博：weibo.com/cmp1952
010-68326294	金　　书　　网：www.golden-book.com
封底无防伪标均为盗版	机工教育服务网：www.cmpedu.com

丛书介绍与选读

“UG NX 工程应用精解丛书”自出版以来，已经拥有众多读者并赢得了他们的认可和信赖，很多读者每年在软件升级后仍继续选购。UG 是一款功能十分强大的 CAD/CAM/CAE 高端软件，目前在我国工程机械、汽车零配件等行业占有很高的市场份额。近年来，随着 UG 软件功能进一步完善，其市场占有率越来越高。本套 UG 丛书的内容在不断完善，丛书涵盖的模块也不断增加。为了方便广大读者选购这套丛书，下面特对其进行介绍。首先介绍本 UG 丛书的主要特点。

☑ 本 UG 丛书是目前涵盖 UG 模块功能较多、体系完整、丛书数量（共 20 本）比较多的一套丛书。

☑ 本 UG 丛书在编写时充分考虑了读者的阅读习惯，语言简洁、讲解详细、条理清晰，图文并茂。

☑ 本 UG 丛书的每一本书都附赠学习资源，对书中内容进行全程讲解，学习资源中包括大量 UG 应用技巧和具有针对性的范例教学视频和详细的语音讲解，读者可将学习资源中语音讲解视频文件复制到个人手机、iPad 等电子产品中随时观看、学习。另外，学习资源内还包含了书中所有的素材模型、练习模型、范例模型的原始文件以及配置文件，方便读者学习。

☑ 本 UG 丛书的每一本书在写作方式上紧贴 UG 软件的实际操作界面，采用软件中真实的对话框、操控板和按钮等进行讲解，使初学者能够直观、准确地操作软件进行学习，从而尽快上手，提高学习效率。

本套 UG 丛书的所有 20 本图书全部是由北京兆迪科技有限公司统一组织策划、研发和编写的。当然，在策划和编写这套丛书的过程中，兆迪公司也吸纳了来自其他行业著名公司的顶尖工程师共同参与，将不同行业独特的工程案例及设计技巧、经验融入本套丛书；同时，本套丛书也获得了 UG 厂商的支持，丛书的质量得到了他们的认可。

本套 UG 丛书的优点是，丛书中的每一本书在内容上都是相互独立的，但是在工程案例的应用上又是相互关联、互为一体的；在编写风格上完全一致，因此读者可根据自己目前的需要单独购买丛书中的一本或多本。不过，读者如果以后为了进一步提高 UG 技能还需要购书学习时，建议仍购买本丛书中的其他相关书籍，这样可以保证学习的连续性和良好的学习效果。

《UG NX 12.0 快速入门教程》是学习 UG NX 12.0 中文版的快速入门与提高教程，也是学习 UG 高级或专业模块的基础教程，这些高级或专业模块包括曲面、钣金、工程图、注塑模具、冲压模具、数控加工、运动仿真与分析、管道、电气布线、结构分析和热分析等。如果读者以后根据自己工作和专业的需要，或者是为了增强职场竞争力，需要学习这些专业模块，建议先熟练掌握本套丛书《UG NX 12.0 快速入门教程》中的基础内容，然后再学习高级或专业模块，以提高这些模块的学习效率。

《UG NX 12.0 快速入门教程》内容丰富、讲解详细、价格实惠，相比其他同类型的书籍，价格要便宜 20%~30%，因此《UG NX 4.0 快速入门教程》《UG NX 5.0 快速入门教程》《UG NX 6.0 快速入门教程》《UG NX 6.0 快速入门教程（修订版）》《UG NX 7.0 快速入门教程》《UG NX 8.0 快速入门教程》《UG NX 8.0 快速入门教程（修订版）》《UG NX 8.5 快速入门教程》《UG NX 10.0 快速入门教程》已经累计被我国 100 多所大学本科院校和高等职业院校选为在校学生 CAD/CAM/CAE 等课程的授课教材。《UG NX 12.0 快速入门教程》与以前的版本相比，图书的质量和性价比有了大幅的提高，我们相信会有更多的院校选择此书作为教材。下面对本套 UG 丛书中每一本图书进行简要介绍。

（1）《UG NX 12.0 快速入门教程》

- 内容概要：本书是学习 UG 的快速入门教程，内容包括 UG 功能概述、UG 软件安装方法和过程、软件的环境设置与工作界面的用户定制和各常用模块应用基础。
- 适用读者：零基础读者，或者作为中高级读者查阅 UG NX 12.0 新功能、新操作之用，抑或作为工具书放在手边以备个别功能不熟或遗忘而查询之用。

（2）《UG NX 12.0 产品设计实例精解》

- 内容概要：本书是学习 UG 产品设计实例类的中高级图书。
- 适用读者：适合中高级读者提高产品设计能力、掌握更多产品设计技巧。UG 基础不扎实的读者在阅读本书前，建议先选购和阅读本丛书中的《UG NX 12.0 快速入门教程》。

（3）《UG NX 12.0 工程图教程》

- 内容概要：本书是全面、系统学习 UG 工程图设计的中高级图书。
- 适用读者：适合中高级读者全面精通 UG 工程图设计方法和技巧之用。

（4）《UG NX 12.0 曲面设计教程》

- 内容概要：本书是学习 UG 曲面设计的中高级图书。
- 适用读者：适合中高级读者全面精通 UG 曲面设计之用。UG 基础不扎实的读者在阅读本书前，建议先选购和阅读本丛书中的《UG NX 12.0 快速入门教程》。

（5）《UG NX 12.0 曲面设计实例精解》

- 内容概要：本书是学习 UG 曲面造型设计实例类的中高级图书。
- 适用读者：适合中高级读者提高曲面设计能力、掌握更多曲面设计技巧之用。UG 基础不扎实的读者在阅读本书前，建议先选购和阅读本丛书中的《UG NX 12.0 快速入门教程》《UG NX 12.0 曲面设计教程》。

（6）《UG NX 12.0 高级应用教程》

- 内容概要：本书是进一步学习 UG 高级功能的图书。
- 适用读者：适合读者进一步提高 UG 应用技能之用。UG 基础不扎实的读者在阅读本书前，建议先选购和阅读本丛书中的《UG NX 12.0 快速入门教程》。

（7）**《UG NX 12.0 钣金设计教程》**

- 内容概要：本书是学习 UG 钣金设计的中高级图书。
- 适用读者：适合读者全面精通 UG 钣金设计之用。UG 基础不扎实的读者在阅读本书前，建议先选购和阅读本丛书中的《UG NX 12.0 快速入门教程》。

（8）**《UG NX 12.0 钣金设计实例精解》**

- 内容概要：本书是学习 UG 钣金设计实例类的中高级图书。
- 适用读者：适合读者提高钣金设计能力、掌握更多钣金设计技巧之用。UG 基础不扎实的读者在阅读本书前，建议先选购和阅读本丛书中的《UG NX 12.0 快速入门教程》和《UG NX 12.0 钣金设计教程》。

（9）**《钣金展开实用技术手册（UG NX 12.0 版）》**

- 内容概要：本书是学习 UG 钣金展开的中高级图书。
- 适用读者：适合读者全面精通 UG 钣金展开技术之用。UG 基础不扎实的读者在阅读本书前，建议先选购和阅读本丛书中的《UG NX 12.0 快速入门教程》和《UG NX 12.0 钣金设计教程》。

（10）**《UG NX 12.0 模具设计教程》**

- 内容概要：本书是学习 UG 模具设计的中高级图书。
- 适用读者：适合读者全面精通 UG 模具设计。UG 基础不扎实的读者在阅读本书前，建议选购和阅读本丛书中的《UG NX 12.0 快速入门教程》。

（11）**《UG NX 12.0 模具设计实例精解》**

- 内容概要：本书是学习 UG 模具设计实例类的中高级图书。
- 适用读者：适合读者提高模具设计能力、掌握更多模具设计技巧之用。UG 基础不扎实的读者在阅读本书前，建议先选购和阅读本丛书中的《UG NX 12.0 快速入门教程》和《UG NX 12.0 模具设计教程》。

（12）**《UG NX 12.0 冲压模具设计教程》**

- 内容概要：本书是学习 UG 冲压模具设计的中高级图书。
- 适用读者：适合读者全面精通 UG 冲压模具设计之用。UG 基础不扎实的读者在阅读本书前，建议先选购和阅读本丛书中的《UG NX 12.0 快速入门教程》。

（13）**《UG NX 12.0 冲压模具设计实例精解》**

- 内容概要：本书是学习 UG 冲压模具设计实例类的中高级图书。
- 适用读者：适合读者提高冲压模具设计能力、掌握更多冲压模具设计技巧之用。UG 基础不扎实的读者在阅读本书前，建议先选购和阅读本丛书中的《UG NX

12.0 快速入门教程》和《UG NX 12.0 冲压模具设计教程》。

(14)**《UG NX 12.0 数控加工教程》**

- 内容概要：本书是学习 UG 数控加工与编程的中高级图书。
- 适用读者：适合读者全面精通 UG 数控加工与编程之用。UG 基础不扎实的读者在阅读本书前，建议先选购和阅读本丛书中的《UG NX 12.0 快速入门教程》。

(15)**《UG NX 12.0 数控加工实例精解》**

- 内容概要：本书是学习 UG 数控加工与编程实例类的中高级图书。
- 适用读者：适合读者提高数控加工与编程能力、掌握更多数控加工与编程技巧之用。UG 基础不扎实的读者在阅读本书前，建议先选购和阅读本丛书中的《UG NX 12.0 快速入门教程》和《UG NX 12.0 数控加工教程》。

(16)**《UG NX 12.0 运动仿真与分析教程》**

- 内容概要：本书是学习 UG 运动仿真与分析的中高级图书。
- 适用读者：适合中高级读者全面精通 UG 运动仿真与分析之用。UG 基础不扎实的读者在阅读本书前，建议先选购和阅读本丛书中的《UG NX 12.0 快速入门教程》。

(17)**《UG NX 12.0 管道设计教程》**

- 内容概要：本书是学习 UG 管道设计的中高级图书。
- 适用读者：适合高级产品设计师阅读。UG 基础不扎实的读者在阅读本书前，建议先选购和阅读本丛书中的《UG NX 12.0 快速入门教程》。

(18)**《UG NX 12.0 电气布线设计教程》**

- 内容概要：本书是学习 UG 电气布线设计的中高级图书。
- 适用读者：适合高级产品设计师阅读。UG 基础不扎实的读者在阅读本书前，建议先选购和阅读本丛书中的《UG NX 12.0 快速入门教程》。

(19)**《UG NX 12.0 结构分析教程》**

- 内容概要：本书是学习 UG 结构分析的中高级图书。
- 适用读者：适合高级产品设计师和分析工程师阅读。UG 基础不扎实的读者在阅读本书前，建议先选购和阅读本丛书中的《UG NX 12.0 快速入门教程》。

(20)**《UG NX 12.0 热分析教程》**

- 内容概要：本书是学习 UG 热分析的中高级图书。
- 适用读者：适合高级产品设计师和分析工程师阅读。UG 基础不扎实的读者在阅读本书前，建议先选购和阅读本丛书中的《UG NX 12.0 快速入门教程》。

前　言

UG 是由 UGS 公司推出的功能强大的三维 CAD/CAM/CAE 软件系统，其内容涵盖了从产品概念设计、工业造型设计、三维模型设计、分析计算、动态模拟与仿真、工程图输出到生产加工成产品的全过程，应用范围涉及航空航天、汽车、机械、造船、通用机械、数控（NC）加工、医疗器械和电子等诸多领域。

要熟练掌握 UG 中各种数控加工方法及应用，只靠理论学习和少量的练习是远远不够的。编著本书的目的正是为了使读者通过学习书中的经典实例，迅速掌握各种数控加工方法、技巧和复杂零件的加工工艺安排，使读者在短时间内成为一名 UG 数控加工技术高手。本书是进一步学习 UG NX 12.0 数控加工技术的实例图书，其特色如下所述。

- 实例丰富，与其他同类书籍相比，本书包括更多的数控加工实例、加工方法与技巧，对读者在实际数控加工方面具有很好的指导和借鉴作用。
- 讲解详细，条理清晰，保证自学的读者能独立学习和灵活运用书中的内容。
- 写法独特，采用 UG NX 12.0 软件中真实的对话框、按钮和图标等进行讲解，使初学者能够直观、准确地操作软件，从而大大提高学习效率。
- 附加值高，本书附赠学习资源，学习资源中包括大量 UG 数控加工编程技巧和具有针对性的实例教学视频，并进行了详细的语音讲解，可以帮助读者轻松、高效地学习。

本书由北京兆迪科技有限公司编著，参加编写的人员有詹友刚、王焕田、刘静、雷保珍、刘海起、魏俊岭、任慧华、詹路、冯元超、刘江波、周涛、段进敏、赵枫、侯俊飞、龙宇、施志杰、詹棋、高政、孙润、李倩倩、黄红霞、尹泉、李行、詹超、尹佩文、赵磊、王晓萍、陈淑童、周攀、吴伟、王海波、高策、冯华超、周思思、黄光辉、党辉、冯峰、詹聪、平迪、管璇、王平、李友荣。本书已经过多次审核，如有疏漏之处，恳请广大读者予以指正。

本书学习资源中含有“读者意见反馈卡”的电子文档，请读者认真填写本反馈卡，并 E-mail 给我们。E-mail: 兆迪科技 zhanygjames@163.com，丁锋 fengfener@qq.com。

咨询电话：010-82176248，010-82176249。

编　者

读者购书回馈活动

为了感谢广大读者对兆迪科技图书的信任与支持，兆迪科技面向读者推出“免费送课”活动，即日起，读者凭有效购书证明，可领取价值 100 元的在线课程代金券 1 张，此券可在兆迪科技网校（http://www.zalldy.com/）免费换购在线课程 1 门。活动详情可以登录兆迪网校或者关注兆迪公众号查看。

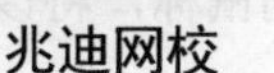

兆迪网校

兆迪公众号

本 书 导 读

为了能更高效地学习本书，请务必仔细阅读下面的内容。

写作环境

本书使用的操作系统为64位的Windows 7，系统采用Windows经典主题。本书采用的写作蓝本是UG NX 12.0中文版。

学习资源使用

为方便读者练习，特将本书所有素材文件、已完成的实例文件、配置文件和视频语音讲解文件等放入随书附赠的学习资源中，读者在学习过程中可以打开相应素材文件进行操作和练习。

本书附赠学习资源，建议读者在学习本书前，先将学习资源中的所有文件复制到计算机硬盘的D盘中。D盘上ugnx12.11目录下共有三个子目录。

（1）ugnx12_system_file子目录：包含一些系统文件。

（2）work子目录：包含本书的全部已完成的实例文件。

（3）video子目录：包含本书讲解中的视频文件。读者学习时，可在该子目录中按顺序查找所需的视频文件。

学习资源中带有“ok”扩展名的文件或文件夹表示已完成的实例。

相比于老版本的软件，UG NX 12.0中文版在功能、界面和操作上变化极小，经过简单的设置后，几乎与老版本完全一样（书中已介绍设置方法）。因此，对于软件新老版本操作完全相同的内容部分，学习资源中仍然使用老版本的视频讲解，对于绝大部分读者而言，并不影响软件的学习。

本书约定

- 本书中有关鼠标操作的说明如下。
  - ☑ 单击：将鼠标指针移至某位置处，然后按一下鼠标的左键。
  - ☑ 双击：将鼠标指针移至某位置处，然后连续快速地按两次鼠标的左键。
  - ☑ 右击：将鼠标指针移至某位置处，然后按一下鼠标的右键。
  - ☑ 单击中键：将鼠标指针移至某位置处，然后按一下鼠标的中键。
  - ☑ 滚动中键：只是滚动鼠标的中键，而不能按中键。
  - ☑ 选择（选取）某对象：将鼠标指针移至某对象上，单击以选取该对象。
  - ☑ 拖移某对象：将鼠标指针移至某对象上，然后按下鼠标的左键不放，同时移动鼠标，将该对象移动到指定的位置后再松开鼠标的左键。

- 本书中的操作步骤分为 Task、Stage 和 Step 三个级别，说明如下。
  - ☑ 对于一般的软件操作，每个操作步骤以 Step 字符开始。
  - ☑ 每个 Step 操作视其复杂程度，其下面可含有多级子操作，例如 Step1 下可能包含（1）、（2）、（3）等子操作，（1）子操作下可能包含①、②、③等子操作，①子操作下可能包含 a）、b）、c）等子操作。
  - ☑ 如果操作较复杂，需要几个大的操作步骤才能完成，则每个大的操作冠以 Stage1、Stage2、Stage3 等，Stage 级别的操作下再分 Step1、Step2、Step3 等操作。
  - ☑ 对于多个任务的操作，则每个任务冠以 Task1、Task2、Task3 等，每个 Task 操作下则可包含 Stage 和 Step 级别的操作。
- 由于已建议读者将随书学习资源中的所有文件复制到计算机硬盘的 D 盘中，书中在要求设置工作目录或打开学习资源文件时，所述的路径均以“D:\”开始。

技术支持

本书主要编写人员来自北京兆迪科技有限公司，该公司专门从事 UG 技术的研究、开发、咨询及产品设计与制造服务，并提供 UG 软件的专业培训及技术咨询。读者在学习本书的过程中如果遇到问题，可通过访问该公司的网站 http://www.zalldy.com 来获得技术支持。

为了感谢广大读者对兆迪科技图书的信任与厚爱，兆迪科技面向读者推出免费送课、最新图书信息咨询、与主编在线直播互动交流等服务。

- 免费送课。读者凭有效购书证明，可领取价值 100 元的在线课程代金券 1 张，此券可在兆迪科技网校（http://www.zalldy.com/）免费换购在线课程 1 门，活动详情可以登录兆迪网校查看。

  咨询电话：010-82176248，010-82176249。

目　录

实例 1 泵盖加工

本实例是泵体端盖的加工，在制订加工工序时，应仔细考虑哪些区域需要精加工，哪些区域只需粗加工，哪些区域不需要加工。在泵体端盖的加工过程中，主要是平面和孔系的加工。下面将介绍该零件加工的具体过程，相应的加工工艺路线如图 1.1 所示。

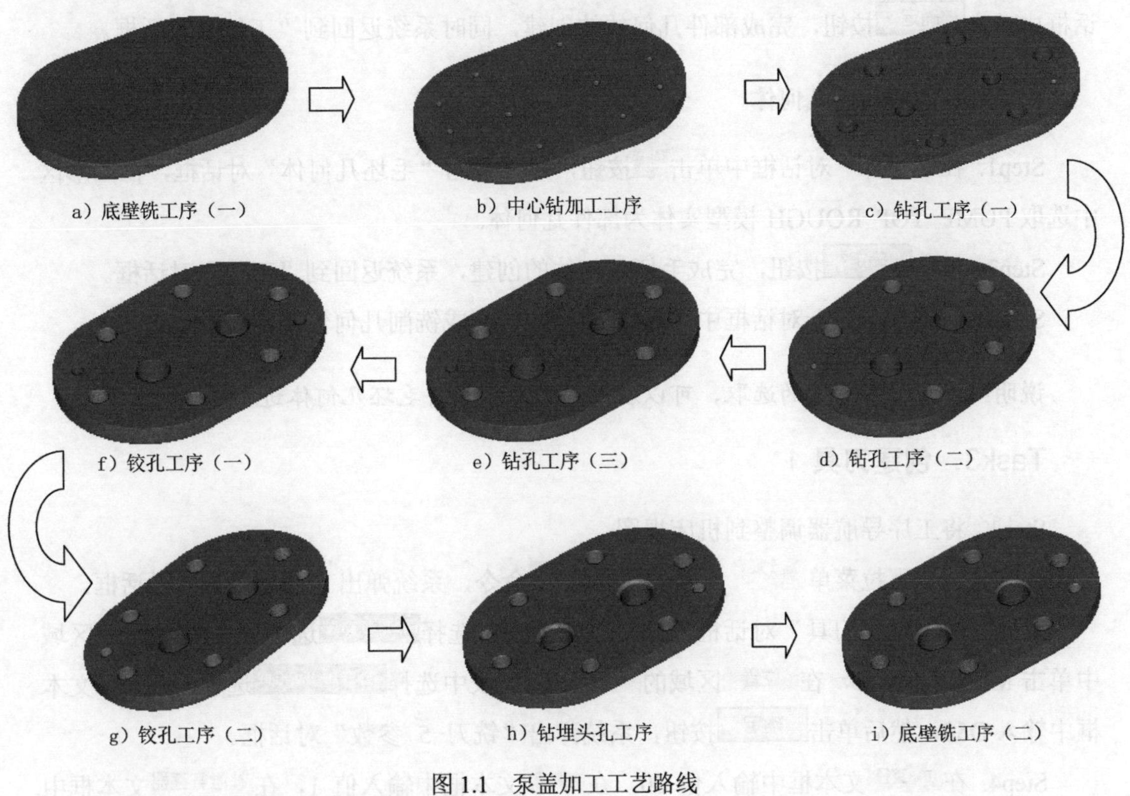

图 1.1 泵盖加工工艺路线

Task1．打开模型文件并进入加工环境

Step1．打开模型文件 D:\ug12.11\work\ch01\pump_asm.prt。

Step2．进入加工环境。在 应用模块 功能选项卡的 加工 区域单击 按钮，系统弹出“加工环境”对话框；在“加工环境”对话框的 CAM 会话配置 列表框中选择 cam_general 选项，在 要创建的 CAM 组装 列表框中选择 mill planar 选项，单击 确定 按钮，进入加工环境。

Task2．创建几何体

Stage1．创建加工坐标系

将工序导航器调整到几何视图，双击节点 MCS_MILL，系统弹出“MCS 铣削”对话框。采用系统默认的机床坐标系，如图 1.2 所示。

Stage2. 创建部件几何体

Step1. 在工序导航器中双击 MCS_MILL 节点下的 WORKPIECE，系统弹出“工件”对话框。

Step2. 选取部件几何体。在“工件”对话框中单击按钮，系统弹出“部件几何体”对话框。

Step3. 在图形区中选择 PUMP-TOP 零件模型实体为部件几何体。在“部件几何体”对话框中单击 确定 按钮，完成部件几何体的创建，同时系统返回到“工件”对话框。

Stage3. 创建毛坯几何体

Step1. 在“工件”对话框中单击按钮，系统弹出“毛坯几何体”对话框，在图形区中选取 PUMP-TOP-ROUGH 模型实体为部件几何体。

Step2. 单击 确定 按钮，完成毛坯几何体的创建，系统返回到“工件”对话框。

Step3. 单击“工件”对话框中的 确定 按钮，完成铣削几何体的定义。

说明：为了方便后续的选取，可以在设置工件后先将毛坯几何体进行隐藏。

Task3. 创建刀具 1

Step1. 将工序导航器调整到机床视图。

Step2. 选择下拉菜单 插入(S) → 刀具(T)... 命令，系统弹出“创建刀具”对话框。

Step3. 在“创建刀具”对话框的 类型 下拉列表中选择 mill planar 选项，在 刀具子类型 区域中单击 MILL 按钮，在 位置 区域的 刀具 下拉列表中选择 GENERIC_MACHINE 选项，在 名称 文本框中输入 D50，然后单击 确定 按钮，系统弹出“铣刀-5 参数”对话框。

Step4. 在 (D) 直径 文本框中输入值 50，在 刀具号 文本框中输入值 1，在 补偿寄存器 文本框中输入值 1，在 刀具补偿寄存器 文本框中输入值 1，其他参数采用系统默认设置，单击 确定 按钮，完成刀具 1 的创建。

Task4. 创建底壁铣工序

Stage1. 插入工序

Step1. 选择下拉菜单 插入(S) → 工序(E)... 命令，系统弹出“创建工序”对话框。

Step2. 确定加工方法。在“创建工序”对话框的 类型 下拉列表中选择 mill_planar 选项，在 工序子类型 区域中单击“底壁铣”按钮，在 程序 下拉列表中选择 PROGRAM 选项，在 刀具 下拉列表中选择 D50（铣刀-5 参数）选项，在 几何体 下拉列表中选择 WORKPIECE 选项，在 方法 下拉列表中选择 MILL_SEMI_FINISH 选项，采用系统默认的名称。

Step3. 在“创建工序”对话框中单击 确定 按钮，系统弹出“底壁铣”对话框。

Stage2. 指定切削区域

Step1. 在 几何体 区域中单击“选择或编辑切削区域几何体”按钮，系统弹出“切削区域”对话框。

Step2. 选取图 1.3 所示的面为切削区域，在“切削区域”对话框中单击 确定 按钮，完成切削区域的创建，同时系统返回到“底壁铣”对话框。

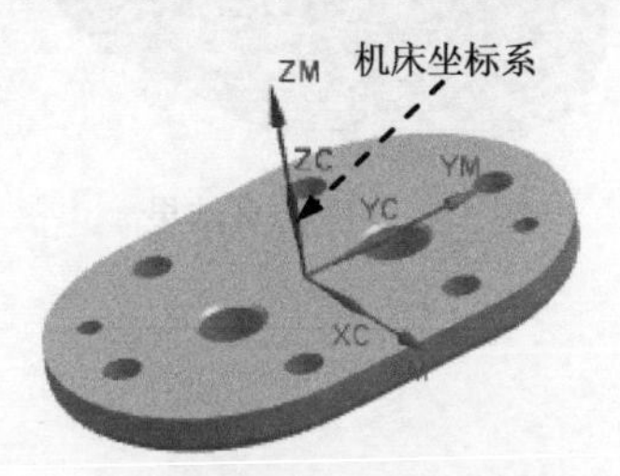

图 1.2　机床坐标系

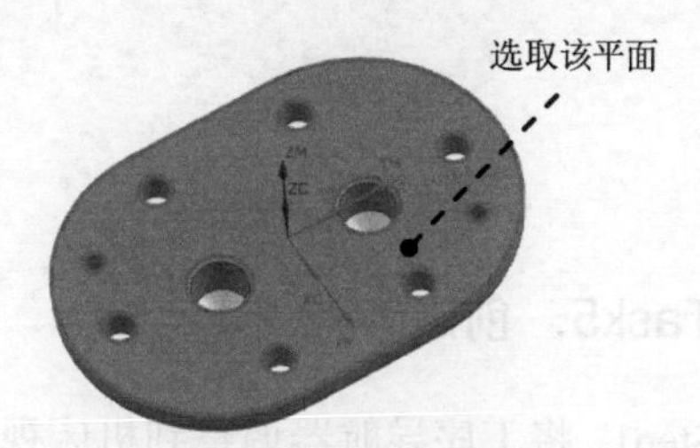

图 1.3　切削区域

Stage3. 设置刀具路径参数

Step1. 设置切削模式。在 刀轨设置 区域的 切削模式 下拉列表中选择 往复 选项。

Step2. 设置步进方式。在 步距 下拉列表中选择 % 刀具平直 选项，在 平面直径百分比 文本框中输入值 50，其他参数采用系统默认设置。

Stage4. 设置切削参数

单击“底壁铣”对话框 刀轨设置 区域中的“切削参数”按钮，系统弹出“切削参数”对话框。在“切削参数”对话框中单击 策略 选项卡，在 切削角 下拉列表中选择 指定 选项，然后在 与 XC 的夹角 的文本框中输入值 180；单击 余量 选项卡，在 最终底面余量 文本框中输入值 0.3；单击 空间范围 选项卡，在 简化形状 下拉列表中选择 凸包 选项，其他参数采用系统默认设置。

Stage5. 设置非切削移动参数

参数设置采用系统默认的非切削移动参数值。

Stage6. 设置进给率和速度

Step1. 单击“底壁铣”对话框中的“进给率和速度”按钮，系统弹出“进给率和速度”对话框。

Step2. 选中 主轴速度 区域中的 ☑ 主轴速度 (rpm) 复选框，在其后的文本框中输入值 500，按 Enter 键，单击按钮；在 进给率 区域的 切削 文本框中输入值 200，按 Enter 键，然后单击按钮。

Step3. 单击“进给率和速度”对话框中的确定按钮，系统返回“底壁铣”对话框。

Stage7. 生成刀路轨迹并仿真

生成的刀路轨迹如图 1.4 所示，2D 动态仿真加工后的模型如图 1.5 所示。

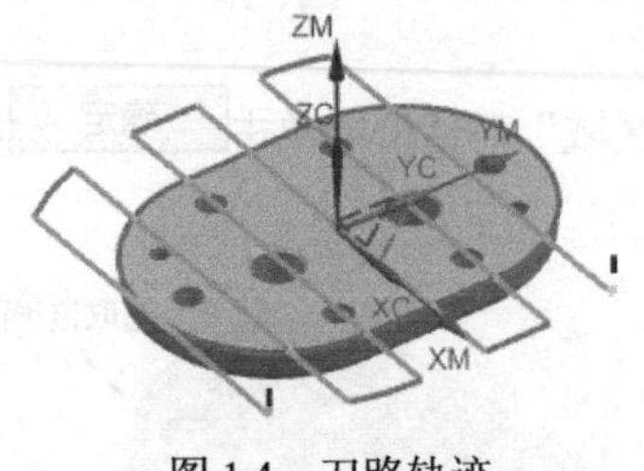

图 1.4 刀路轨迹

图 1.5 2D 仿真结果

Task5. 创建刀具 2

Step1. 将工序导航器调整到机床视图。

Step2. 选择下拉菜单插入(S) → 刀具(T)...命令，系统弹出“创建刀具”对话框。

Step3. 在“创建刀具”对话框的类型下拉列表中选择hole_making选项，在刀具子类型区域中单击 CENTERDRILL 按钮，在位置区域的刀具下拉列表中选择GENERIC_MACHINE选项，在名称文本框中输入 C3，然后单击确定按钮，系统弹出“铣刀-5 参数”对话框。

Step4. 在(TD) 刀尖直径文本框中输入值 3，在刀具号文本框中输入值 2，在补偿寄存器文本框中输入值 2，其他参数采用系统默认设置，单击确定按钮，完成刀具 2 的创建。

Task6. 创建中心钻加工工序

Stage1. 创建工序

Step1. 选择下拉菜单插入(S) → 工序(E)...命令，系统弹出“创建工序”对话框。

Step2. 确定加工方法。在“创建工序”对话框的类型下拉列表中选择hole_making选项，在工序子类型区域中单击“定心钻”按钮，在程序下拉列表中选择PROGRAM选项，在刀具下拉列表中选择C3 (中心钻刀)选项，在几何体下拉列表中选择WORKPIECE选项，在方法下拉列表中选择DRILL_METHOD选项，采用系统默认的名称。

Step3. 在“创建工序”对话框中单击确定按钮，系统弹出“定心钻”对话框。

Stage2. 指定几何体

Step1. 单击“定心钻”对话框指定特征几何体右侧的按钮，系统弹出“特征几何体”对话框。

Step2. 在图形区依次选取图 1.6 所示的圆，然后在列表中选中所有孔，单击深度后面的按钮，选择用户定义(U)选项，将深度数值修改为 3.0，单击按钮，如图 1.7 所示。

单击 确定 按钮，系统返回“定心钻”对话框。

注意：在选择孔边线时，如果坐标方向相反，可通过单击按钮来调整；孔的加工顺序取决于选择孔边线的顺序。

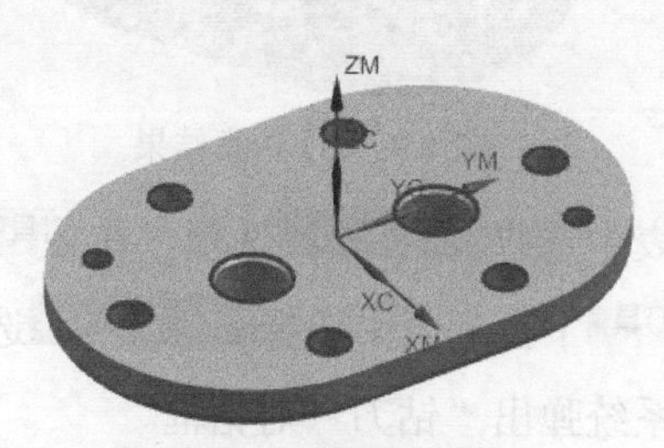

图 1.6 选取参考圆

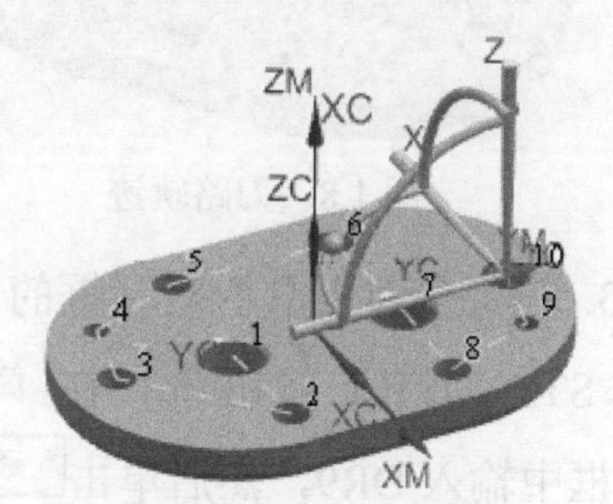

图 1.7 选取参照面

Stage3．设置循环参数

Step1. 在“钻孔”对话框 刀轨设置 区域的 循环 下拉列表中选择 钻 选项，单击“编辑循环”按钮，系统弹出“循环参数”对话框。

Step2. 在“循环参数”对话框中采用系统默认的参数，单击 确定 按钮，系统返回“钻孔”对话框。

Stage4．设置切削参数

采用系统默认的参数设置。

Stage5．设置非切削参数

采用系统默认的参数设置。

Stage6．设置进给率和速度

Step1. 单击“定心钻”对话框中的“进给率和速度”按钮，系统弹出“进给率和速度”对话框。

Step2. 在“进给率和速度”对话框中选中 ☑ 主轴速度 (rpm) 复选框，然后在其后的文本框中输入值 2400，按 Enter 键，然后单击按钮，在 切削 文本框中输入值 200，按 Enter 键，然后单击按钮，其他选项采用系统默认设置，单击 确定 按钮。

Stage7．生成刀路轨迹并仿真

生成的刀路轨迹如图 1.8 所示，2D 动态仿真加工后的模型如图 1.9 所示。

Task7．创建刀具 3

Step1. 将工序导航器调整到机床视图。

Step2. 选择下拉菜单 插入(S) ➡ 刀具(T)... 命令，系统弹出“创建刀具”对话框。

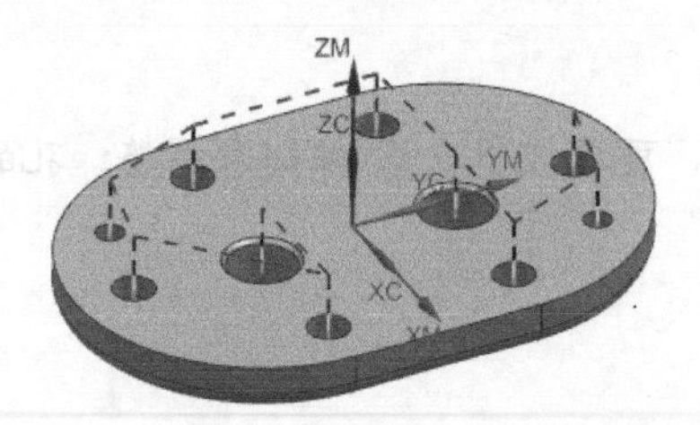

图 1.8 刀路轨迹

图 1.9 2D 仿真结果

Step3. 在“创建刀具”对话框的 类型 下拉列表中选择 hole_making 选项，在 刀具子类型 区域中单击 STD_DRILL 按钮，在 位置 区域的 刀具 下拉列表中选择 GENERIC_MACHINE 选项，在 名称 文本框中输入 DR9，然后单击 确定 按钮，系统弹出“钻刀”对话框。

Step4. 在 (D) 直径 文本框中输入值 9，在 刀具号 文本框中输入值 3，在 补偿寄存器 文本框中输入值 3，其他参数采用系统默认设置，单击 确定 按钮，完成刀具 3 的创建。

Task8. 创建钻孔工序 1

Stage1. 创建工序

Step1. 选择下拉菜单 插入(S) → 工序(E)... 命令，系统弹出“创建工序”对话框。

Step2. 在“创建工序”对话框的 类型 下拉列表中选择 hole_making 选项，在 工序子类型 区域中单击“钻孔”按钮，在 程序 下拉列表中选择 PROGRAM 选项，在 刀具 下拉列表中选择 DR9（钻刀）选项，在 几何体 下拉列表中选择 WORKPIECE 选项，在 方法 下拉列表中选择 DRILL_METHOD 选项，其他参数采用系统默认设置。

Step3. 单击“创建工序”对话框中的 确定 按钮，系统弹出“钻孔”对话框。

Stage2. 指定几何体

Step1. 单击“钻孔”对话框 指定特征几何体 右侧的按钮，系统弹出“特征几何体”对话框。

Step2. 在图形区依次选取图 1.10 所示的 8 个孔边线，然后在 列表 区域中将所有深度为 0 的孔选中，在 特征 区域单击 深度 后面的按钮，在系统弹出的菜单中选择 用户定义(U) 选项，然后在 深度 文本框中输入值 13，在 深度限制 下拉列表中选择 通孔 选项。

注意：选择孔边线顺序不同，最后的刀路轨迹也不同。

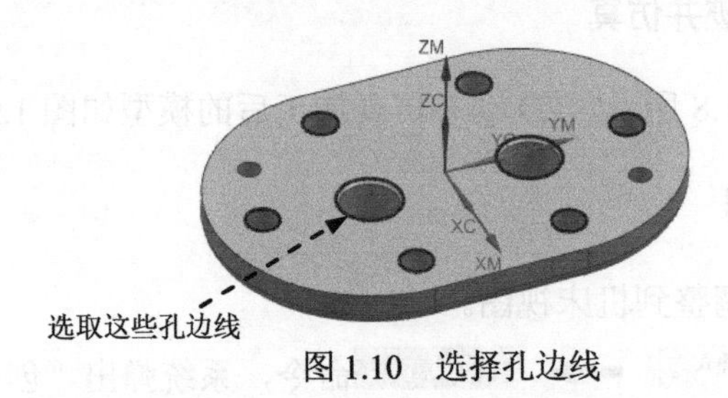

图 1.10 选择孔边线

Step3. 单击“特征几何体”对话框中的 确定 按钮，系统返回“钻孔”对话框。

Stage3．设置循环参数

采用系统默认参数设置。

Stage4．设置切削参数

采用系统默认参数设置。

Stage5．设置非切削参数

采用系统默认参数设置。

Stage6．设置进给率和速度

Step1. 单击“钻孔”对话框中的“进给率和速度”按钮，系统弹出“进给率和速度”对话框。

Step2. 在“进给率和速度”对话框中选中 ☑ 主轴速度 (rpm) 复选框，然后在其后的文本框中输入值 1500，按 Enter 键，单击按钮，在 切削 文本框中输入值 250，再按 Enter 键，单击按钮，其他选项采用系统默认设置，最后单击 确定 按钮。

Stage7．生成刀路轨迹并仿真

生成的刀路轨迹如图 1.11 所示，2D 动态仿真加工后的结果如图 1.12 所示。

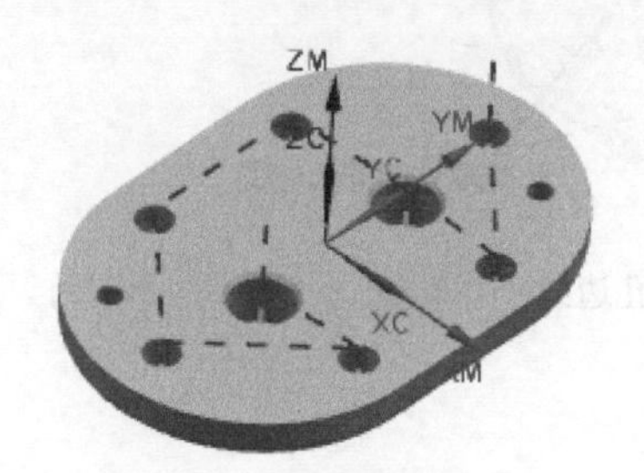

图 1.11　刀路轨迹

图 1.12　2D 仿真结果

Task9．创建刀具 4

Step1. 将工序导航器调整到机床视图。

Step2. 选择下拉菜单 插入(S) → 刀具(T)... 命令，系统弹出“创建刀具”对话框。

Step3. 在“创建刀具”对话框的 类型 下拉列表中选择 hole_making 选项，在 刀具子类型 区域中单击 STD_DRILL 按钮，在 位置 区域的 刀具 下拉列表中选择 GENERIC_MACHINE 选项，在 名称 文本框中输入 DR14.8，然后单击 确定 按钮，系统弹出“钻刀”对话框。

Step4. 在(D) 直径文本框中输入值 14.8，在刀具号文本框中输入值 4，在补偿寄存器文本框中输入值 4，其他参数采用系统默认设置，单击确定按钮，完成刀具 4 的创建。

Task10. 创建钻孔工序 2

Stage1. 创建工序

Step1. 选择下拉菜单插入(S) → 工序(E)...命令，系统弹出“创建工序”对话框。

Step2. 在“创建工序”对话框的类型下拉列表中选择hole_making选项，在工序子类型区域中单击“钻孔”按钮，在程序下拉列表中选择PROGRAM选项，在刀具下拉列表中选择DR14.8 (钻刀)选项，在几何体下拉列表中选择WORKPIECE选项，在方法下拉列表中选择DRILL_METHOD选项，其他参数采用系统默认设置。

Step3. 单击“创建工序”对话框中的确定按钮，系统弹出“钻孔”对话框。

Stage2. 指定几何体

Step1. 单击“钻孔”对话框指定特征几何体右侧的按钮，系统弹出“特征几何体”对话框。

Step2. 在图形区选取图 1.13 所示的孔边线，单击“特征几何体”对话框中的确定按钮，系统返回“钻孔”对话框。

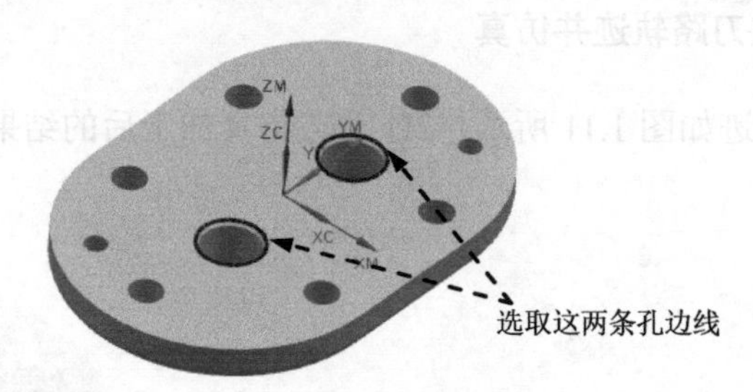

图 1.13　选择孔边线

Stage3. 设置循环参数

采用系统默认参数设置。

Stage4. 设置切削参数

采用系统默认参数设置。

Stage5. 设置非切削参数

采用系统默认参数设置。

Stage6. 设置进给率和速度

Step1. 单击“钻孔”对话框中的“进给率和速度”按钮，系统弹出“进给率和速度”对话框。

Step2. 在“进给率和速度”对话框中选中 ☑ 主轴速度（rpm） 复选框，然后在其后的文本框中输入值 800，按 Enter 键，单击按钮，在 切削 文本框中输入值 200，按 Enter 键，单击按钮，其他选项采用系统默认设置，单击 确定 按钮。

Stage7. 生成刀路轨迹并仿真

生成的刀路轨迹如图 1.14 所示，2D 动态仿真加工后的结果如图 1.15 所示。

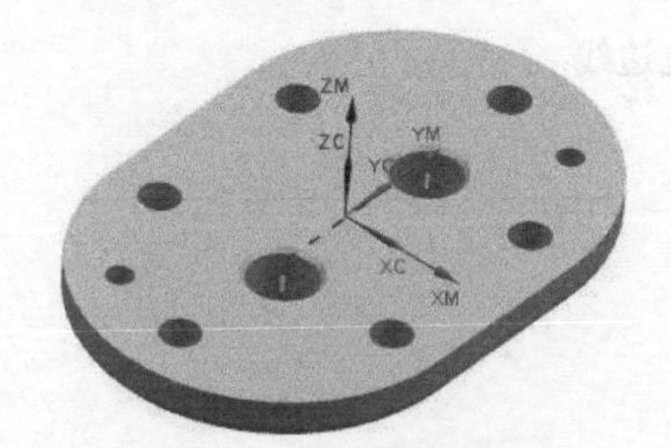

图 1.14 刀路轨迹

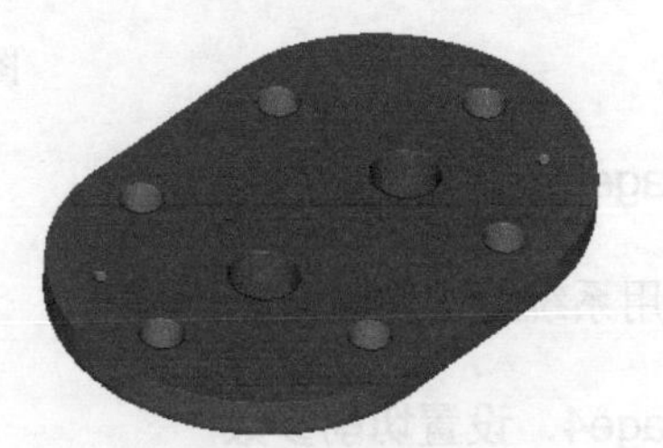

图 1.15 2D 仿真结果

Task11. 创建刀具 5

Step1. 将工序导航器调整到机床视图。

Step2. 选择下拉菜单 插入(S) → 刀具(T)... 命令，系统弹出“创建刀具”对话框。

Step3. 在“创建刀具”对话框的 类型 下拉列表中选择 hole_making 选项，在 刀具子类型 区域中单击 STD_DRILL 按钮，在 位置 区域的 刀具 下拉列表中选择 GENERIC_MACHINE 选项，在 名称 文本框中输入 DR5.7，单击 确定 按钮，系统弹出“钻刀”对话框。

Step4. 在 (D) 直径 文本框中输入值 5.7，在 刀具号 文本框中输入值 5，在 补偿寄存器 文本框中输入值 5，其他参数采用系统默认设置，单击 确定 按钮，完成刀具的创建。

Task12. 创建钻孔工序 3

Stage1. 创建工序

Step1. 选择下拉菜单 插入(S) → 工序(E)... 命令，系统弹出“创建工序”对话框。

Step2. 在“创建工序”对话框的 类型 下拉列表中选择 hole_making 选项，在 工序子类型 区域中单击“钻孔”按钮，在 刀具 下拉列表中选择 DR5.7（钻刀）选项，其他参数采用系统默认设置。

Step3. 单击“创建工序”对话框中的 确定 按钮，系统弹出“钻孔”对话框。

Stage2. 指定几何体

Step1. 单击“钻孔”对话框 指定特征几何体 右侧的按钮，系统弹出“特征几何体”对话框。

Step2. 在图形区选取图 1.16 所示的孔边线，单击“特征几何体”对话框中的 确定 按钮，系统返回“钻孔”对话框。

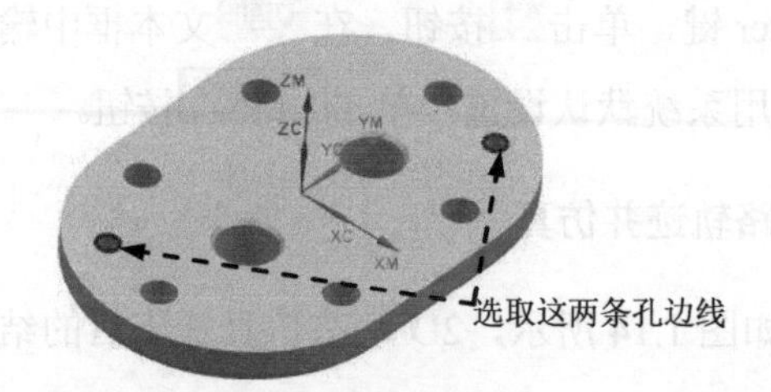

图 1.16 选择孔边线

Stage3. 设置循环参数

采用系统默认参数设置。

Stage4. 设置切削参数

采用系统默认参数设置。

Stage5. 设置非切削参数

采用系统默认参数设置。

Stage6. 设置进给率和速度

Step1. 单击“钻孔”对话框中的“进给率和速度”按钮，系统弹出“进给率和速度”对话框。

Step2. 在“进给率和速度”对话框中选中 ☑ 主轴速度 (rpm) 复选框，然后在其后的文本框中输入值 2000，按 Enter 键，单击按钮，在 切削 文本框中输入值 200，按 Enter 键，单击按钮，其他选项采用系统默认设置，单击 确定 按钮。

Stage7. 生成刀路轨迹并仿真

生成的刀路轨迹如图 1.17 所示，2D 动态仿真加工后的结果如图 1.18 所示。

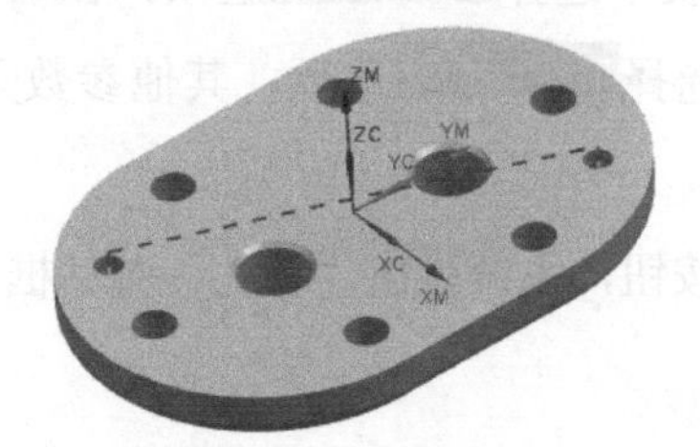

图 1.17 刀路轨迹

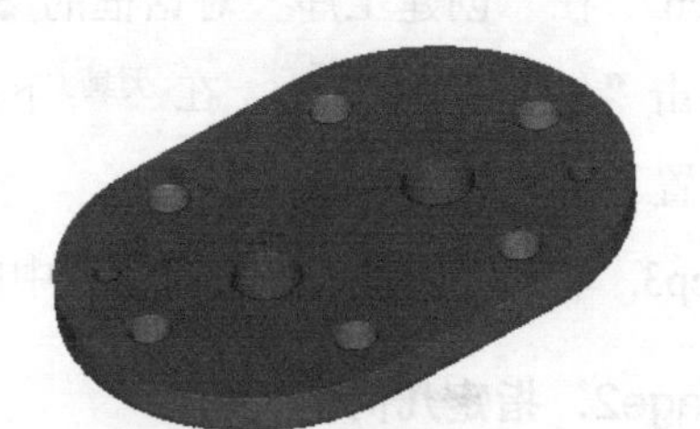

图 1.18 2D 仿真结果

Task13．创建刀具 6

Step1．将工序导航器调整到机床视图。

Step2．选择下拉菜单 插入(S) ➡ 刀具(T)... 命令，系统弹出“创建刀具”对话框。

Step3．在“创建刀具”对话框的 类型 下拉列表中选择 hole_making 选项，在 刀具子类型 区域中单击 REAMER 按钮，在 位置 区域的 刀具 下拉列表中选择 GENERIC_MACHINE 选项，在 名称 文本框中输入 RE15，然后单击 确定 按钮，系统弹出“钻刀”对话框。

Step4．在 (D) 直径 文本框中输入值 15，在 刀具号 文本框中输入值 6，在 补偿寄存器 文本框中输入值 6，其他参数采用系统默认设置，单击 确定 按钮，完成刀具 6 的创建。

Task14．创建铰孔工序 1

Stage1．创建工序

Step1．选择下拉菜单 插入(S) ➡ 工序(E)... 命令，系统弹出“创建工序”对话框。

Step2．在“创建工序”对话框的 类型 下拉列表中选择 hole_making 选项，在 工序子类型 区域中单击“攻丝”（应为“攻螺纹”，软件汉化时用了“攻丝”）按钮，在 刀具 下拉列表中选择 RE15（钻刀）选项，其他参数采用系统默认设置。

Step3．单击“创建工序”对话框中的 确定 按钮，系统弹出“攻丝”对话框。

Stage2．指定几何体

Step1．单击“攻丝”对话框 指定特征几何体 右侧的按钮，系统弹出“特征几何体”对话框。

Step2．在图形区选取图 1.19 所示的孔边线，单击“特征几何体”对话框中的 确定 按钮，系统返回“攻丝”对话框。

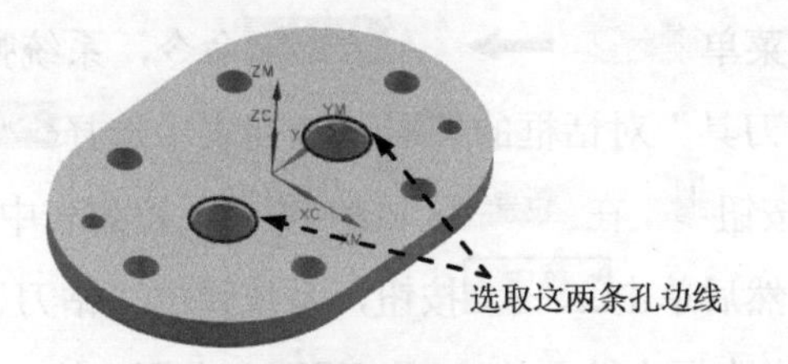

图 1.19　选择孔边线

Stage3．设置循环参数

Step1．在“攻丝”对话框 刀轨设置 区域的 循环 下拉列表中选择 钻，攻丝 选项，单击“编辑循环”按钮，系统弹出“循环参数”对话框。

Step2．在“循环参数”对话框中选中 Cam 状态 复选框，在 Cam 文本框中输入值 1；在 驻留模式 下拉列表中选择 秒 选项，在 驻留 文本框中输入值 3，单击 确定 按钮，系统返回

“攻丝”对话框。

Stage4．设置切削参数和非切削参数

采用系统默认参数设置。

Stage5．设置进给率和速度

Step1．单击“攻丝”对话框中的“进给率和速度”按钮，系统弹出“进给率和速度”对话框。

Step2．在“进给率和速度”对话框中选中☑ 主轴速度 (rpm)复选框，然后在其后的文本框中输入值 700，按 Enter 键，单击按钮，在切削文本框中输入值 200，按 Enter 键，单击按钮，其他选项采用系统默认设置，单击确定按钮。

Stage6．生成刀路轨迹并仿真

生成的刀路轨迹如图 1.20 所示，2D 动态仿真加工后的结果如图 1.21 所示。

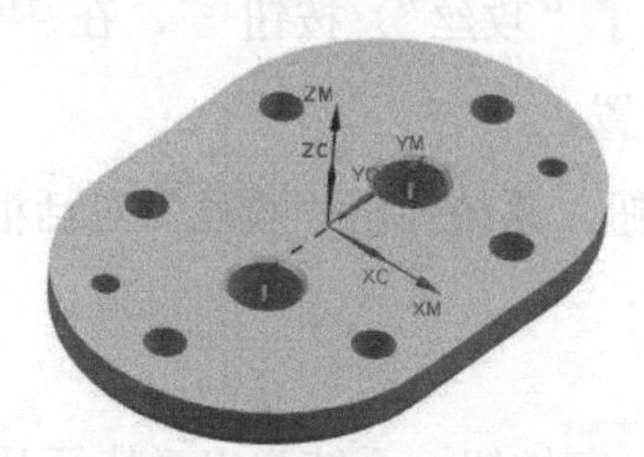

图 1.20　刀路轨迹

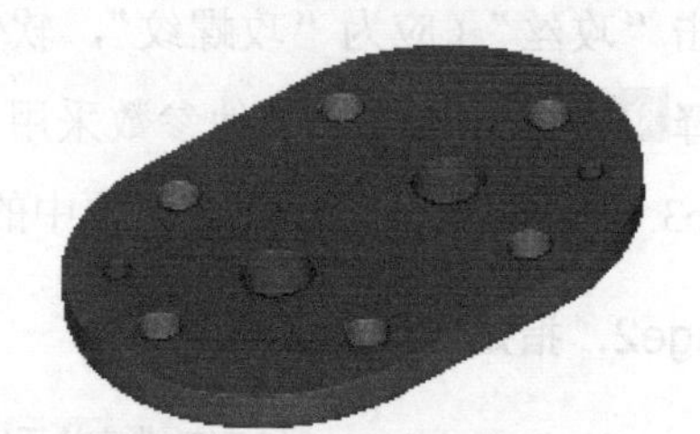

图 1.21　2D 仿真结果

Task15．创建刀具 7

Step1．将工序导航器调整到机床视图。

Step2．选择下拉菜单插入(S) ➡ 刀具(T)...命令，系统弹出“创建刀具”对话框。

Step3．在“创建刀具”对话框的类型下拉列表中选择hole_making选项，在刀具子类型区域中单击 REAMER 按钮，在位置区域的刀具下拉列表中选择GENERIC_MACHINE选项，在名称文本框中输入 RE6，然后单击确定按钮，系统弹出“钻刀”对话框。

Step4．在(D) 直径文本框中输入值 6，在刀具号文本框中输入值 7，在补偿寄存器文本框中输入值 7，其他参数采用系统默认设置，单击确定按钮，完成刀具 7 的创建。

Task16．创建铰孔工序 2

Stage1．创建工序

Step1．选择下拉菜单插入(S) ➡ 工序(E)...命令，系统弹出“创建工序”对话框。

Step2．在“创建工序”对话框的类型下拉列表中选择hole_making选项，在工序子类型区

域中单击“攻丝”按钮，在刀具下拉列表中选择RE6（铰刀）选项，其他参数采用系统默认设置。

Step3. 单击“创建工序”对话框中的确定按钮，系统弹出“攻丝”对话框。

Stage2. 指定几何体

Step1. 单击“攻丝”对话框指定特征几何体右侧的按钮，系统弹出“特征几何体”对话框。

Step2. 在图形区选取图 1.22 所示的孔边线，单击“特征几何体”对话框中的确定按钮，系统返回“攻丝”对话框。

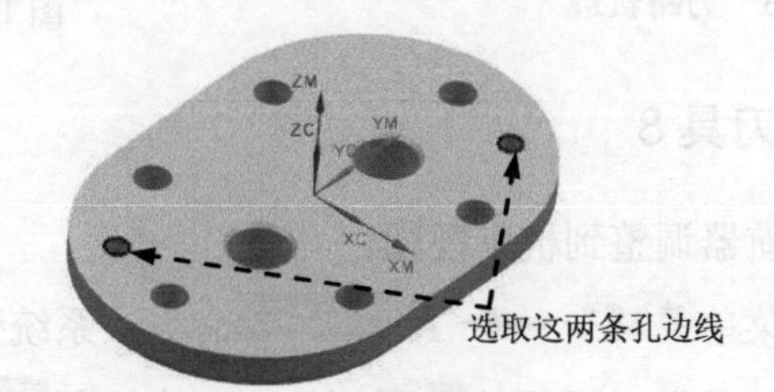

图 1.22　选择孔边线

Stage3. 设置循环参数

Step1. 在“攻丝”对话框刀轨设置区域的循环下拉列表中选择钻，攻丝选项，单击“编辑循环”按钮，系统弹出“循环参数”对话框。

Step2. 在“循环参数”对话框中选中Cam 状态复选框，在Cam文本框中输入值 1；在驻留模式下拉列表中选择秒选项，在驻留文本框中输入值 3，单击确定按钮，系统返回“攻丝”对话框。

Stage4. 设置切削参数

采用系统默认参数设置。

Stage5. 设置非切削参数

采用系统默认参数设置。

Stage6. 设置进给率和速度

Step1. 单击“攻丝”对话框中的“进给率和速度”按钮，系统弹出“进给率和速度”对话框。

Step2. 在“进给率和速度”对话框中选中主轴速度（rpm）复选框，然后在其后的文本框中输入值 600，按 Enter 键，单击按钮，在切削文本框中输入值 200，按 Enter 键，单击按钮，其他选项采用系统默认设置，单击 确定 按钮。

Stage7. 生成刀路轨迹并仿真

生成的刀路轨迹如图 1.23 所示，2D 动态仿真加工后的结果如图 1.24 所示。

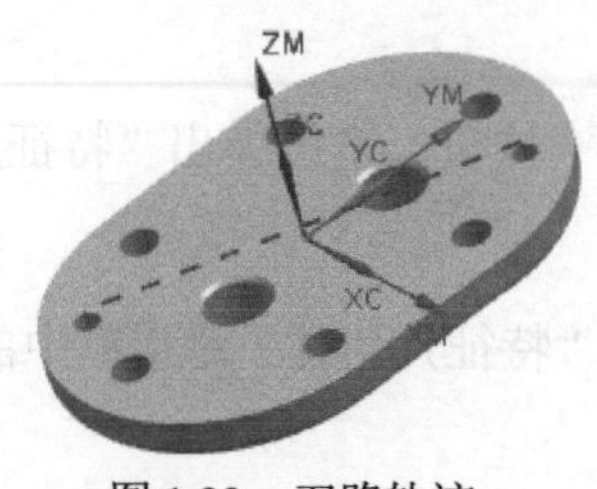

图 1.23　刀路轨迹

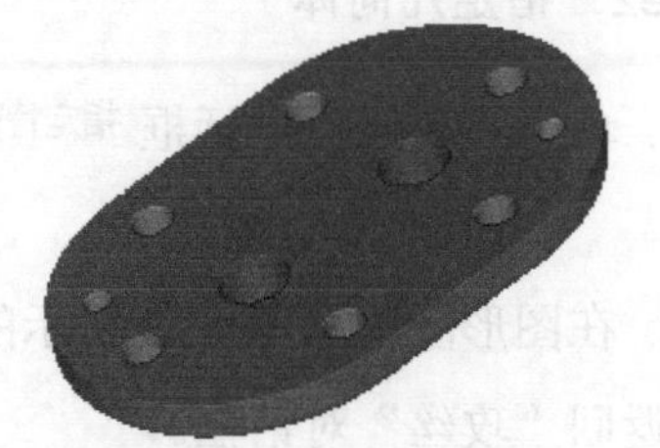

图 1.24　2D 仿真结果

Task17. 创建刀具 8

Step1. 将工序导航器调整到机床视图。

Step2. 选择下拉菜单 插入(S) ➡ 刀具(T)... 命令，系统弹出“创建刀具”对话框。

Step3. 在“创建刀具”对话框的 类型 下拉列表中选择 hole_making 选项，在 刀具子类型 区域中单击 COUNTER_SINK 按钮，在 位置 区域的 刀具 下拉列表中选择 GENERIC_MACHINE 选项，在 名称 文本框中输入 CO30，然后单击 确定 按钮，系统弹出“埋头切削”对话框。

Step4. 在 (D) 直径 文本框中输入值 30，在 刀具号 文本框中输入值 8，在 补偿寄存器 文本框中输入值 8，其他参数采用系统默认设置，单击 确定 按钮，完成刀具 8 的创建。

Task18. 创建钻埋头孔工序

Stage1. 创建工序

Step1. 选择下拉菜单 插入(S) ➡ 工序(E)... 命令，系统弹出“创建工序”对话框。

Step2. 在“创建工序”对话框的 类型 下拉列表中选择 hole_making 选项，在 工序子类型 区域中单击“钻埋头孔”按钮，在 刀具 下拉列表中选择 CO30 (埋头切削) 选项，其他参数采用系统默认设置。

Step3. 单击“创建工序”对话框中的 确定 按钮，系统弹出“钻埋头孔”对话框。

Stage2. 指定几何体

Step1. 单击“钻埋头孔”对话框 指定特征几何体 右侧的按钮，系统弹出“特征几何体”对话框。

Step2. 在图形区选取图 1.25 所示的孔边线，单击“特征几何体”对话框中的 确定 按钮，系统返回“钻埋头孔”对话框。

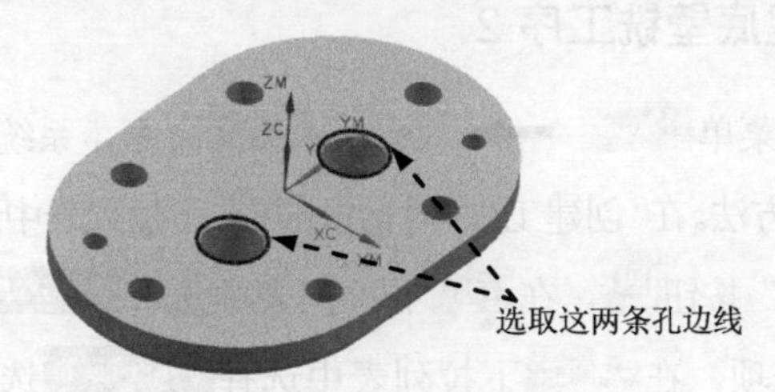

图 1.25　选择孔边线

Stage3．设置循环参数

Step1. 在“钻埋头孔”对话框 刀轨设置 区域的 循环 下拉列表中选择 钻，埋头孔 选项，单击“编辑循环”按钮，系统弹出“循环参数”对话框。

Step2. 在“循环参数”对话框的 驻留模式 下拉列表中选择 秒 选项，在 驻留 文本框中输入值 3，单击 确定 按钮，系统返回“钻埋头孔”对话框。

Stage4．设置切削参数

采用系统默认参数设置。

Stage5．设置非切削参数

采用系统默认参数设置。

Stage6．设置进给率和速度

Step1. 单击“钻埋头孔”对话框中的“进给率和速度”按钮，系统弹出“进给率和速度”对话框。

Step2. 在“进给率和速度”对话框中选中 ☑ 主轴速度（rpm） 复选框，然后在其后的文本框中输入值 400，按 Enter 键，单击按钮，在 切削 文本框中输入值 200，按 Enter 键，单击按钮，其他选项采用系统默认设置，单击 确定 按钮。

Stage7．生成刀路轨迹并仿真

生成的刀路轨迹如图 1.26 所示，2D 动态仿真加工后的结果如图 1.27 所示。

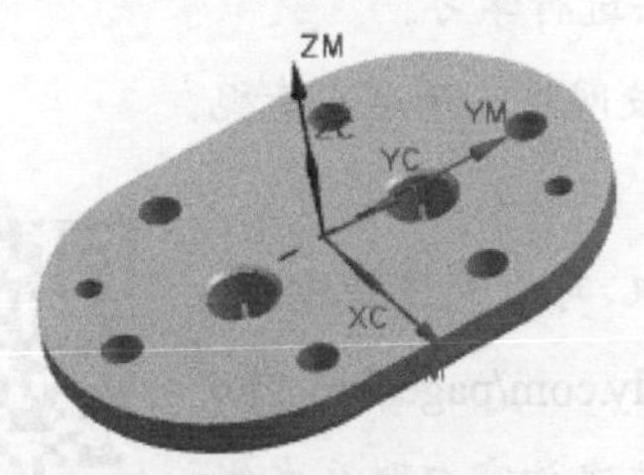

图 1.26　刀路轨迹

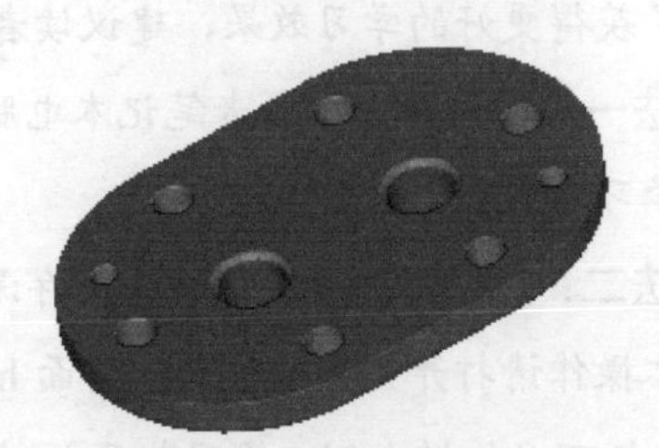

图 1.27　2D 仿真结果

Task19. 创建底壁铣工序 2

Step1. 选择下拉菜单 插入(S) → 工序(E)... 命令，系统弹出“创建工序”对话框。

Step2. 确定加工方法。在“创建工序”对话框的 类型 下拉列表中选择 mill_planar 选项，在 工序子类型 区域中单击“底壁铣”按钮，在 程序 下拉列表中选择 PROGRAM 选项，在 刀具 下拉列表中选择 D50（铣刀-5 参数）选项，在 几何体 下拉列表中选择 WORKPIECE 选项，在 方法 下拉列表中选择 MILL_FINISH 选项，采用系统默认的名称。

Step3. 在“创建工序”对话框中单击 确定 按钮，系统弹出“底壁铣”对话框。

后面的详细操作过程请参见随书学习资源 video\ch01\reference 文件下的语音视频讲解文件“泵盖加工-r01.exe”

说明：

为了回馈广大读者对本书的支持，除学习资源中的视频讲解之外，我们将免费为您提供更多的 UG 学习视频，内容包括各个软件模块的基本理论、背景知识、高级功能和命令的详解以及一些典型的实际应用案例等。

由于图书篇幅有限，我们将这些视频讲解制作成了在线学习视频，并在本书相关章节的最后对讲解的内容做了简要介绍，读者可以扫描二维码直达视频讲解页面，登录兆迪科技网站免费学习。

学习拓展：可以免费学习更多视频讲解。

讲解内容：主要包含软件安装，基本操作，二维草图，常用建模命令，零件设计案例等基础内容的讲解。内容安排循序渐进，清晰易懂，讲解非常详细，对每一个操作都做了深入的介绍和清楚的演示，十分适合没有软件基础的读者。

注意：

为了获得更好的学习效果，建议读者采用以下方法进行学习。

方法一：使用台式机或者笔记本电脑登录兆迪科技网校，开启高清视频模式学习。

方法二：下载兆迪网校 APP 并缓存课程视频至手机，可以免流量观看。

具体操作请打开兆迪网校帮助页面 http://www.zalldy.com/page/bangzhu 查看（手机可以扫描右侧二维码打开），或者在兆迪网校咨询窗口联系在线老师，也可以直接拨打技术支持电话 010-82176248，010-82176249。

实例 2 平面铣加工

本实例讲述的是基于零件二维图形进行平面铣加工的过程。平面铣加工多用于加工零件的基准面、内腔的底面、内腔的垂直侧壁及敞开的外形轮廓等，对于加工直壁并且岛屿顶面和槽腔底面为平面的零件尤为适用。

该模型零件的加工工艺路线如图 2.1 和图 2.2 所示。

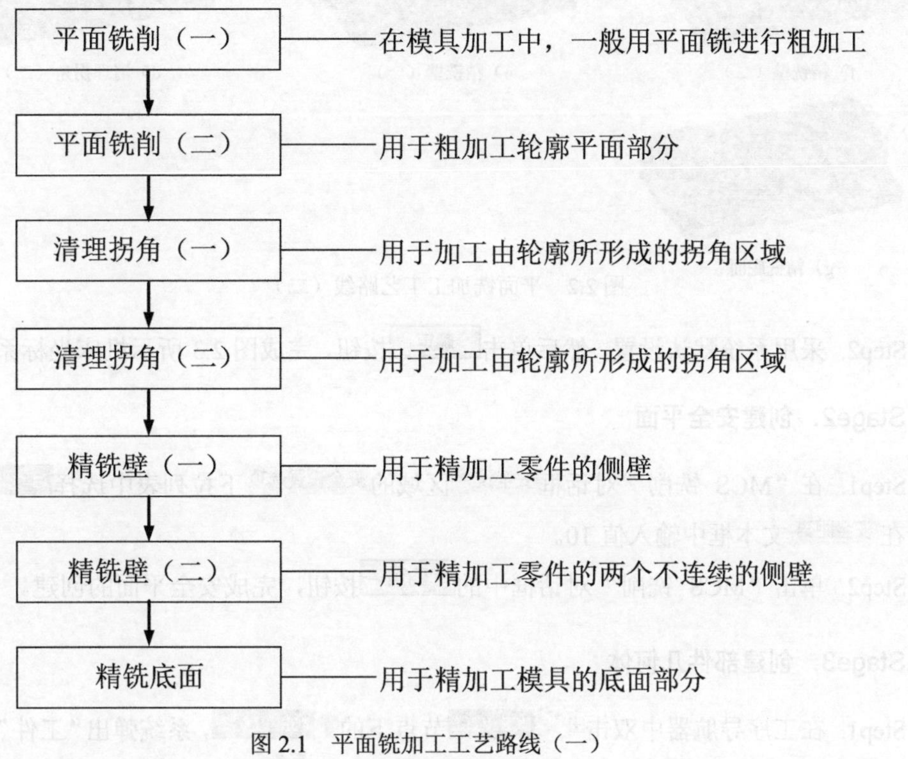

图 2.1 平面铣加工工艺路线（一）

Task1. 打开模型文件并进入加工环境

Step1. 打开模型文件 D:\ug12.11\work\ch02\plane.prt。

Step2. 进入加工环境。在 应用模块 功能选项卡的 加工 区域单击 按钮，系统弹出“加工环境”对话框；在“加工环境”对话框的 CAM 会话配置 列表框中选择 cam_general 选项，在 要创建的 CAM 组装 列表框中选择 mill_planar 选项，单击 确定 按钮，进入加工环境。

Task2. 创建几何体

Stage1. 创建机床坐标系

Step1. 将工序导航器调整到几何视图，双击节点 MCS_MILL，系统弹出“MCS 铣削”

对话框，在“MCS 铣削”对话框的机床坐标系区域中单击“坐标系对话框”按钮，系统弹出“坐标系”对话框。

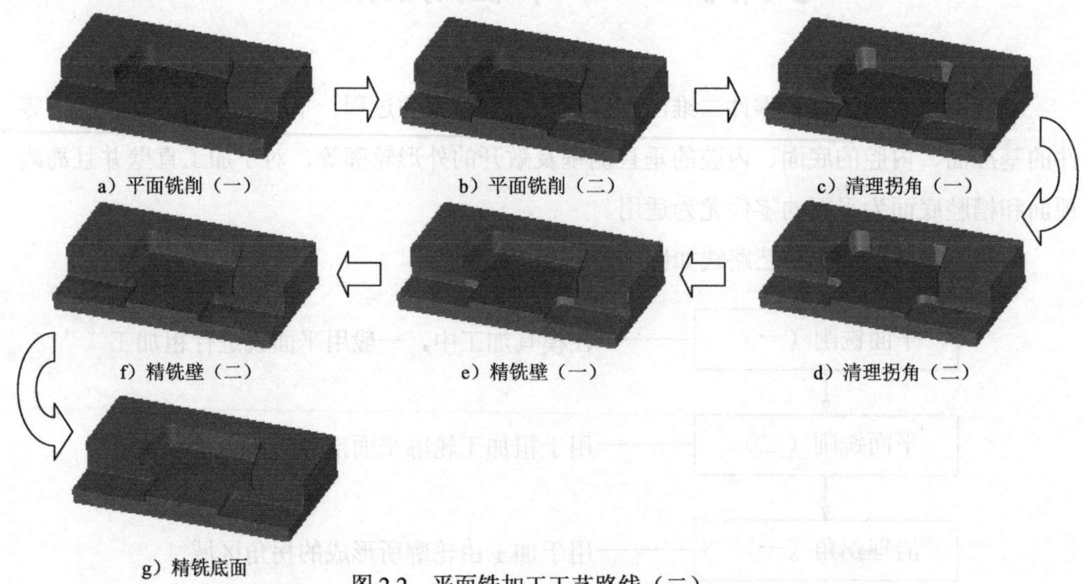

图 2.2 平面铣加工工艺路线（二）

Step2. 采用系统默认设置，然后单击确定按钮，完成图 2.3 所示机床坐标系的创建。

Stage2. 创建安全平面

Step1. 在“MCS 铣削”对话框安全设置区域的安全设置选项下拉列表中选择自动平面选项，然后在安全距离文本框中输入值 10。

Step2. 单击“MCS 铣削”对话框中的确定按钮，完成安全平面的创建。

Stage3. 创建部件几何体

Step1. 在工序导航器中双击MCS_MILL节点下的WORKPIECE，系统弹出“工件”对话框。

Step2. 选取部件几何体。在“工件”对话框中单击按钮，系统弹出“部件几何体”对话框。

Step3. 在“上边框条”工具条中确认将“类型过滤器”设置为“曲线”，在图形区选取整个曲线图形为部件几何体，如图 2.4 所示。

Step4. 在“部件几何体”对话框中单击确定按钮，完成部件几何体的创建，同时系统返回到“工件”对话框。

Stage4. 创建毛坯几何体

Step1. 在“工件”对话框中单击按钮，系统弹出“毛坯几何体”对话框。

Step2. 在“毛坯几何体”对话框的类型下拉列表中选择包容块选项，在限制区域的ZM-

文本框中输入值 30。

Step3. 单击“毛坯几何体”对话框中的 确定 按钮，系统返回到“工件”对话框，完成图 2.5 所示毛坯几何体的创建。

Step4. 单击“工件”对话框中的 确定 按钮。

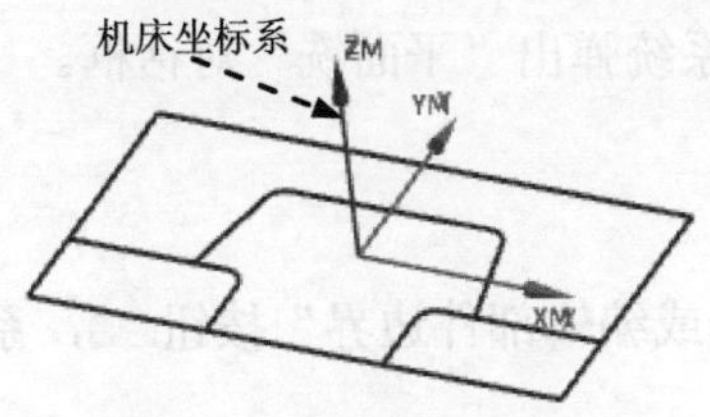

图 2.3 创建机床坐标系

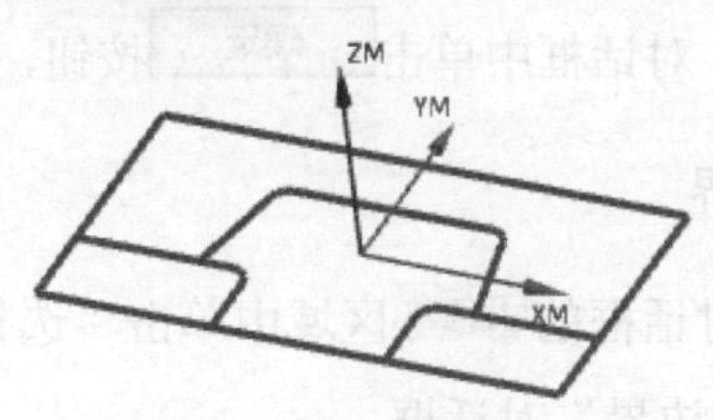

图 2.4 部件几何体

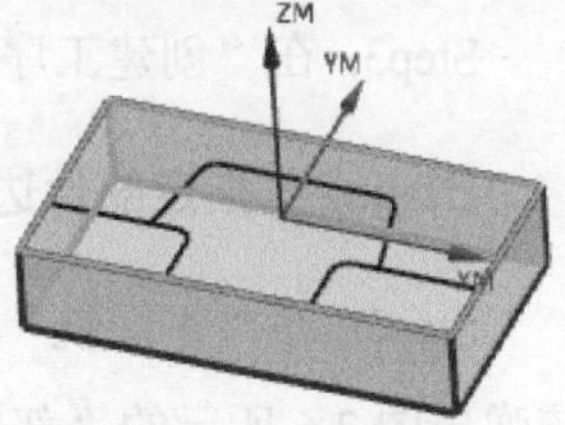

图 2.5 毛坯几何体

Task3. 创建刀具

Stage1. 创建刀具 1

Step1. 将工序导航器调整到机床视图。

Step2. 选择下拉菜单 插入(S) → 刀具(T)... 命令，系统弹出“创建刀具”对话框。

Step3. 在“创建刀具”对话框的 类型 下拉列表中选择 mill_planar 选项，在 刀具子类型 区域中单击 MILL 按钮，在 位置 区域的 刀具 下拉列表中选择 GENERIC_MACHINE 选项，在 名称 文本框中输入 D20，然后单击 确定 按钮，系统弹出“铣刀-5 参数”对话框。

Step4. 在“铣刀-5 参数”对话框的 (D) 直径 文本框中输入值 20，在 编号 区域的 刀具号、补偿寄存器 和 刀具补偿寄存器 文本框中均输入值 1，其他参数采用系统默认设置，单击 确定 按钮，完成刀具 1 的创建。

Stage2. 创建刀具 2

设置刀具类型为 mill_planar 选项， 刀具子类型 为 MILL 类型（单击 按钮），刀具名称为 D8，刀具 (D) 直径 值为 8，在 编号 区域的 刀具号、补偿寄存器 和 刀具补偿寄存器 文本框中均输入值 2，其他参数采用系统默认设置，单击 确定 按钮，完成刀具 2 的创建。

Stage3. 创建刀具 3

设置刀具类型为 mill_planar 选项， 刀具子类型 为 MILL 类型（单击 按钮），刀具名称为 D6，刀具 (D) 直径 值为 6，在 编号 区域的 刀具号、补偿寄存器 和 刀具补偿寄存器 文本框中均输入值 3，其他参数采用系统默认设置，单击 确定 按钮，完成刀具 3 的创建。

Task4. 创建平面铣工序 1

Stage1. 创建工序

Step1. 选择下拉菜单 插入(S) → 工序(E)... 命令，系统弹出“创建工序”对话框。

Step2. 确定加工方法。在“创建工序”对话框的类型下拉列表中选择mill_planar选项，在工序子类型区域中单击“平面铣”按钮，在程序下拉列表中选择PROGRAM选项，在刀具下拉列表中选择D20（铣刀-5 参数）选项，在几何体下拉列表中选择WORKPIECE选项，在方法下拉列表中选择MILL_ROUGH选项，采用系统默认的名称。

Step3. 在“创建工序”对话框中单击确定按钮，系统弹出“平面铣”对话框。

Stage2．指定部件边界

Step1. 在“平面铣”对话框的几何体区域中单击“选择或编辑部件边界”按钮，系统弹出图 2.6 所示的“部件边界”对话框。

Step2. 在选择方法下拉列表中选择曲线选项，依次选取图 2.7 所示的曲线（顺时针或逆时针），单击确定按钮，完成部件边界的指定。

Stage3．指定毛坯边界

Step1. 在几何体区域中单击“选择或编辑毛坯边界”按钮，系统弹出“毛坯边界”对话框。

Step2. 在选择方法下拉列表中选择曲线选项，按顺序依次选取图 2.8 所示的曲线（顺时针或逆时针），单击确定按钮，系统返回到“平面铣”对话框。

图 2.6 “部件边界”对话框

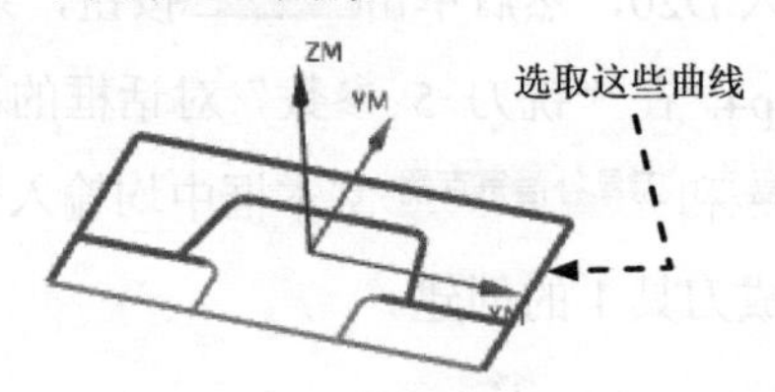

图 2.7 选取曲线

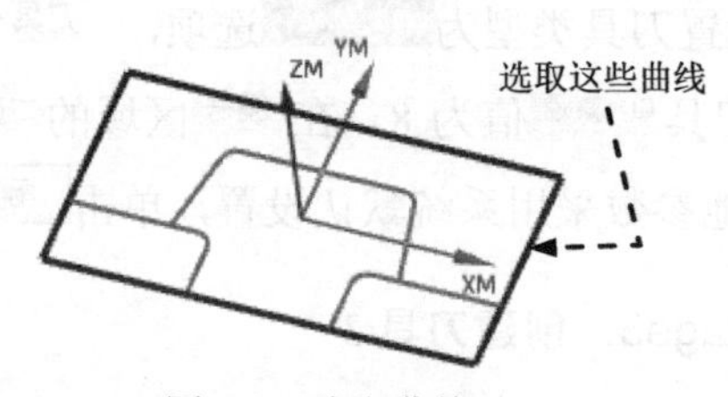

图 2.8 选取曲线

Step3. 指定底面。在“平面铣”对话框的几何体区域中单击按钮，系统弹出“平面”对话框；在类型下拉列表中选择XC-YC 平面选项，在偏置和参考区域的距离文本框中输入值-15.0，单击确定按钮，完成底面的指定。

Stage4．设置刀具路径参数

在刀轨设置区域的切削模式下拉列表中采用系统默认的跟随部件选项，在步距下拉列

表中选择 刀具平直 选项，在 平面直径百分比 文本框中输入值 50，其他参数均采用系统默认设置。

Stage5．设置切削层参数

Step1．在 刀轨设置 区域中单击“切削层”按钮，系统弹出“切削层”对话框。

Step2．在“切削层”对话框的 类型 下拉列表中选择 恒定 选项，在 公共 文本框中输入值 2，其余参数采用系统默认设置，单击 确定 按钮，系统返回到“平面铣”对话框。

Stage6．设置切削参数

Step1．在“平面铣”对话框中单击“切削参数”按钮，系统弹出“切削参数”对话框。

Step2．在“切削参数”对话框中单击 余量 选项卡，在 最终底面余量 文本框中输入值 0.2。

Step3．在“切削参数”对话框中单击 连接 选项卡，在 开放刀路 区域的下拉列表中选择 变换切削方向 选项。

Step4．在“切削参数”对话框中单击 确定 按钮，系统返回到“平面铣”对话框。

Stage7．设置非切削移动参数

参数采用系统默认设置。

Stage8．设置进给率和速度

Step1．单击“平面铣”对话框中的“进给率和速度”按钮，系统弹出“进给率和速度”对话框。

Step2．在“进给率和速度”对话框的 主轴速度 区域中选中 ☑ 主轴速度（rpm）复选框，在其后的文本框中输入值 600，在 进给率 区域的 切削 文本框中输入值 250，按 Enter 键，单击 按钮，其他参数采用系统默认设置。

Step3．单击“进给率和速度”对话框中的 确定 按钮，完成进给率和速度的设置。

Stage9．生成刀路轨迹并仿真

生成的刀路轨迹如图 2.9 所示，2D 动态仿真加工后的结果如图 2.10 所示。

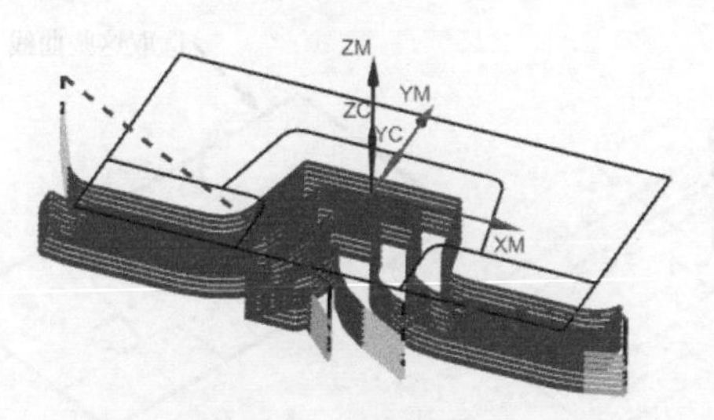

图 2.9　刀路轨迹

图 2.10　2D 仿真结果

Task5．创建平面铣工序 2

Stage1．创建工序

Step1．选择下拉菜单 插入(S) ➡ 工序(E)... 命令，系统弹出“创建工序”对话框。

Step2．确定加工方法。在“创建工序”对话框的 类型 下拉列表中选择 mill_planar 选项，在 工序子类型 区域中单击“平面铣”按钮，在 程序 下拉列表中选择 PROGRAM 选项，在 刀具 下拉列表中选择 D20（铣刀-5 参数）选项，在 几何体 下拉列表中选择 WORKPIECE 选项，在 方法 下拉列表中选择 MILL_ROUGH 选项，采用系统默认的名称。

Step3．在“创建工序”对话框中单击 确定 按钮，系统弹出“平面铣”对话框。

Stage2．指定部件边界

Step1．在“平面铣”对话框的 几何体 区域中单击“选择或编辑部件边界”按钮，系统弹出“部件边界”对话框。

Step2．在 选择方法 下拉列表中选择 曲线 选项，按顺时针或逆时针顺序依次选取图 2.11 所示的曲线，在 平面 下拉列表中选择 指定 选项，然后单击按钮，系统弹出“平面”对话框。

Step3．在 类型 下拉列表中选择 XC-YC 平面 选项，在 偏置和参考 区域的 距离 文本框中输入值-15，单击 确定 按钮，完成底面的指定。

Step4．单击 确定 按钮，系统返回到“平面铣”对话框，单击 指定部件边界 右侧的按钮，结果如图 2.12 所示。

说明：选取曲线时顺时针和逆时针都可以，但是必须按顺序依次选取。

Stage3．指定毛坯边界

Step1．在 几何体 区域中单击“选择或编辑毛坯边界”按钮，系统弹出“毛坯边界”对话框。

Step2．在 选择方法 下拉列表中选择 曲线 选项，按顺时针或逆时针顺序依次选取图 2.13 所示的曲线，在 平面 下拉列表中选择 指定 选项，然后单击按钮，系统弹出“平面”对话框。

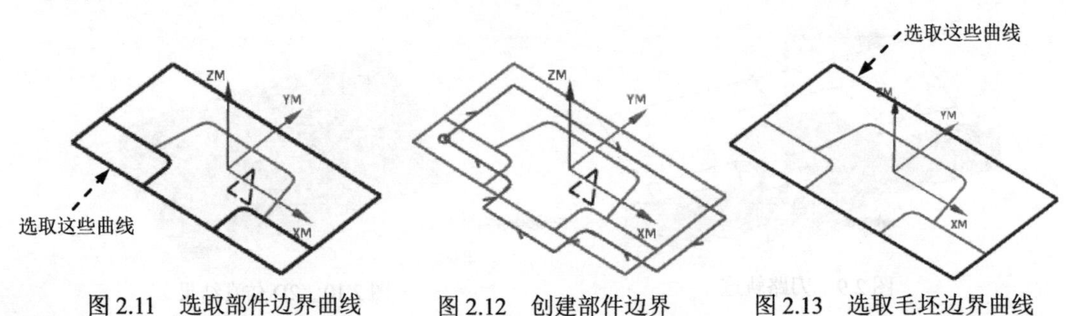

图 2.11　选取部件边界曲线　　图 2.12　创建部件边界　　图 2.13　选取毛坯边界曲线

Step3. 在类型下拉列表中选择XC-YC 平面选项，在偏置和参考区域的距离文本框中输入值-15，单击确定按钮。

Step4. 单击确定按钮，系统返回到“平面铣”对话框。

Step5. 指定底面。在“平面铣”对话框的几何体区域中单击按钮，系统弹出“平面”对话框，在类型下拉列表中选择XC-YC 平面选项，在偏置和参考区域的距离文本框中输入值-20，单击确定按钮，系统返回到“平面铣”对话框。

Stage4．设置切削层参数

Step1. 在刀轨设置区域中单击“切削层”按钮，系统弹出“切削层”对话框。

Step2. 在类型下拉列表中选择恒定选项，在公共文本框中输入值 2，其他参数采用系统默认设置，单击确定按钮，完成切削层参数的设置。

Stage5．设置切削参数

Step1. 在刀轨设置区域中单击“切削参数”按钮，系统弹出“切削参数”对话框。

Step2. 在“切削参数”对话框中单击余量选项卡，在部件余量文本框中输入值 1，在最终底面余量文本框中输入值 0.2。

Step3. 在“切削参数”对话框中单击连接选项卡，在开放刀路下拉列表中选择变换切削方向选项。

Step4. 在“切削参数”对话框中单击确定按钮，系统返回到“平面铣”对话框。

Stage6．设置进给率和速度

Step1. 在“平面铣”对话框中单击“进给率和速度”按钮，系统弹出“进给率和速度”对话框。

Step2. 在“进给率和速度”对话框中选中☑ 主轴速度 (rpm)复选框，然后在其后的文本框中输入值 600，在切削文本框中输入值 250，按 Enter 键，单击按钮，其他参数采用系统默认设置。

Step3. 单击“进给率和速度”对话框中的确定按钮，系统返回到“平面铣”对话框。

Stage7．生成刀路轨迹并仿真

生成的刀路轨迹如图 2.14 所示，2D 动态仿真加工后的零件模型如图 2.15 所示。

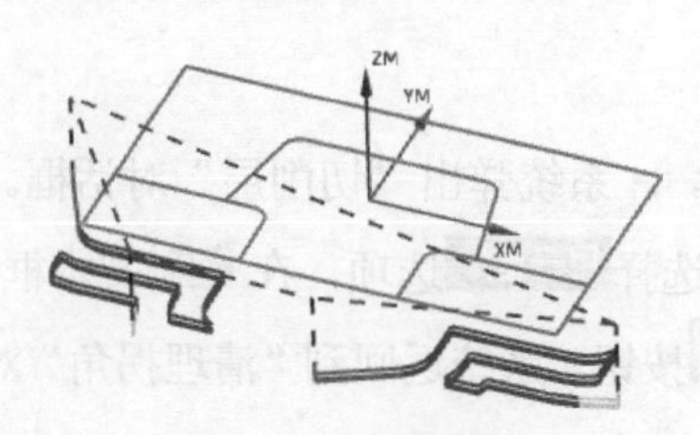

图 2.14　刀路轨迹

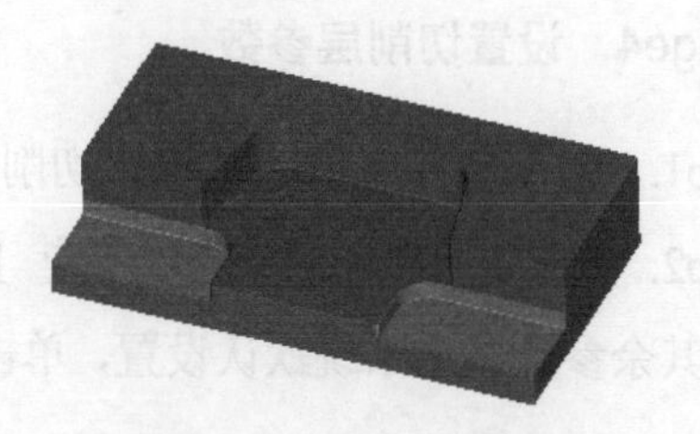

图 2.15　2D 仿真结果

Task6. 创建清理拐角工序 1

Stage1. 创建工序

Step1. 选择下拉菜单 插入(S) → 工序(E)... 命令，系统弹出“创建工序”对话框。

Step2. 确定加工方法。在“创建工序”对话框的类型下拉列表中选择mill_planar选项，在工序子类型区域中单击“清理拐角”按钮，在程序下拉列表中选择PROGRAM选项，在刀具下拉列表中选择D8（铣刀-5 参数）选项，在几何体下拉列表中选择WORKPIECE选项，在方法下拉列表中选择MILL_ROUGH选项，采用系统默认的名称。

Step3. 单击“创建工序”对话框中的确定按钮，系统弹出“清理拐角”对话框。

Stage2. 指定切削区域

Step1. 指定部件边界。单击“清理拐角”对话框指定部件边界区域右侧的按钮，系统弹出“部件边界”对话框；在选择方法下拉列表中选择曲线选项，在边界类型下拉列表中选择开放选项，在刀具侧下拉列表中选择右选项，按逆时针顺序依次选取图 2.16 所示的曲线，单击确定按钮。

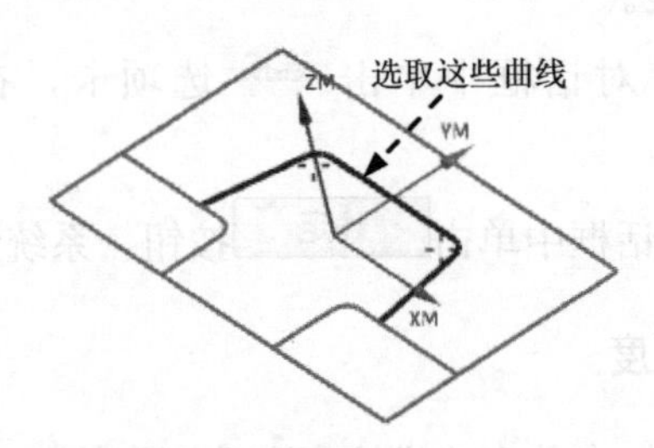

图 2.16　选取部件边界曲线

Step2. 指定底面。单击“平面铣”对话框中的“指定底面”按钮，系统弹出“平面”对话框，在类型下拉列表中选择XC-YC 平面选项，在偏置和参考区域的距离文本框中输入值 -15，单击确定按钮，系统返回到“清理拐角”对话框。

Stage3. 设置刀具路径参数

在刀轨设置区域的切削模式下拉列表中选择轮廓选项，在步距下拉列表中选择% 刀具平直选项，在平面直径百分比文本框中输入值 50，其他参数采用系统默认设置。

Stage4. 设置切削层参数

Step1. 在刀轨设置区域中单击“切削层”按钮，系统弹出“切削层”对话框。

Step2. 在“切削层”对话框的类型下拉列表中选择用户定义选项，在公共文本框中输入值 2.0，其余参数采用系统默认设置，单击确定按钮，系统返回到“清理拐角”对话框。

Stage5．设置切削参数

Step1. 在“清理拐角”对话框中单击“切削参数”按钮，系统弹出“切削参数”对话框。

Step2. 在“切削参数”对话框中单击策略选项卡，在切削顺序下拉列表中选择深度优先选项。

Step3. 在“切削参数”对话框中单击余量选项卡，在最终底面余量文本框中输入值 0.2。

Step4. 在“切削参数”对话框中单击空间范围选项卡，在过程工件下拉列表中选择使用参考刀具选项，在参考刀具下拉列表中选择D20（铣刀-5 参数）选项，在重叠距离文本框中输入值 2。

Step5. 单击确定按钮，系统返回到“清理拐角”对话框。

Stage6．设置非切削移动参数

Step1. 在刀轨设置区域中单击“非切削移动”按钮，系统弹出“非切削移动”对话框。

Step2. 单击“非切削移动”对话框中的转移/快速选项卡，在区域内区域的转移类型下拉列表中选择前一平面选项。

Step3. 单击确定按钮，系统返回到“清理拐角”对话框。

Stage7．设置进给率和速度

Step1. 在“清理拐角”对话框中单击“进给率和速度”按钮，系统弹出“进给率和速度”对话框。

Step2. 在“进给率和速度”对话框中选中☑主轴速度（rpm）复选框，然后在其下的文本框中输入值 1200，在切削文本框中输入值 250，按 Enter 键，单击按钮，其他参数采用系统默认设置。

Step3. 单击确定按钮，完成进给率和速度的设置，系统返回“清理拐角”对话框。

Stage8．生成刀路轨迹并仿真

生成的刀路轨迹如图 2.17 所示，2D 动态仿真加工后的零件模型如图 2.18 所示。

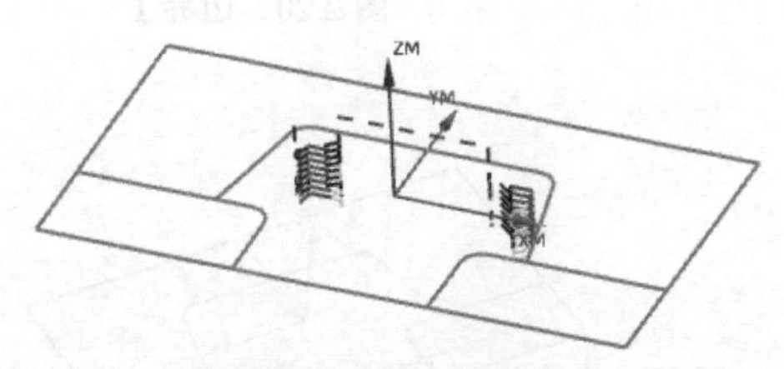

图 2.17　刀路轨迹

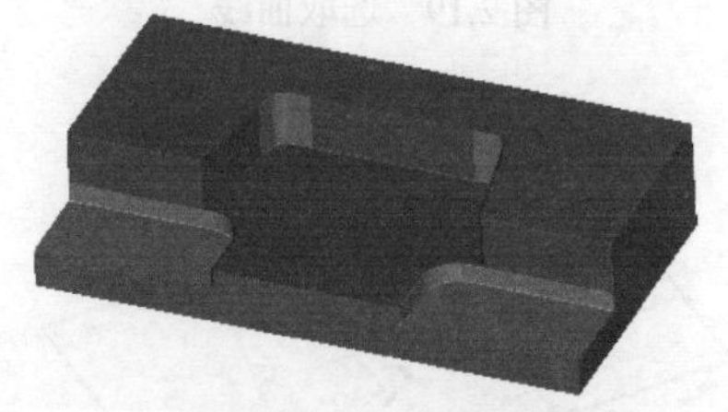
图 2.18　2D 仿真结果

Task7．创建清理拐角工序 2

Stage1．创建工序

Step1. 选择下拉菜单 插入(S) → 工序(E)... 命令，系统弹出“创建工序”对话框。

Step2. 确定加工方法。在“创建工序”对话框的 类型 下拉列表中选择 mill_planar 选项，在 工序子类型 区域中单击“清理拐角”按钮，在 程序 下拉列表中选择 PROGRAM 选项，在 刀具 下拉列表中选择 D8（铣刀-5 参数）选项，在 几何体 下拉列表中选择 WORKPIECE 选项，在 方法 下拉列表中选择 MILL_ROUGH 选项，采用系统默认的名称。

Step3. 单击“创建工序”对话框中的 确定 按钮，系统弹出“清理拐角”对话框。

Stage2. 指定切削区域

Step1. 指定部件边界。

（1）在“清理拐角”对话框中单击 指定部件边界 右侧的按钮，系统弹出“边界几何体”对话框。

（2）在 选择方法 下拉列表中选择 曲线 选项，在 边界类型 下拉列表中选择 开放 选项，在 平面 下拉列表中选择 指定 选项，然后单击按钮，系统弹出“平面”对话框。

（3）在 类型 下拉列表中选择 XC-YC 平面 选项，在 偏置和参考 区域的 距离 文本框中输入值 -15，单击 确定 按钮。

（4）创建边界 1。按顺序依次选取图 2.19 所示的曲线，单击按钮，结果如图 2.20 所示。

注意：选取曲线时一定要从图中箭头所指的位置开始选取。

（5）创建边界 2。按顺序依次选取图 2.21 所示的曲线，结果如图 2.22 所示。单击 确定 按钮。

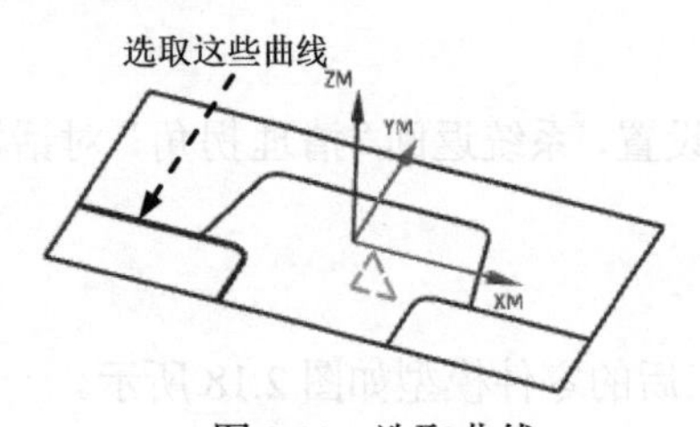

图 2.19 选取曲线

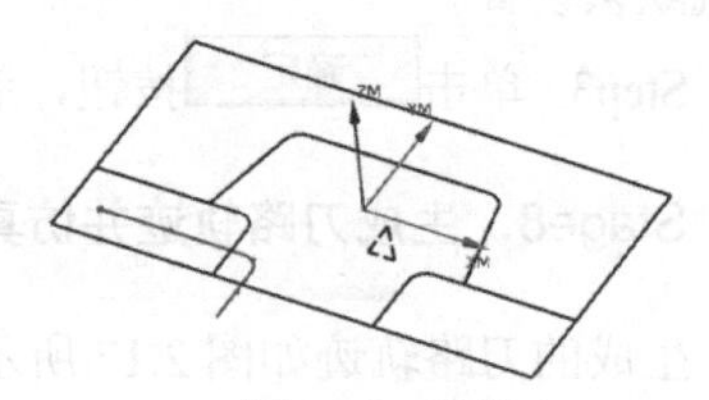

图 2.20 边界 1

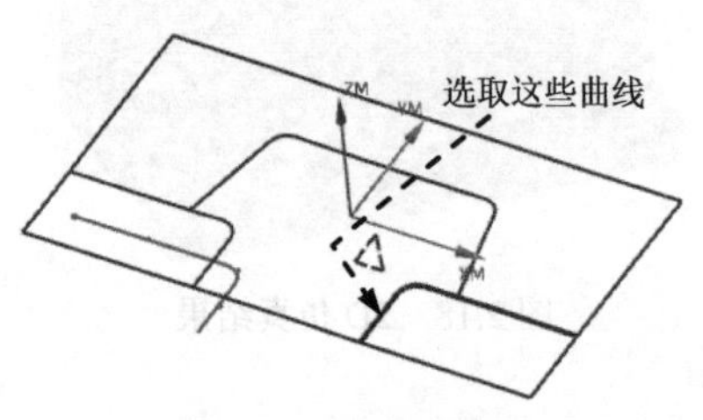

图 2.21 选取曲线

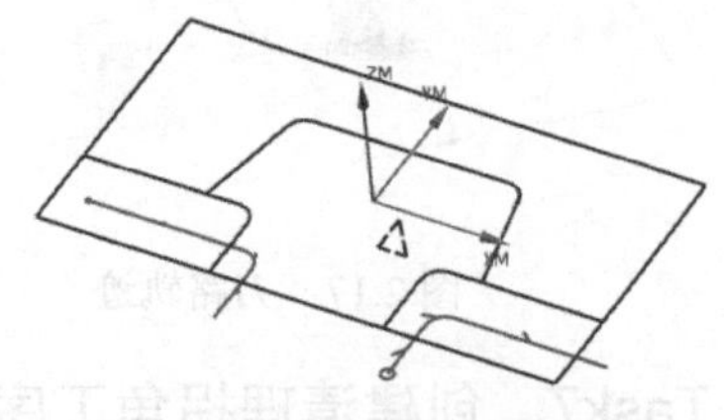

图 2.22 边界 2

Step2. 指定底面。单击“清理拐角”对话框中的“指定底面”按钮，系统弹出“平面”对话框，在类型下拉列表中选择XC-YC 平面选项，在偏置区域的距离文本框中输入值-20，单击确定按钮，系统返回到“清理拐角”对话框。

Stage3. 设置刀具路径参数

在刀轨设置区域的切削模式下拉列表中选择轮廓选项，在步距下拉列表中选择% 刀具平直选项，在平面直径百分比文本框中输入值50，其他参数采用系统默认设置。

Stage4. 设置切削层参数

Step1. 在刀轨设置区域中单击“切削层”按钮，系统弹出“切削层”对话框。

Step2. 在类型下拉列表中选择恒定选项，在公共文本框中输入值 2，其他参数采用系统默认设置，单击确定按钮，完成切削层参数的设置。

Stage5. 设置切削参数

Step1. 在刀轨设置区域中单击“切削参数”按钮，系统弹出“切削参数”对话框。

Step2. 在“切削参数”对话框中单击余量选项卡，在最终底面余量文本框中输入值 0.2。

Step3. 在“切削参数”对话框中单击空间范围选项卡，在处理中的工件下拉列表中选择使用参考刀具选项，在参考刀具下拉列表中选择D20（铣刀-5 参数）选项，在重叠距离文本框中输入值 2。

Step4. 单击确定按钮，系统返回到“清理拐角”对话框。

Stage6. 设置非切削移动参数

Step1. 在刀轨设置区域中单击“非切削移动”按钮，系统弹出“非切削移动”对话框。

Step2. 单击“非切削移动”对话框中的进刀选项卡，在开放区域区域的最小安全距离下拉列表中选择仅延伸选项；单击“非切削移动”对话框中的转移/快速选项卡，在区域内区域的转移类型下拉列表中选择前一平面选项；单击确定按钮，完成非切削移动参数的设置。

Stage7. 设置进给率和速度

Step1. 在“清理拐角”对话框中单击“进给率和速度”按钮，系统弹出“进给率和速度”对话框。

Step2. 在“进给率和速度”对话框中选中☑ 主轴速度（rpm）复选框，然后在其下的文本框中输入值 1200，按 Enter 键，单击按钮，在切削文本框中输入值 250，按 Enter 键，再单击按钮，其他参数采用系统默认设置。

Step3. 单击确定按钮，完成进给率和速度的设置，系统返回“清理拐角”对话框。

Stage8．生成刀路轨迹并仿真

生成的刀路轨迹如图 2.23 所示，2D 动态仿真加工后的模型如图 2.24 所示。

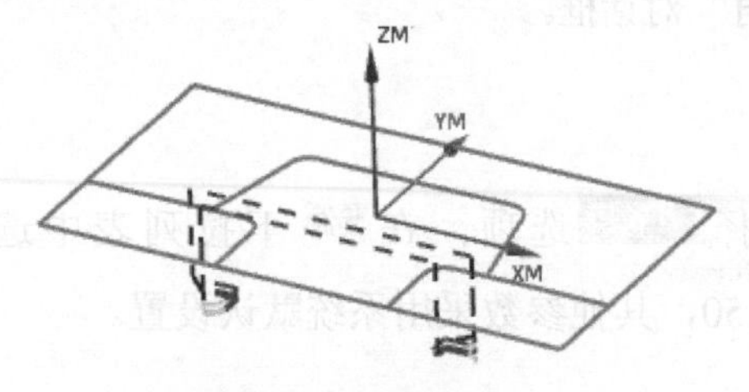

图 2.23　刀路轨迹

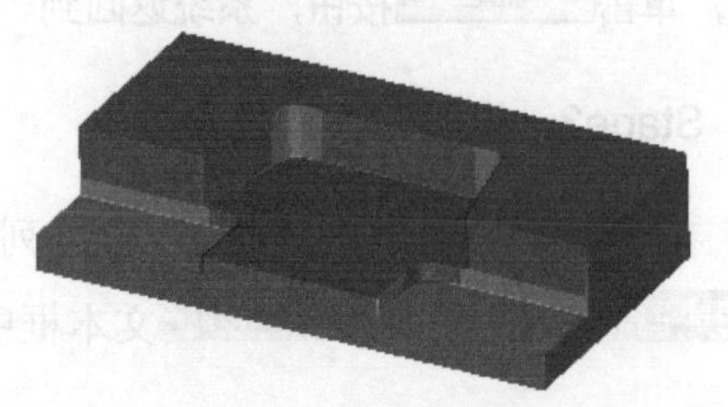

图 2.24　2D 仿真结果

Task8．创建精铣壁工序 1

Stage1．创建工序

Step1．选择下拉菜单 插入(S) → 工序(E)... 命令，系统弹出“创建工序”对话框。

Step2．确定加工方法。在“创建工序”对话框的类型下拉列表中选择mill_planar选项，在工序子类型区域中单击“精铣壁”按钮，在程序下拉列表中选择PROGRAM选项，在刀具下拉列表中选择D6（铣刀-5 参数）选项，在几何体下拉列表中选择WORKPIECE选项，在方法下拉列表中选择MILL FINISH选项，采用系统默认的名称。

Step3．单击“创建工序”对话框中的确定按钮，系统弹出“精铣壁”对话框。

Stage2．指定切削区域

Step1．在“精铣壁”对话框的几何体区域中单击指定部件边界右侧的按钮，系统弹出“部件边界”对话框。

Step2．在选择方法下拉列表中选择曲线选项，在边界类型下拉列表中选择开放选项。

Step3．在“上边框条”工具栏中的自动判断曲线下拉列表中选择相切曲线选项，选取图 2.25 所示的曲线，单击确定按钮。

Step4．指定底面。在“精铣壁”对话框的几何体区域中单击“选择或编辑底平面几何体”按钮，系统弹出“平面”对话框；在类型下拉列表中选择XC-YC 平面选项，在偏置区域的距离文本框中输入值-15，单击确定按钮，系统返回到“精铣壁”对话框。

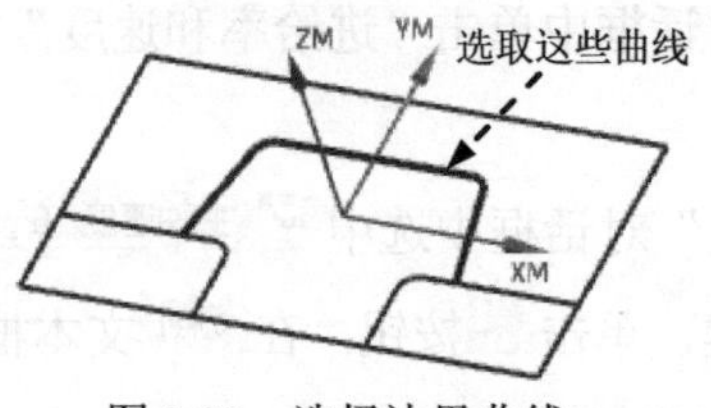

图 2.25　选择边界曲线

Stage3．设置刀具路径参数

在刀轨设置区域的切削模式下拉列表中选择轮廓选项，在步距下拉列表中选择恒定选项，在最大距离文本框中输入值 0.4，在附加刀路文本框中输入值 2，其他参数采用系统默认设置。

Stage4．设置切削参数

Step1．在刀轨设置区域中单击“切削参数”按钮，系统弹出“切削参数”对话框。

Step2．在“切削参数”对话框中单击余量选项卡，在最终底面余量文本框中输入值 0.1。

Step3．单击 确定 按钮，系统返回到“精铣壁”对话框。

Stage5．设置非切削移动参数

参数采用系统默认设置。

Stage6．设置进给率和速度

Step1．在“精铣壁”对话框的刀轨设置区域中单击“进给率和速度”按钮，系统弹出“进给率和速度”对话框。

Step2．在“进给率和速度”对话框中选中 ☑ 主轴速度 (rpm) 复选框，然后在其后的文本框中输入值 1800，按 Enter 键，单击按钮，在切削文本框中输入值 250，按 Enter 键，再单击按钮，其他参数采用系统默认设置。

Step3．单击“进给率和速度”对话框中的 确定 按钮，完成进给率和速度的设置。

Stage7．生成刀路轨迹并仿真

生成的刀路轨迹如图 2.26 所示，2D 动态仿真加工后的零件模型如图 2.27 所示。

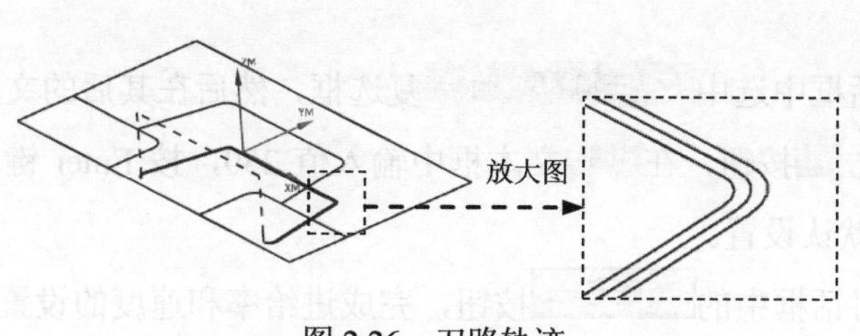

图 2.26　刀路轨迹

图 2.27　2D 仿真结果

Task9．创建精铣壁工序 2

Stage1．创建工序

Step1．选择下拉菜单 插入(S) → 工序(E)... 命令，系统弹出“创建工序”对话框。

Step2．确定加工方法。在“创建工序”对话框的类型下拉列表中选择mill_planar选项，在工序子类型区域中单击“精铣壁”按钮，在程序下拉列表中选择PROGRAM选项，在刀具下拉列表中选择D6 (铣刀-5 参数)选项，在几何体下拉列表中选择WORKPIECE选项，在方法下拉列表

中选择MILL FINISH选项，采用系统默认的名称。

Step3. 单击“创建工序”对话框中的确定按钮，系统弹出“精铣壁”对话框。

Stage2. 指定切削区域

说明：本 Stage 的详细操作过程请参见随书学习资源中 video\ch02\reference 文件下的语音视频讲解文件“平面铣加工-r01.avi”。

Stage3. 设置刀具路径参数

在刀轨设置区域的切削模式下拉列表中选择轮廓选项，在步距下拉列表中选择恒定选项，在最大距离文本框中输入值 0.4，在附加刀路文本框中输入值 2，其他参数采用系统默认设置。

Stage4. 设置切削参数

Step1. 在刀轨设置区域中单击“切削参数”按钮，系统弹出“切削参数”对话框。

Step2. 在“切削参数”对话框中单击余量选项卡，在最终底面余量文本框中输入值 0.1。

Step3. 单击确定按钮，系统返回到“精铣壁”对话框。

Stage5. 设置非切削移动参数

参数采用系统默认设置。

Stage6. 设置进给率和速度

Step1. 在“精铣壁”对话框的刀轨设置区域中单击“进给率和速度”按钮，系统弹出“进给率和速度”对话框。

Step2. 在“进给率和速度”对话框中选中☑ 主轴速度 (rpm)复选框，然后在其后的文本框中输入值 1800，按 Enter 键，单击按钮，在切削文本框中输入值 250，按 Enter 键，再单击按钮，其他参数采用系统默认设置。

Step3. 单击“进给率和速度”对话框中的确定按钮，完成进给率和速度的设置。

Stage7. 生成刀路轨迹并仿真

生成的刀路轨迹如图 2.28 所示，2D 动态仿真加工后的零件模型如图 2.29 所示。

Task10. 创建精铣底面工序

Stage1. 创建工序

Step1. 选择下拉菜单插入(S) ➡ 工序(E)...命令，系统弹出“创建工序”对话框。

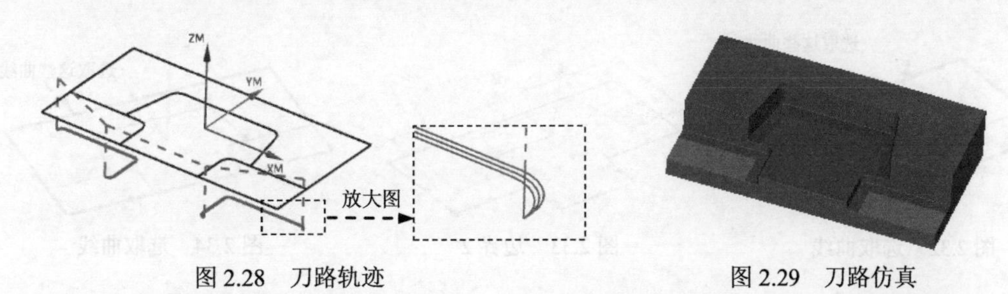

图 2.28 刀路轨迹　　　　图 2.29 刀路仿真

Step2. 确定加工方法。在“创建工序”对话框的类型下拉列表中选择mill_planar选项，在工序子类型区域中单击“精铣底面”按钮，在程序下拉列表中选择PROGRAM选项，在刀具下拉列表中选择D6 (铣刀-5 参数)选项，在几何体下拉列表中选择WORKPIECE选项，在方法下拉列表中选择MILL FINISH选项，采用系统默认的名称。

Step3. 在“创建工序”对话框中单击确定按钮，系统弹出“精铣底面”对话框。

Stage2. 指定切削区域

Step1. 创建部件边界。

（1）在“精铣底面”对话框的几何体区域中单击“选择或编辑部件边界”按钮，系统弹出“部件边界”对话框。

（2）创建边界 1。在选择方法下拉列表中选择曲线选项，采用默认的参数设置，按顺序依次选取图 2.30 所示的曲线，创建的边界 1 如图 2.31 所示。

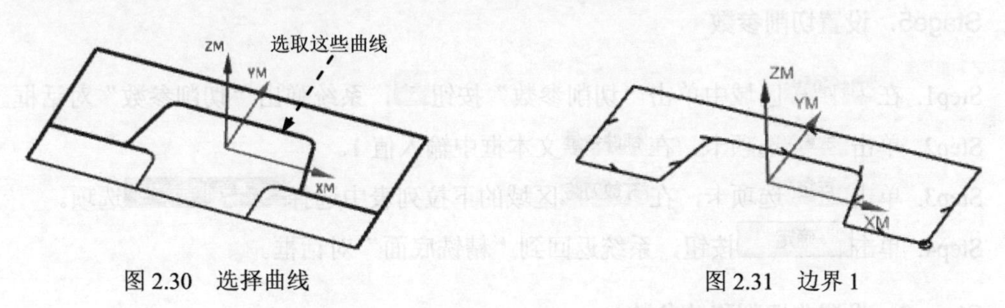

图 2.30 选择曲线　　　　图 2.31 边界 1

（3）创建边界 2。单击按钮，在平面下拉列表中选择指定选项，然后单击按钮，系统弹出“平面”对话框。在类型下拉列表中选择XC-YC 平面选项，在偏置区域的距离文本框中输入值-15，单击确定按钮，完成平面的指定。

（4）按顺序依次选取图 2.32 所示的曲线，系统创建的边界 2 如图 2.33 所示，单击确定按钮。

Step2. 创建毛坯边界。在几何体区域中单击“选择或编辑毛坯边界”按钮，系统弹出“毛坯边界”对话框。在选择方法下拉列表中选择曲线选项，按顺序依次选取图 2.34 所示的曲线，单击确定按钮，系统返回到“精铣底面”对话框。

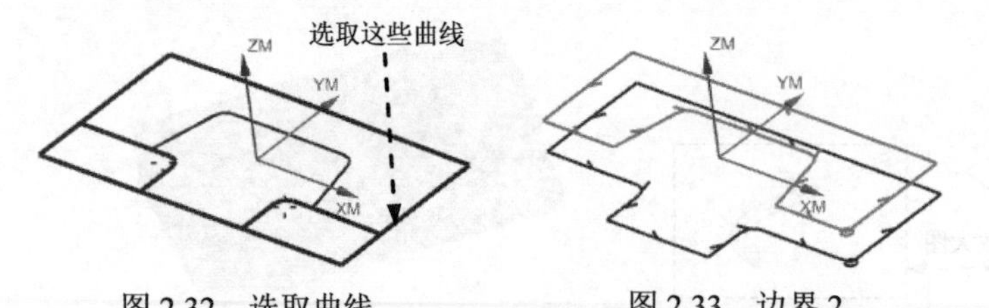

图 2.32　选取曲线　　　　图 2.33　边界 2

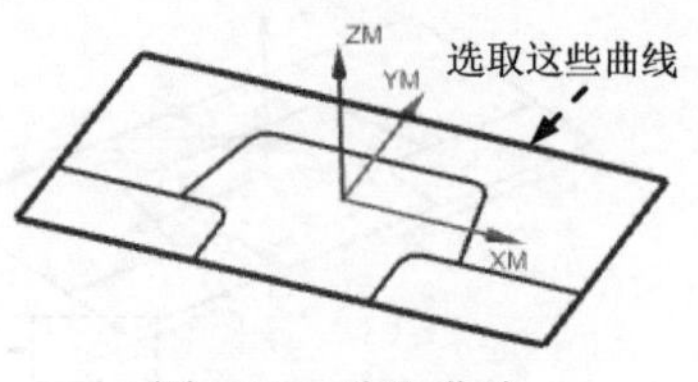

图 2.34　选取曲线

Step3. 指定底面。单击“精铣底面”对话框中“指定底面”右侧的按钮，系统弹出“平面”对话框，在类型下拉列表中选择 XC-YC 平面选项，在偏置区域的距离文本框中输入值-20，单击确定按钮，系统返回到“精铣底面”对话框。

Stage3．设置刀具路径参数

在刀轨设置区域的切削模式下拉列表中选择跟随部件选项，在步距下拉列表中选择% 刀具平直选项，在平面直径百分比文本框中输入值 50，其他参数采用系统默认设置。

Stage4．设置切削层参数

Step1. 在刀轨设置区域中单击“切削层”按钮，系统弹出“切削层”对话框。

Step2. 在类型下拉列表中选择底面及临界深度选项，单击确定按钮，完成切削层参数的设置。

Stage5．设置切削参数

Step1. 在刀轨设置区域中单击“切削参数”按钮，系统弹出“切削参数”对话框。

Step2. 单击余量选项卡，在部件余量文本框中输入值 1。

Step3. 单击连接选项卡，在开放刀路区域的下拉列表中选择变换切削方向选项。

Step4. 单击确定按钮，系统返回到“精铣底面”对话框。

Stage6．设置非切削移动参数

参数采用系统默认设置。

Stage7．设置进给率和速度

Step1. 在“精铣底面”对话框中单击“进给率和速度”按钮，系统弹出“进给率和速度”对话框。

Step2. 在“进给率和速度”对话框中选中主轴速度（rpm）复选框，然后在其下的文本框中输入值 2000，按 Enter 键，单击按钮，在切削文本框中输入值 250，按 Enter 键，再单击按钮，其他参数采用系统默认参数设置。

Step3. 单击 确定 按钮，系统返回“精铣底面”对话框。

Stage8. 生成刀路轨迹并仿真

生成的刀路轨迹如图 2.35 所示，2D 动态仿真加工后的模型如图 2.36 所示。

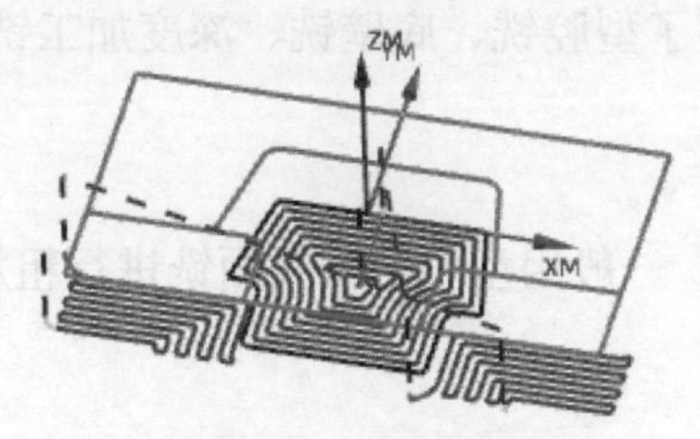

图 2.35 刀路轨迹

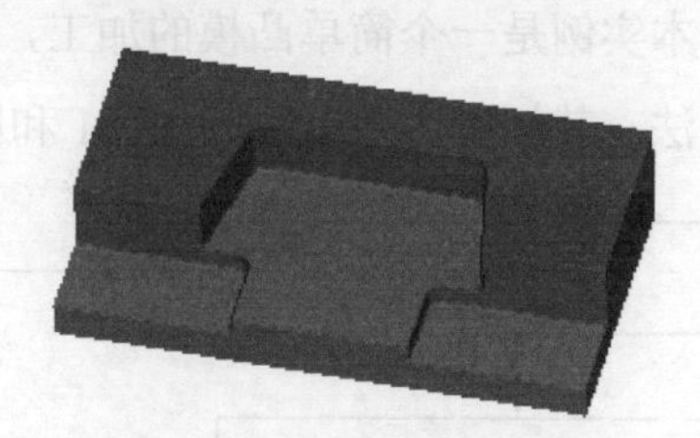
图 2.36 2D 仿真结果

Task11. 保存文件

选择下拉菜单 文件(F) → 保存(S) 命令，保存文件。

学习拓展：扫码学习更多视频讲解。

讲解内容：主要包含数控加工概述，基础知识，加工的一般流程，典型零件加工案例，特别是针对与加工工艺有关刀具的种类，刀具的选择及工序的编辑与参数这些背景知识进行了系统讲解。读者想要了解模具的数控加工编程，本部分的内容可以作为参考。

实例3 简单凸模加工

本实例是一个简单凸模的加工，加工过程中使用了型腔铣、底壁铣、深度加工铣等加工方法，其加工工艺路线如图 3.1 和图 3.2 所示。

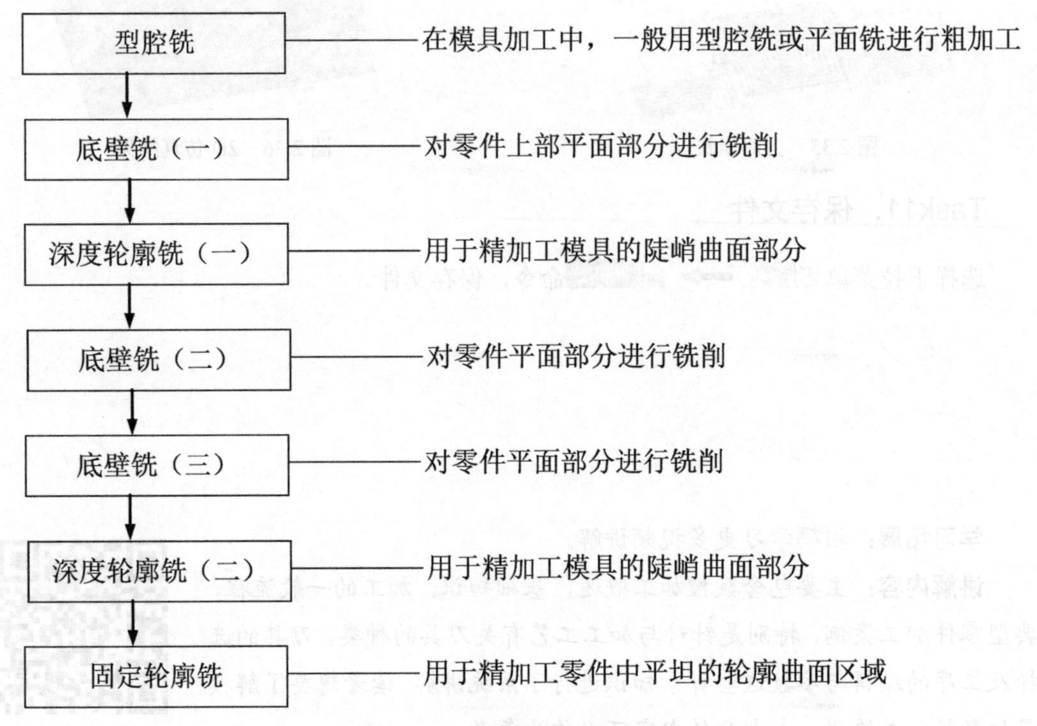

图 3.1 简单凸模加工工艺路线（一）

Task1．打开模型文件并进入加工环境

Step1．打开模型文件 D:\ug12.11\work\ch03\upper_vol.prt。

Step2．进入加工环境。在 应用模块 功能选项卡的 加工 区域单击 按钮，系统弹出“加工环境”对话框；在“加工环境”对话框的 CAM 会话配置 列表框中选择 cam_general 选项，在 要创建的 CAM 组装 列表框中选择 mill contour 选项，单击 确定 按钮，进入加工环境。

Task2．创建几何体

Stage1．创建机床坐标系

Step1．将工序导航器调整到几何视图，双击节点 MCS_MILL，系统弹出“MCS 铣削”对话框，在“MCS 铣削”对话框的 机床坐标系 区域中单击“坐标系对话框”按钮 ，系统弹出“坐标系”对话框。

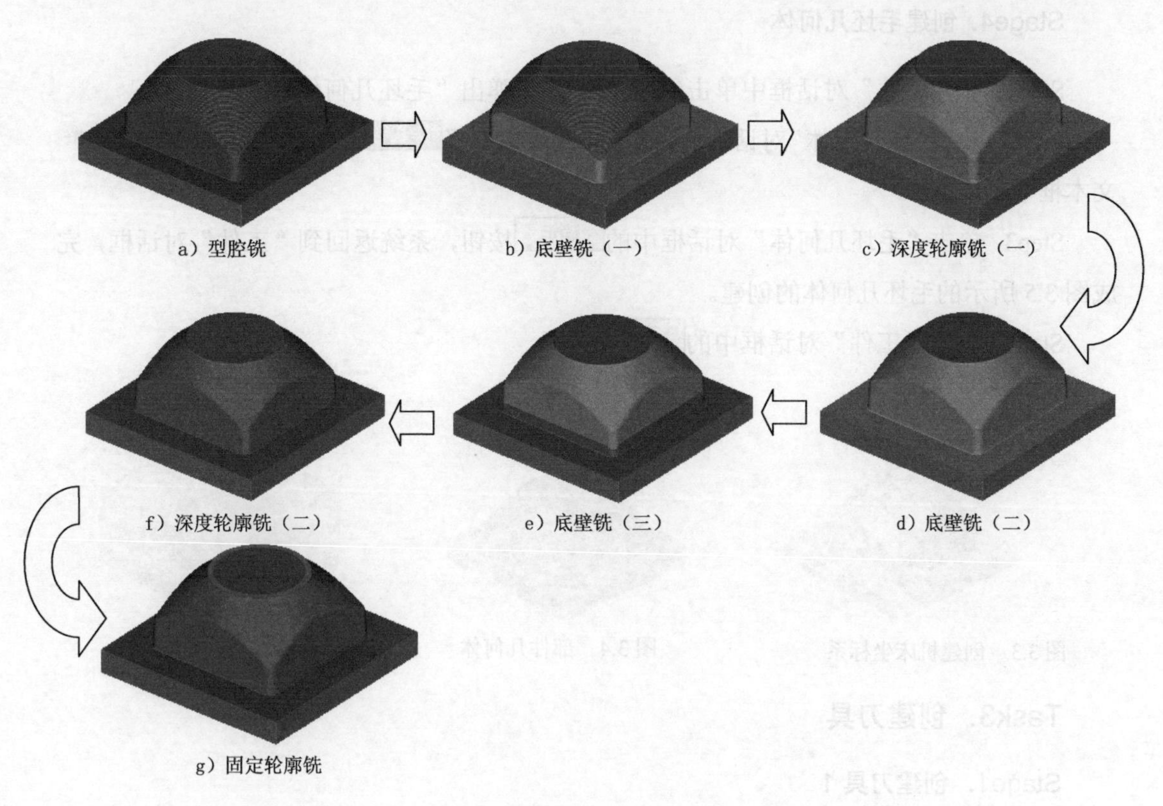

a）型腔铣　b）底壁铣（一）　c）深度轮廓铣（一）

f）深度轮廓铣（二）　e）底壁铣（三）　d）底壁铣（二）

g）固定轮廓铣

图 3.2　简单凸模加工工艺路线（二）

Step2. 单击“坐标系”对话框 操控器 区域中的“点对话框”按钮，系统弹出“点”对话框；在“点”对话框的 Z 文本框中输入值 65，单击 确定 按钮，此时系统返回至“坐标系”对话框；在该对话框中单击 确定 按钮，完成图 3.3 所示的机床坐标系的创建。

Stage2. 创建安全平面

Step1. 在“MCS 铣削”对话框 安全设置 区域的 安全设置选项 下拉列表中选择 自动平面 选项，在 安全距离 文本框中输入值 30。

Step2. 单击“MCS 铣削”对话框中的 确定 按钮，完成安全平面的创建。

Stage3. 创建部件几何体

Step1. 在工序导航器中双击 MCS_MILL 节点下的 WORKPIECE，系统弹出“工件”对话框。

Step2. 选取部件几何体。在“工件”对话框中单击按钮，系统弹出“部件几何体”对话框。

Step3. 在图形区中选择整个零件为部件几何体，如图 3.4 所示。在“部件几何体”对话框中单击 确定 按钮，完成部件几何体的创建，系统返回到“工件”对话框。

Stage4. 创建毛坯几何体

Step1. 在“工件”对话框中单击按钮，系统弹出“毛坯几何体”对话框。

Step2. 在“毛坯几何体”对话框的类型下拉列表中选择包容块选项，在限制区域的ZM+文本框中输入值 5。

Step3. 单击“毛坯几何体”对话框中的确定按钮，系统返回到“工件”对话框，完成图 3.5 所示的毛坯几何体的创建。

Step4. 单击“工件”对话框中的确定按钮。

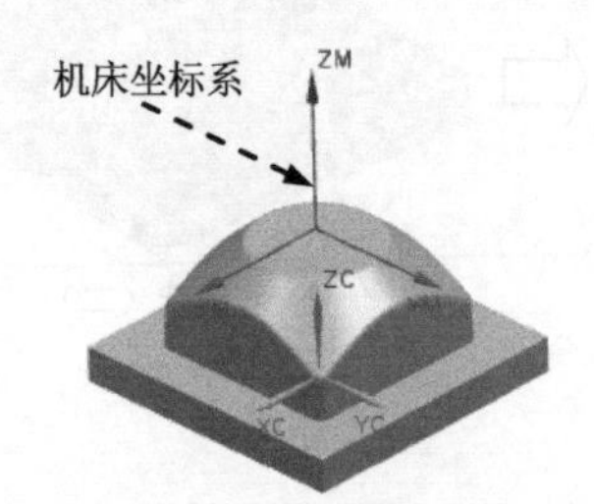

图 3.3 创建机床坐标系

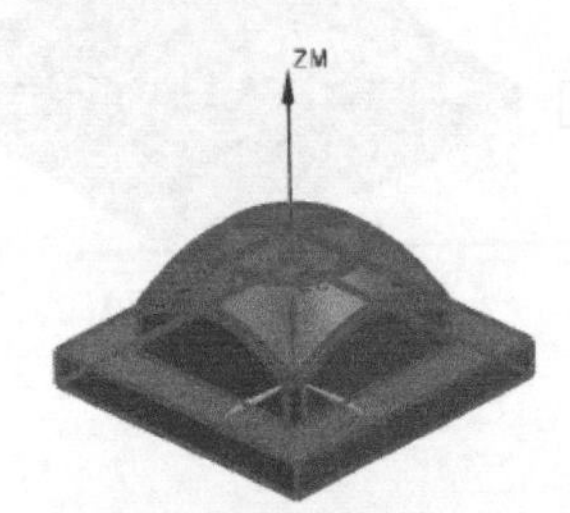

图 3.4 部件几何体

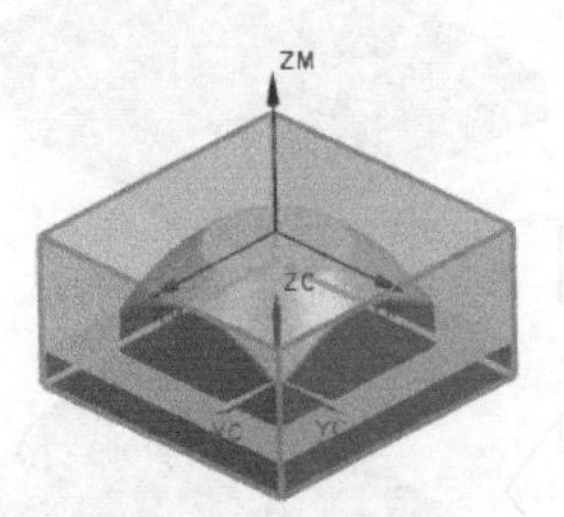

图 3.5 毛坯几何体

Task3. 创建刀具

Stage1. 创建刀具 1

Step1. 将工序导航器调整到机床视图。

Step2. 选择下拉菜单插入(S) → 刀具(T)...命令，系统弹出“创建刀具”对话框。

Step3. 在“创建刀具”对话框的类型下拉列表中选择mill contour选项，在刀具子类型区域中单击 MILL 按钮，在位置区域的刀具下拉列表中选择GENERIC_MACHINE选项，在名称文本框中输入 T1D10，然后单击确定按钮，系统弹出“铣刀-5 参数”对话框。

Step4. 在“铣刀-5 参数”对话框的(D) 直径文本框中输入值 10，在编号区域的刀具号、补偿寄存器和刀具补偿寄存器文本框中均输入值 1，其他参数采用系统默认设置；单击确定按钮，完成刀具 1 的创建。

Stage2. 创建刀具 2

设置刀具类型为mill contour，刀具子类型为 MILL 类型（单击按钮），刀具名称为 T2D20，刀具(D) 直径值为 20，在编号区域的刀具号、补偿寄存器和刀具补偿寄存器文本框中均输入值 2，具体操作方法参照 Stage1。

Stage3. 创建刀具 3

设置刀具类型为mill contour，刀具子类型为 MILL 类型（单击按钮），刀具名称为 T3D10R2，刀具(D) 直径值为 10，刀具(R1) 下半径值为 2，在编号区域的刀具号、补偿寄存器和刀具补偿寄存器文本框中均输入值 3，具体操作方法参照 Stage1。

Stage4．创建刀具 4

设置刀具类型为 mill contour，设置刀具子类型为 MILL 类型（单击按钮），刀具名称为 T4D8R1，刀具(D) 直径值为 8，刀具(R1) 下半径值为 1，在编号区域的刀具号、补偿寄存器和刀具补偿寄存器文本框中均输入值 4，具体操作方法参照 Stage1。

Stage5．创建刀具 5

设置刀具类型为 mill contour，设置刀具子类型为 BALL_MILL 类型（单击按钮），刀具名称为 T5D5，刀具(D) 球直径值为 5，在编号区域的刀具号、补偿寄存器和刀具补偿寄存器文本框中均输入值 5，具体操作方法参照 Stage1。

Task4．创建型腔铣工序

Stage1．创建工序

Step1. 将工序导航器调整到程序顺序视图。

Step2. 选择下拉菜单插入(S) → 工序(E)...命令，在“创建工序”对话框的类型下拉列表中选择 mill_contour 选项，在工序子类型区域中单击“型腔铣”按钮，在程序下拉列表中选择 PROGRAM 选项，在刀具下拉列表中选择前面设置的刀具 T1D10（铣刀-5 参数）选项，在几何体下拉列表中选择 WORKPIECE 选项，在方法下拉列表中选择 MILL ROUGH 选项，使用系统默认的名称。

Step3. 单击“创建工序”对话框中的确定按钮，系统弹出“型腔铣”对话框。

Stage2．设置一般参数

在“型腔铣”对话框的切削模式下拉列表中选择跟随部件选项；在步距下拉列表中选择 % 刀具平直选项，在平面直径百分比文本框中输入值 50；在公共每刀切削深度下拉列表中选择恒定选项，在最大距离文本框中输入值 1。

Stage3．设置切削参数

Step1. 在刀轨设置区域中单击“切削参数”按钮，系统弹出“切削参数”对话框。

Step2. 在“切削参数”对话框中单击连接选项卡，在开放刀路下拉列表中选择变换切削方向选项，其他参数采用系统默认设置。

Step3. 单击“切削参数”对话框中的确定按钮，系统返回到“型腔铣”对话框。

Stage4．设置非切削移动参数

采用系统默认的非切削移动参数设置。

Stage5．设置进给率和速度

Step1．在“型腔铣”对话框中单击“进给率和速度”按钮，系统弹出“进给率和速度”对话框。

Step2．选中“进给率和速度”对话框主轴速度区域中的☑ 主轴速度 (rpm)复选框，在其后的文本框中输入值 1200，按 Enter 键，然后单击按钮；在进给率区域的切削文本框中输入值 500，按 Enter 键，然后单击按钮，其他参数采用系统默认设置。

Step3．单击确定按钮，完成进给率和速度的设置，系统返回到“型腔铣”对话框。

Stage6．生成刀路轨迹并仿真

生成的刀路轨迹如图 3.6 所示，2D 动态仿真加工后的模型如图 3.7 所示。

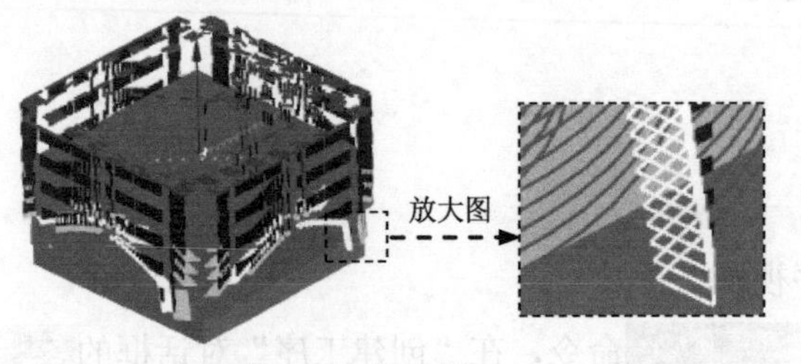

图 3.6　刀路轨迹

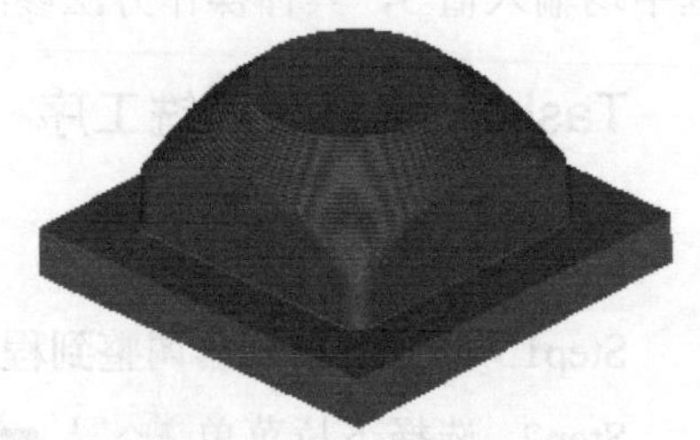

图 3.7　2D 仿真结果

Task5．创建底壁铣工序 1

Stage1．创建工序

Step1．选择下拉菜单插入(S) → 工序(E)...命令，系统弹出“创建工序”对话框。

Step2．确定加工方法。在“创建工序”对话框的类型下拉列表中选择mill_planar选项，在工序子类型区域中单击“底壁铣”按钮，在程序下拉列表中选择PROGRAM选项，在刀具下拉列表中选择T2D20 (铣刀-5 参数)选项，在几何体下拉列表中选择WORKPIECE选项，在方法下拉列表中选择MILL_SEMI_FINISH选项，采用系统默认的名称。

Step3．在“创建工序”对话框中单击确定按钮，系统弹出“底壁铣”对话框。

Stage2．指定切削区域

Step1．在“底壁铣”对话框的几何体区域中单击“选择或编辑切削区域几何体”按钮，系统弹出“切削区域”对话框。

Step2．选取图 3.8 所示的面为切削区域，在“切削区域”对话框中单击确定按钮，完成切削区域的创建，同时系统返回到“底壁铣”对话框。

Step3．在“切削区域”对话框中选中☑ 自动壁复选框，单击指定壁几何体区域中的按钮查看壁几何体。

Stage3．设置刀具路径参数

Step1．设置切削模式。在刀轨设置区域的切削模式下拉列表中选择跟随部件选项。

Step2．设置步进方式。在步距下拉列表中选择% 刀具平直选项，在平面直径百分比文本框中输入值 60。在底面毛坯厚度文本框中输入值 1，在每刀切削深度文本框中输入值 0。

Stage4．设置切削参数

Step1．在刀轨设置区域中单击“切削参数”按钮，系统弹出“切削参数”对话框。

Step2．在“切削参数”对话框中单击空间范围选项卡，在刀具延展量文本框中输入值 50。

Step3．在“切削参数”对话框中单击余量选项卡，在壁余量文本框中输入值 0，在最终底面余量文本框中输入值 0.2，单击确定按钮，系统返回到“底壁铣”对话框。

Stage5．设置非切削移动参数

Step1．单击“底壁铣”对话框中的“非切削移动”按钮，系统弹出“非切削移动”对话框。

Step2．单击“非切削移动”对话框中的进刀选项卡，在斜坡角度文本框中输入值 3，在高度文本框中输入值 2，单击确定按钮，完成非切削移动参数的设置。

Stage6．设置进给率和速度

Step1．单击“底壁铣”对话框中的“进给率和速度”按钮，系统弹出“进给率和速度”对话框。

Step2．选中“进给率和速度”对话框主轴速度区域中的☑ 主轴速度 (rpm)复选框，在其后的文本框中输入值 1000，按 Enter 键，然后单击按钮；在进给率区域的切削文本框中输入值 300，按 Enter 键，然后单击按钮，其他参数采用系统默认设置。

Step3．单击“进给率和速度”对话框中的确定按钮，系统返回“底壁铣”对话框。

Stage7．生成刀路轨迹并仿真

生成的刀路轨迹如图 3.9 所示，2D 动态仿真加工后的模型如图 3.10 所示。

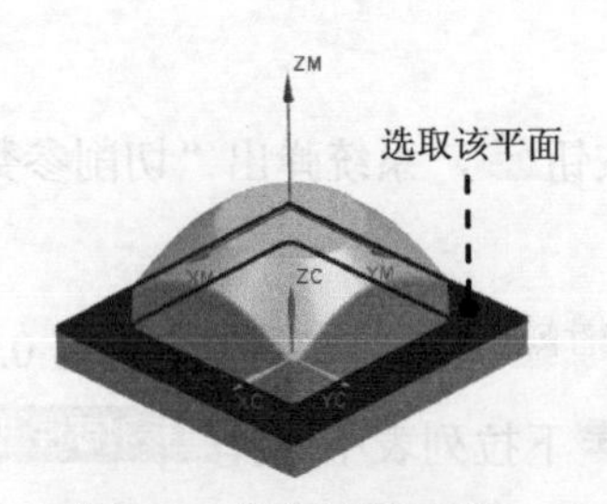

图 3.8　指定切削区域

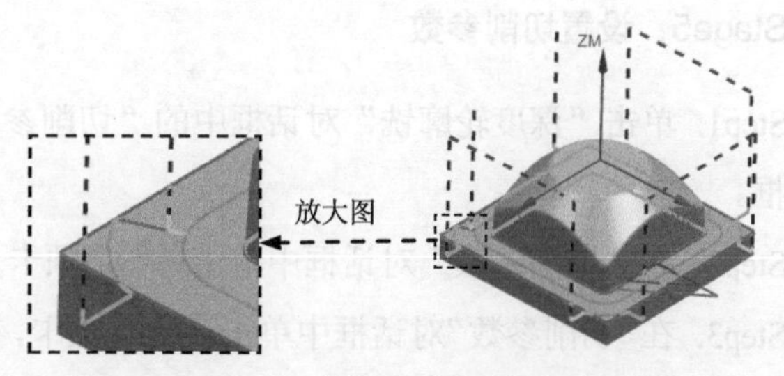

图 3.9　刀路轨迹

Task6. 创建深度轮廓铣工序 1

Stage1. 创建工序

Step1. 选择下拉菜单 插入(S) ➡ 工序(E)... 命令，在“创建工序”对话框的 类型 下拉列表中选择 mill_contour 选项，在 工序子类型 区域中单击“深度轮廓铣”按钮，在 程序 下拉列表中选择 PROGRAM 选项，在 刀具 下拉列表中选择刀具 T3D10R2（铣刀-5 参数）选项，在 几何体 下拉列表中选择 WORKPIECE 选项，在 方法 下拉列表中选择 MILL_FINISH 选项，使用系统默认的名称。

Step2. 单击“创建工序”对话框中的 确定 按钮，系统弹出“深度轮廓铣”对话框。

Stage2. 指定切削区域

Step1. 在“深度轮廓铣”对话框的 几何体 区域中单击 指定切削区域 右侧的按钮，系统弹出“切削区域”对话框。

Step2. 在图形区中选取图 3.11 所示的面（共 18 个）为切削区域，然后单击“切削区域”对话框中的 确定 按钮，系统返回到“深度轮廓铣”对话框。

图 3.10　2D 仿真结果

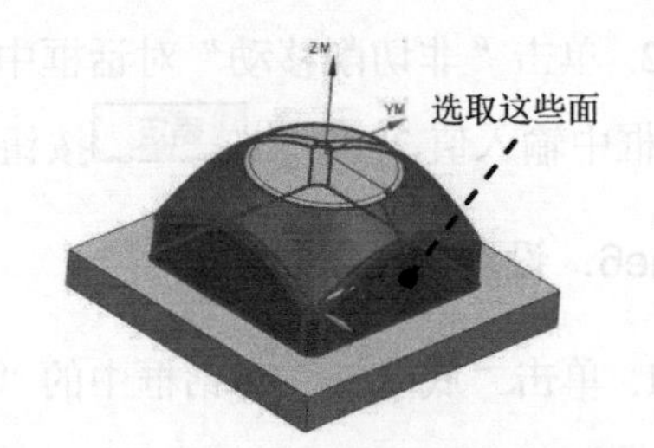

图 3.11　指定切削区域

Stage3. 设置一般参数

在“深度轮廓铣”对话框的 合并距离 文本框中输入值 3，在 最小切削长度 文本框中输入值 1，在 公共每刀切削深度 下拉列表中选择 恒定 选项，在 最大距离 文本框中输入值 0.5。

Stage4. 设置切削层

参数采用系统默认设置。

Stage5. 设置切削参数

Step1. 单击“深度轮廓铣”对话框中的“切削参数”按钮，系统弹出“切削参数”对话框。

Step2. 在“切削参数”对话框中单击 余量 选项卡，在 部件侧面余量 文本框中输入值 0.25。

Step3. 在“切削参数”对话框中单击 连接 选项卡，在 层到层 下拉列表中选择 直接对部件进刀 选项。

Step4. 单击“切削参数”对话框中的 确定 按钮，完成切削参数的设置，系统返回到“深度轮廓铣”对话框。

Stage6．设置非切削移动参数

采用系统默认的非切削移动参数设置。

Stage7．设置进给率和速度

Step1. 在“深度轮廓铣”对话框中单击“进给率和速度”按钮，系统弹出“进给率和速度”对话框。

Step2. 选中“进给率和速度”对话框 主轴速度 区域中的 ☑ 主轴速度 (rpm) 复选框，在其后的文本框中输入值 1500，按 Enter 键，然后单击按钮；在 进给率 区域的 切削 文本框中输入值 300，按 Enter 键，然后单击按钮，其他参数采用系统默认设置。

Step3. 单击 确定 按钮，完成进给率和速度的设置，系统返回到“深度轮廓铣”对话框。

Stage8．生成刀路轨迹并仿真

生成的刀路轨迹如图 3.12 所示，2D 动态仿真加工后的模型如图 3.13 所示。

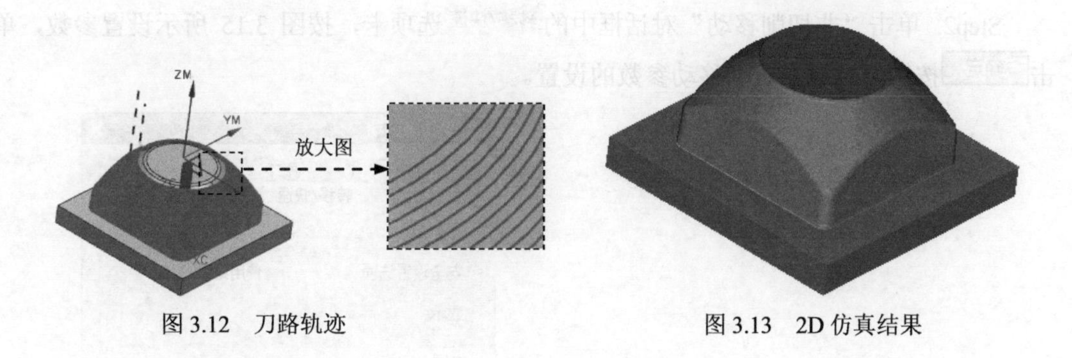

图 3.12 刀路轨迹　　图 3.13 2D 仿真结果

Task7．创建底壁铣工序 2

Stage1．创建工序

Step1. 选择下拉菜单 插入(S) → 工序(E)... 命令，系统弹出“创建工序”对话框。

Step2. 确定加工方法。在“创建工序”对话框的 类型 下拉列表中选择 mill_planar 选项，在 工序子类型 区域中单击“底壁铣”按钮，在 程序 下拉列表中选择 PROGRAM 选项，在 刀具 下拉列表中选择 T2D20 (铣刀-5 参数) 选项，在 几何体 下拉列表中选择 WORKPIECE 选项，在 方法 下拉列表中选择 MILL_FINISH 选项，采用系统默认的名称。

Step3. 在“创建工序”对话框中单击 确定 按钮，系统弹出“底壁铣”对话框。

Stage2．指定切削区域

Step1. 在“底壁铣”对话框的几何体区域中单击“选择或编辑切削区域几何体”按钮，系统弹出“切削区域”对话框。

Step2. 选取图 3.14 所示的面为切削区域，在“切削区域”对话框中单击确定按钮，完成切削区域的创建，同时系统返回到“底壁铣”对话框。

Stage3．设置刀具路径参数

Step1. 设置切削模式。在刀轨设置区域的切削模式下拉列表中选择单向选项。

Step2. 设置步进方式。在步距下拉列表中选择% 刀具平直选项，在平面直径百分比文本框中输入值 60，在底面毛坯厚度文本框中输入值 1，在每刀切削深度文本框中输入值 0。

Stage4．设置切削参数

采用系统默认的切削参数。

Stage5．设置非切削移动参数

Step1. 单击“底壁铣”对话框中的“非切削移动”按钮，系统弹出“非切削移动”对话框。

Step2. 单击“非切削移动”对话框中的转移/快速选项卡，按图 3.15 所示设置参数，单击确定按钮，完成非切削移动参数的设置。

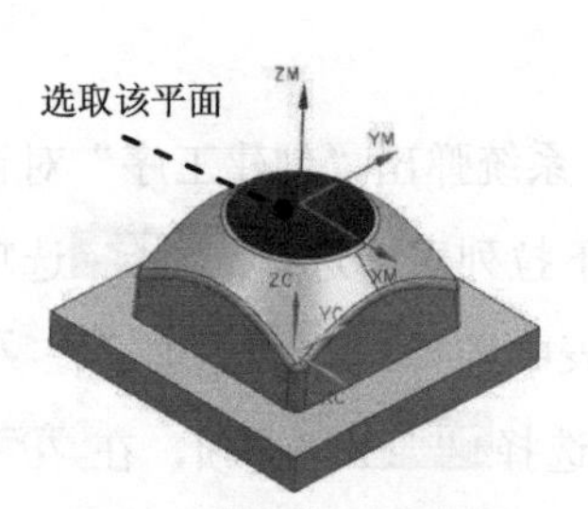

图 3.14　指定切削区域

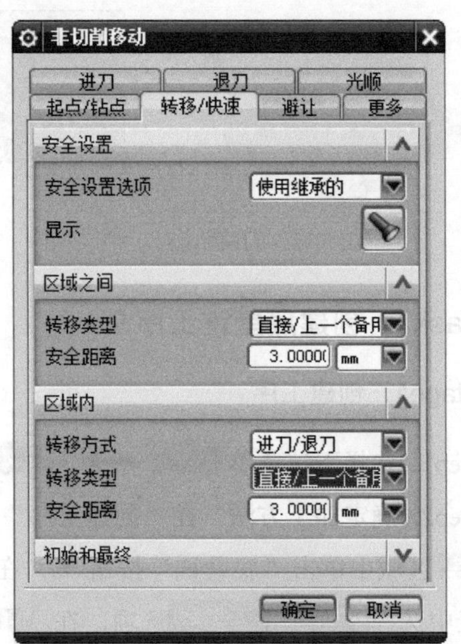

图 3.15　“转移/快速”选项卡

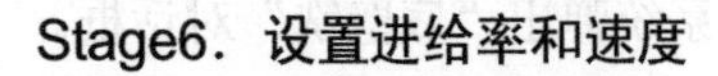
Stage6．设置进给率和速度

Step1. 单击“底壁铣”对话框中的“进给率和速度”按钮，系统弹出“进给率和速度”对话框。

Step2. 选中“进给率和速度”对话框主轴速度区域中的☑ 主轴速度 (rpm)复选框，在其后的文本框中输入值 1500，按 Enter 键，然后单击按钮；在进给率区域的切削文本框中输入值 400，按 Enter 键，然后单击按钮，其他参数采用系统默认设置。

Step3. 单击“进给率和速度”对话框中的确定按钮，系统返回到“底壁铣”对话框。

Stage7．生成刀路轨迹并仿真

生成的刀路轨迹如图 3.16 所示，2D 动态仿真加工后的模型如图 3.17 所示。

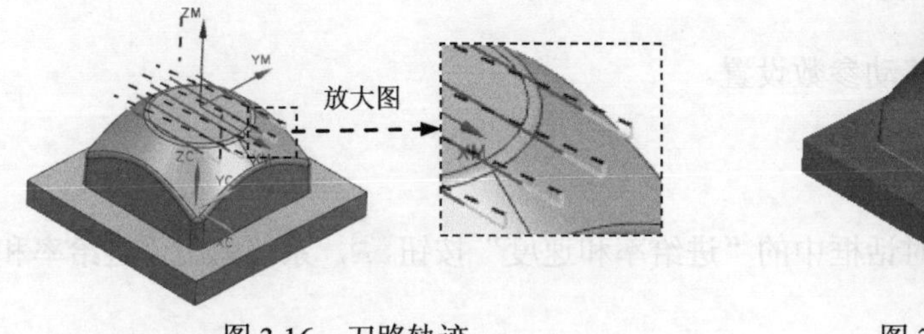

图 3.16　刀路轨迹

图 3.17　2D 仿真结果

Task8．创建底壁铣工序 3

Stage1．创建工序

Step1. 选择下拉菜单插入(S) ➡ 工序(E)...命令，系统弹出“创建工序”对话框。

Step2. 确定加工方法。在“创建工序”对话框的类型下拉列表中选择mill_planar选项，在工序子类型区域中单击“底壁铣”按钮，在程序下拉列表中选择PROGRAM选项，在刀具下拉列表中选择T2D20 (铣刀-5 参数)选项，在几何体下拉列表中选择WORKPIECE选项，在方法下拉列表中选择MILL_FINISH选项，采用系统默认的名称。

Step3. 在“创建工序”对话框中单击确定按钮，系统弹出“底壁铣”对话框。

Stage2．指定切削区域

Step1. 在“底壁铣”对话框的几何体区域中单击“选择或编辑切削区域几何体”按钮，系统弹出“切削区域”对话框。

Step2. 选取图 3.18 所示的面为切削区域，在“切削区域”对话框中单击确定按钮，完成切削区域的创建，同时系统返回到“底壁铣”对话框。

Step3. 在“底壁铣”对话框中选中☑ 自动壁复选框。

Stage3．设置刀具路径参数

Step1. 设置切削模式。在刀轨设置区域的切削模式下拉列表中选择跟随周边选项。

Step2. 设置步进方式。在步距下拉列表中选择% 刀具平直选项，在平面直径百分比文本框中输入值 40，在底面毛坯厚度文本框中输入值 1，在每刀切削深度文本框中输入值 0。

Stage4. 设置切削参数

Step1. 在刀轨设置区域中单击“切削参数”按钮，系统弹出“切削参数”对话框。

Step2. 在“切削参数”对话框中单击策略选项卡，在刀路方向下拉列表中选择向内选项，在壁区域中选中☑ 岛清根复选框；单击空间范围选项卡，在刀具延展量文本框中输入值 60；单击确定按钮，系统返回到“底壁铣”对话框。

Stage5. 设置非切削移动参数

采用系统默认的非切削移动参数设置。

Stage6. 设置进给率和速度

Step1. 单击“底壁铣”对话框中的“进给率和速度”按钮，系统弹出“进给率和速度”对话框。

Step2. 选中“进给率和速度”对话框主轴速度区域中的☑ 主轴速度 (rpm)复选框，在其后的文本框中输入值 1500，按 Enter 键，然后单击按钮；在进给率区域的切削文本框中输入值 300，按 Enter 键，然后单击按钮，其他参数采用系统默认设置。

Step3. 单击“进给率和速度”对话框中的确定按钮，系统返回到“底壁铣”对话框。

Stage7. 生成刀路轨迹并仿真

生成的刀路轨迹如图 3.19 所示，2D 动态仿真加工后的模型如图 3.20 所示。

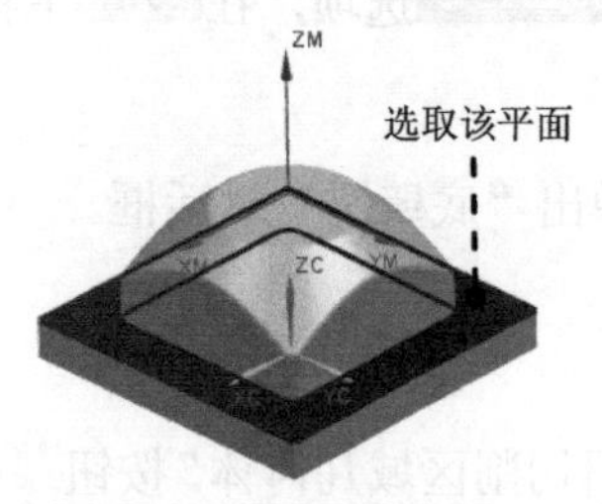

图 3.18　指定切削区域

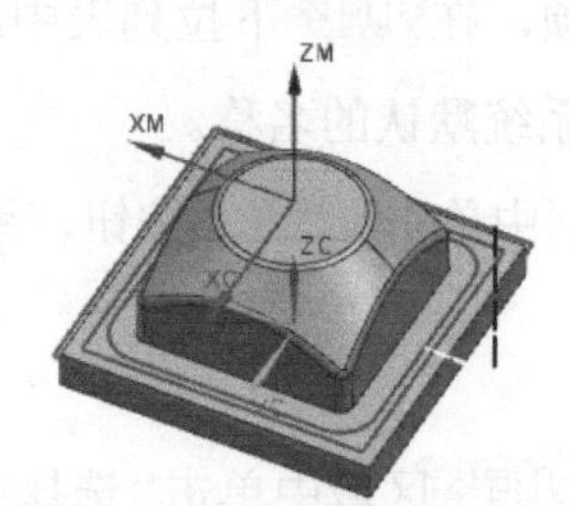

图 3.19　刀路轨迹

图 3.20　2D 仿真结果

Task9. 创建深度轮廓铣工序 2

Stage1. 创建工序

Step1. 选择下拉菜单插入(S) ➡ 工序(E)...命令，在“创建工序”对话框的类型下拉列表中选择mill_contour选项，在工序子类型区域中单击“深度轮廓铣”按钮，在程序下拉列表中选择PROGRAM选项，在刀具下拉列表中选择刀具T4D8R1 (铣刀-5 参数)选项，在几何体下拉列表中选择WORKPIECE选项，在方法下拉列表中选择MILL_FINISH选项，使用系统默认的名称。

Step2. 单击“创建工序”对话框中的确定按钮，系统弹出“深度轮廓铣”对话框。

Stage2．指定切削区域

Step1. 在“深度轮廓铣”对话框的几何体区域中单击指定切削区域右侧的按钮，系统弹出“切削区域”对话框。

Step2. 在图形区中选取图 3.21 所示的面（共 18 个）为切削区域，然后单击“切削区域”对话框中的确定按钮，系统返回到“深度轮廓铣”对话框。

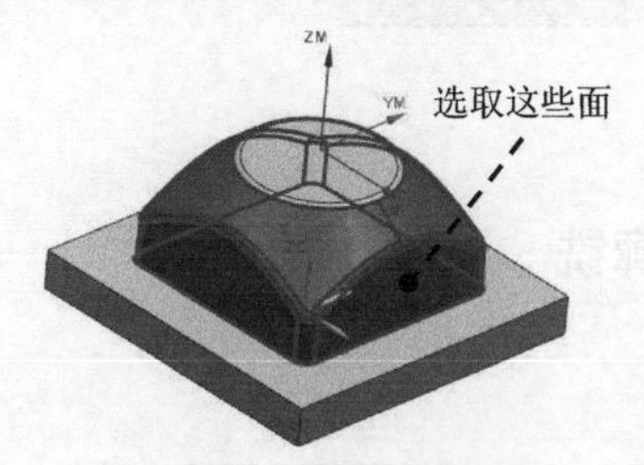

图 3.21　指定切削区域

Stage3．设置一般参数

在“深度轮廓铣”对话框的合并距离文本框中输入值 3，在最小切削长度文本框中输入值 1，在公共每刀切削深度下拉列表中选择恒定选项，在最大距离文本框中输入值 0.2。

Stage4．设置切削层

参数采用系统默认设置值。

Stage5．设置切削参数

说明：本 Stage 的详细操作过程请参见随书学习资源中 video\ch03\reference\文件下的语音视频讲解文件 upper_vol -r01.avi。

Stage6．设置非切削移动参数

采用系统默认的非切削移动参数设置。

Stage7．设置进给率和速度

Step1. 在“深度轮廓铣”对话框中单击“进给率和速度”按钮，系统弹出“进给率和速度”对话框。

Step2. 选中“进给率和速度”对话框主轴速度区域中的☑ 主轴速度 (rpm)复选框，在其后的文本框中输入值 3500，按 Enter 键，然后单击按钮；在进给率区域的切削文本框中输入值 400，按 Enter 键，然后单击按钮，其他参数采用系统默认设置值。

Step3. 单击 确定 按钮，系统返回到“深度轮廓铣”对话框。

Stage8. 生成刀路轨迹并仿真

生成的刀路轨迹如图 3.22 所示，2D 动态仿真加工后的模型如图 3.23 所示。

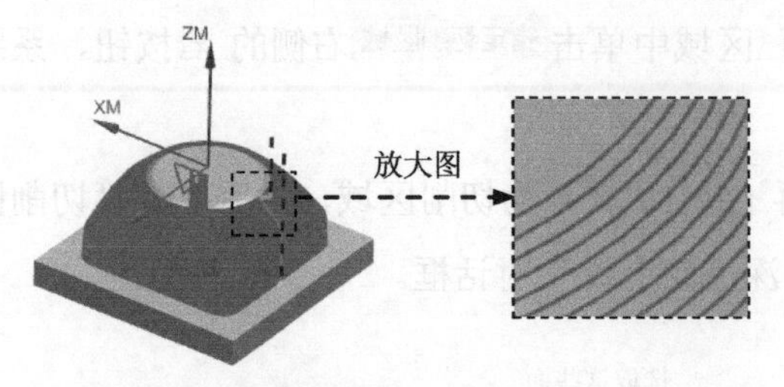

图 3.22 刀路轨迹

图 3.23 2D 仿真结果

Task10. 创建固定轮廓铣

Stage1. 创建工序

Step1. 选择下拉菜单 插入(S) → 工序(E)... 命令，在“创建工序”对话框的 类型 下拉列表中选择 mill_contour 选项，在 工序子类型 区域中单击“固定轮廓铣”按钮，在 程序 下拉列表中选择 PROGRAM 选项，在 刀具 下拉列表中选择刀具 T5D5（铣刀-球头铣）选项，在 几何体 下拉列表中选择 WORKPIECE 选项，在 方法 下拉列表中选择 MILL_FINISH 选项，使用系统默认的名称 FIXED_CONTOUR。

Step2. 单击“创建工序”对话框中的 确定 按钮，系统弹出“固定轮廓铣”对话框。

Stage2. 设置驱动方式

Step1. 在“固定轮廓铣”对话框 驱动方法 区域的 方法 下拉列表中选择 径向切削 选项，系统弹出“径向切削驱动方法”对话框。

Step2. 在“径向切削驱动方法”对话框的 驱动几何体 区域中单击“选择或编辑驱动几何体”按钮，系统弹出“临时边界”对话框。

Step3. 在图形区选取图 3.24 所示的边线，单击 确定 按钮，系统返回到“径向切削驱动方法”对话框。

Step4. 按图 3.25 所示设置 驱动设置 区域的参数，单击 确定 按钮，系统返回到“固定轮廓铣”对话框。

Stage3. 设置切削参数

采用系统默认的切削参数设置。

Stage4. 设置非切削移动参数

采用系统默认的非切削移动参数设置。

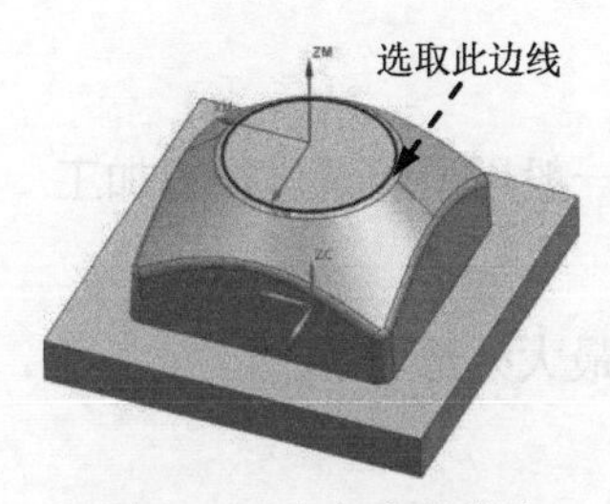

图 3.24　定义参照边线

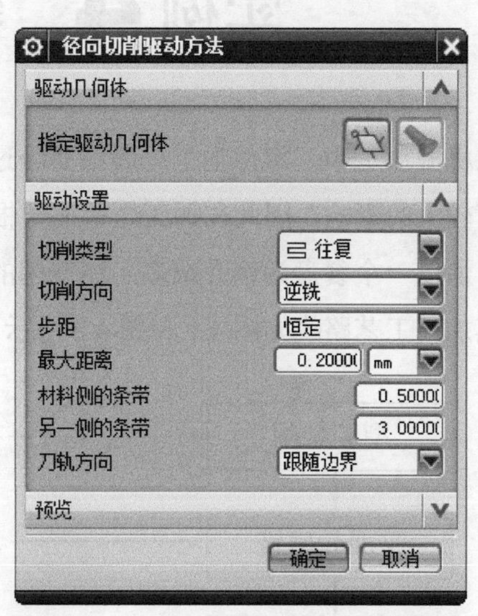

图 3.25　“径向切削驱动方法”对话框

Stage5．设置进给率和速度

Step1．在“固定轮廓铣”对话框中单击“进给率和速度”按钮，系统弹出“进给率和速度”对话框。

Step2．选中“进给率和速度”对话框主轴速度区域中的☑ 主轴速度（rpm）复选框，在其后的文本框中输入值 4500，按 Enter 键，然后单击按钮；在进给率区域的切削文本框中输入值 800，按 Enter 键，然后单击按钮，其他参数采用系统默认设置。

Step3．单击 确定 按钮，完成进给率和速度的设置，系统返回到“固定轮廓铣”操作对话框。

Stage6．生成刀路轨迹并仿真

生成的刀路轨迹如图 3.26 所示，2D 动态仿真加工后的模型如图 3.27 所示。

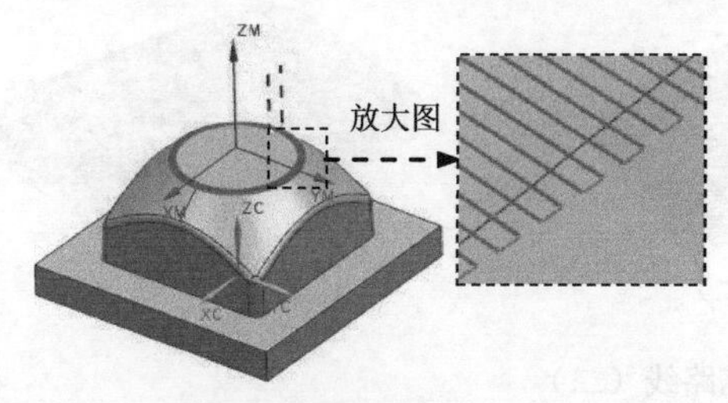

图 3.26　刀路轨迹

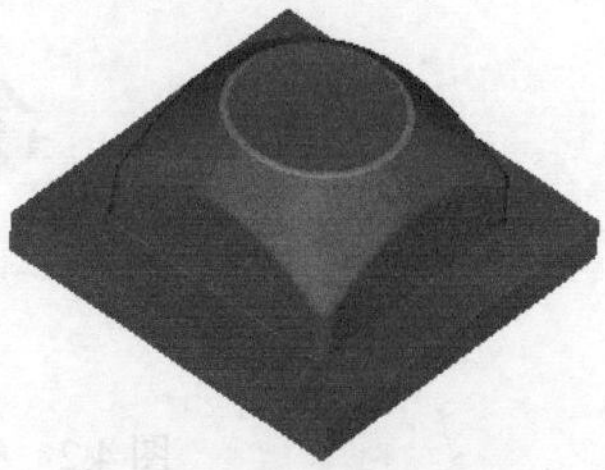

图 3.27　2D 仿真结果

Task11．保存文件

选择下拉菜单 文件(F) ➡ 保存(S) 命令，保存文件。

实例 4 餐盘加工

在机械加工中，零件加工一般都要经过多道工序。工序安排是否合理对零件加工后的质量有较大的影响，因此在加工之前需要根据零件的特征制订好加工工序。

下面以一个餐盘为例介绍多工序铣削的加工方法，加工该零件应注意多型腔的加工方法，其加工工艺路线如图 4.1 和图 4.2 所示。

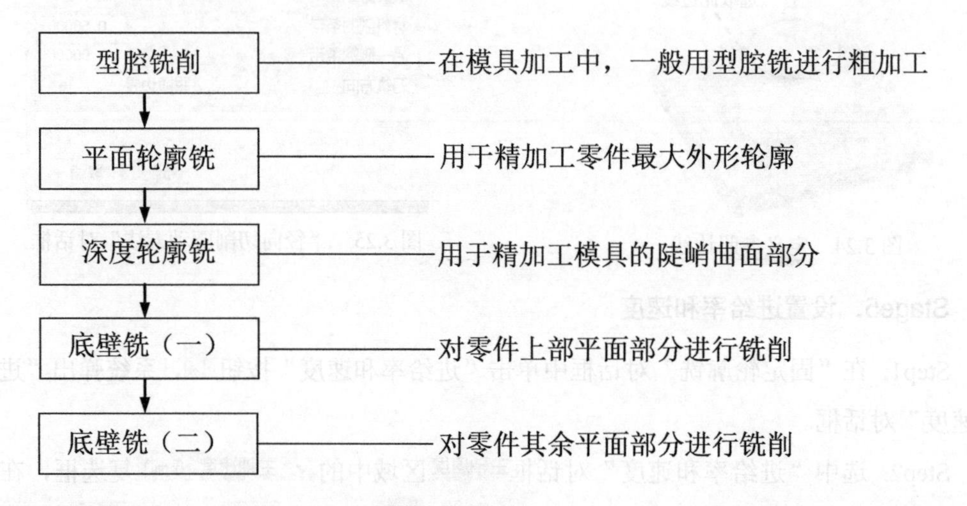

图 4.1 餐盘加工工艺路线（一）

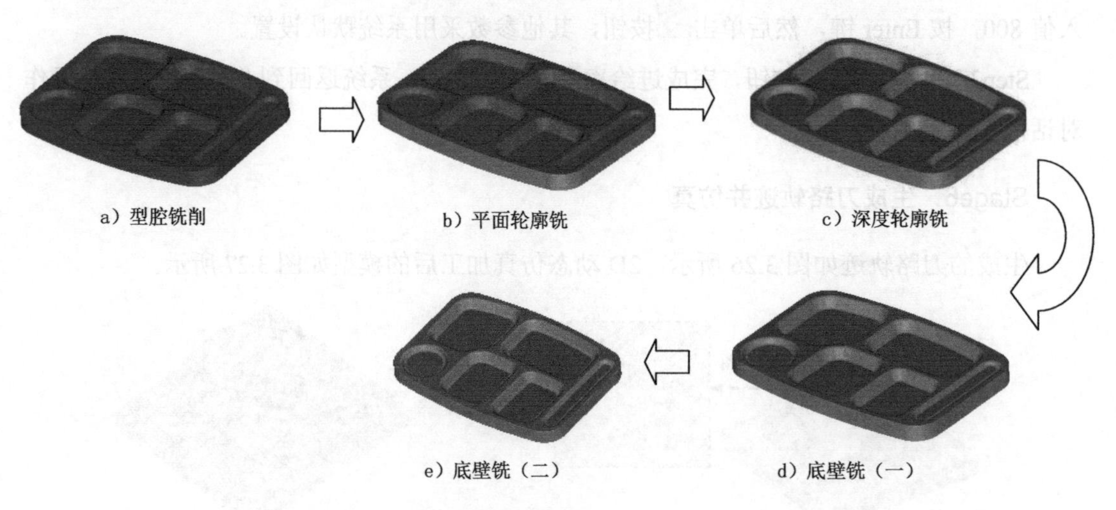

图 4.2 餐盘加工工艺路线（二）

Task1．打开模型文件并进入加工环境

Step1．打开模型文件 D:\ug12.11\work\ch04\canteen.prt。

Step2. 进入加工环境。在 应用模块 功能选项卡的 加工 区域单击按钮，系统弹出“加工环境”对话框；在“加工环境”对话框的 CAM 会话配置 列表框中选择 cam_general 选项，在 要创建的 CAM 组装 列表框中选择 mill contour 选项，单击 确定 按钮，进入加工环境。

Task2. 创建几何体

Stage1. 创建安全平面

Step1. 将工序导航器调整到几何视图，双击 MCS_MILL 节点，系统弹出“MCS 铣削”对话框。采用系统默认的加工坐标系，在 安全设置 区域的 安全设置选项 下拉列表中选择 自动平面 选项，然后在 安全距离 文本框中输入值 20。

Step2. 单击“MCS 铣削”对话框中的 确定 按钮，完成安全平面的创建。

Stage2. 创建部件几何体

Step1. 在工序导航器中双击 MCS_MILL 节点下的 WORKPIECE，系统弹出“工件”对话框。

Step2. 选取部件几何体。在“工件”对话框中单击按钮，系统弹出“部件几何体”对话框。

Step3. 在图形区中选择整个零件为部件几何体。在“部件几何体”对话框中单击 确定 按钮，完成部件几何体的创建，系统返回到“工件”对话框。

Stage3. 创建毛坯几何体

Step1. 在“工件”对话框中单击按钮，系统弹出“毛坯几何体”对话框。

Step2. 在“毛坯几何体”对话框的 类型 下拉列表中选择 包容块 选项，按图 4.3 所示设置“限制”区域的参数。

Step3. 单击“毛坯几何体”对话框中的 确定 按钮，系统返回到“工件”对话框，完成图 4.4 所示的毛坯几何体的创建。

Step4. 单击“工件”对话框中的 确定 按钮，完成毛坯几何体的创建。

图 4.3 “毛坯几何体”对话框

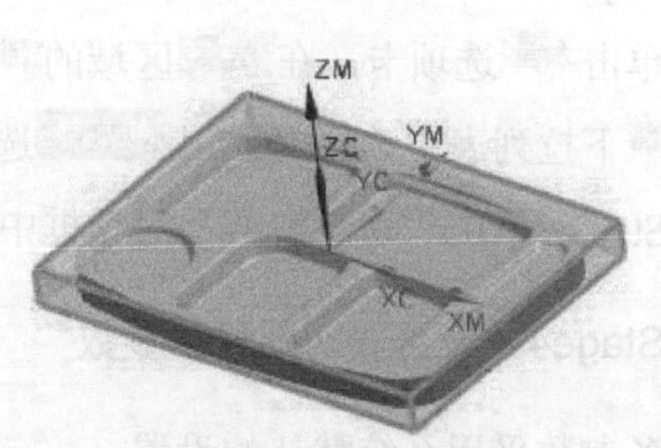

图 4.4 毛坯几何体

Task3．创建刀具 1

Step1．将工序导航器调整到机床视图。

Step2．选择下拉菜单 插入(S) → 刀具(T)... 命令，系统弹出“创建刀具”对话框。

Step3．在“创建刀具”对话框的 类型 下拉列表中选择 mill contour 选项，在 刀具子类型 区域中单击 MILL 按钮，在 位置 区域的 刀具 下拉列表中选择 GENERIC_MACHINE 选项，在 名称 文本框中输入 T1D16R1；单击 确定 按钮，系统弹出“铣刀-5 参数”对话框。

Step4．在“铣刀-5 参数”对话框的 (D) 直径 文本框中输入值 16，在 (R1) 下半径 文本框中输入值 1，在 编号 区域的 刀具号、补偿寄存器 和 刀具补偿寄存器 文本框中均输入值 1，其他参数采用系统默认设置，单击 确定 按钮，完成刀具 1 的创建。

Task4．创建型腔铣削工序

Stage1．创建工序

Step1．将工序导航器调整到程序顺序视图。

Step2．选择下拉菜单 插入(S) → 工序(E)... 命令，在“创建工序”对话框的 类型 下拉列表中选择 mill_contour 选项，在 工序子类型 区域中单击“型腔铣”按钮，在 程序 下拉列表中选择 PROGRAM 选项，在 刀具 下拉列表中选择 Task3 的 Step4 中设置的刀具 T1D16R1（铣刀-5 参数）选项，在 几何体 下拉列表中选择 WORKPIECE 选项，在 方法 下拉列表中选择 MILL ROUGH 选项，使用系统默认的名称。

Step3．单击“创建工序”对话框中的 确定 按钮，系统弹出“型腔铣”对话框。

Stage2．设置一般参数

在“型腔铣”对话框的 切削模式 下拉列表中选择 跟随部件 选项，在 步距 下拉列表中选择 % 刀具平直 选项，在 平面直径百分比 文本框中输入值 50，在 公共每刀切削深度 下拉列表中选择 恒定 选项，在 最大距离 文本框中输入值 0.5。

Stage3．设置切削参数

Step1．在 刀轨设置 区域中单击“切削参数”按钮，系统弹出“切削参数”对话框。

Step2．在“切削参数”对话框中单击 策略 选项卡，在 切削顺序 下拉列表中选择 深度优先 选项；单击 余量 选项卡，在 余量 区域的 部件侧面余量 文本框中输入值 0.5；单击 连接 选项卡，在 开放刀路 下拉列表中选择 变换切削方向 选项，其他参数采用系统默认设置值。

Step3．单击“切削参数”对话框中的 确定 按钮，系统返回到“型腔铣”对话框。

Stage4．设置非切削移动参数

各参数采用系统默认的设置。

Stage5．设置进给率和速度

Step1．在“型腔铣”对话框中单击“进给率和速度”按钮，系统弹出“进给率和速度”对话框。

Step2．选中“进给率和速度”对话框主轴速度区域中的☑ 主轴速度 (rpm)复选框，在其后的文本框中输入值 1000，按 Enter 键，单击按钮；在进给率区域的切削文本框中输入值200，按 Enter 键，单击按钮，其他参数采用系统默认设置。

Step3．单击确定按钮，完成进给率和速度的设置，系统返回到“型腔铣”对话框。

Stage6．生成刀路轨迹并仿真

生成的刀路轨迹如图 4.5 所示，2D 动态仿真加工后的模型如图 4.6 所示。

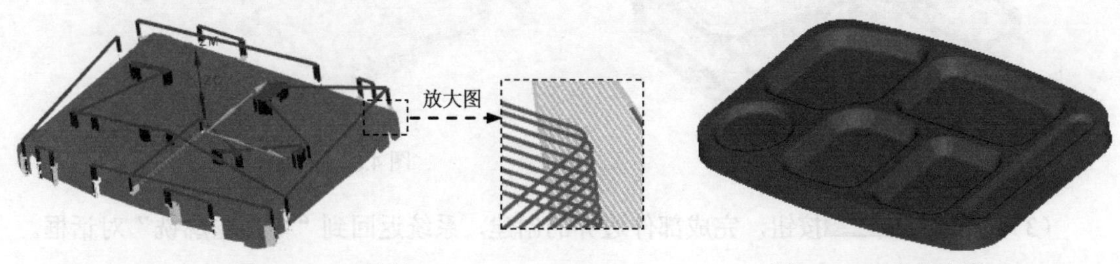

图 4.5　刀路轨迹　　　　图 4.6　2D 仿真结果

Task5．创建刀具 2

Step1．将工序导航器调整到机床视图。

Step2．选择下拉菜单插入(S) → 刀具(T)...命令，系统弹出“创建刀具”对话框。

Step3．在“创建刀具”对话框的类型下拉列表中选择mill_contour选项，在刀具子类型区域中单击 MILL 按钮，在位置区域的刀具下拉列表中选择GENERIC_MACHINE选项，在名称文本框中输入 T2D12；单击确定按钮，系统弹出“铣刀-5 参数”对话框。

Step4．在“铣刀-5 参数”对话框的(D) 直径文本框中输入值 12，在编号区域的刀具号、补偿寄存器和刀具补偿寄存器文本框中均输入值 2，其他参数采用系统默认设置；单击确定按钮，完成刀具 2 的创建。

Task6．创建平面轮廓铣工序

Stage1．创建工序

Step1．选择下拉菜单插入(S) → 工序(E)...命令，系统弹出“创建工序”对话框。

Step2．确定加工方法。在“创建工序”对话框的类型下拉列表中选择mill_planar选项，在工序子类型区域中单击“平面轮廓铣”按钮，在刀具下拉列表中选择T2D12（铣刀-5 参数）选项，在几何体下拉列表中选择WORKPIECE选项，在方法下拉列表中选择MILL_FINISH选项，采用系统默认的名称。

Step3. 在“创建工序”对话框中单击确定按钮，系统弹出“平面轮廓铣”对话框。

Step4. 创建部件边界。

（1）在“平面轮廓铣”对话框的几何体区域中单击按钮，系统弹出“部件边界”对话框。

（2）在图形区选取图 4.7 所示的面，在列表中选中第二个至最后一个封闭边界，然后单击按钮，结果如图 4.8 所示。

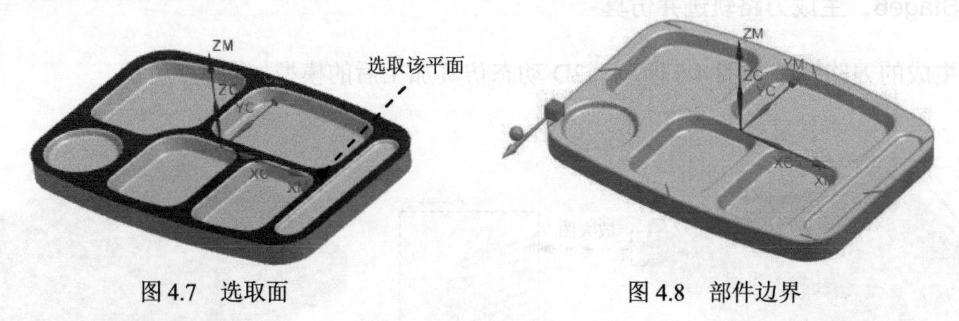

图 4.7　选取面

图 4.8　部件边界

（3）单击确定按钮，完成部件边界的创建，系统返回到“平面轮廓铣”对话框。

Step5. 指定底面。

（1）在“平面轮廓铣”对话框中单击按钮，系统弹出“平面”对话框，在类型下拉列表中选择自动判断选项。

（2）在模型上选取图 4.9 所示的模型平面，在偏置区域的距离文本框中输入值 1，单击确定按钮，完成底面的指定。

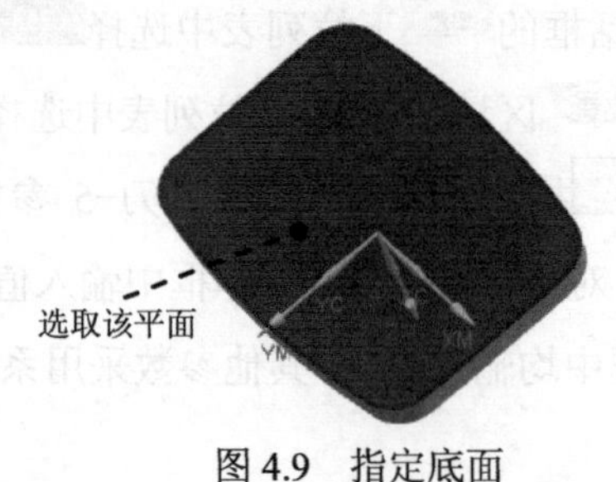

图 4.9　指定底面

Stage2. 创建刀具路径参数

Step1. 在刀轨设置区域的部件余量文本框中输入值 0，在切削进给文本框中输入值 500，在其后的下拉列表中选择mmpm选项。

Step2. 在切削深度下拉列表中选择恒定选项，在公共文本框中输入值 0，其他参数采用系统默认设置。

Stage3. 设置切削参数

各参数采用系统默认的设置。

Stage4. 设置非切削移动参数

Step1. 单击“平面轮廓铣”对话框中的“非切削移动”按钮，系统弹出“非切削移动”对话框。

Step2. 单击“非切削移动”对话框中的起点/钻点选项卡，在重叠距离文本框中输入值 2，在默认区域起点下拉列表中选择拐角选项，其他参数采用系统默认设置，单击确定按钮，完成非切削移动参数的设置。

Stage5. 设置进给率和速度

Step1. 单击“平面轮廓铣”对话框中的“进给率和速度”按钮，系统弹出“进给率和速度”对话框。

Step2. 在“进给率和速度”对话框中选中☑ 主轴速度 (rpm)复选框，并在其后的文本框中输入值 1800，按 Enter 键，再单击按钮；在进给率区域的切削文本框中输入值 500，按 Enter 键，然后单击按钮。

Step3. 单击确定按钮，完成进给率和速度的设置，系统返回到“平面轮廓铣”对话框。

Stage6. 生成刀路轨迹并仿真

生成的刀路轨迹如图 4.10 所示，2D 动态仿真加工后的模型如图 4.11 所示。

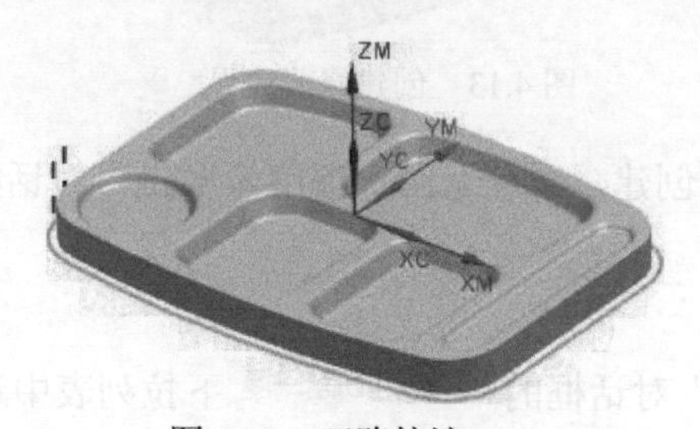

图 4.10 刀路轨迹

图 4.11 2D 仿真结果

Task7. 创建刀具 3

Step1. 将工序导航器调整到机床视图。

Step2. 选择下拉菜单插入(S) → 刀具(T)...命令，系统弹出“创建刀具”对话框。

Step3. 在“创建刀具”对话框的类型下拉列表中选择mill_planar选项，在刀具子类型区域中单击 BALL_MILL 按钮，在位置区域的刀具下拉列表中选择GENERIC_MACHINE选项，在名称文本框中输入 T3B8；单击确定按钮，系统弹出“铣刀-球头铣”对话框。

Step4. 在“铣刀-球头铣”对话框的(D) 直径文本框中输入值 8，在编号区域的刀具号、补偿寄存器和刀具补偿寄存器文本框中均输入值 3，其他参数采用系统默认设置；单击确定按钮，完成刀具 3 的创建。

Task8. 创建深度轮廓铣工序

Stage1. 创建工序

Step1. 选择下拉菜单插入(S) → 工序(E)...命令，系统弹出“创建工序”对话框。

Step2. 在“创建工序”对话框的类型下拉列表中选择mill_contour选项，在工序子类型区域中单击“深度轮廓铣”按钮，在程序下拉列表中选择PROGRAM选项，在刀具下拉列表中选择T3B8 (铣刀-球头铣)选项，在几何体下拉列表中选择WORKPIECE选项，在方法下拉列表中选择MILL_FINISH选项，单击确定按钮，系统弹出“深度轮廓铣”对话框。

Stage2. 创建修剪边界

Step1. 在“深度轮廓铣”对话框的几何体区域中单击按钮，系统弹出“修剪边界”对话框。

Step2. 在“修剪边界”对话框的修剪侧下拉列表中选择外侧选项，然后在图形区选取图 4.12 所示的面，系统自动生成图 4.13 所示的边界。

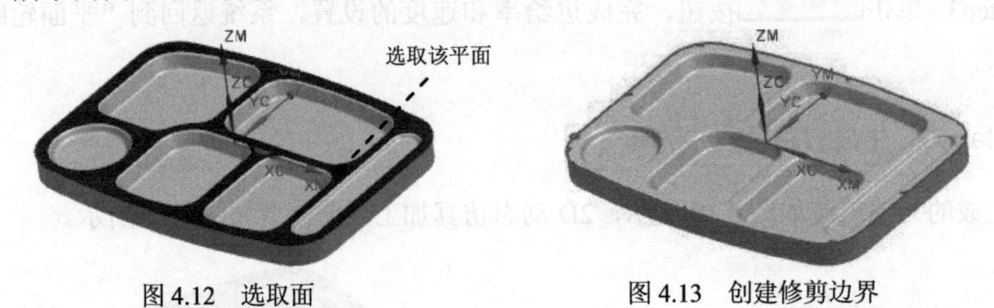

图 4.12 选取面　　图 4.13 创建修剪边界

Step3. 单击确定按钮，完成修剪边界的创建，系统返回“深度轮廓铣”对话框。

Stage3. 设置刀具路径参数和切削层

Step1. 设置刀具路径参数。在“深度轮廓铣”对话框的公共每刀切削深度下拉列表中选择残余高度选项，其他参数采用系统默认设置。

Step2. 设置切削层。各参数采用系统默认设置。

Stage4. 设置切削参数

Step1. 单击“深度轮廓铣”对话框中的“切削参数”按钮，系统弹出“切削参数”对话框。

Step2. 单击“切削参数”对话框中的策略选项卡，在切削顺序下拉列表中选择始终深度优先选项。

Step3. 单击“切削参数”对话框中的余量选项卡，在内公差和外公差文本框中输入值 0.01，其他参数采用系统默认设置。

Step4. 单击“切削参数”对话框中的连接选项卡，其参数设置如图 4.14 所示；单击确定按钮，系统返回到“深度轮廓铣”对话框。

Stage5. 设置非切削移动参数

Step1. 在“深度轮廓铣”对话框中单击“非切削移动”按钮，系统弹出“非切削移动”对话框。

Step2. 单击“非切削移动”对话框中的起点/钻点选项卡，在默认区域起点下拉列表中选择拐角选项，其他参数采用系统默认设置。

Step3. 单击“非切削移动”对话框中的转移/快速选项卡，其参数设置如图 4.15 所示；单击确定按钮，完成非切削移动参数的设置。

图 4.14 “连接”选项卡

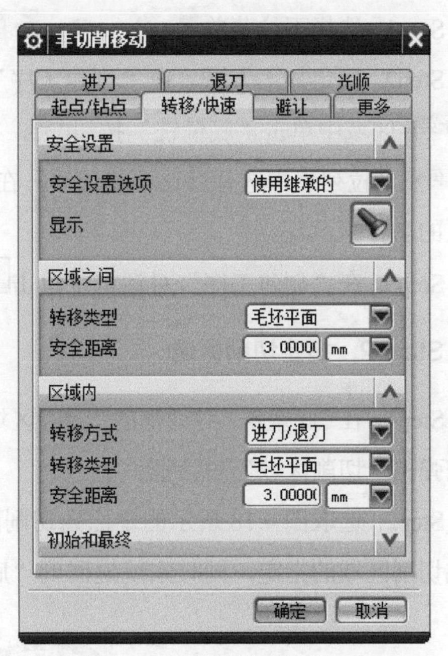

图 4.15 “转移/快速”选项卡

Stage6. 设置进给率和速度

Step1. 在“深度轮廓铣”对话框中单击“进给率和速度”按钮，系统弹出“进给率和速度”对话框。

Step2. 在“进给率和速度”对话框中选中主轴速度 (rpm)复选框，并在其后的文本框中输入值 3000，按 Enter 键，再单击按钮；在进给率区域的切削文本框中输入值 400，按 Enter 键，然后单击按钮。

Step3. 单击确定按钮，完成进给率和速度的设置，系统返回到“深度轮廓铣”对话框。

Stage7．生成刀路轨迹并仿真

生成的刀路轨迹如图 4.16 所示，2D 动态仿真加工后的模型如图 4.17 所示。

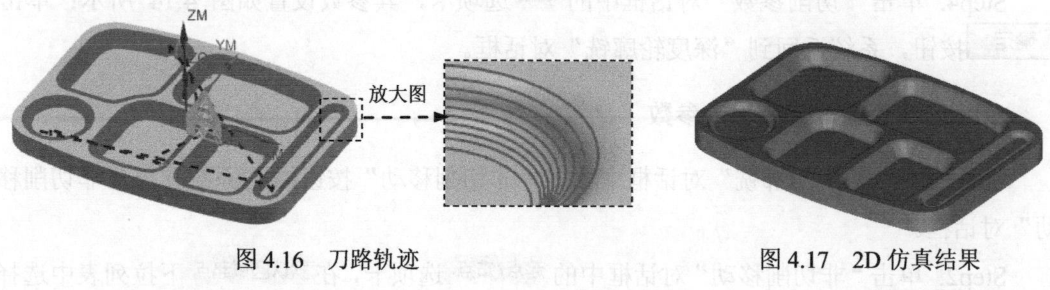

图 4.16 刀路轨迹　　图 4.17 2D 仿真结果

Task9．创建底壁铣工序 1

Stage1．创建工序

Step1. 选择下拉菜单 插入(S) → 工序(E)... 命令，系统弹出“创建工序”对话框。

Step2. 确定加工方法。在“创建工序”对话框的类型下拉列表中选择mill_planar选项，在工序子类型区域中单击“底壁铣”按钮，在 刀具 下拉列表中选择T1D16R1（铣刀-5 参数）选项，在 几何体 下拉列表中选择WORKPIECE选项，在 方法 下拉列表中选择MILL_FINISH选项，采用系统默认的名称。

Step3. 在“创建工序”对话框中单击 确定 按钮，系统弹出“底壁铣”对话框。

Stage2．指定切削区域

Step1. 在“底壁铣”对话框的 几何体 区域中单击“选择或编辑切削区域几何体”按钮，系统弹出“切削区域”对话框。

Step2. 选取图 4.18 所示的平面为切削区域，在“切削区域”对话框中单击 确定 按钮，完成切削区域的指定，同时系统返回到“底壁铣”对话框。

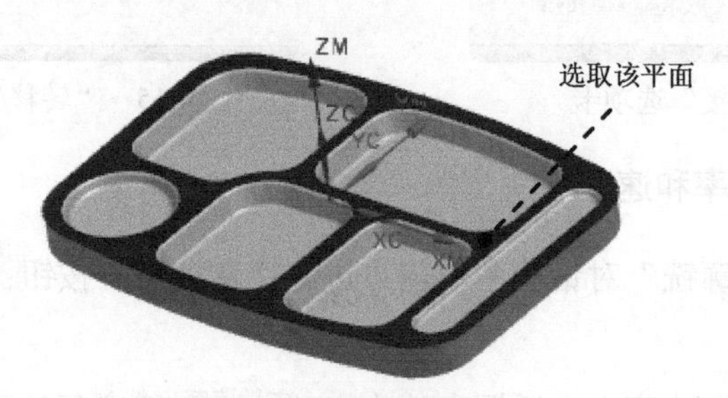

图 4.18 指定切削区域

Stage3．设置刀具路径参数

Step1. 设置切削模式。在 刀轨设置 区域的 切削模式 下拉列表中选择 跟随周边 选项。

Step2. 设置步进方式。在 步距 下拉列表中选择 % 刀具平直 选项，其余参数采用系统默认设置。

Stage4．设置切削参数

Step1．在刀轨设置区域中单击“切削参数”按钮，系统弹出“切削参数”对话框。

Step2．在“切削参数”对话框中单击策略选项卡，在刀路方向下拉列表中选择向内选项；单击拐角选项卡，在凸角下拉列表中选择绕对象滚动选项；单击连接选项卡，在跨空区域区域的运动类型下拉列表中选择跟随选项；单击空间范围选项卡，在合并距离文本框中输入值200，在切削区域空间范围下拉列表中选择壁选项，在刀具延展量文本框中输入值100，其他参数采用系统默认设置。

Step3．单击确定按钮，系统返回到“底壁铣”对话框。

Stage5．设置非切削移动参数

各参数采用系统默认的设置。

Stage6．设置进给率和速度

Step1．单击“底壁铣”对话框中的“进给率和速度”按钮，系统弹出“进给率和速度”对话框。

Step2．选中“进给率和速度”对话框主轴速度区域中的☑主轴速度（rpm）复选框，在其后的文本框中输入值1500，按Enter键，然后单击按钮；在进给率区域的切削文本框中输入值400，按Enter键，然后单击按钮，其他参数采用系统默认设置。

Step3．单击“进给率和速度”对话框中的确定按钮，系统返回到“底壁铣”对话框。

Stage7．生成刀路轨迹并仿真

生成的刀路轨迹如图4.19所示，2D动态仿真加工后的模型如图4.20所示。

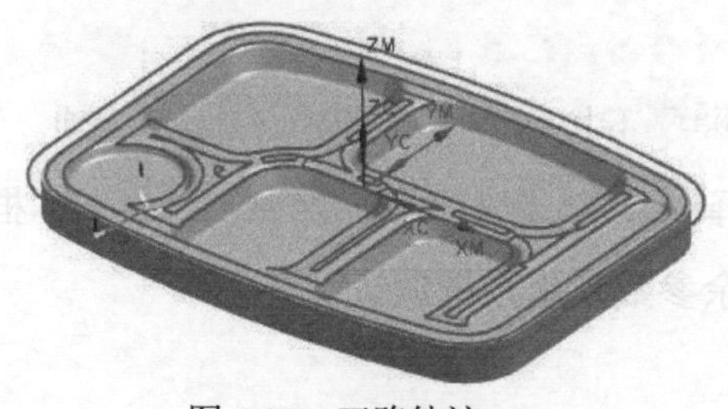

图4.19 刀路轨迹

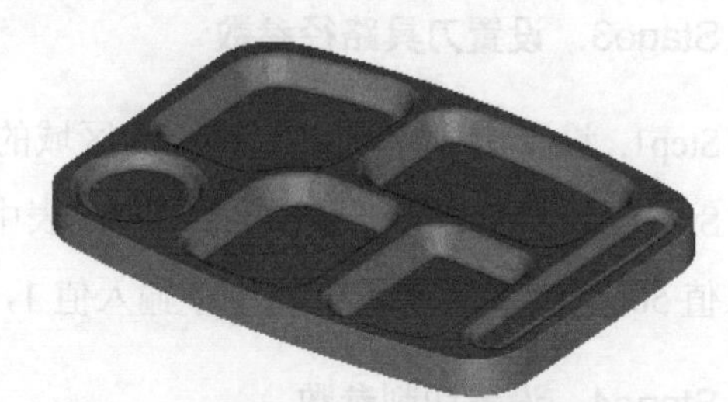

图4.20 2D仿真结果

Task10．创建刀具4

Step1．将工序导航器调整到机床视图。

Step2. 选择下拉菜单插入(S) → 刀具(T)...命令，系统弹出“创建刀具”对话框。

Step3. 在“创建刀具”对话框的类型下拉列表中选择mill_planar选项，在刀具子类型区域中单击 MILL 按钮，在位置区域的刀具下拉列表中选择GENERIC_MACHINE选项，在名称文本框中输入 T4D8R2；单击确定按钮，系统弹出“铣刀-5 参数”对话框。

Step4. 在“铣刀-5 参数”对话框的(D) 直径文本框中输入值 8，在(R1) 下半径文本框中输入值 2，在编号区域的刀具号、补偿寄存器和刀具补偿寄存器文本框中均输入值 4，其他参数采用系统默认设置，单击确定按钮，完成刀具 4 的创建。

Task11. 创建底壁铣工序 2

Stage1. 创建工序

Step1. 选择下拉菜单插入(S) → 工序(E)...命令，系统弹出“创建工序”对话框。

Step2. 确定加工方法。在“创建工序”对话框的类型下拉列表中选择mill_planar选项，在工序子类型区域中单击“底壁铣”按钮，在刀具下拉列表中选择T4D8R2 (铣刀-5 参数)选项，在几何体下拉列表中选择WORKPIECE选项，在方法下拉列表中选择MILL_FINISH选项，采用系统默认的名称。

Step3. 在“创建工序”对话框中单击确定按钮，系统弹出“底壁铣”对话框。

Stage2. 指定切削区域

Step1. 在“底壁铣”对话框的几何体区域中单击“选择或编辑切削区域几何体”按钮，系统弹出“切削区域”对话框。

Step2. 选取图 4.21 所示的面(共 6 个)为切削区域，在“切削区域”对话框中单击确定按钮，完成切削区域的指定，同时系统返回到“底壁铣”对话框。

Step3. 选中☑ 自动壁复选框，单击指定壁几何体后的按钮查看壁几何体。

Stage3. 设置刀具路径参数

Step1. 设置切削模式。在刀轨设置区域的切削模式下拉列表中选择跟随周边选项。

Step2. 设置步进方式。在步距下拉列表中选择% 刀具平直选项，在平面直径百分比文本框中输入值 50，在底面毛坯厚度文本框中输入值 1，其余参数采用系统默认设置。

Stage4. 设置切削参数

各参数采用系统默认的设置。

Stage5. 设置非切削移动参数

Step1. 单击“底壁铣”对话框刀轨设置区域中的“非切削移动”按钮，系统弹出“非切削移动”对话框。

Step2. 在“非切削移动”对话框中单击进刀选项卡，在斜坡角文本框中输入值 3，在高度文本框中输入值 1，其余参数采用系统默认设置值。

Step3. 单击“非切削移动”对话框中的转移/快速选项卡，其参数设置如图 4.22 所示，单击确定按钮，完成非切削移动参数的设置。

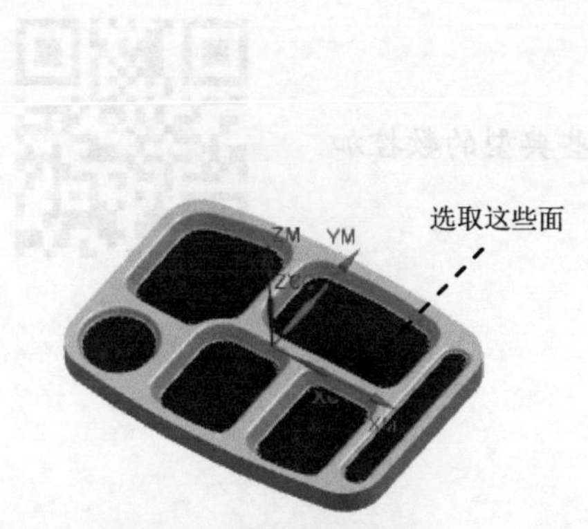

图 4.21 指定切削区域

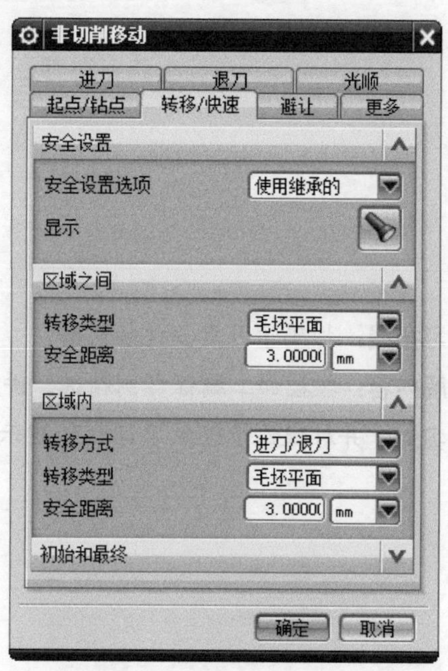

图 4.22 “转移/快速”选项卡

Stage6．设置进给率和速度

Step1. 单击“底壁铣”对话框中的“进给率和速度”按钮，系统弹出“进给率和速度”对话框。

Step2. 选中“进给率和速度”对话框主轴速度区域中的☑ 主轴速度 (rpm)复选框，在其后的文本框中输入值 3000，按 Enter 键，然后单击按钮；在进给率区域的切削文本框中输入值 400，按 Enter 键，然后单击按钮，其他参数采用系统默认设置。

Step3. 单击“进给率和速度”对话框中的确定按钮，系统返回“底壁铣”对话框。

Stage7．生成刀路轨迹并仿真

生成的刀路轨迹如图 4.23 所示，2D 动态仿真加工后的模型如图 4.24 所示。

Task12．保存文件

选择下拉菜单文件(F) ➡ 保存(S)命令，保存文件。

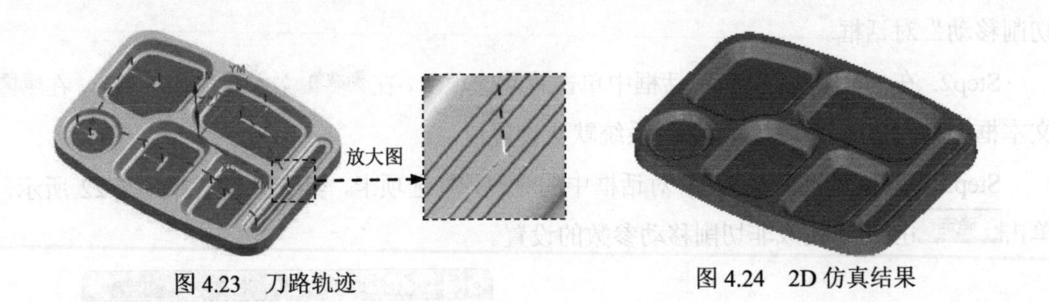

图 4.23　刀路轨迹　　　　图 4.24　2D 仿真结果

学习拓展：扫码学习更多视频讲解。

讲解内容：数控加工编程实例精选。讲解了一些典型的数控加工编程实例，并对操作步骤做了详细的演示。

实例5 鞋跟凸模加工

粗加工是指大量地去除毛坯材料；精加工是把毛坯件加工成目标件的最后步骤，也是关键的一步，其加工结果直接影响模具的加工质量和加工精度。下面以鞋跟凸模加工为例介绍铣削的一般加工操作。该零件的加工工艺路线如图 5.1 和图 5.2 所示。

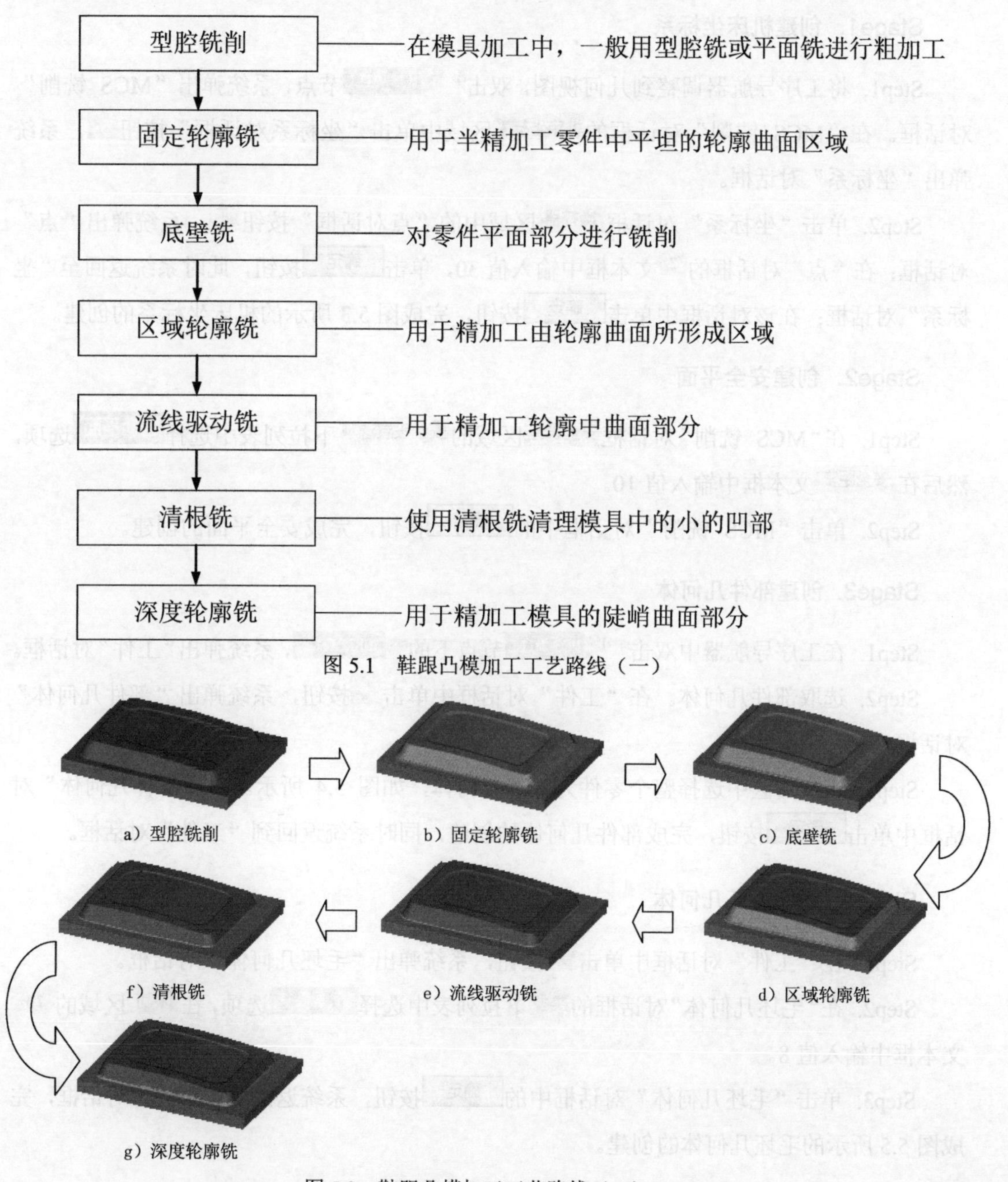

图 5.1 鞋跟凸模加工工艺路线（一）

图 5.2 鞋跟凸模加工工艺路线（二）

Task1．打开模型文件并进入加工模块

Step1．打开模型文件 D:\ug12.11\work\ch05\shoe_mold.prt。

Step2．进入加工环境。在 应用模块 功能选项卡的 加工 区域单击 按钮，系统弹出“加工环境”对话框；在“加工环境”对话框的 CAM 会话配置 列表框中选择 cam_general 选项，在 要创建的 CAM 组装 列表框中选择 mill contour 选项，单击 确定 按钮，进入加工环境。

Task2．创建几何体

Stage1．创建机床坐标系

Step1．将工序导航器调整到几何视图，双击 MCS_MILL 节点，系统弹出“MCS 铣削”对话框。在“MCS 铣削”对话框的 机床坐标系 区域中单击“坐标系对话框”按钮 ，系统弹出“坐标系”对话框。

Step2．单击“坐标系”对话框 操控器 区域中的“点对话框”按钮 ，系统弹出“点”对话框；在“点”对话框的 Z 文本框中输入值 30，单击 确定 按钮，此时系统返回至“坐标系”对话框；在该对话框中单击 确定 按钮，完成图 5.3 所示的机床坐标系的创建。

Stage2．创建安全平面

Step1．在“MCS 铣削”对话框 安全设置 区域的 安全设置选项 下拉列表中选择 自动平面 选项，然后在 安全距离 文本框中输入值 10。

Step2．单击“MCS 铣削”对话框中的 确定 按钮，完成安全平面的创建。

Stage3．创建部件几何体

Step1．在工序导航器中双击 MCS_MILL 节点下的 WORKPIECE，系统弹出“工件”对话框。

Step2．选取部件几何体。在“工件”对话框中单击 按钮，系统弹出“部件几何体”对话框。

Step3．在图形区中选择整个零件为部件几何体，如图 5.4 所示。在“部件几何体”对话框中单击 确定 按钮，完成部件几何体的创建，同时系统返回到“工件”对话框。

Stage4．创建毛坯几何体

Step1．在“工件”对话框中单击 按钮，系统弹出“毛坯几何体”对话框。

Step2．在“毛坯几何体”对话框的 类型 下拉列表中选择 包容块 选项，在 限制 区域的 ZM+ 文本框中输入值 8。

Step3．单击“毛坯几何体”对话框中的 确定 按钮，系统返回到“工件”对话框，完成图 5.5 所示的毛坯几何体的创建。

Step4. 单击“工件”对话框中的确定按钮，完成毛坯几何体的创建。

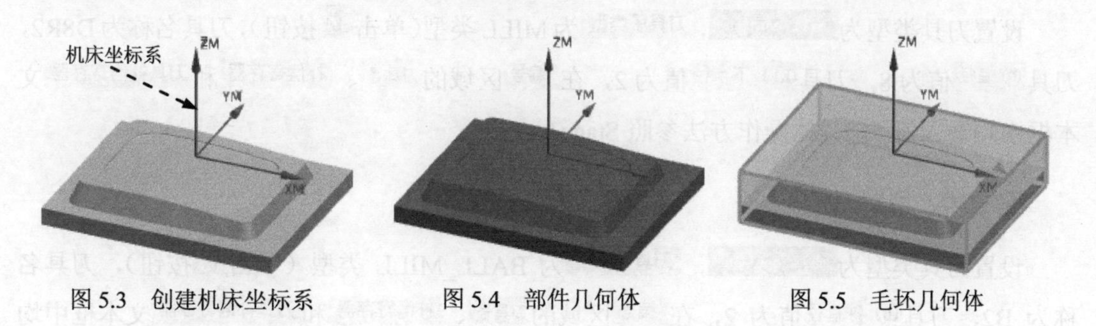

图 5.3　创建机床坐标系　　图 5.4　部件几何体　　图 5.5　毛坯几何体

Task3. 创建刀具

Stage1. 创建刀具 1

Step1. 将工序导航器调整到机床视图。

Step2. 选择下拉菜单插入(S) → 刀具(T)...命令，系统弹出“创建刀具”对话框。

Step3. 在“创建刀具”对话框的类型下拉列表中选择mill contour选项，在刀具子类型区域中单击 MILL 按钮，在位置区域的刀具下拉列表中选择GENERIC_MACHINE选项，在名称文本框中输入 D16R1，然后单击确定按钮，系统弹出“铣刀-5 参数”对话框。

Step4. 在(D) 直径文本框中输入值 16，在(R1) 下半径文本框中输入值 1，在编号区域的刀具号、补偿寄存器和刀具补偿寄存器文本框中均输入值 1，其他参数采用系统默认设置，单击确定按钮，完成刀具 1 的创建。

Stage2. 创建刀具 2

设置刀具类型为mill contour，刀具子类型为 BALL_MILL 类型（单击按钮），刀具名称为 B10，刀具(D) 球直径值为 10，在编号区域的刀具号、补偿寄存器和刀具补偿寄存器文本框中均输入值 2，具体操作方法参照 Stage1。

Stage3. 创建刀具 3

设置刀具类型为mill contour，刀具子类型为 MILL 类型（单击按钮），刀具名称为 D8，刀具(D) 直径值为 8，在编号区域的刀具号、补偿寄存器和刀具补偿寄存器文本框中均输入值 3，具体操作方法参照 Stage1。

Stage4. 创建刀具 4

设置刀具类型为mill contour，刀具子类型为 BALL_MILL 类型（单击按钮），刀具名称为 B8，刀具(D) 球直径值为 8，在编号区域的刀具号、补偿寄存器和刀具补偿寄存器文本框中均输入值 4，具体操作方法参照 Stage1。

Stage5．创建刀具 5

设置刀具类型为 mill contour，刀具子类型 为 MILL 类型（单击按钮），刀具名称为 D8R2，刀具 (D) 直径 值为 8，刀具 (R1) 下半径 值为 2，在 编号 区域的 刀具号 、补偿寄存器 和 刀具补偿寄存器 文本框中均输入值 5，具体操作方法参照 Stage1。

Stage6．创建刀具 6

设置刀具类型为 mill contour，刀具子类型 为 BALL_MILL 类型（单击按钮），刀具名称为 B2，刀具 (D) 球直径 值为 2，在 编号 区域的 刀具号 、补偿寄存器 和 刀具补偿寄存器 文本框中均输入值 6，具体操作方法参照 Stage1。

Task4．创建型腔铣工序

Stage1．创建工序

Step1．将工序导航器调整到程序顺序视图。

Step2．选择下拉菜单 插入(S) → 工序(E)... 命令，在“创建工序”对话框的 类型 下拉列表中选择 mill_contour 选项，在 工序子类型 区域中单击“型腔铣”按钮，在 程序 下拉列表中选择 PROGRAM 选项，在 刀具 下拉列表中选择前面设置的刀具 D16R1（铣刀-5 参数）选项，在 几何体 下拉列表中选择 WORKPIECE 选项，在 方法 下拉列表中选择 MILL ROUGH 选项，使用系统默认的名称。

Step3．单击“创建工序”对话框中的 确定 按钮，系统弹出“型腔铣”对话框。

Stage2．设置一般参数

在“型腔铣”对话框的 切削模式 下拉列表中选择 跟随部件 选项；在 步距 下拉列表中选择 % 刀具平直 选项，在 平面直径百分比 文本框中输入值 50；在 公共每刀切削深度 下拉列表中选择 恒定 选项，在 最大距离 文本框中输入值 1。

Stage3．设置切削参数

Step1．在 刀轨设置 区域中单击“切削参数”按钮，系统弹出“切削参数”对话框。

Step2．在“切削参数”对话框中单击 策略 选项卡，在 切削顺序 下拉列表中选择 深度优先 选项；单击 连接 选项卡，在 开放刀路 下拉列表中选择 变换切削方向 选项，其他参数采用系统默认设置。

Step3．单击“切削参数”对话框中的 确定 按钮，系统返回到“型腔铣”对话框。

Stage4．设置非切削移动参数

Step1．在“型腔铣”对话框中单击“非切削移动”按钮，系统弹出“非切削移动”

对话框。

Step2. 单击“非切削移动”对话框中的 进刀 选项卡，在 进刀类型 下拉列表中选择 沿形状斜进刀 选项，在 封闭区域 的 斜坡角度 文本框中输入值 3，在 高度起点 下拉列表中选择 当前层 选项，其他参数采用系统默认设置，单击 确定 按钮，完成非切削移动参数的设置。

Stage5. 设置进给率和速度

Step1. 在“型腔铣”对话框中单击“进给率和速度”按钮，系统弹出“进给率和速度”对话框。

Step2. 选中“进给率和速度”对话框 主轴速度 区域中的 ☑ 主轴速度 (rpm) 复选框，在其后的文本框中输入值 800，按 Enter 键，然后单击按钮，在 进给率 区域的 切削 文本框中输入值 250，按 Enter 键，然后单击按钮，其他参数采用系统默认设置。

Step3. 单击 确定 按钮，完成进给率和速度的设置，系统返回“型腔铣”对话框。

Stage6. 生成刀路轨迹并仿真

生成的刀路轨迹如图 5.6 所示，2D 动态仿真加工后的模型如图 5.7 所示。

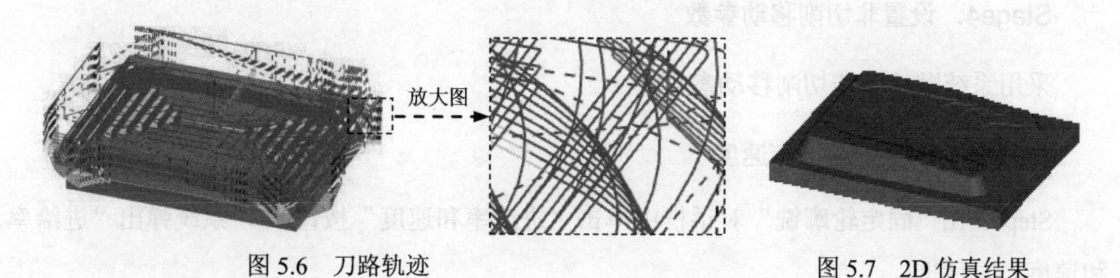

图 5.6　刀路轨迹　　　　图 5.7　2D 仿真结果

Task5. 创建固定轮廓铣

Stage1. 创建工序

Step1. 选择下拉菜单 插入(S) → 工序(E)... 命令，在“创建工序”对话框的 类型 下拉列表中选择 mill_contour 选项，在 工序子类型 区域中单击“固定轮廓铣”按钮，在 程序 下拉列表中选择 PROGRAM 选项，在 刀具 下拉列表中选择 B10（铣刀-球头铣）选项，在 几何体 下拉列表中选择 WORKPIECE 选项，在 方法 下拉列表中选择 MILL_SEMI_FINISH 选项，使用系统默认的名称 FIXED_CONTOUR。

Step2. 单击“创建工序”对话框中的 确定 按钮，系统弹出“固定轮廓铣”对话框。

Stage2. 设置驱动方式

Step1. 在“固定轮廓铣”对话框 驱动方法 区域的 方法 下拉列表中选择 边界 选项，单击“编辑”按钮，系统弹出“边界驱动方法”对话框。

Step2. 在“边界驱动方法”对话框的驱动几何体区域中单击“选择或编辑驱动几何体”按钮，系统弹出“边界几何体”对话框。

Step3. 在模式下拉列表中选择面选项，在凸边下拉列表中选择对中选项。

Step4. 在图形区选择图 5.8 所示的面，然后单击确定按钮，系统返回“边界驱动方法”对话框。

Step5. 在驱动设置区域的步距下拉列表中选择恒定选项，在最大距离文本框中输入值 2，在切削角下拉列表中选择指定选项，在与 XC 的夹角文本框中输入值 45，单击确定按钮，系统返回“固定轮廓铣”对话框。

Stage3. 设置切削参数

Step1. 在刀轨设置区域中单击“切削参数”按钮，系统弹出“切削参数”对话框。

Step2. 在“切削参数”对话框中单击策略选项卡，然后选中☑ 在边上延伸复选框，其他参数采用系统默认设置。

Step3. 单击“切削参数”对话框中的确定按钮，系统返回到“固定轮廓铣”对话框。

Stage4. 设置非切削移动参数

采用系统默认的非切削移动参数。

Stage5. 设置进给率和速度

Step1. 在“固定轮廓铣”对话框中单击“进给率和速度”按钮，系统弹出“进给率和速度”对话框。

Step2. 选中“进给率和速度”对话框主轴速度区域中的☑ 主轴速度（rpm）复选框，在其后的文本框中输入值 1000，按 Enter 键，然后单击按钮，在进给率区域的切削文本框中输入值 400，按 Enter 键，然后单击按钮，其他参数采用系统默认设置。

Step3. 单击确定按钮，完成进给率和速度的设置，系统返回“固定轮廓铣”对话框。

Stage6. 生成刀路轨迹并仿真

生成的刀路轨迹如图 5.9 所示，2D 动态仿真加工后的模型如图 5.10 所示。

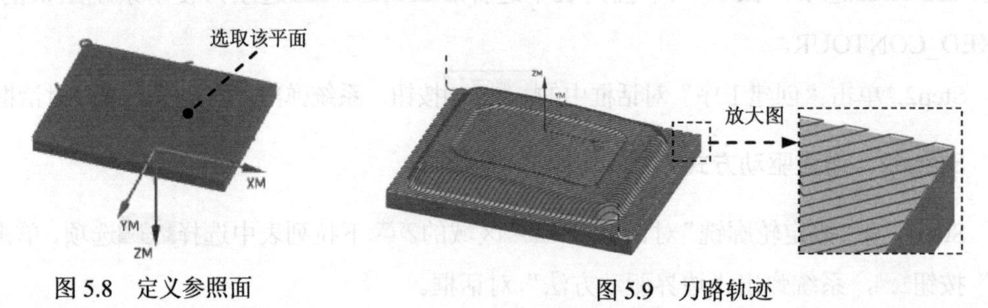

图 5.8 定义参照面　　图 5.9 刀路轨迹

Task6．创建底壁铣工序

Stage1．创建工序

Step1．选择下拉菜单 插入(S) → 工序(E)... 命令，系统弹出“创建工序”对话框。

Step2．在“创建工序”对话框的 类型 下拉列表中选择 mill_planar 选项，在 工序子类型 区域中单击“底壁铣”按钮，在 程序 下拉列表中选择 PROGRAM 选项，在 刀具 下拉列表中选择 D8（铣刀-5 参数）选项，在 几何体 下拉列表中选择 WORKPIECE 选项，在 方法 下拉列表中选择 MILL FINISH 选项，使用系统默认的名称。

Step3．单击“创建工序”对话框中的 确定 按钮，系统弹出“底壁铣”对话框。

Stage2．指定切削区域

Step1．单击“底壁铣”对话框中的“选择或编辑切削区域几何体”按钮，系统弹出“切削区域”对话框。

Step2．在图形区选取图 5.11 所示的切削区域，单击“切削区域”对话框中的 确定 按钮，系统返回到“底壁铣”对话框。

图 5.10　2D 仿真结果

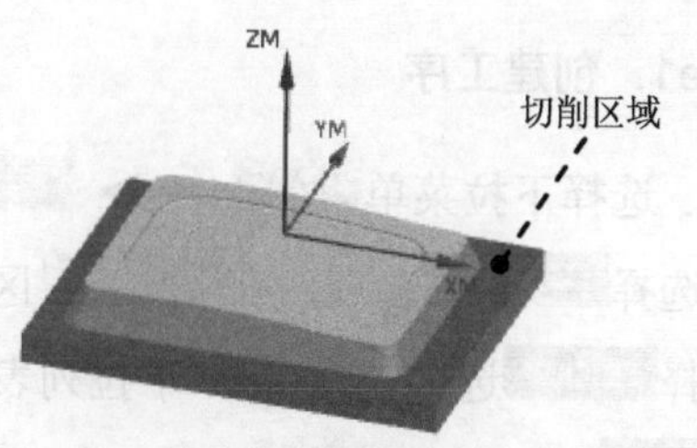

图 5.11　指定切削区域

Stage3．设置一般参数

在“底壁铣”对话框的 几何体 区域中选中 ☑ 自动壁 复选框，在 刀轨设置 区域的 切削模式 下拉列表中选择 跟随周边 选项，在 步距 下拉列表中选择 % 刀具平直 选项，在 平面直径百分比 文本框中输入值 55，在 底面毛坯厚度 文本框中输入值 1，在 每刀切削深度 文本框中输入值 0。

Stage4．设置切削参数

Step1．单击“底壁铣”对话框中的“切削参数”按钮，系统弹出“切削参数”对话框。

Step2．单击“切削参数”对话框中的 策略 选项卡，在 切削 区域的 刀路方向 下拉列表中选择 向内 选项，在 壁 区域中选中 ☑ 岛清根 复选框；单击 空间范围 选项卡，在 切削区域 区域的 刀具延展量 文本框中输入值 50，其他参数采用系统默认设置。

Step3．单击“切削参数”对话框中的 确定 按钮，完成切削参数的设置，系统返回到“底壁铣”对话框。

Stage5．设置非切削移动参数

采用系统默认的非切削移动参数设置。

Stage6．设置进给率和速度

Step1. 单击“底壁铣”对话框中的“进给率和速度”按钮，系统弹出“进给率和速度”对话框。

Step2. 选中“进给率和速度”对话框主轴速度区域中的☑ 主轴速度（rpm）复选框，在其后的文本框中输入值 1500，按 Enter 键，然后单击按钮，在进给率区域的切削文本框中输入值 500，按 Enter 键，然后单击按钮，最后单击确定按钮，完成进给率和速度的设置，系统返回“底壁铣”对话框。

Stage7．生成刀路轨迹并仿真

生成的刀路轨迹如图 5.12 所示，2D 动态仿真加工后的模型如图 5.13 所示。

Task7．创建区域轮廓铣

Stage1．创建工序

Step1. 选择下拉菜单插入(S) → 工序(E)...命令，在“创建工序”对话框的类型下拉列表中选择mill_contour选项，在工序子类型区域中单击“区域轮廓铣”按钮，在程序下拉列表中选择PROGRAM选项，在刀具下拉列表中选择B8（铣刀-球头铣）选项，在几何体下拉列表中选择WORKPIECE选项，在方法下拉列表中选择MILL_FINISH选项，使用系统默认的名称 CONTOUR_AREA。

Step2. 单击“创建工序”对话框中的确定按钮，系统弹出“区域轮廓铣”对话框。

Stage2．指定切削区域

Step1. 在几何体区域中单击“选择或编辑切削区域几何体”按钮，系统弹出“切削区域”对话框。

Step2. 选取图 5.14 所示的面（共 19 个）为切削区域，在“切削区域”对话框中单击确定按钮，完成切削区域的创建，同时系统返回到“区域轮廓铣”对话框。

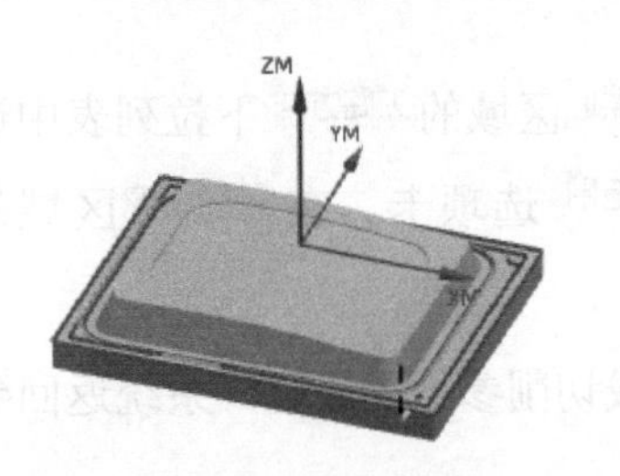

图 5.12　刀路轨迹

图 5.13　2D 仿真结果

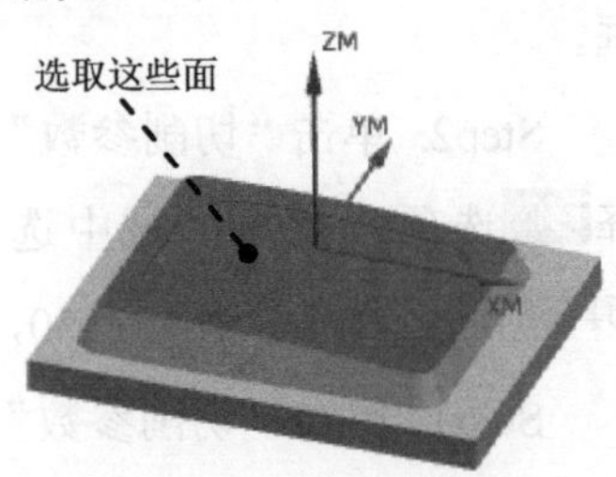

图 5.14　指定切削区域

Stage3．设置驱动方式

说明：本 Stage 的详细操作过程请参见随书学习资源中 video\ch05\reference 文件下的语音视频讲解文件“鞋跟凸模加工-r01.exe”。

Stage4．设置切削参数

Step1. 单击“区域轮廓铣”对话框中的“切削参数”按钮，系统弹出“切削参数”对话框。

Step2. 在“切削参数”对话框中单击策略选项卡，在延伸刀轨区域中选中☑在边上延伸复选框，在距离文本框中输入值 1，在其后的下拉列表中选择mm选项。

Step3. 单击余量选项卡，在公差区域的内公差和外公差文本框中均输入值 0.01，其他参数采用系统默认设置。

Step4. 单击“切削参数”对话框中的确定按钮，完成切削参数的设置，系统返回到“区域轮廓铣”对话框。

Stage5．设置非切削移动参数

采用系统默认的非切削移动参数设置。

Stage6．设置进给率和速度

Step1. 在“区域轮廓铣”对话框中单击“进给率和速度”按钮，系统弹出“进给率和速度”对话框。

Step2. 选中“进给率和速度”对话框主轴速度区域中的☑主轴速度 (rpm)复选框，在其后的文本框中输入值 2200，按 Enter 键，然后单击按钮，在进给率区域的切削文本框中输入值 600，按 Enter 键，然后单击按钮，其他参数采用系统默认设置。

Step3. 单击确定按钮，完成进给率和速度的设置，系统返回“区域轮廓铣”对话框。

Stage7．生成刀路轨迹并仿真

生成的刀路轨迹如图 5.15 所示，2D 动态仿真加工后的模型如图 5.16 所示。

Task8．创建流线驱动铣

Stage1．创建工序

Step1. 选择下拉菜单插入(S) → 工序(E)... 命令，系统弹出“创建工序”对话框。

Step2. 在“创建工序”对话框的类型下拉列表中选择mill_contour选项，在工序子类型区域中单击“流线”按钮，在程序下拉列表中选择PROGRAM选项，在刀具下拉列表中选择D8R2 (铣刀-5 参数)选项，在几何体下拉列表中选择WORKPIECE选项，在方法下拉列表中选择

MILL_FINISH选项，使用系统默认的名称。

Step3. 单击“创建工序”对话框中的确定按钮，系统弹出“流线”对话框。

Stage2. 指定切削区域

在“流线”对话框中单击按钮，系统弹出“切削区域”对话框，采用系统默认设置，选取图 5.17 所示的切削区域，单击确定按钮，系统返回到“流线”对话框。

图 5.15 刀路轨迹　　图 5.16 2D 仿真结果　　图 5.17 指定切削区域

Stage3. 设置驱动几何体

说明：本 Stage 的详细操作过程请参见随书学习资源中 video\ch05\reference\文件下的语音视频讲解文件“鞋跟凸模加工-r02.exe”。

Stage4. 设置切削参数

Step1. 单击“流线”对话框中的“切削参数”按钮，系统弹出“切削参数”对话框。

Step2. 在“切削参数”对话框中单击余量选项卡，在公差区域的内公差和外公差文本框中均输入值 0.01，其他参数采用系统默认设置。

Step3. 单击确定按钮，系统返回“流线”对话框。

Stage5. 设置非切削移动参数

采用系统默认参数设置。

Stage6. 设置进给率和速度

Step1. 单击“流线”对话框中的“进给率和速度”按钮，系统弹出“进给率和速度”对话框。

Step2. 在“进给率和速度”对话框中选中☑ 主轴速度 (rpm)复选框，然后在其文本框中输入值 1800，在切削文本框中输入值 250，按 Enter 键，然后单击按钮，在更多区域的进刀文本框中输入值 600，其他参数采用系统默认设置。

Step3. 单击 确定 按钮，系统返回“流线”对话框。

Stage7. 生成刀路轨迹并仿真

生成的刀路轨迹如图 5.18 所示，2D 动态仿真加工后的模型如图 5.19 所示。

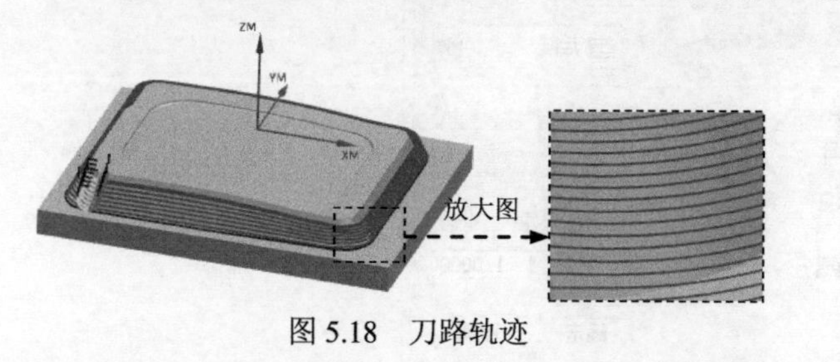

图 5.18　刀路轨迹

图 5.19　2D 仿真结果

Task9. 创建清根铣工序

Stage1. 创建工序

Step1. 选择下拉菜单 插入(S) → 工序(E)... 命令，系统弹出“创建工序”对话框。

Step2. 确定加工方法。在“创建工序”对话框的 类型 下拉列表中选择 mill_contour 选项，在 工序子类型 区域中单击“清根参考刀具”按钮，在 程序 下拉列表中选择 PROGRAM 选项，在 刀具 下拉列表中选择 B2（铣刀-球头铣）选项，在 几何体 下拉列表中选择 WORKPIECE 选项，在 方法 下拉列表中选择 MILL_FINISH 选项，单击 确定 按钮，系统弹出“清根参考刀具”对话框。

Stage2. 指定切削区域

在“清根参考刀具”对话框中单击按钮，系统弹出“切削区域”对话框，采用系统默认的选项，选取图 5.20 所示的切削区域，单击 确定 按钮，系统返回到“清根参考刀具”对话框。

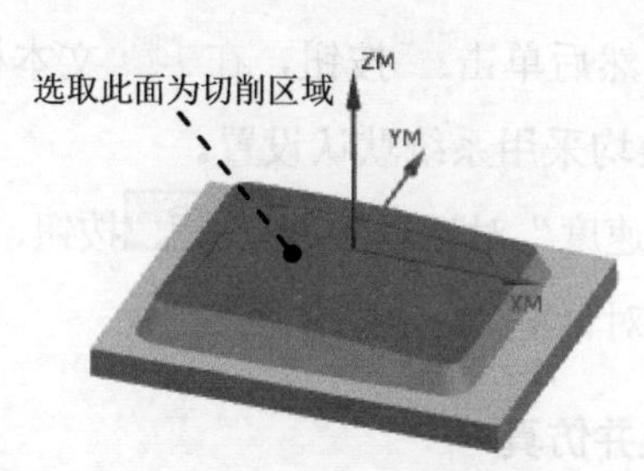

图 5.20　指定切削区域

Stage3. 设置驱动设置

Step1. 单击“清根参考刀具”对话框 驱动方法 区域中的“编辑”按钮，然后在系统弹出的“清根驱动方法”对话框中按图 5.21 所示设置参数。

Step2. 单击 确定 按钮，系统返回到“清根参考刀具”对话框。

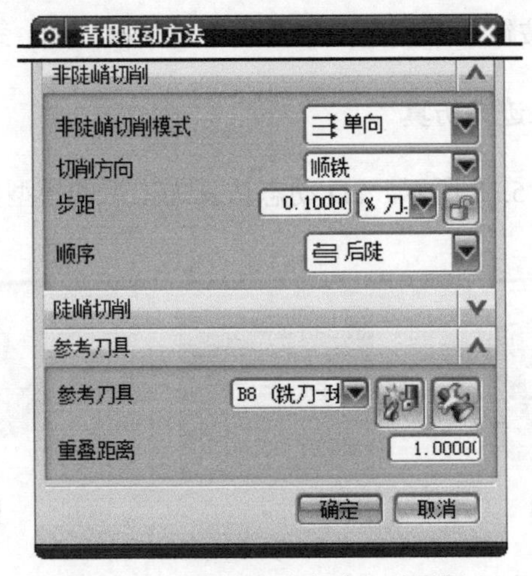

图 5.21 “清根驱动方法”对话框

Stage4．设置切削参数

Step1．单击“清根参考刀具”对话框中的“切削参数”按钮，系统弹出“切削参数”对话框。

Step2．在“切削参数”对话框中单击余量选项卡，在公差区域的内公差和外公差文本框中均输入值 0.01，其他参数采用系统默认设置。

Step3．单击确定按钮，系统返回到“清根参考刀具”对话框。

Stage5．设置进给率和速度

Step1．单击“清根参考刀具”对话框中的“进给率和速度”按钮，系统弹出“进给率和速度”对话框。

Step2．在“进给率和速度”对话框中选中☑ 主轴速度（rpm）复选框，然后在其文本框中输入值 5000，按 Enter 键，然后单击按钮，在切削文本框中输入值 500，按 Enter 键，然后单击按钮，其他参数均采用系统默认设置。

Step3．单击“进给率和速度”对话框中的确定按钮，完成进给率和速度的设置，系统返回到“清根参考刀具”对话框。

Stage6．生成刀路轨迹并仿真

生成的刀路轨迹如图 5.22 所示，2D 动态仿真加工后的模型如图 5.23 所示。

Task10．创建深度轮廓铣工序

Stage1．创建工序

Step1．选择下拉菜单插入(S) ➡ 工序(E)... 命令，在“创建工序”对话框的类型下

拉列表中选择mill_contour选项，在工序子类型区域中单击“深度轮廓铣”按钮，在程序下拉列表中选择PROGRAM选项，在刀具下拉列表中选择D8（铣刀-5 参数）选项，在几何体下拉列表中选择WORKPIECE选项，在方法下拉列表中选择MILL_FINISH选项，使用系统默认的名称。

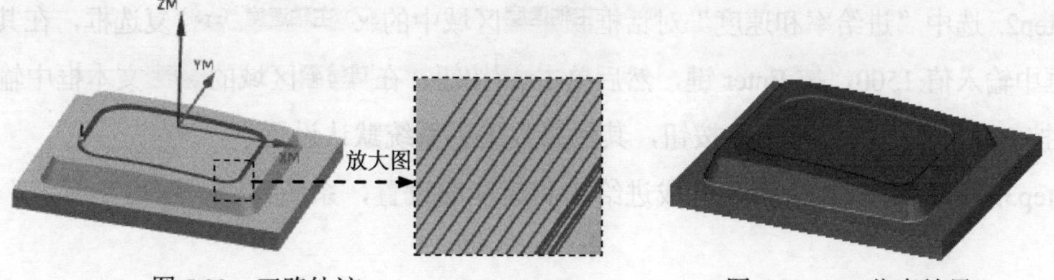

图 5.22　刀路轨迹　　　　图 5.23　2D 仿真结果

Step2. 单击“创建工序”对话框中的确定按钮，系统弹出“深度轮廓铣”对话框。

Stage2．指定切削区域

Step1. 在“深度轮廓铣”对话框的几何体区域中单击指定切削区域右侧的按钮，系统弹出“切削区域”对话框。

Step2. 在图形区选取图 5.24 所示的面（共 12 个）为切削区域，然后单击“切削区域”对话框中的确定按钮，系统返回到“深度轮廓铣”对话框。

Stage3．设置一般参数

在“深度轮廓铣”对话框的合并距离文本框中输入值 3，在最小切削长度文本框中输入值 1，在公共每刀切削深度下拉列表中选择恒定选项，在最大距离文本框中输入值 0.1。

Stage4．设置切削层

Step1. 单击“深度轮廓铣”对话框中的“切削层”按钮，系统弹出“切削层”对话框。

Step2. 激活范围 1 的顶部区域中的选择对象 (1)，在图形区选取图 5.25 所示的面，然后在ZC文本框中输入值 12，在范围定义区域的范围深度文本框中输入值 2，在每刀的深度文本框中输入值 0.1。

Step3. 单击确定按钮，系统返回到“深度轮廓铣”对话框。

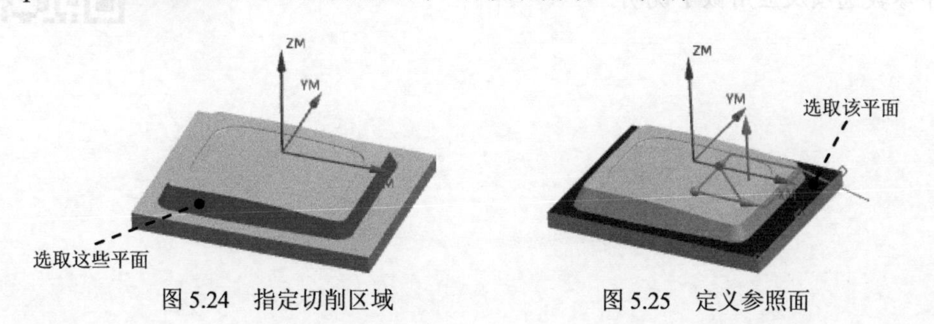

图 5.24　指定切削区域　　　　图 5.25　定义参照面

Stage5．设置进给率和速度

Step1．在“深度轮廓铣”对话框中单击“进给率和速度”按钮，系统弹出“进给率和速度”对话框。

Step2．选中“进给率和速度”对话框主轴速度区域中的☑ 主轴速度（rpm）复选框，在其后的文本框中输入值 1500，按 Enter 键，然后单击按钮，在进给率区域的切削文本框中输入值 500，按 Enter 键，然后单击按钮，其他参数采用系统默认设置。

Step3．单击确定按钮，完成进给率和速度的设置，系统返回“深度轮廓铣”对话框。

Stage6．生成刀路轨迹并仿真

生成的刀路轨迹如图 5.26 所示，2D 动态仿真加工后的模型如图 5.27 所示。

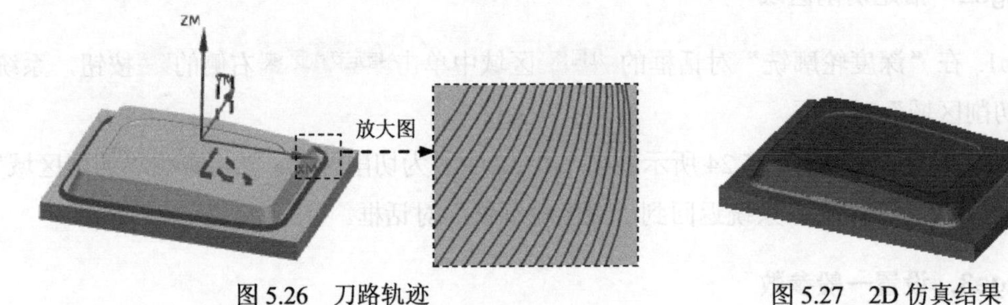

图 5.26　刀路轨迹　　　图 5.27　2D 仿真结果

Task11．保存文件

选择下拉菜单文件(F) → 保存(S)命令，保存文件。

学习拓展：扫码学习更多视频讲解。

讲解内容：本部分主要对“切削参数”做了详细的讲解，并对其中的各个参数选项及应用做了说明。

实例6 订书机垫凹模加工

数控加工工艺方案在制订时必须要考虑很多因素，如零件的结构特点、表面形状、精度等级和技术要求、表面粗糙度要求等，以及毛坯的状态、切削用量、所需的工艺装备和刀具等。本实例是订书机垫的凹模加工，其加工工艺路线如图 6.1 和图 6.2 所示。

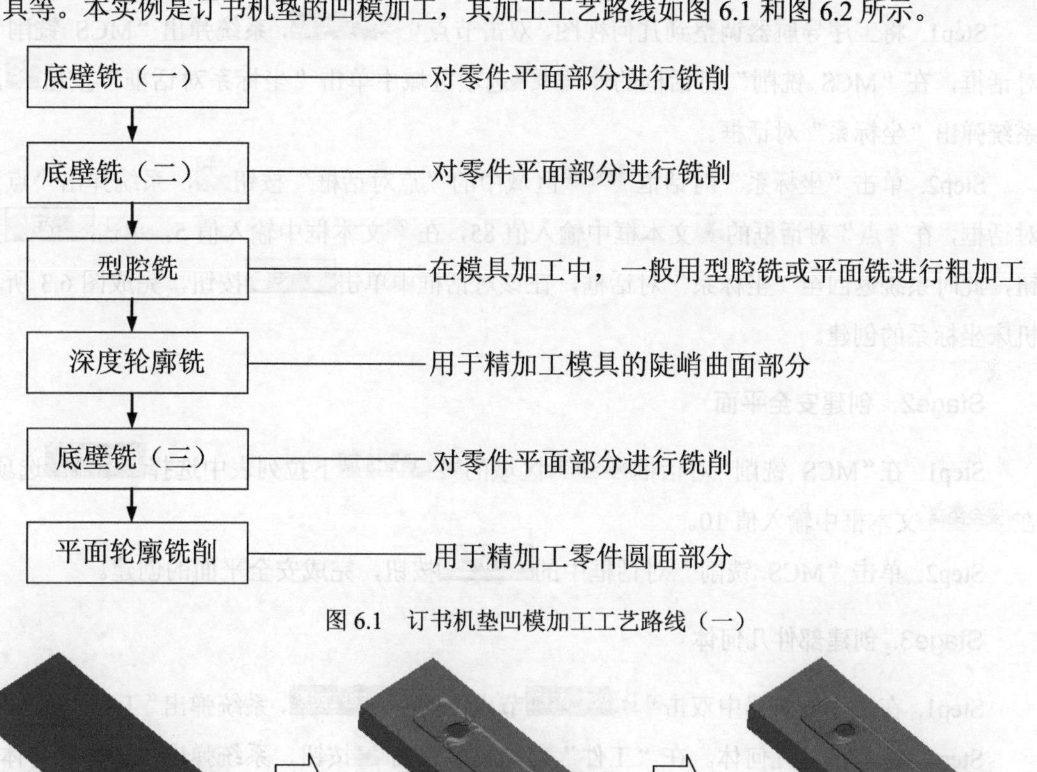

图 6.1 订书机垫凹模加工工艺路线（一）

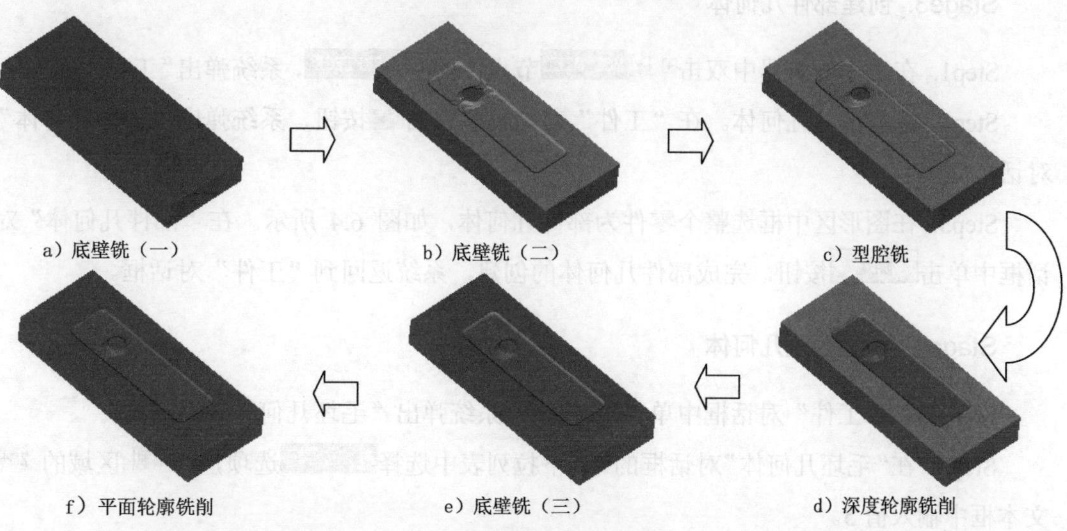

图 6.2 订书机垫凹模加工工艺路线（二）

Task1．打开模型文件并进入加工环境

Step1．打开模型文件 D:\ug12.11\work\ch06\stapler_pad_mold.prt。

Step2. 进入加工环境。在 应用模块 功能选项卡的 加工 区域单击 按钮，系统弹出“加工环境”对话框；在“加工环境”对话框的 CAM 会话配置 列表框中选择 cam_general 选项，在 要创建的 CAM 组装 列表框中选择 mill planar 选项，单击 确定 按钮，进入加工环境。

Task2．创建几何体

Stage1．创建机床坐标系

Step1. 将工序导航器调整到几何视图，双击节点 MCS_MILL，系统弹出“MCS 铣削”对话框，在“MCS 铣削”对话框的 机床坐标系 选项区域中单击“坐标系对话框”按钮，系统弹出“坐标系”对话框。

Step2. 单击“坐标系”对话框 操控器 区域中的“点对话框”按钮，系统弹出“点”对话框，在“点”对话框的 X 文本框中输入值 85，在 Z 文本框中输入值 5，单击 确定 按钮，此时系统返回至“坐标系”对话框，在该对话框中单击 确定 按钮，完成图 6.3 所示机床坐标系的创建。

Stage2．创建安全平面

Step1. 在“MCS 铣削”对话框 安全设置 区域的 安全设置选项 下拉列表中选择 自动平面 选项，在 安全距离 文本框中输入值 10。

Step2. 单击“MCS 铣削”对话框中的 确定 按钮，完成安全平面的创建。

Stage3．创建部件几何体

Step1. 在工序导航器中双击 MCS_MILL 节点下的 WORKPIECE，系统弹出“工件”对话框。

Step2. 选取部件几何体。在“工件”对话框中单击 按钮，系统弹出“部件几何体”对话框。

Step3. 在图形区中框选整个零件为部件几何体，如图 6.4 所示。在“部件几何体”对话框中单击 确定 按钮，完成部件几何体的创建，系统返回到“工件”对话框。

Stage4．创建毛坯几何体

Step1. 在“工件”对话框中单击 按钮，系统弹出“毛坯几何体”对话框。

Step2. 在“毛坯几何体”对话框的 类型 下拉列表中选择 包容块 选项，在 限制 区域的 ZM+ 文本框中输入值 5。

Step3. 单击“毛坯几何体”对话框中的 确定 按钮，系统返回到“工件”对话框，完成图 6.5 所示毛坯几何体的创建。

Step4. 单击“工件”对话框中的 确定 按钮。

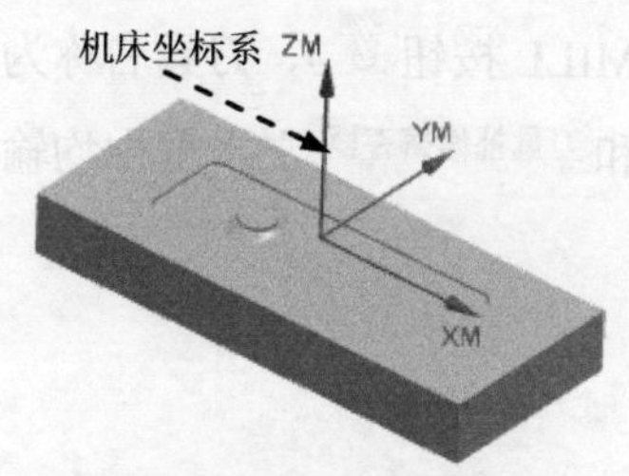

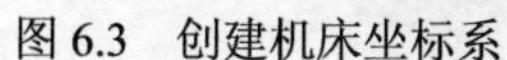
图 6.3 创建机床坐标系

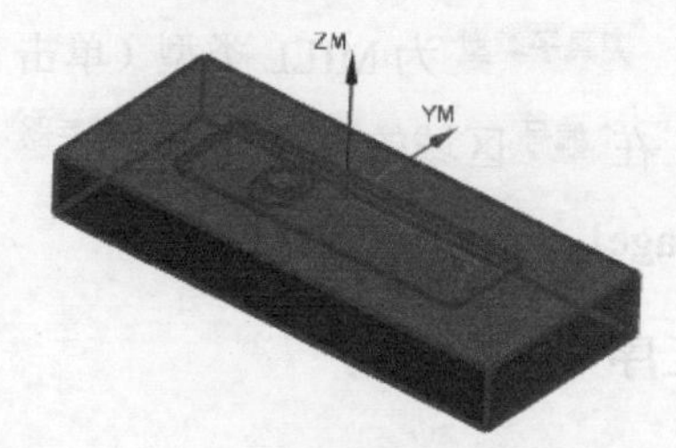

图 6.4 部件几何体

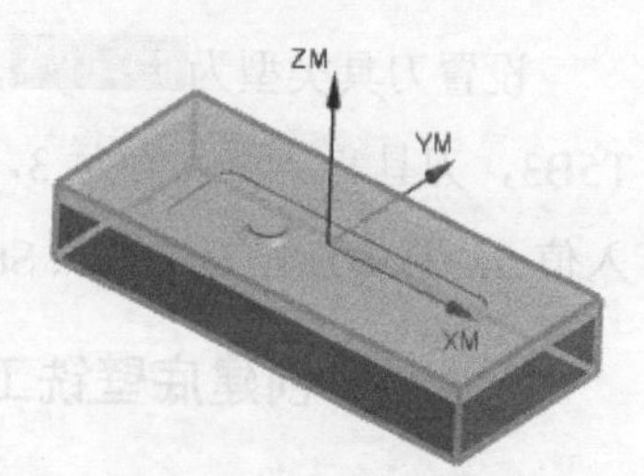

图 6.5 毛坯几何体

Task3．创建刀具

Stage1．创建刀具 1

Step1. 将工序导航器调整到机床视图。

Step2. 选择下拉菜单 插入(S) → 刀具(T)... 命令，系统弹出“创建刀具”对话框。

Step3. 在“创建刀具”对话框的 类型 下拉列表中选择 mill_planar 选项，在 刀具子类型 区域中单击 MILL 按钮，在 位置 区域的 刀具 下拉列表中选择 GENERIC_MACHINE 选项，在 名称 文本框中输入 T1D20，然后单击 确定 按钮，系统弹出“铣刀-5 参数”对话框。

Step4. 在“铣刀-5 参数”对话框的 (D) 直径 文本框中输入值 20，在 编号 区域的 刀具号、补偿寄存器 和 刀具补偿寄存器 文本框中均输入值 1，其他参数采用系统默认设置，单击 确定 按钮，完成刀具 1 的创建。

Stage2．创建刀具 2

设置刀具类型为 mill_planar，刀具子类型 为 MILL 类型（单击 MILL 按钮），刀具名称为 T2D10R2，刀具 (D) 直径 值为 10，刀具 (R1) 下半径 值为 2，在 编号 区域的 刀具号、补偿寄存器 和 刀具补偿寄存器 文本框中均输入值 2，具体操作方法参照 Stage1。

Stage3．创建刀具 3

设置刀具类型为 mill_planar，刀具子类型 为 MILL 类型（单击 MILL 按钮），刀具名称为 T3D5R1，刀具 (D) 直径 值为 5，刀具 (R1) 下半径 值为 1，在 编号 区域的 刀具号、补偿寄存器 和 刀具补偿寄存器 文本框中均输入值 3，具体操作方法参照 Stage1。

Stage4．创建刀具 4

设置刀具类型为 mill_planar，刀具子类型 为 MILL 类型（单击 MILL 按钮），刀具名称为 T4D3R0.5，刀具 (D) 直径 值为 3，刀具 (R1) 下半径 值为 0.5，在 编号 区域的 刀具号、补偿寄存器 和 刀具补偿寄存器 文本框中均输入值 4，具体操作方法参照 Stage1。

Stage5．创建刀具 5

设置刀具类型为mill_planar，刀具子类型为 MILL 类型（单击 MILL 按钮），刀具名称为 T5B3，刀具(D) 球直径值为 3，在编号区域的刀具号、补偿寄存器和刀具补偿寄存器文本框中均输入值 5，具体操作方法参照 Stage1。

Task4．创建底壁铣工序 1

Stage1．创建工序

Step1．选择下拉菜单插入(S) → 工序(E)...命令，系统弹出“创建工序”对话框。

Step2．确定加工方法。在“创建工序”对话框的类型下拉列表中选择mill_planar选项，在工序子类型区域中单击“底壁铣”按钮，在程序下拉列表中选择PROGRAM选项，在刀具下拉列表中选择T1D20（铣刀-5 参数）选项，在几何体下拉列表中选择WORKPIECE选项，在方法下拉列表中选择MILL_SEMI_FINISH选项，采用系统默认的名称。

Step3．在“创建工序”对话框中单击确定按钮，系统弹出“底壁铣”对话框。

Stage2．指定切削区域

Step1．在几何体区域中单击“选择或编辑切削区域几何体”按钮，系统弹出“切削区域”对话框。

Step2．选取图 6.6 所示的面为切削区域（共 1 个面），在“切削区域”对话框中单击确定按钮，完成切削区域的创建，同时系统返回到“底壁铣”对话框。

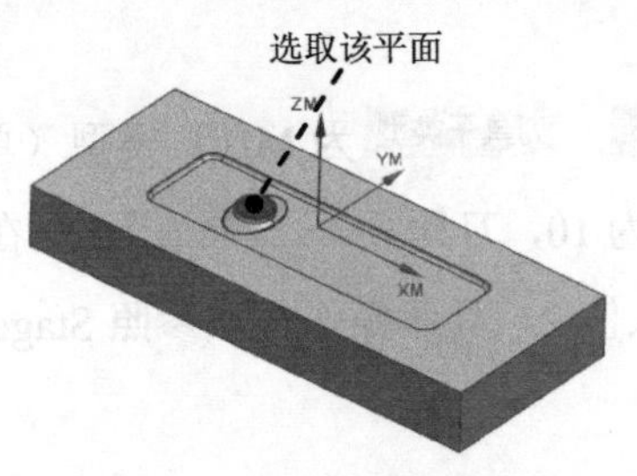

图 6.6　指定切削区域

Stage3．设置刀具路径参数

Step1．设置切削模式。在刀轨设置区域的切削模式下拉列表中选择往复选项。

Step2．设置步进方式。在步距下拉列表中选择% 刀具平直选项，在平面直径百分比文本框中输入值 75，在底面毛坯厚度文本框中输入值 5，在每刀切削深度文本框中输入值 2。

Stage4．设置切削参数

Step1．在刀轨设置区域中单击“切削参数”按钮，系统弹出“切削参数”对话框。

Step2．在“切削参数”对话框中单击空间范围选项卡，在切削区域区域的将底面延伸至下拉列表中选择部件轮廓选项；单击余量选项卡，在最终底面余量文本框中输入值 0.2；单击确定按钮，系统返回到“底壁铣”对话框。

Stage5．设置非切削移动参数

采用系统默认的设置。

Stage6．设置进给率和速度

Step1．单击“底壁铣”对话框中的“进给率和速度”按钮，系统弹出“进给率和速度”对话框。

Step2．选中“进给率和速度”对话框主轴速度区域中的☑ 主轴速度 (rpm)复选框，在其后的文本框中输入值 800，按 Enter 键，然后单击按钮，在进给率区域的切削文本框中输入值 200，按 Enter 键，然后单击按钮，其他参数采用系统默认设置。

Step3．单击“进给率和速度”对话框中的确定按钮，系统返回“底壁铣”对话框。

Stage7．生成刀路轨迹并仿真

生成的刀路轨迹如图 6.7 所示，2D 动态仿真加工后的模型如图 6.8 所示。

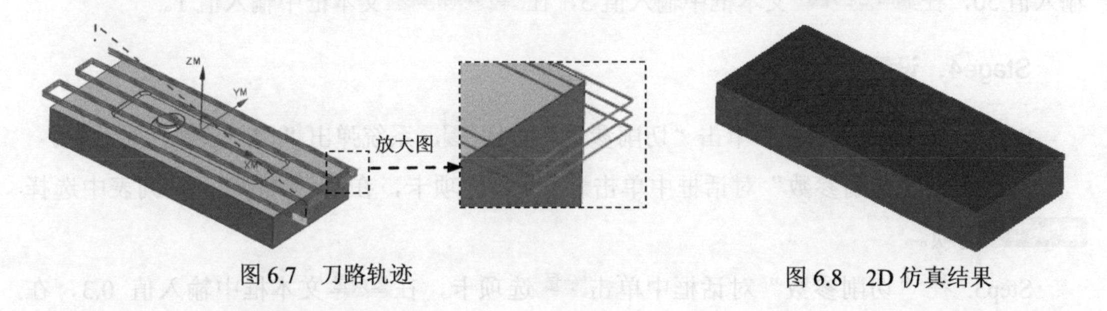

图 6.7　刀路轨迹　　　图 6.8　2D 仿真结果

Task5．创建底壁铣工序 2

Stage1．创建工序

Step1．选择下拉菜单插入(S) → 工序(E)...命令，系统弹出“创建工序”对话框。

Step2．确定加工方法。在“创建工序”对话框的类型下拉列表中选择mill_planar选项，在工序子类型区域中单击“底壁铣”按钮，在程序下拉列表中选择PROGRAM选项，在刀具下拉列表中选择T2D10R2（铣刀-5 参数）选项，在几何体下拉列表中选择WORKPIECE选项，在方法下拉列表中选择MILL_SEMI_FINISH选项，采用系统默认的名称。

Step3．在“创建工序”对话框中单击确定按钮，系统弹出“底壁铣”对话框。

Stage2．指定切削区域

Step1．在几何体区域中单击“选择或编辑切削区域几何体”按钮，系统弹出“切削区域”对话框。

Step2. 选取图 6.9 所示的面为切削区域（共 1 个面），在“切削区域”对话框中单击 确定 按钮，完成切削区域的创建，同时系统返回到“底壁铣”对话框。

Step3. 在“切削区域”对话框中选中 ☑ 自动壁 复选框，单击 指定壁几何体 区域中的 按钮查看壁几何体，如图 6.10 所示。

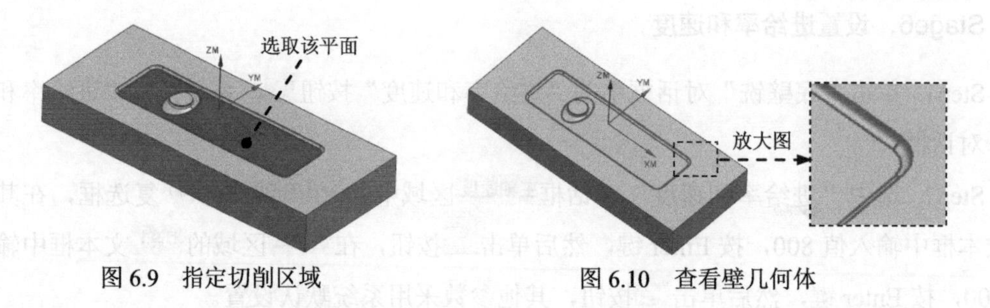

图 6.9 指定切削区域

图 6.10 查看壁几何体

Stage3. 设置刀具路径参数

Step1. 设置切削模式。在 刀轨设置 区域的 切削模式 下拉列表中选择 往复 选项。

Step2. 设置步进方式。在 步距 下拉列表中选择 % 刀具平直 选项，在 平面直径百分比 文本框中输入值 50，在 底面毛坯厚度 文本框中输入值 3，在 每刀切削深度 文本框中输入值 1。

Stage4. 设置切削参数

Step1. 在 刀轨设置 区域中单击“切削参数”按钮 ，系统弹出“切削参数”对话框。

Step2. 在“切削参数”对话框中单击 空间范围 选项卡，在 将底面延伸至 下拉列表中选择 部件轮廓 选项。

Step3. 在“切削参数”对话框中单击 余量 选项卡，在 壁余量 文本框中输入值 0.3，在 最终底面余量 文本框中输入值 0.3，单击 确定 按钮，系统返回到“底壁铣”对话框。

Stage5. 设置非切削移动参数

Step1. 单击“底壁铣”对话框中的“非切削移动”按钮 ，系统弹出“非切削移动”对话框。

Step2. 单击“非切削移动”对话框中的 进刀 选项卡，在 斜坡角 文本框中输入值 3，在 高度 文本框中输入值 1，单击 确定 按钮，完成非切削移动参数的设置。

Stage6. 设置进给率和速度

Step1. 单击“底壁铣”对话框中的“进给率和速度”按钮 ，系统弹出“进给率和速度”对话框。

Step2. 选中“进给率和速度”对话框 主轴速度 区域中的 ☑ 主轴速度 (rpm) 复选框，在其后的文本框中输入值 1200，按 Enter 键，然后单击按钮，在进给率区域的切削文本框中输入值 300，按 Enter 键，然后单击按钮，其他参数采用系统默认设置。

Step3. 单击“进给率和速度”对话框中的确定按钮，系统返回“底壁铣”对话框。

Stage7. 生成刀路轨迹并仿真

生成的刀路轨迹如图 6.11 所示，2D 动态仿真加工后的模型如图 6.12 所示。

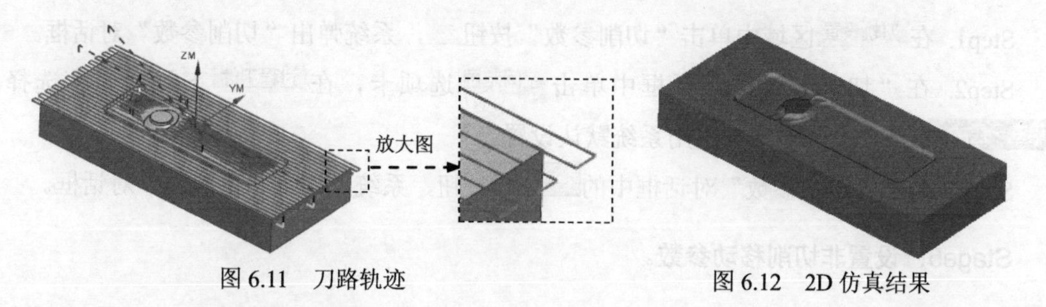

图 6.11 刀路轨迹　　图 6.12 2D 仿真结果

Task6. 创建型腔铣操作

Stage1. 创建工序

Step1. 选择下拉菜单插入(S) → 工序(E)...命令，在“创建工序”对话框的类型下拉列表中选择mill_contour选项，在工序子类型区域中单击“型腔铣”按钮，在程序下拉列表中选择PROGRAM选项，在刀具下拉列表中选择前面设置的刀具T3D5R1（铣刀-5 参数）选项，在几何体下拉列表中选择WORKPIECE选项，在方法下拉列表中选择MILL_SEMI_FINISH选项，使用系统默认的名称。

Step2. 单击“创建工序”对话框中的确定按钮，系统弹出“型腔铣”对话框。

Stage2. 指定切削区域

Step1. 在几何体区域中单击“选择或编辑切削区域几何体”按钮，系统弹出“切削区域”对话框。

Step2. 选取图 6.13 所示的面为切削区域（共 18 个面），在“切削区域”对话框中单击确定按钮，完成切削区域的创建，同时系统返回到“型腔铣”对话框。

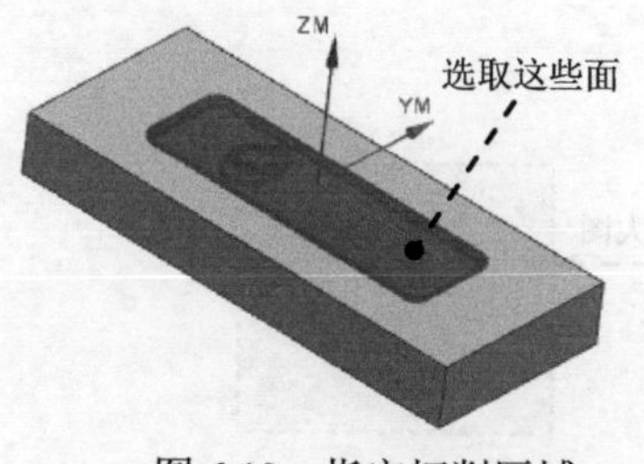

图 6.13 指定切削区域

Stage3．设置一般参数

在“型腔铣”对话框的切削模式下拉列表中选择跟随部件选项；在步距下拉列表中选择% 刀具平直选项，在平面直径百分比文本框中输入值 50，在公共每刀切削深度下拉列表中选择恒定选项，在最大距离文本框中输入值 0.2。

Stage4．设置切削参数

Step1．在刀轨设置区域中单击“切削参数”按钮，系统弹出“切削参数”对话框。

Step2．在“切削参数”对话框中单击空间范围选项卡，在过程工件下拉列表中选择使用基于层的选项，其他参数采用系统默认设置。

Step3．单击“切削参数”对话框中的确定按钮，系统返回到“型腔铣”对话框。

Stage5．设置非切削移动参数。

Step1．单击“型腔铣”对话框中的“非切削移动”按钮，系统弹出“非切削移动”对话框。

Step2．单击“非切削移动”对话框中的进刀选项卡，在斜坡角文本框中输入值 3，在高度文本框中输入值 1，在开放区域区域的进刀类型下拉列表中选择与封闭区域相同选项，单击确定按钮，完成非切削移动参数的设置。

Stage6．设置进给率和速度

Step1．在“型腔铣”对话框中单击“进给率和速度”按钮，系统弹出“进给率和速度”对话框。

Step2．选中“进给率和速度”对话框主轴速度区域中的☑ 主轴速度（rpm）复选框，在其后的文本框中输入值 2500，按 Enter 键，然后单击按钮，在进给率区域的切削文本框中输入值 500，按 Enter 键，然后单击按钮，其他参数采用系统默认设置。

Step3．单击确定按钮，完成进给率和速度的设置，系统返回“型腔铣”对话框。

Stage7．生成刀路轨迹并仿真

生成的刀路轨迹如图 6.14 所示，2D 动态仿真加工后的模型如图 6.15 所示。

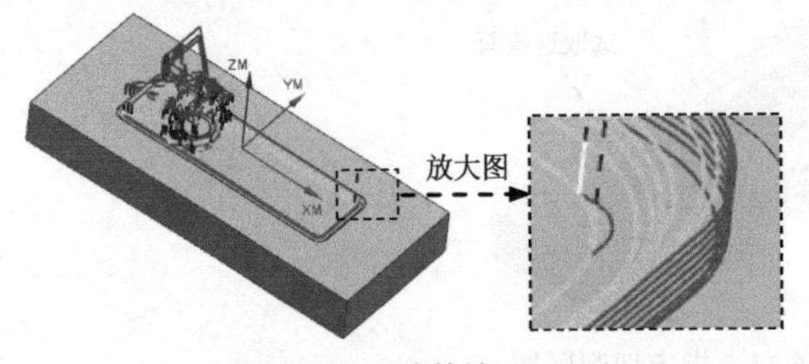

图 6.14　刀路轨迹

图 6.15　2D 仿真结果

Task7．创建深度轮廓铣工序

Stage1．创建工序

Step1．选择下拉菜单插入(S) ➡ 工序(E)...命令，在“创建工序”对话框的类型下拉列表中选择mill_contour选项，在工序子类型区域中单击“深度轮廓铣”按钮，在程序下拉列表中选择PROGRAM选项，在刀具下拉列表中选择刀具T4D3R0.5 (铣刀-5 参数)选项，在几何体下拉列表中选择WORKPIECE选项，在方法下拉列表中选择MILL_FINISH选项，使用系统默认的名称。

Step2．单击“创建工序”对话框中的确定按钮，系统弹出“深度轮廓铣”对话框。

Stage2．指定切削区域

Step1．在“深度轮廓铣”对话框的几何体区域中单击指定切削区域右侧的按钮，系统弹出“切削区域”对话框。

Step2．在图形区选取图6.16所示的面（共10个）为切削区域，然后单击“切削区域”对话框中的确定按钮，系统返回到“深度轮廓铣”对话框。

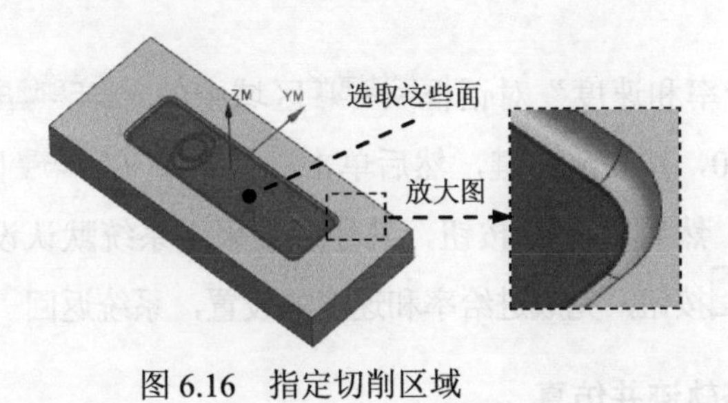

图6.16　指定切削区域

Stage3．设置一般参数

在“深度轮廓铣”对话框的合并距离文本框中输入值3，在最小切削长度文本框中输入值1，在公共每刀切削深度下拉列表中选择恒定选项，在最大距离文本框中输入值0.1。

Stage4．设置切削参数

Step1．单击“深度轮廓铣”对话框中的“切削参数”按钮，系统弹出“切削参数”对话框。

Step2．在“切削参数”对话框中单击策略选项卡，在延伸路径区域中选中☑ 在刀具接触点下继续切削复选框。

Step3．单击连接选项卡，按图6.17所示设置参数。

Step4．单击“切削参数”对话框中的确定按钮，完成切削参数的设置，系统返回到“深度轮廓铣”对话框。

图 6.17 “连接”选项卡

Stage5. 设置非切削移动参数

采用系统默认的非切削移动参数。

Stage6. 设置进给率和速度

Step1. 在“深度轮廓铣”对话框中单击“进给率和速度”按钮，系统弹出“进给率和速度”对话框。

Step2. 选中“进给率和速度”对话框主轴速度区域中的☑ 主轴速度 (rpm)复选框，在其后的文本框中输入值 5000，按 Enter 键，然后单击按钮，在进给率区域的切削文本框中输入值 800，按 Enter 键，然后单击按钮，其他参数采用系统默认设置。

Step3. 单击确定按钮，完成进给率和速度的设置，系统返回“深度轮廓铣”对话框。

Stage7. 生成刀路轨迹并仿真

生成的刀路轨迹如图 6.18 所示，2D 动态仿真加工后的模型如图 6.19 所示。

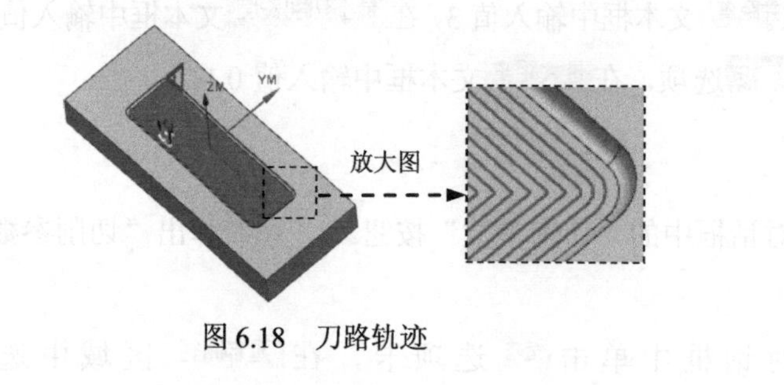

图 6.18 刀路轨迹

图 6.19 2D 仿真结果

Task8. 创建底壁铣工序 3

Stage1. 创建工序

Step1. 选择下拉菜单插入(S) → 工序(E)...命令，系统弹出“创建工序”对话框。

Step2. 确定加工方法。在“创建工序”对话框的类型下拉列表中选择mill_planar选项，在工序子类型区域中单击“底壁铣”按钮，在程序下拉列表中选择PROGRAM选项，在刀具下拉列表中选择T1D20（铣刀-5 参数）选项，在几何体下拉列表中选择WORKPIECE选项，在方法下拉列表中选择MILL_FINISH选项，采用系统默认的名称。

Step3. 在“创建工序”对话框中单击确定按钮，系统弹出“底壁铣”对话框。

Stage2．指定切削区域

Step1. 在几何体区域中单击“选择或编辑切削区域几何体”按钮，系统弹出“切削区域”对话框。

Step2. 选取图 6.20 所示的面为切削区域（共 1 个面），在“切削区域”对话框中单击确定按钮，完成切削区域的创建，同时系统返回到“底壁铣”对话框。

Stage3．设置刀具路径参数

Step1. 设置切削模式。在刀轨设置区域的切削模式下拉列表中选择跟随周边选项。

Step2. 设置步进方式。在步距下拉列表中选择% 刀具平直选项，在平面直径百分比文本框中输入值 75，在底面毛坯厚度文本框中输入值 1，在每刀切削深度文本框中输入值 0。

Stage4．设置切削参数

Step1. 在刀轨设置区域中单击“切削参数”按钮，系统弹出“切削参数”对话框。

Step2. 在“切削参数”对话框中单击策略选项卡，在刀路方向下拉列表中选择向内选项，单击空间范围选项卡，在刀具延展量文本框中输入值 50。

Step3. 单击确定按钮，系统返回到“底壁铣”对话框。

Stage5．设置非切削移动参数

采用系统默认的非切削移动参数。

Stage6．设置进给率和速度

Step1. 单击“底壁铣”对话框中的“进给率和速度”按钮，系统弹出“进给率和速度”对话框。

Step2. 选中“进给率和速度”对话框主轴速度区域中的☑ 主轴速度 (rpm)复选框，在其后的文本框中输入值 1200，按 Enter 键，然后单击按钮，在进给率区域的切削文本框中输入值 400，按 Enter 键，然后单击按钮，其他参数采用系统默认设置。

Step3. 单击“进给率和速度”对话框中的确定按钮，系统返回“底壁铣”对话框。

Stage7. 生成刀路轨迹并仿真

生成的刀路轨迹如图 6.21 所示，2D 动态仿真加工后的模型如图 6.22 所示。

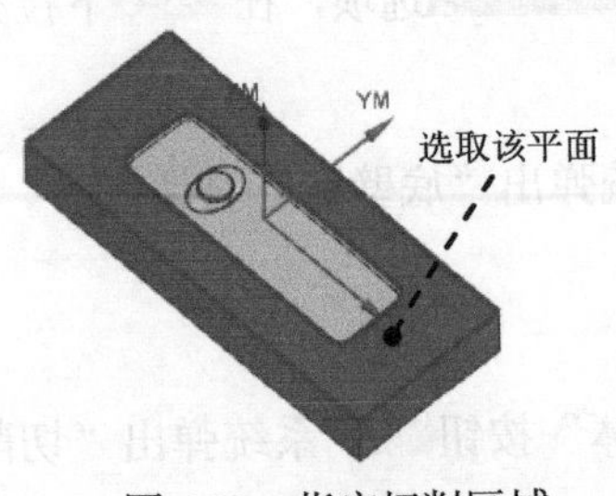

图 6.20 指定切削区域

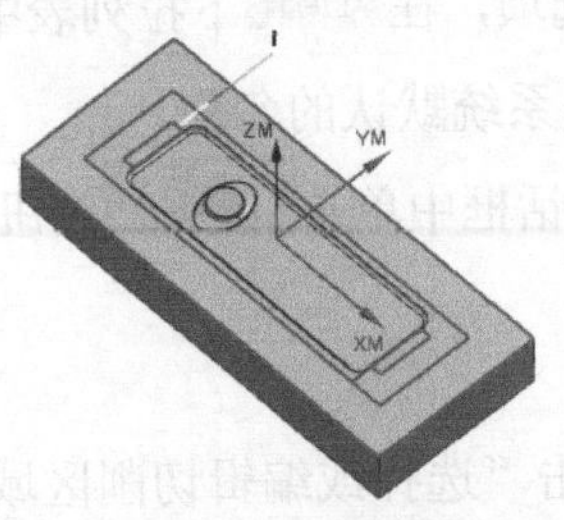

图 6.21 刀路轨迹

图 6.22 2D 仿真结果

Task9. 创建平面轮廓铣工序

Stage1. 创建工序

Step1. 选择下拉菜单 插入(S) → 工序(E)... 命令，系统弹出“创建工序”对话框。

Step2. 确定加工方法。在“创建工序”对话框的 类型 下拉列表中选择 mill_planar 选项，在 工序子类型 区域中单击“平面轮廓铣”按钮，在 程序 下拉列表中选择 PROGRAM 选项，在 刀具 下拉列表中选择 T5B3（铣刀-球头铣）选项，在 几何体 下拉列表中选择 WORKPIECE 选项，在 方法 下拉列表中选择 MILL_FINISH 选项，采用系统默认的名称。

Step3. 在“创建工序”对话框中单击 确定 按钮，系统弹出“平面轮廓铣”对话框。

Stage2. 指定部件边界

Step1. 在“平面轮廓铣”对话框的 几何体 区域中单击按钮，系统弹出“部件边界”对话框。

Step2. 在“部件边界”对话框的 选择方法 下拉列表中选择 曲线 选项。

Step3. 在 刀具侧 下拉列表中选择 内侧 选项，选取图 6.23 所示的边线串 1 为几何体边界。

Step4. 单击“部件边界”对话框中的 确定 按钮，系统返回到“平面轮廓铣”对话框，完成部件边界的创建。

Stage3. 指定底面

Step1. 在“平面轮廓铣”对话框中单击按钮，系统弹出“平面”对话框，在 类型 下拉列表中选择 自动判断 选项。

Step2. 在模型上选取图 6.24 所示的模型底部平面，在 偏置 区域的 距离 文本框中输入值 0，单击 确定 按钮，完成底面的指定。

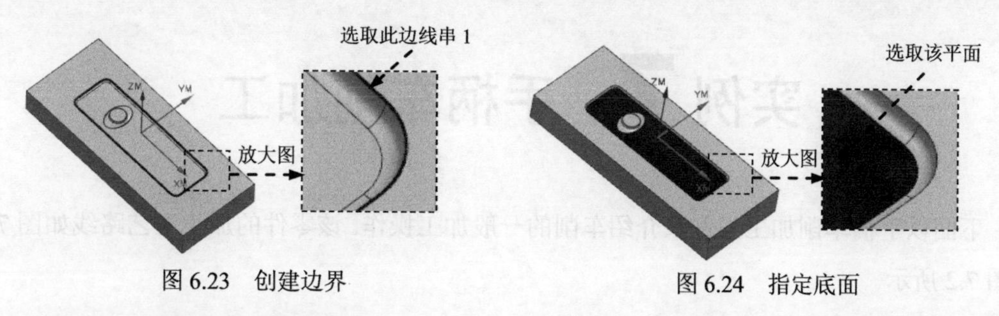

图 6.23　创建边界　　　　图 6.24　指定底面

Stage4．设置刀具路径参数

在“平面轮廓铣”对话框 刀轨设置 区域的 切削进给 文本框中输入值 250，在 切削深度 下拉列表中选择 恒定 选项，在 公共 文本框中输入值 0.5，其他参数采用系统默认设置值。

Stage5．设置切削参数

采用系统默认的切削参数。

Stage6．设置非切削移动参数

采用系统默认的非切削移动参数。

Stage7．设置进给率和速度

Step1. 单击“平面轮廓铣”对话框中的“进给率和速度”按钮，系统弹出“进给率和速度”对话框。

Step2. 选中“进给率和速度”对话框 主轴速度 区域中的 主轴速度（rpm） 复选框，在其后的文本框中输入值 5000，按 Enter 键，然后单击 按钮，在 进给率 区域的 切削 文本框中输入值 250，按 Enter 键，然后单击 按钮，其他参数采用系统默认设置。

Step3. 单击“进给率和速度”对话框中的 确定 按钮，系统返回“平面轮廓铣”对话框。

Stage8．生成刀路轨迹并仿真

生成的刀路轨迹如图 6.25 所示，2D 动态仿真加工后的模型如图 6.26 所示。

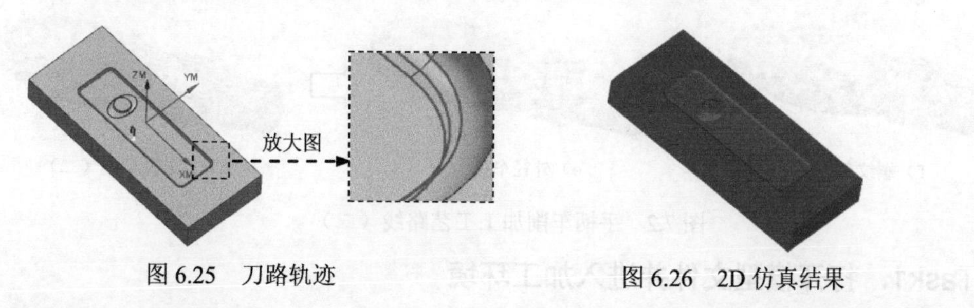

图 6.25　刀路轨迹　　　　图 6.26　2D 仿真结果

Task10．保存文件

选择下拉菜单 文件(F) ➡ 保存(S) 命令，保存文件。

实例 7 手柄车削加工

下面以手柄车削加工为例来介绍车削的一般加工操作。该零件的加工工艺路线如图 7.1 和图 7.2 所示。

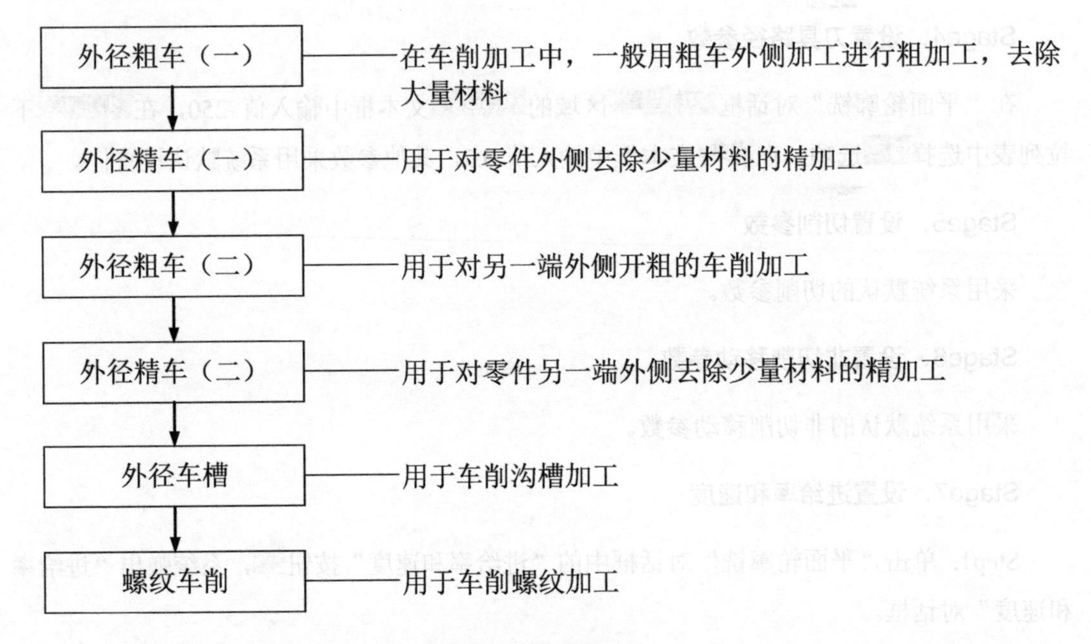

图 7.1 手柄车削加工工艺路线（一）

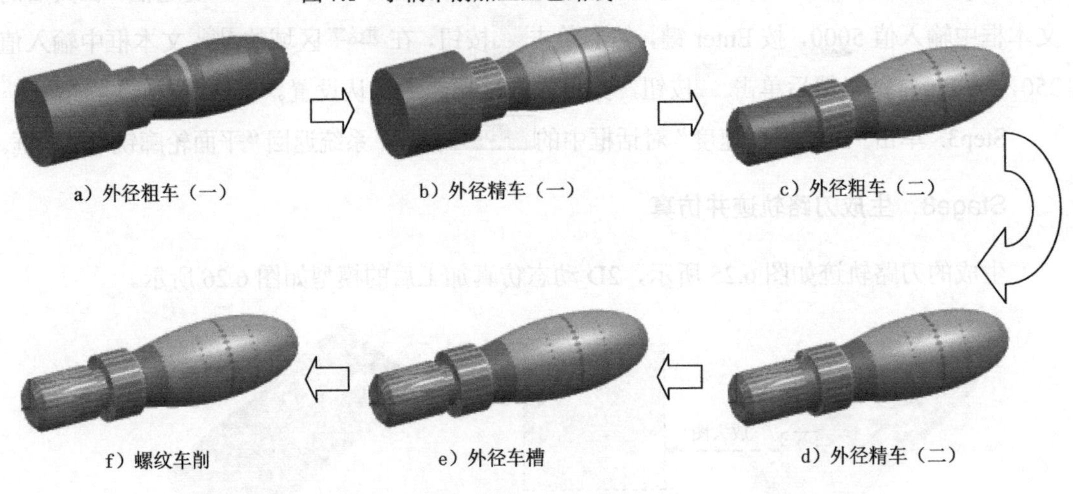

图 7.2 手柄车削加工工艺路线（二）

Task1．打开模型文件并进入加工环境

Step1．打开模型文件 D:\ug12.11\work\ch07\handle.prt。

Step2．进入加工环境。在 应用模块 功能选项卡的 加工 区域单击 按钮，系统弹出“加工环境”对话框；在“加工环境”对话框的CAM 会话配置列表框中选择cam_general选项，在要创建的 CAM 组装列表框中选择turning选项，单击确定按钮，进入加工环境。

Task2．创建几何体 1

Stage1．创建机床坐标系

Step1. 将工序导航器调整到几何视图，双击MCS_SPINDLE节点，系统弹出“MCS 主轴”对话框，在“MCS 主轴”对话框的机床坐标系区域中单击“坐标系对话框”按钮，系统弹出“坐标系”对话框。

Step2. 单击“坐标系”对话框操控器区域中的“点对话框”按钮，系统弹出“点”对话框；在“点”对话框的X文本框中输入值 90，按 Enter 键；单击“点”对话框中的确定按钮，此时系统返回到“坐标系”对话框；单击“坐标系”对话框中的确定按钮，此时系统返回至“MCS 主轴”对话框，完成图 7.3 所示的机床坐标系的创建。

Stage2．指定工作平面

Step1. 在“MCS 主轴”对话框车床工作平面区域的指定平面下拉列表中选择ZM-XM选项。

Step2. 单击“MCS 主轴”对话框中的确定按钮，完成工作平面的指定。

Stage3．创建部件几何体

Step1. 在工序导航器中双击MCS_SPINDLE节点下的WORKPIECE，系统弹出“工件”对话框。

Step2. 单击“工件”对话框中的按钮，系统弹出“部件几何体”对话框，选取整个零件为部件几何体。

Step3. 依次单击“部件几何体”对话框和“工件”对话框中的确定按钮，完成部件几何体的创建。

Stage4．创建车削几何体

Step1. 在工序导航器中的几何视图状态下双击WORKPIECE节点下的TURNING_WORKPIECE，系统弹出“车削工件”对话框。

Step2. 单击“车削工件”对话框指定部件边界右侧的按钮，系统弹出“部件边界”对话框，此时系统会自动指定部件边界并在图形区显示，如图 7.4 所示；单击确定按钮，完成部件边界的定义。

Step3. 单击“车削工件”对话框中的“指定毛坯边界”按钮，系统弹出“毛坯边界”对话框。

Step4. 在类型下拉列表中选择棒材选项，在毛坯区域的安装位置下拉列表中选择在主轴箱处选项，然后单击按钮，在系统弹出“点”对话框的参考下拉列表中选择WCS选项，在XC文本框中输入值-95；单击确定按钮，完成安装位置的定义，系统返回到“毛坯边界”对话框。

Step5. 在“毛坯边界”对话框的长度文本框中输入值 100，在直径文本框中输入值 30；单击确定按钮，在图形区中显示毛坯边界，如图 7.5 所示。

Step6. 单击“车削工件”对话框中的确定按钮，完成毛坯几何体的定义。

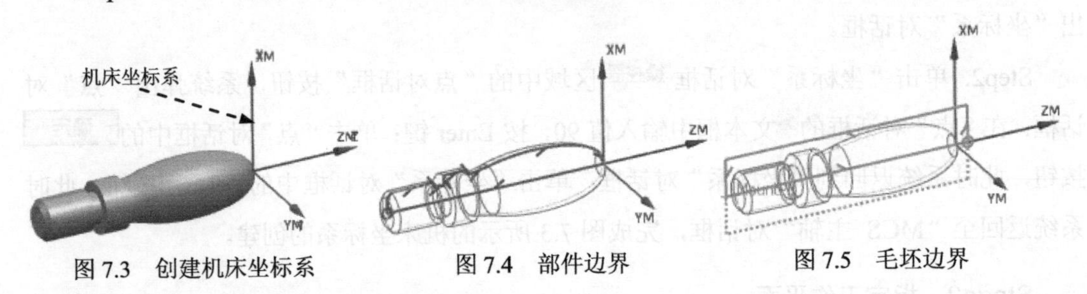

图 7.3 创建机床坐标系　　图 7.4 部件边界　　图 7.5 毛坯边界

Task3. 创建 1 号刀具

Step1. 选择下拉菜单插入(S) → 刀具(T)...命令，系统弹出“创建刀具”对话框。

Step2. 在“创建刀具”对话框的类型下拉列表中选择turning选项，在刀具子类型区域中单击 OD_55_L 按钮，在位置区域的刀具下拉列表中选择GENERIC_MACHINE选项，采用系统默认的名称，单击确定按钮，系统弹出“车刀-标准”对话框。

Step3. 在“车刀-标准”对话框中单击工具选项卡，在编号区域的刀具号文本框中输入值 1。

Step4. 单击“车刀-标准”对话框中的夹持器选项卡，选中☑ 使用车刀夹持器复选框，采用系统默认的参数设置。

Step5. 单击“车刀-标准”对话框中的确定按钮，完成 1 号刀具的创建。

Task4. 创建 2 号刀具

设置刀具类型为turning，刀具子类型为 OD_55_L 类型（单击按钮），名称为 OD_35_L，单击确定按钮。在系统弹出的“车刀-标准”对话框中单击工具选项卡，在刀片区域的(ISO 刀片形状下拉列表中选择V(菱形 35)选项，在编号区域的刀具号文本框中输入值 2；单击夹持器选项卡，选中☑ 使用车刀夹持器复选框，在样式下拉列表中选择T 样式选项，在尺寸区域的(HA) 夹持器角度文本框中输入值 90，其他参数采用系统默认设置，详细操作过程参照 Task3。

Task5. 创建外径粗车工序 1

Stage1. 创建工序

Step1. 选择下拉菜单 插入(S) → 工序(E)... 命令，系统弹出“创建工序”对话框。

Step2. 在“创建工序”对话框的类型下拉列表中选择turning选项，在工序子类型区域中单击“外径粗车”按钮，在程序下拉列表中选择PROGRAM选项，在刀具下拉列表中选择OD_55_L (车刀-标准)选项，在几何体下拉列表中选择TURNING_WORKPIECE选项，在方法下拉列表中选择LATHE_ROUGH选项，采用系统默认的名称。

Step3. 单击“创建工序”对话框中的确定按钮，系统弹出“外径粗车”对话框。

Stage2．设置切削区域

Step1. 单击“外径粗车”对话框切削区域右侧的“显示”按钮，在图形区中显示出切削区域，如图 7.6 所示。

Step2. 单击切削区域右侧的“编辑”按钮，系统弹出“切削区域”对话框。在轴向修剪平面 1区域的限制选项下拉列表中选择点选项；单击“点对话框”按钮，在图形区选取图 7.7 所示边线的中点；分别单击“点”对话框和“切削区域”对话框中的确定按钮，完成切削区域的设置。

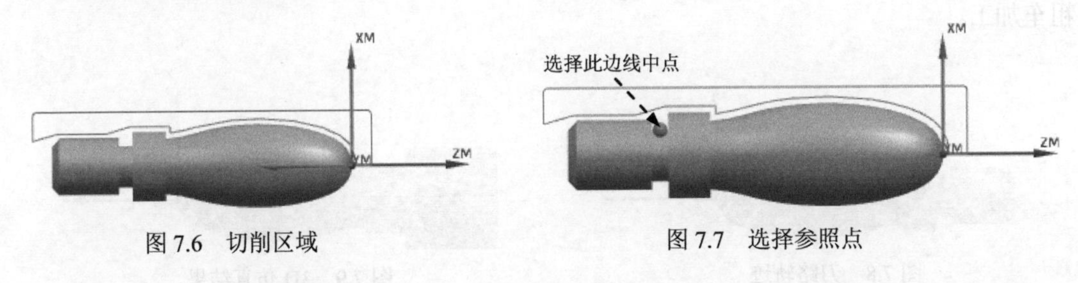

图 7.6 切削区域　　图 7.7 选择参照点

Stage3．设置切削移动参数

Step1. 在“外径粗车”对话框步进区域的切削深度下拉列表中选择恒定选项，在最大距离文本框中输入值 2。

Step2. 单击“外径粗车”对话框中的更多区域，选中☑ 附加轮廓加工复选框。

Step3. 设置切削参数。单击“外径粗车”对话框中的“切削参数”按钮，系统弹出“切削参数”对话框；在该对话框中选择余量选项卡，然后在轮廓加工余量区域的面和径向文本框中都输入值 0.2，其他参数采用系统默认设置；单击确定按钮，系统返回到“外径粗车”对话框。

Stage4．设置非切削移动参数

单击“外径粗车”对话框中的“非切削移动”按钮，系统弹出“非切削移动”对话框。在进刀选项卡轮廓加工区域的进刀类型下拉列表中选择线性选项，在角度文本框中输入值 180，在长度文本框中输入值 2，其他参数采用系统默认设置；单击确定按钮，系统返回到“外径粗车”对话框。

Stage5．设置进给率和速度

Step1．在“外径粗车”对话框中单击“进给率和速度”按钮，系统弹出“进给率和速度”对话框；在主轴速度区域的表面速度（smm）文本框中输入值 600，在进给率区域的切削文本框中输入值 0.5，其他参数采用系统默认设置。

Step2．单击确定按钮，完成进给率和速度的设置，系统返回到“外径粗车”对话框。

Stage6．生成刀路轨迹并 3D 仿真

Step1．单击“外径粗车”对话框中的“生成”按钮，生成的刀路轨迹如图 7.8 所示。

Step2．单击“外径粗车”对话框中的“确认”按钮，系统弹出“刀轨可视化”对话框。

Step3．在“刀轨可视化”对话框中单击3D 动态选项卡，采用系统默认的参数设置；调整动画速度后单击“播放”按钮，即可观察到 3D 动态仿真加工，结果如图 7.9 所示。

Step4．依次在“刀轨可视化”对话框和“外径粗车”对话框中单击确定按钮，完成粗车加工。

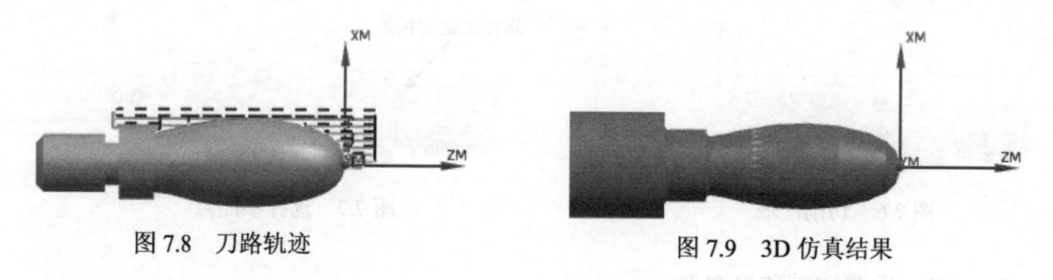

图 7.8　刀路轨迹　　　　图 7.9　3D 仿真结果

Task6．创建外径精车工序 1

Stage1．创建工序

Step1．选择下拉菜单插入(S) → 工序(E)...命令，系统弹出“创建工序”对话框。

Step2．在“创建工序”对话框的类型下拉列表中选择turning选项，在工序子类型区域中单击“外径精车”按钮，在程序下拉列表中选择PROGRAM选项，在刀具下拉列表中选择OD_35_L（车刀-标准）选项，在几何体下拉列表中选择TURNING_WORKPIECE选项，在方法下拉列表中选择LATHE_FINISH选项。

Step3．单击“创建工序”对话框中的确定按钮，系统弹出“外径精车”对话框。

Stage2．设置切削区域

Step1．单击“外径精车”对话框切削区域右侧的“显示”按钮，在图形区中显示出切削区域，如图 7.10 所示。

Step2. 单击切削区域右侧的“编辑”按钮，系统弹出“切削区域”对话框；在轴向修剪平面 1区域的限制选项下拉列表中选择点选项；单击“点对话框”按钮，在图形区选取图 7.11 所示边线的中点；分别单击“点”对话框和“切削区域”对话框中的确定按钮，完成切削区域的设置。

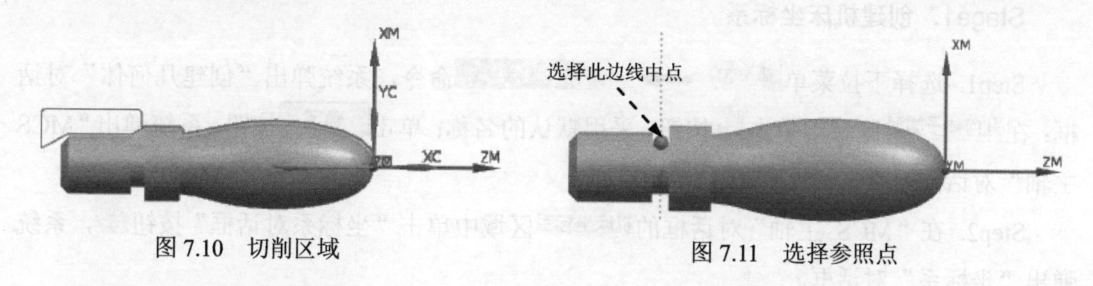

图 7.10 切削区域　　图 7.11 选择参照点

Stage3. 设置切削参数

单击“外径精车”对话框中的“切削参数”按钮，系统弹出“切削参数”对话框；在该对话框中选择策略选项卡，然后在切削区域中取消选中 允许底切复选框，其他参数采用系统默认设置；单击确定按钮，系统返回“外径精车”对话框。

Stage4. 设置非切削移动参数

各参数采用系统默认设置。

Stage5. 设置进给率和速度

Step1. 在“外径精车”对话框中单击“进给率和速度”按钮，系统弹出“进给率和速度”对话框；在主轴速度区域的表面速度（smm）文本框中输入值 1000，在进给率区域的切削文本框中输入值 0.2，其他参数采用系统默认设置。

Step2. 单击确定按钮，完成进给率和速度的设置，系统返回到“外径精车”对话框。

Stage6. 生成刀路轨迹并 3D 仿真

Step1. 单击“外径精车”对话框中的“生成”按钮，生成的刀路轨迹如图 7.12 所示。

Step2. 单击“外径精车”对话框中的“确认”按钮，系统弹出“刀轨可视化”对话框。

Step3. 在“刀轨可视化”对话框中单击3D 动态选项卡，采用系统默认的参数设置；调整动画速度后单击“播放”按钮，即可观察到 3D 动态仿真加工，结果如图 7.13 所示。

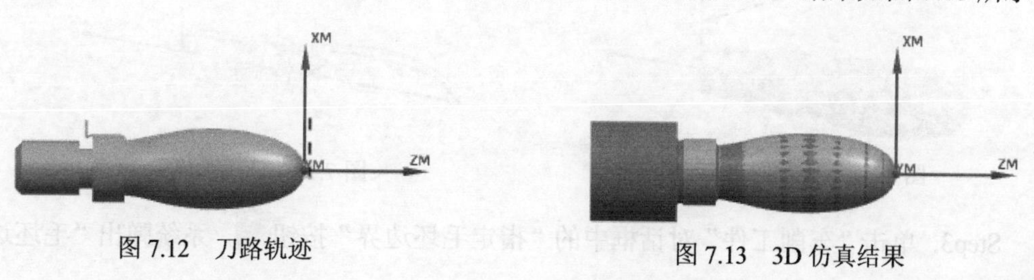

图 7.12 刀路轨迹　　图 7.13 3D 仿真结果

Step4. 分别在“刀轨可视化”对话框和“外径精车”对话框中单击 确定 按钮，完成精车加工。

Task7. 创建几何体 2

Stage1. 创建机床坐标系

Step1. 选择下拉菜单 插入(S) → 几何体(G)... 命令，系统弹出“创建几何体”对话框；在 几何体子类型 区域中单击 按钮，采用默认的名称；单击 确定 按钮，系统弹出“MCS 主轴”对话框。

Step2. 在“MCS 主轴”对话框的 机床坐标系 区域中单击“坐标系对话框”按钮，系统弹出“坐标系”对话框。

Step3. 拖动坐标系中间的小球，使其绕 XC 轴旋转-180°，单击“坐标系”对话框中的 确定 按钮，此时系统返回至“MCS 主轴”对话框，完成图 7.14 所示机床坐标系的创建。

Stage2. 创建部件几何体

Step1. 在工序导航器中双击 MCS_SPINDLE_1 节点下的 WORKPIECE_1，系统弹出“工件”对话框。

Step2. 单击“工件”对话框中的 按钮，系统弹出“部件几何体”对话框，选取整个零件为部件几何体。

Step3. 依次单击“部件几何体”对话框和“工件”对话框中的 确定 按钮，完成部件几何体的创建。

Stage3. 创建毛坯几何体

Step1. 在工序导航器中几何视图状态下双击 WORKPIECE_1 节点下的 TURNING_WORKPIECE_1，系统弹出“车削工件”对话框。

Step2. 单击“车削工件”对话框 指定部件边界 右侧的 按钮，系统弹出“部件边界”对话框，此时系统会自动指定部件边界并在图形区显示，如图 7.15 所示；单击 确定 按钮，完成部件边界的定义。

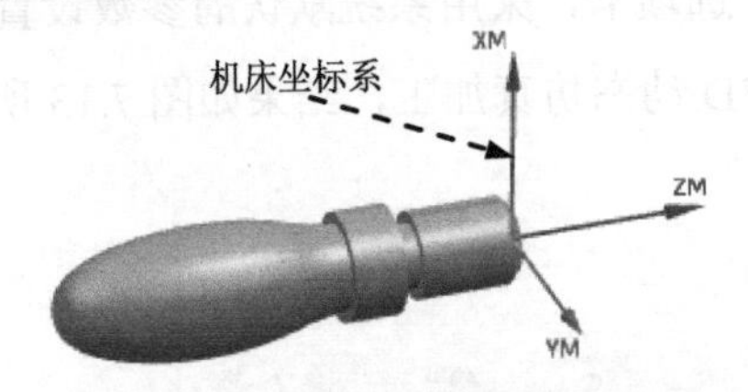

图 7.14 创建机床坐标系

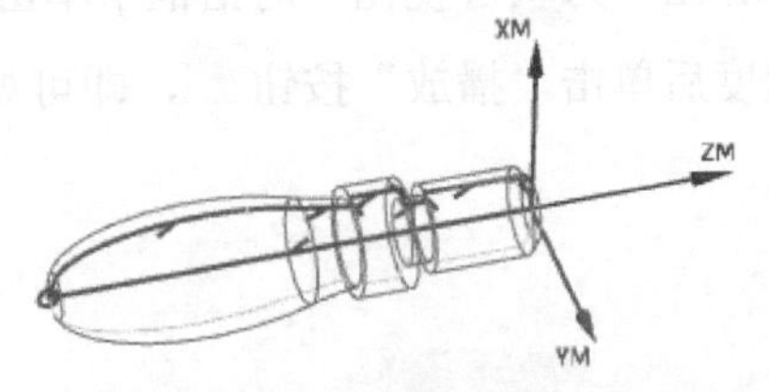

图 7.15 部件边界

Step3. 单击“车削工件”对话框中的“指定毛坯边界”按钮，系统弹出“毛坯边界”

对话框。

Step4. 在类型下拉列表中选择工作区选项，然后单击指定参考位置右侧的按钮，系统弹出“点”对话框，采用系统默认设置；单击确定按钮，完成参考位置的定义并返回到“毛坯边界”对话框。

Step5. 单击指定目标位置右侧的按钮，系统弹出“点”对话框，采用系统默认设置；单击确定按钮，完成目标位置的定义并返回到“毛坯边界”对话框；在该对话框中选中☑翻转方向复选框，再单击确定按钮。

Step6. 单击“车削工件”对话框中的确定按钮，完成毛坯几何体的定义。

Task8．创建 3 号刀具

设置刀具类型为turning，刀具子类型为 OD_GROOVE_L 类型（单击按钮），名称为 OD_GROOVE_L，单击确定按钮。在系统弹出的“车刀-标准”对话框中单击工具选项卡，在尺寸区域的(IW) 刀片宽度文本框中输入值 4，在编号区域的刀具号文本框中输入值 3；单击夹持器选项卡，选中☑使用车刀夹持器复选框，其他参数采用系统默认设置。详细操作过程参照 Task3。

Task9．创建 4 号刀具

设置刀具类型为turning，刀具子类型为 OD_THREAD_L 类型（单击按钮），名称为 OD_THREAD_L，单击确定按钮；在系统弹出的“车刀-标准”对话框中单击工具选项卡，在尺寸区域的(IW) 刀片宽度文本框中输入值 4，在(TO) 刀尖偏置文本框中输入值 2，在编号区域的刀具号文本框中输入 4，其他参数采用系统默认设置。详细操作过程参照 Task3。

Task10．创建外径粗车工序 2

Stage1．创建工序

Step1. 选择下拉菜单插入(S) ➡ 工序(E)...命令，系统弹出“创建工序”对话框。

Step2. 在“创建工序”对话框的类型下拉列表中选择turning选项，在工序子类型区域中单击“外径粗车”按钮，在程序下拉列表中选择PROGRAM选项，在刀具下拉列表中选择OD_55_L (车刀-标准)选项，在几何体下拉列表中选择TURNING_WORKPIECE_1选项，在方法下拉列表中选择LATHE_ROUGH选项，采用系统默认的名称。

Step3. 单击“创建工序”对话框中的确定按钮，系统弹出“外径粗车”对话框。

Stage2．设置切削区域

在“外径粗车”对话框的刀具方位区域中选中☑绕夹持器翻转刀具复选框，然后单击切削区域右侧的“显示”按钮，在图形区显示出切削区域，如图 7.16 所示。

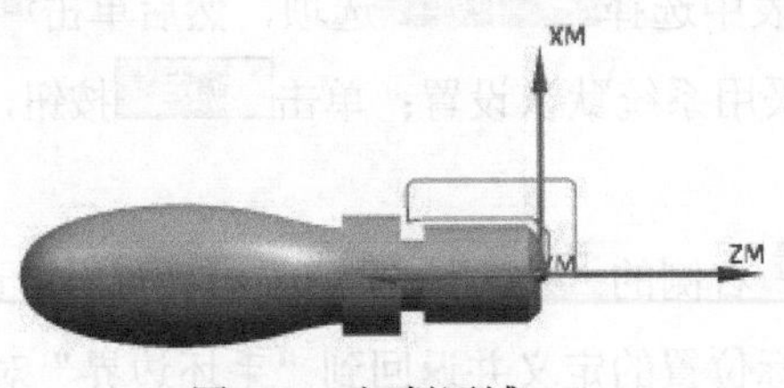

图 7.16 切削区域

Stage3．设置一般参数

在“外径粗车”对话框步进区域的切削深度下拉列表中选择恒定选项，在最大距离文本框中输入值 2，在变换模式下拉列表中选择省略选项。

Stage4．设置进给率和速度

Step1. 在“外径粗车”对话框中单击“进给率和速度”按钮，系统弹出“进给率和速度”对话框；在主轴速度区域的表面速度（smm）文本框中输入值 600，在进给率区域的切削文本框中输入值 0.5，其他参数采用系统默认设置。

Step2. 单击确定按钮，完成进给率和速度的设置，系统返回“外径粗车”对话框。

Stage5．生成刀路轨迹并 3D 仿真

Step1. 单击“外径粗车”对话框中的“生成”按钮，生成的刀路轨迹如图 7.17 所示。

Step2. 单击“外径粗车”对话框中的“确认”按钮，系统弹出“刀轨可视化”对话框。

Step3. 在“刀轨可视化”对话框中单击3D 动态选项卡，采用系统默认参数设置；调整动画速度后单击“播放”按钮，即可观察到 3D 动态仿真加工，加工后的结果如图 7.18 所示。

Step4. 分别在“刀轨可视化”对话框和“外径粗车”对话框中单击确定按钮，完成粗车加工。

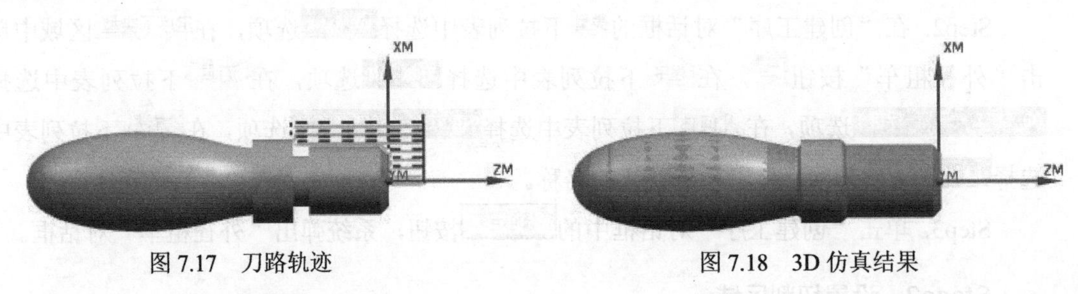

图 7.17 刀路轨迹　　图 7.18 3D 仿真结果

Task11．创建外径精车工序 2

说明：本 Task 的详细操作过程请参见随书学习资源中 video\ch07\reference 文件下的语

音视频讲解文件“手柄车削加工-r01.exe”。

Task12．创建外径开槽工序

Stage1．创建工序

Step1．选择下拉菜单插入(S) → 工序(E)...命令，系统弹出“创建工序”对话框。

Step2．在“创建工序”对话框的类型下拉列表中选择turning选项，在工序子类型区域中单击“外径开槽”按钮，在程序下拉列表中选择PROGRAM选项，在刀具下拉列表中选择OD_GROOVE_L（槽刀-标准）选项，在几何体下拉列表中选择TURNING_WORKPIECE_1选项，在方法下拉列表中选择LATHE_GROOVE选项，在名称文本框中输入GROOVE_OD。

Step3．单击“创建工序”对话框中的确定按钮，系统弹出“外径开槽”对话框。

Stage2．指定切削区域

在“外径开槽”对话框的刀具方位区域中选中☑绕夹持器翻转刀具复选框，然后单击切削区域右侧的“编辑”按钮，系统弹出“切削区域”对话框；在轴向修剪平面 1区域的限制选项下拉列表中选择点选项，单击“点对话框”按钮，在图形区选取图7.19所示边线的端点；分别单击“点”对话框和“切削区域”对话框中的确定按钮，完成切削区域的设置。

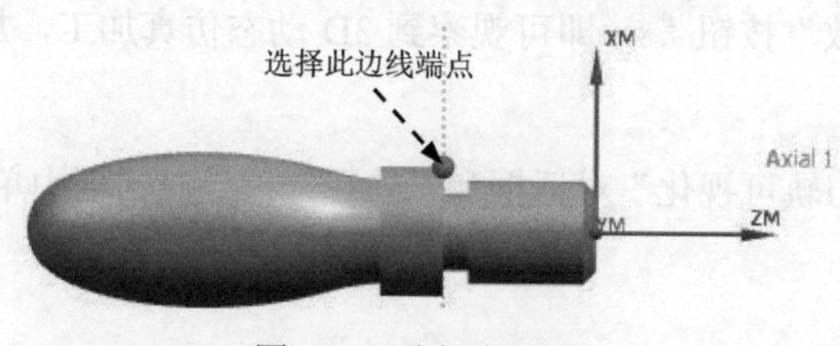

图7.19 选择参照点

Stage3．设置切削参数

Step1．单击“外径开槽”对话框中的“切削参数”按钮，系统弹出“切削参数”对话框。

Step2．在“切削参数”对话框中单击策略选项卡，在转文本框中输入值2；单击切屑控制选项卡，在切屑控制下拉列表中选择恒定安全设置选项，在恒定增量文本框中输入值1，在安全距离文本框中输入值0.5，其他参数采用系统默认设置；单击确定按钮，系统返回到“外径开槽”对话框。

Stage4．设置非切削移动参数

Step1．单击“外径开槽”对话框中的“非切削移动”按钮，系统弹出“非切削移动”对话框。

Step2. 单击离开选项卡，在离开刀轨区域的刀轨选项下拉列表中选择点选项，在离开点区域的运动到离开点下拉列表中选择径向->轴向选项；单击“点对话框”按钮，在系统弹出“点”对话框的参考下拉列表中选择WCS选项，在XC文本框中输入值 30，在YC文本框中输入值 20，单击确定按钮。

Step3. 单击“非切削区域”对话框中的确定按钮，系统返回到“外径开槽”对话框。

Stage5. 设置进给率和速度

Step1. 在“外径开槽”对话框中单击“进给率和速度”按钮，系统弹出“进给率和速度”对话框；在主轴速度区域中选中☑主轴速度复选框，在其后的文本框中输入值 400，在进给率区域的切削文本框中输入值 0.3，其他参数采用系统默认设置。

Step2. 单击确定按钮，完成进给率和速度的设置，系统返回到“外径开槽”对话框。

Stage6. 生成刀路轨迹并 3D 仿真

Step1. 单击“外径开槽”对话框中的“生成”按钮，生成的刀路轨迹如图 7.20 所示。

Step2. 单击“外径开槽”对话框中的“确认”按钮，系统弹出“刀轨可视化”对话框。

Step3. 在“刀轨可视化”对话框中单击3D 动态选项卡，采用系统默认参数设置；调整动画速度后单击“播放”按钮，即可观察到 3D 动态仿真加工，加工后的结果如图 7.21 所示。

Step4. 分别在“刀轨可视化”对话框和“外径开槽”对话框中单击确定按钮，完成车槽加工。

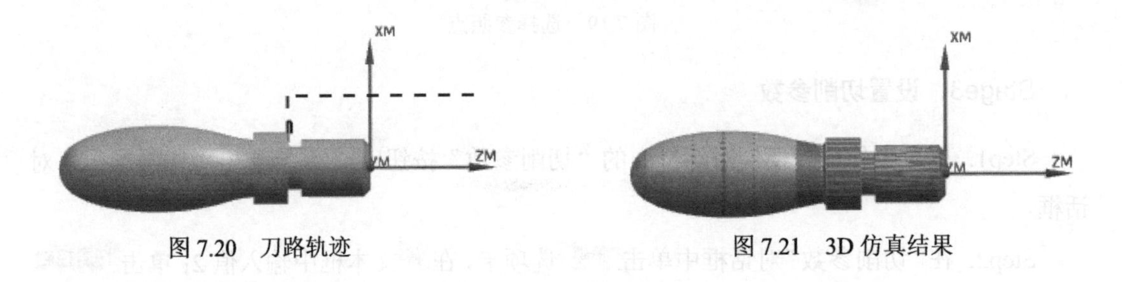

图 7.20 刀路轨迹　　图 7.21 3D 仿真结果

Task13. 创建螺纹车削工序

Stage1. 创建工序

Step1. 选择下拉菜单插入(S) → 工序(E)...命令，系统弹出“创建工序”对话框。

Step2. 在“创建工序”对话框的类型下拉列表中选择turning选项，在工序子类型区域中单击“外径螺纹铣”按钮，在程序下拉列表中选择PROGRAM选项，在刀具下拉列表中选择OD_THREAD_L (螺纹刀-标准)选项，在几何体下拉列表中选择TURNING_WORKPIECE_1选项，在方法下拉列表中选择LATHE_THREAD选项。

Step3. 单击“创建工序”对话框中的确定按钮，系统弹出“外径螺纹铣”对话框。

Stage2. 定义螺纹几何体

Step1. 设置刀具方位。在刀具方位区域中选中☑绕夹持器翻转刀具复选框。

Step2. 选取螺纹起始线。激活“外径螺纹铣”对话框的*选择顶线 (0)区域，在图形区选取图 7.22 所示的边线。

说明：选取螺纹起始线时从靠近手柄零件的端部选取。

Step3. 选取螺纹终止线。激活“外径螺纹铣”对话框的*选择终止线 (0)区域，在图形区选取图 7.23 所示的边线。

Step4. 选取根线。在深度选项下拉列表中选择根线选项，激活*选择根线 (0)区域，然后选取图 7.23 所示的边线。

Stage3. 设置螺纹参数

Step1. 单击“外径螺纹铣”对话框的偏置区域使其显示出来，按图 7.24 所示设置参数。

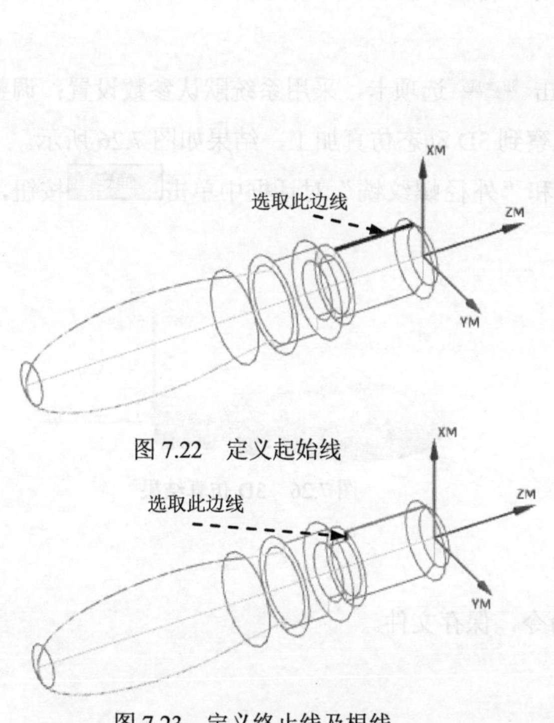

图 7.23　定义终止线及根线

图 7.24　“外径螺纹铣”对话框

Step2. 设置刀轨参数。在刀轨设置区域的最大距离文本框中输入值 1，在最小距离文本框中输入值 0.1，其他参数采用系统默认设置。

Stage4．设置切削参数

单击“外径螺纹铣”对话框中的“切削参数”按钮，系统弹出“切削参数”对话框；单击螺距选项卡，然后在距离文本框中输入值 2；单击附加刀路选项卡，在精加工刀路区域的刀路数文本框中输入值 1，在增量文本框中输入值 0.05，单击确定按钮。

Stage5．设置进给率和速度

Step1. 在“外径螺纹铣”对话框中单击“进给率和速度”按钮，系统弹出“进给率和速度”对话框；在主轴速度区域中选中☑主轴速度复选框，在其后的文本框中输入值 400，在进给率区域的切削文本框中输入值 2，其他参数采用系统默认设置。

Step2. 单击确定按钮，完成进给率和速度的设置，系统返回到“外径螺纹铣”对话框。

Stage6．生成刀路轨迹并 3D 仿真

Step1. 单击“外径螺纹铣”对话框中的“生成”按钮，生成的刀路轨迹如图 7.25 所示。

Step2. 单击“外径螺纹铣”对话框中的“确认”按钮，系统弹出“刀轨可视化”对话框。

Step3. 在“刀轨可视化”对话框中单击3D 动态选项卡，采用系统默认参数设置；调整动画速度后单击“播放”按钮，即可观察到 3D 动态仿真加工，结果如图 7.26 所示。

Step4. 分别在“刀轨可视化”对话框和“外径螺纹铣”对话框中单击确定按钮，完成螺纹加工。

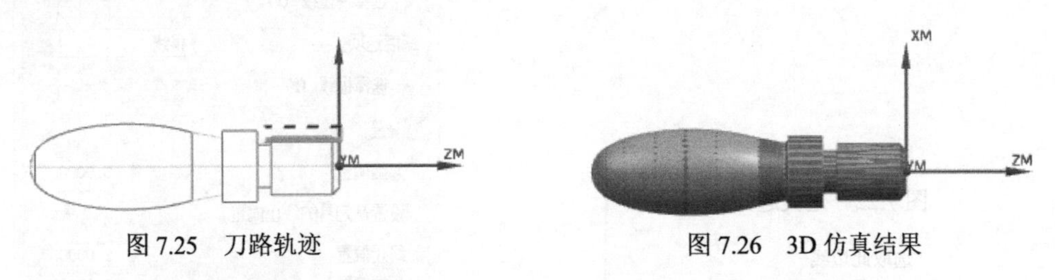

图 7.25　刀路轨迹　　图 7.26　3D 仿真结果

Task14．保存文件

选择下拉菜单文件(F) ➡ 保存(S)命令，保存文件。

实例 8 螺纹轴车削加工

本实例通过螺纹轴的车削加工介绍车削加工的常见方法，包括车端面、外径粗车、外径精车、沟槽车削、螺纹车削等。下面介绍该螺纹轴加工的具体过程，其加工工艺路线如图 8.1 和图 8.2 所示。

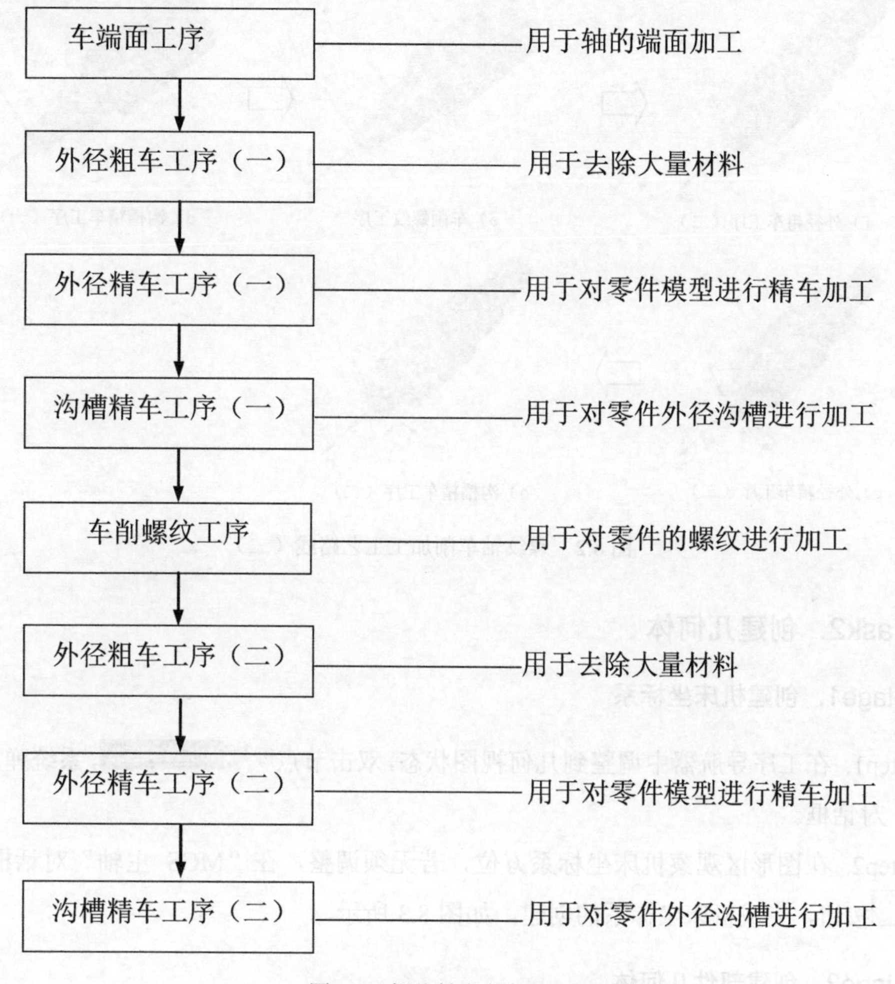

图 8.1 螺纹轴车削加工工艺路线（一）

Task1. 打开模型文件并进入加工环境

Step1. 打开文件 D:\ug12.11\work\ch08\ladder_axis.prt。

Step2. 在 应用模块 功能选项卡的 加工 区域单击 按钮，系统弹出“加工环境”对话框，在“加工环境”对话框的 要创建的 CAM 组装 列表框中选择 turning 选项，单击 确定 按钮，进入加工环境。

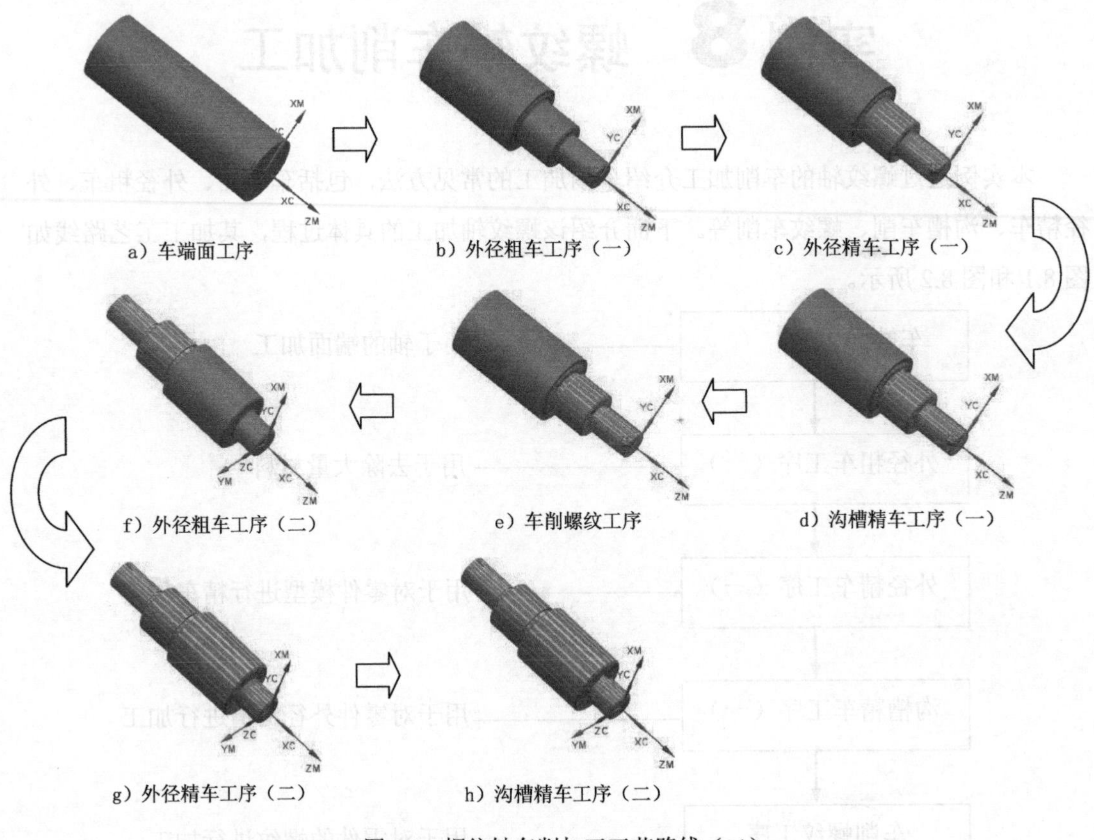

a）车端面工序　b）外径粗车工序（一）　c）外径精车工序（一）

d）沟槽精车工序（一）　e）车削螺纹工序　f）外径粗车工序（二）

g）外径精车工序（二）　h）沟槽精车工序（二）

图 8.2　螺纹轴车削加工工艺路线（二）

Task2．创建几何体

Stage1．创建机床坐标系

Step1. 在工序导航器中调整到几何视图状态，双击节点 MCS_SPINDLE，系统弹出“MCS 主轴”对话框。

Step2. 在图形区观察机床坐标系方位，若无须调整，在“MCS 主轴”对话框中单击 确定 按钮，完成机床坐标系的创建，如图 8.3 所示。

Stage2．创建部件几何体

Step1. 在工序导航器中双击 MCS_SPINDLE 节点下的 WORKPIECE，系统弹出“工件”对话框。

Step2. 单击“工件”对话框中的按钮，系统弹出“部件几何体”对话框，选取整个零件为部件几何体。

Step3. 依次单击“部件几何体”对话框和“工件”对话框中的 确定 按钮，完成部件几何体的创建。

Stage3．创建毛坯几何体

Step1. 在工序导航器中的几何视图状态下双击 WORKPIECE 节点下的 TURNING_WORKPIECE，系统弹出“车削工件”对话框。

Step2. 单击“车削工件”对话框中的“指定毛坯边界”按钮，系统弹出“毛坯边界”对话框。

Step3. 在 类型 下拉列表中选择 棒材 选项，在 毛坯 区域的 安装位置 下拉列表中选择 远离主轴箱 选项，然后单击按钮，系统弹出“点”对话框，在 X 文本框中输入值 5，单击 确定 按钮，完成安装位置的定义并返回“毛坯边界”对话框。

Step4. 在“毛坯边界”对话框的 长度 文本框中输入值 175，在 直径 文本框中输入值 60，单击 确定 按钮，在图形区中显示毛坯边界，如图 8.4 所示。

Step5. 单击“车削工件”对话框中的 确定 按钮，完成毛坯几何体的定义。

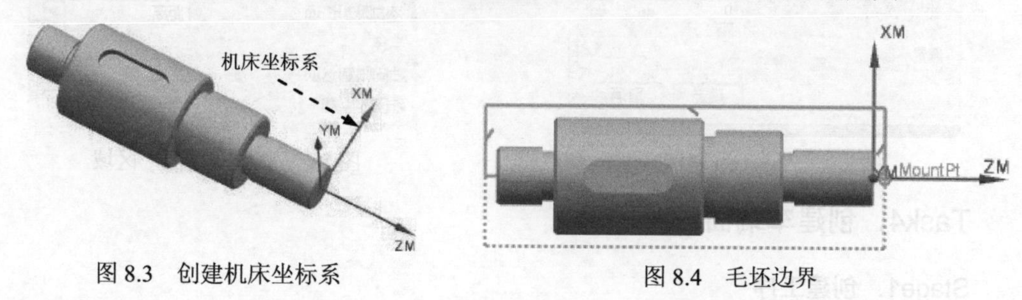

图 8.3　创建机床坐标系　　　　图 8.4　毛坯边界

Stage4．创建几何体

Step1. 选择下拉菜单 插入(S) → 几何体(G)... 命令，系统弹出“创建几何体”对话框。

Step2. 在 几何体子类型 区域中选择 AVOIDANCE 选项，在 位置 下拉列表中选择 TURNING_WORKPIECE 选项，采用系统默认的名称 AVOIDANCE，单击 确定 按钮，系统弹出“避让”对话框。

Step3. 在“避让”对话框 运动到起点（ST） 区域的 运动类型 下拉列表中选择 直接 选项，然后单击“避让”对话框中的按钮，系统弹出“点”对话框，按图 8.5 所示设置参数，单击 确定 按钮，系统返回“避让”对话框。

Step4. 按图 8.6 所示设置“避让”对话框 安全平面 区域中的参数，单击 确定 按钮。

Task3．创建刀具 1

Step1. 选择下拉菜单 插入(S) → 刀具(T)... 命令，系统弹出“创建刀具”对话框。

Step2. 在“创建刀具”对话框的 类型 下拉列表中选择 turning 选项，在 刀具子类型 区域中单击 OD_80_L 按钮，在 位置 区域的 刀具 下拉列表中选择 GENERIC_MACHINE 选项，采用系统默认的名称，单击 确定 按钮，系统弹出“车刀-标准”对话框。

Step3. 在“车刀-标准”对话框中单击 工具 选项卡，在 刀片尺寸 区域的“长度”文本框中输入值 10。

Step4. 单击“车刀-标准”对话框中的 夹持器 选项卡，选中 ☑ 使用车刀夹持器 复选框，采用系统默认参数设置；调整到静态线框视图状态，显示出刀具的形状。

Step5. 单击“车刀-标准”对话框中的 确定 按钮，完成刀具 1 的创建。

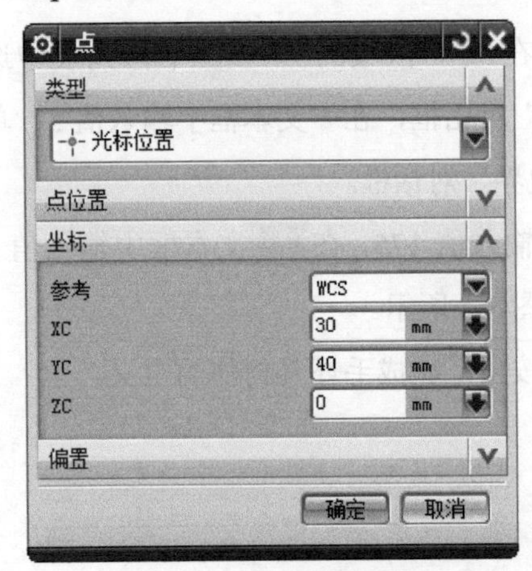

图 8.5 “点”对话框

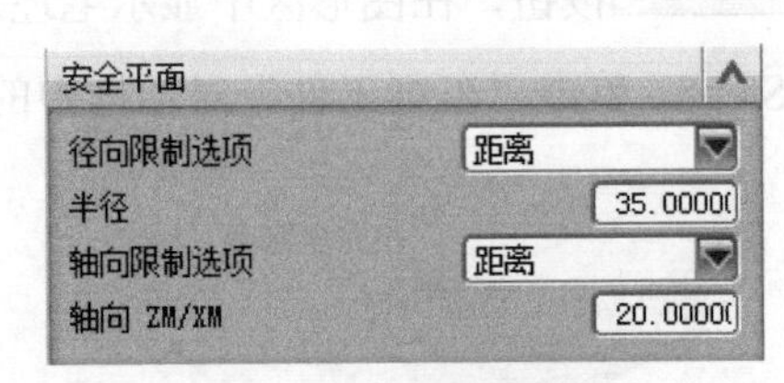

图 8.6 “安全平面”区域

Task4. 创建车端面工序

Stage1. 创建工序

Step1. 选择下拉菜单 插入(S) → 工序(E)... 命令，系统弹出“创建工序”对话框。

Step2. 在“创建工序”对话框的 类型 下拉列表中选择 turning 选项，在 工序子类型 区域中单击“面加工”按钮，在 程序 下拉列表中选择 PROGRAM 选项，在 刀具 下拉列表中选择 OD_80_L (车刀-标准) 选项，在 几何体 下拉列表中选择 AVOIDANCE 选项，在 方法 下拉列表中选择 LATHE_ROUGH 选项。

Step3. 单击“创建工序”对话框中的 确定 按钮，系统弹出“面加工”对话框。

Stage2. 设置切削区域

Step1. 单击“面加工”对话框 切削区域 右侧的“编辑”按钮，系统弹出“切削区域”对话框。

Step2. 在“切削区域”对话框 轴向修剪平面 1 区域的 限制选项 下拉列表中选择 距离 选项。

Step3. 单击 确定 按钮，系统返回到“面加工”对话框。

Stage3. 设置刀轨参数

在“面加工”对话框 步进 区域的 切削深度 下拉列表中选择 恒定 选项，其他参数采用系统默认设置。

Stage4．设置切削参数

采用系统默认参数设置。

Stage5．设置非切削移动参数

Step1. 单击“面加工”对话框中的“非切削移动”按钮，系统弹出“非切削移动”对话框。

Step2. 在“非切削移动”对话框中单击逼近选项卡，然后在逼近刀轨区域的刀轨选项下拉列表中选择点选项，单击“点对话框”按钮，系统弹出“点”对话框，在其中按图8.7所示设置参数，单击确定按钮。

Step3. 在“非切削移动”对话框中选择离开选项卡，按图8.8所示设置参数。

Step4. 单击确定按钮，完成非切削移动参数的设置。

图8.7　“点”对话框

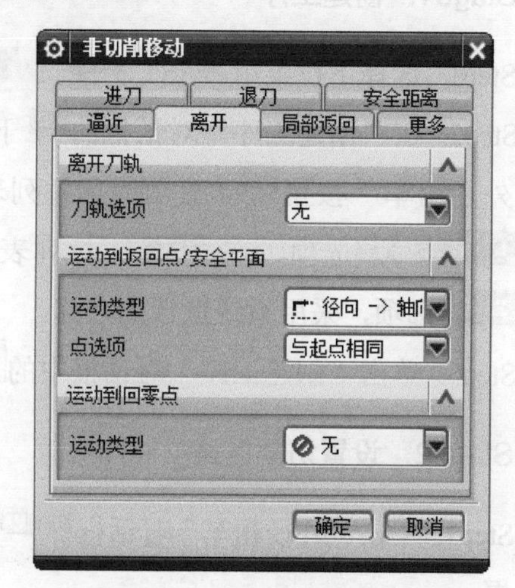

图8.8　“离开”选项卡

Stage6．设置进给率和速度

Step1. 单击“面加工”对话框中的“进给率和速度”按钮，系统弹出“进给率和速度”对话框。

Step2. 在“进给率和速度”对话框主轴速度区域的输出模式下拉列表中选择SMM选项，在表面速度（smm）文本框中输入值80，其他参数采用系统默认设置。

Step3. 单击“进给率和速度”对话框中的确定按钮，系统返回“面加工”对话框。

Stage7．生成刀路轨迹并3D仿真

Step1. 单击“面加工”对话框中的“生成”按钮，生成的刀路轨迹如图8.9所示。

Step2. 单击“面加工”对话框中的“确认”按钮，系统弹出“刀轨可视化”对话框。

Step3. 在“刀轨可视化”对话框中单击3D 动态选项卡，采用系统默认参数设置，调整动画速度后单击“播放”按钮▶，即可观察到3D动态仿真加工，加工后的结果如图8.10所示。

Step4. 分别在“刀轨可视化”对话框和“面加工”对话框中单击 确定 按钮，完成车端面加工。

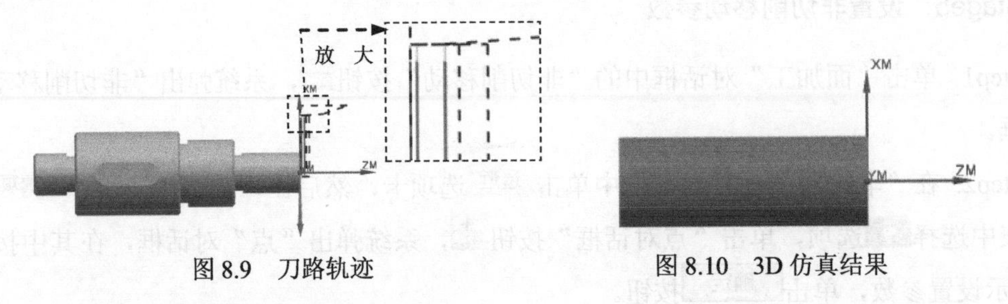

图8.9 刀路轨迹　　图8.10 3D仿真结果

Task5. 创建外径粗车工序1

Stage1. 创建工序

Step1. 选择下拉菜单 插入(S) → 工序(E)... 命令，系统弹出“创建工序”对话框。

Step2. 在“创建工序”对话框的 类型 下拉列表中选择 turning 选项，在 工序子类型 区域中单击“外径粗车”按钮，在 程序 下拉列表中选择 PROGRAM 选项，在 刀具 下拉列表中选择 OD_80_L (车刀-标准) 选项，在 几何体 下拉列表中选择 AVOIDANCE 选项，在 方法 下拉列表中选择 LATHE_ROUGH 选项，采用系统默认的名称。

Step3. 单击“创建工序”对话框中的 确定 按钮，系统弹出“外径粗车”对话框。

Stage2. 设置切削区域

Step1. 单击“外径粗车”对话框 切削区域 右侧的“编辑”按钮，系统弹出“切削区域”对话框。

Step2. 在“切削区域”对话框 轴向修剪平面 1 区域的 限制选项 下拉列表中选择 点 选项，然后单击“点对话框”按钮，系统弹出“点”对话框，在绘图区域选取图8.11所示的点。

Step3. 单击 确定 按钮，系统返回到“外径粗车”对话框。

Stage3. 设置刀轨参数

在“外径粗车”对话框 步进 区域的 切削深度 下拉列表中选择 恒定 选项，在 最大距离 文本框中输入值2，其他参数采用系统默认设置。

Stage4. 设置切削参数

Step1. 在“外径粗车”对话框中单击“切削参数”按钮，系统弹出“切削参数”对话框。

Step2. 在“切削参数”对话框中单击 余量 选项卡，按图8.12所示设置参数。

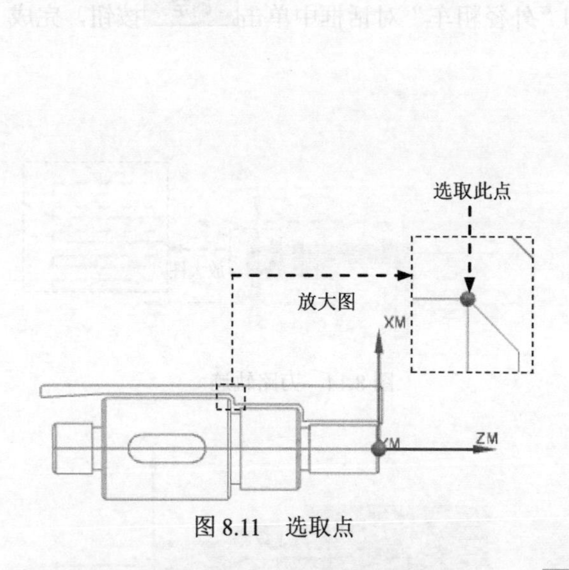

图 8.11　选取点

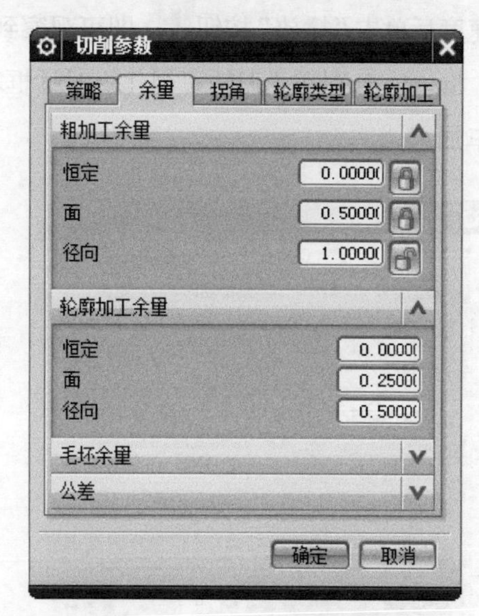

图 8.12　“余量”选项卡

Step3. 在“切削参数”对话框中单击轮廓加工选项卡，选中附加轮廓加工区域中的☑附加轮廓加工复选框，单击确定按钮，系统返回到“外径粗车”对话框。

Stage5. 设置非切削移动参数

Step1. 单击“外径粗车”对话框中的“非切削移动”按钮，系统弹出“非切削移动”对话框。

Step2. 在“非切削移动”对话框中选择离开选项卡，按图 8.13 所示设置参数。

Step3. 单击确定按钮，完成非切削移动参数的设置。

Stage6. 设置进给率和速度

Step1. 单击“外径粗车”对话框中的“进给率和速度”按钮，系统弹出“进给率和速度”对话框。

Step2. 在“进给率和速度”对话框主轴速度区域的输出模式下拉列表中选择SMM选项，在表面速度 (smm)文本框中输入值 80，其他参数采用系统默认设置。

Step3. 单击“进给率和速度”对话框中的确定按钮，系统返回“外径粗车”对话框。

Stage7. 生成刀路轨迹并 3D 仿真

Step1. 单击“外径粗车”对话框中的“生成”按钮，生成的刀路轨迹如图 8.14 所示。

Step2. 单击“外径粗车”对话框中的“确认”按钮，系统弹出“刀轨可视化”对话框。

Step3. 在“刀轨可视化”对话框中单击3D 动态选项卡，采用系统默认参数设置，调整动画速度后单击“播放”按钮▶，即可观察到3D动态仿真加工，加工后的结果如图8.15所示。

Step4. 分别在“刀轨可视化”对话框和“外径粗车”对话框中单击 确定 按钮，完成粗车加工。

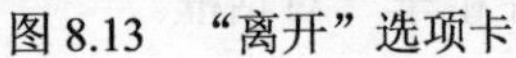
图8.13 “离开”选项卡

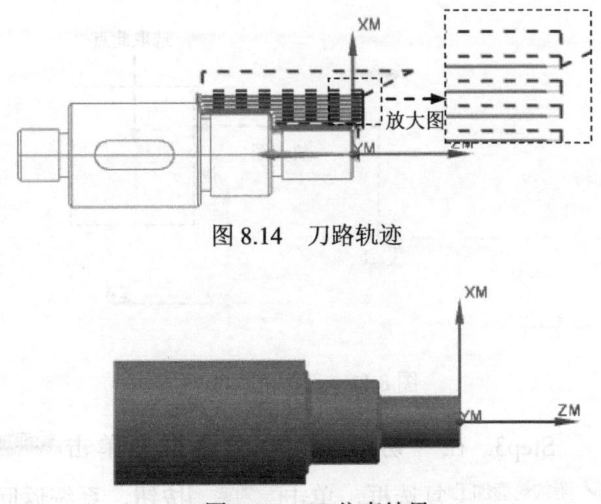

图8.14 刀路轨迹

图8.15 3D仿真结果

Task6. 创建刀具2

Step1. 选择下拉菜单 插入(S) → 刀具(T)... 命令，系统弹出“创建刀具”对话框。

Step2. 在“创建刀具”对话框的 类型 下拉列表中选择 turning 选项，在 刀具子类型 区域中单击OD_55_L按钮，在 名称 文本框中输入OD_55_L，单击 确定 按钮，系统弹出“车刀-标准”对话框。

Step3. 在“车刀-标准”对话框中按图8.16所示设置参数。

Step4. 单击“车刀-标准”对话框中的 夹持器 选项卡，选中☑ 使用车刀夹持器 复选框。

Step5. 单击“车刀-标准”对话框中的 确定 按钮，完成刀具2的创建。

Task7. 创建外径精车工序1

Stage1. 创建工序

Step1. 选择下拉菜单 插入(S) → 工序(E)... 命令，系统弹出“创建工序”对话框。

Step2. 在“创建工序”对话框的 类型 下拉列表中选择 turning 选项，在 工序子类型 区域中单击“外径精车”按钮，在 程序 下拉列表中选择 PROGRAM 选项，在 刀具 下拉列表中选择 OD_55_L（车刀-标准）选项，在 几何体 下拉列表中选择 AVOIDANCE 选项，在 方法 下拉列表中选择 LATHE_FINISH 选项。

Step3. 单击“创建工序”对话框中的 确定 按钮，系统弹出“外径精车”对话框。

Stage2．设置切削区域

Step1．单击“外径精车”对话框 切削区域 右侧的“编辑”按钮，系统弹出“切削区域”对话框。

Step2．在“切削区域”对话框 轴向修剪平面 1 区域的 限制选项 下拉列表中选择 点 选项，然后单击“点对话框”按钮，系统弹出“点”对话框，在绘图区域选取图 8.17 所示的点。

Step3．单击 确定 按钮，系统返回到“外径精车”对话框。

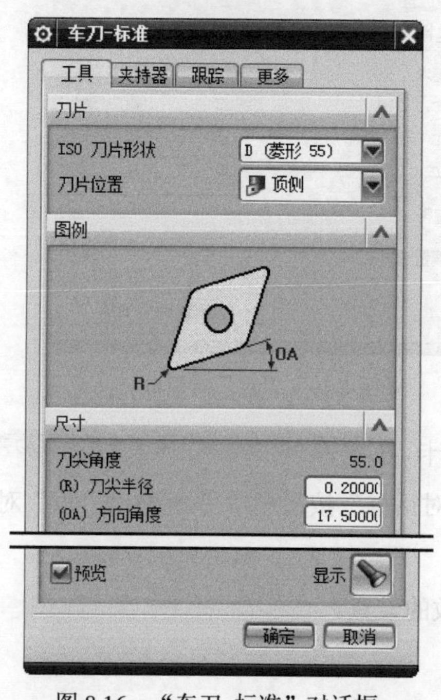

图 8.16　“车刀-标准”对话框

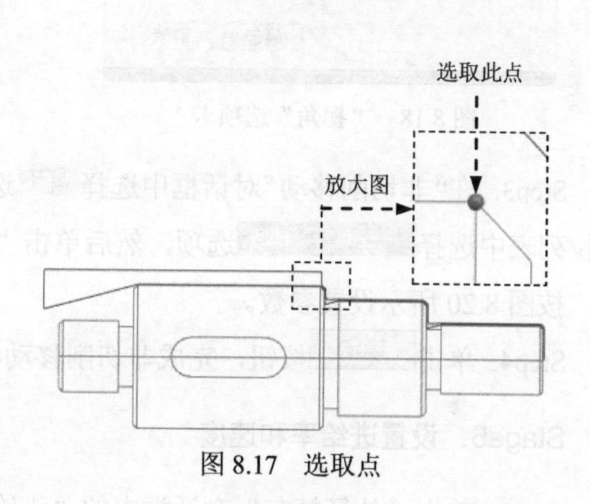

图 8.17　选取点

Stage3．设置刀轨参数

在“外径精车”对话框中选中 ☑ 省略变换区 复选框，其他参数采用系统默认设置。

Stage4．设置切削参数

Step1．单击“外径精车”对话框中的“切削参数”按钮，系统弹出“切削参数”对话框，在其中选择 策略 选项卡，取消选中 ☐ 允许底切 复选框，其他参数采用默认设置。

Step2．选择 拐角 选项卡，按图 8.18 所示设置参数；单击 确定 按钮，完成切削参数的设置。

Stage5．设置非切削移动参数

Step1．单击“外径精车”对话框中的“非切削移动”按钮，系统弹出“非切削移动”对话框。

Step2. 在“非切削移动”对话框中选择逼近选项卡，然后在逼近刀轨区域的刀轨选项下拉列表中选择点选项，然后单击“点对话框”按钮，系统弹出“点”对话框，按图 8.19 所示设置参数，单击确定按钮。

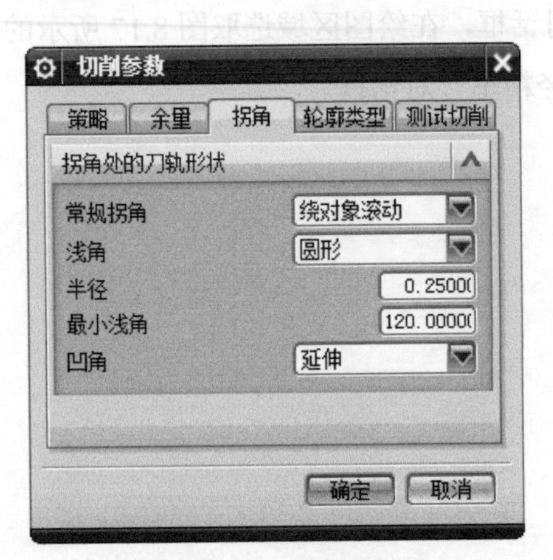

图 8.18 “拐角”选项卡

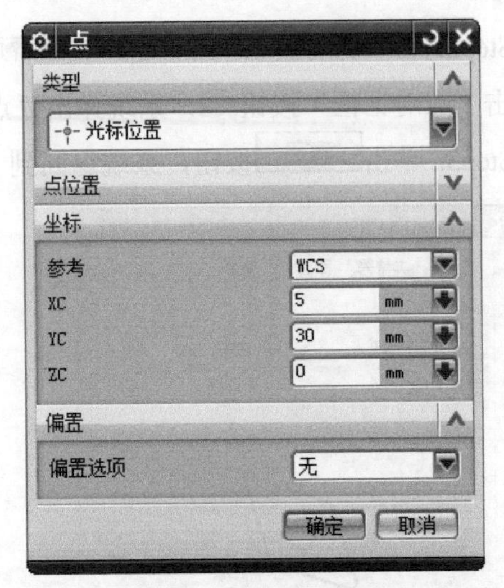

图 8.19 “点”对话框

Step3. 在“非切削移动”对话框中选择离开选项卡，在运动到返回点/安全平面区域的运动类型下拉列表中选择径向 -> 轴向选项，然后单击“点对话框”按钮，系统弹出“点”对话框，按图 8.20 所示设置参数。

Step4. 单击确定按钮，完成非切削移动参数的设置。

Stage6．设置进给率和速度

Step1. 单击“外径精车”对话框中的“进给率和速度”按钮，系统弹出“进给率和速度”对话框。

Step2. 在“进给率和速度”对话框主轴速度区域的输出模式下拉列表中选择SFM选项，在表面速度（smm）文本框中输入值 150，在进给率区域的切削文本框中输入值 0.2。

Step3. 单击“进给率和速度”对话框中的确定按钮，系统返回“外径精车”对话框。

Stage7．生成刀路轨迹并 3D 仿真

Step1. 单击“外径精车”对话框中的“生成”按钮，生成的刀路轨迹如图 8.21 所示。

Step2. 单击“外径精车”对话框中的“确认”按钮，系统弹出“刀轨可视化”对话框。

Step3. 在“刀轨可视化”对话框中单击3D 动态选项卡，采用系统默认参数设置，调整动画速度后单击“播放”按钮，即可观察到 3D 动态仿真加工，加工后的结果如图 8.22 所示。

Step4. 分别在“刀轨可视化”对话框和“外径精车”对话框中单击确定按钮，完成

精车加工。

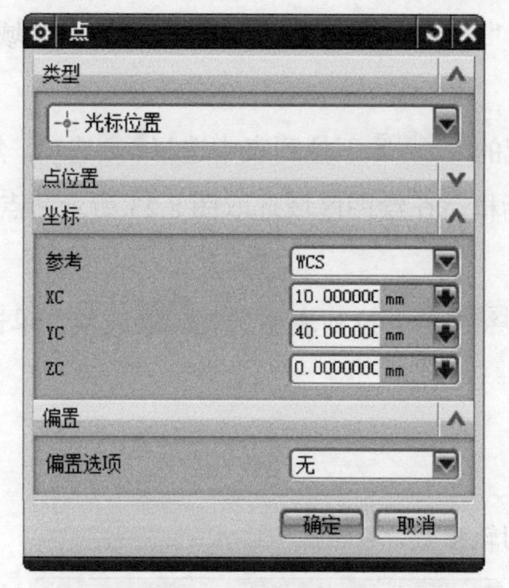

图 8.20 “点”对话框

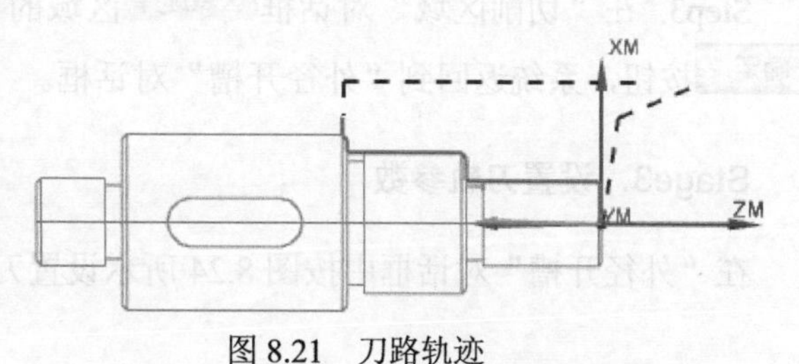

图 8.21 刀路轨迹

Task8. 创建刀具 3

Step1. 选择下拉菜单插入(S) → 刀具(T)...命令，系统弹出“创建刀具”对话框。

Step2. 在“创建刀具”对话框的类型下拉列表中选择turning选项，在刀具子类型区域中单击 OD_GROOVE_L 按钮，在名称文本框中输入 OD_GROOVE_L，单击确定按钮，系统弹出“槽刀-标准”对话框。

Step3. 在“槽刀-标准”对话框中单击工具选项卡，在(IW) 刀片宽度文本框中输入数值 3，其他参数采用系统默认设置。

Step4. 单击“槽刀-标准”对话框中的夹持器选项卡，选中☑ 使用车刀夹持器复选框，其他参数采用系统默认设置。

Step5. 单击“槽刀-标准”对话框中的确定按钮，完成刀具 3 的创建。

Task9. 创建沟槽车削工序 1

Stage1. 创建工序

Step1. 选择下拉菜单插入(S) → 工序(E)...命令，系统弹出“创建工序”对话框。

Step2. 在“创建工序”对话框的类型下拉列表中选择turning选项，在工序子类型区域中单击“外径开槽”按钮，在程序下拉列表中选择PROGRAM选项，在刀具下拉列表中选择OD_GROOVE_L (槽刀-标准)选项，在几何体下拉列表中选择AVOIDANCE选项，在方法下拉列表中选择LATHE_GROOVE选项，在名称文本框中输入 GROOVE_OD。

Step3. 单击“创建工序”对话框中的确定按钮，系统弹出“外径开槽”对话框。

Stage2. 指定切削区域

Step1. 单击“外径开槽”对话框切削区域右侧的“编辑”按钮，系统弹出“切削区域”对话框。

Step2. 在“切削区域”对话框轴向修剪平面 1区域的限制选项下拉列表中选择点选项，然后单击“点对话框”按钮，系统弹出“点”对话框，在绘图区域选取图 8.23 所示的点，单击确定按钮。

Step3. 在“切削区域”对话框区域选择区域的区域加工下拉列表中选择多个选项，单击确定按钮，系统返回到“外径开槽”对话框。

Stage3. 设置刀轨参数

在“外径开槽”对话框中按图 8.24 所示设置刀轨参数。

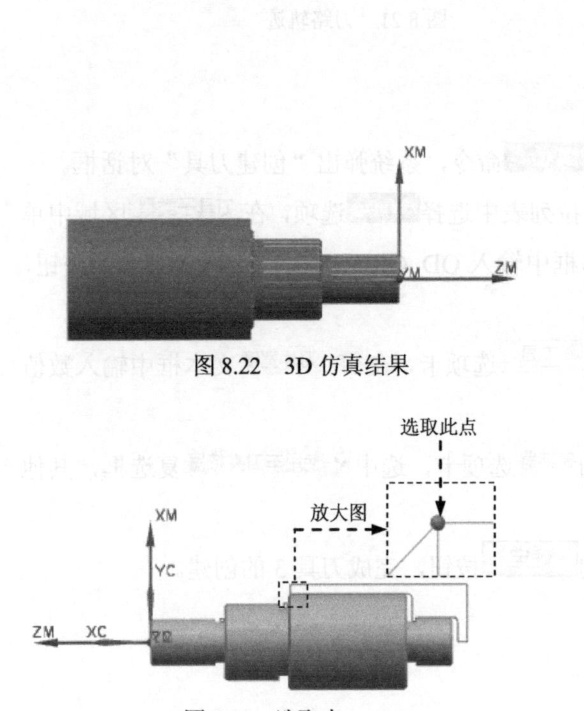

图 8.22 3D 仿真结果

图 8.23 选取点

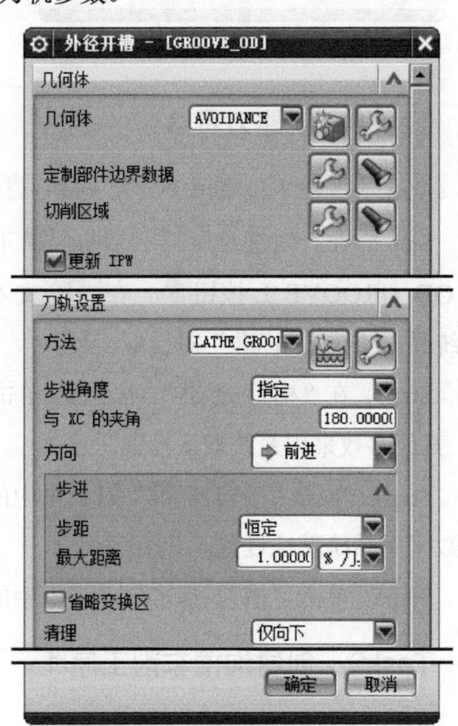

图 8.24 “外径开槽”对话框

Stage4. 设置切削参数

Step1. 单击“外径开槽”对话框中的“切削参数”按钮，系统弹出“切削参数”对话框，如图 8.25 所示。

Step2. 在“切削参数”对话框中单击策略选项卡，在切削区域的转文本框中输入值 3，其余参数采用系统默认设置。

Step3. 在“切削参数”对话框中单击切屑控制选项卡，按图 8.25 所示设置参数。

Step4. 单击 确定 按钮，系统返回到“外径开槽”对话框。

Stage5. 设置非切削移动参数

所有参数采用系统默认设置。

Stage6. 设置进给率和速度

Step1. 单击“外径开槽”对话框中的“进给率和速度”按钮，系统弹出“进给率和速度”对话框。

Step2. 在“进给率和速度”对话框主轴速度区域的输出模式下拉列表中选择RPM选项，选中☑主轴速度复选框，然后在☑主轴速度文本框中输入值 700，在进给率区域的切削文本框中输入值 0.5。

Step3. 单击“进给率和速度”对话框中的 确定 按钮，系统返回“外径开槽”对话框。

Stage7. 生成刀路轨迹并 3D 仿真

Step1. 单击“外径开槽”对话框中的“生成”按钮，生成的刀路轨迹如图 8.26 所示。

图 8.25　“切削参数”对话框

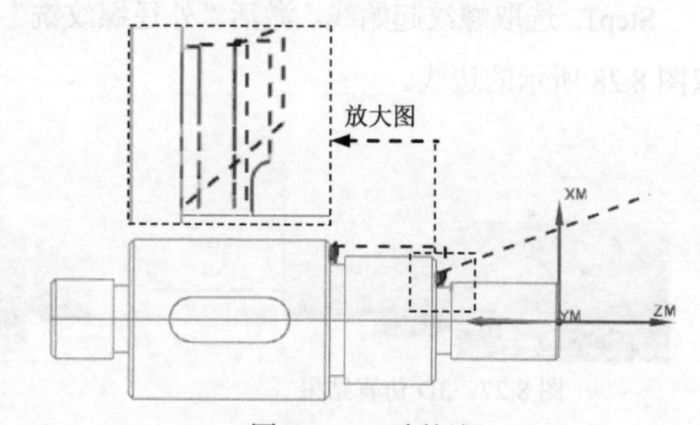

图 8.26　刀路轨迹

Step2. 单击“外径开槽”对话框中的“确认”按钮，系统弹出“刀轨可视化”对话框。

Step3. 在“刀轨可视化”对话框中单击 3D 动态 选项卡，采用系统默认参数设置，调整动画速度后单击“播放”按钮，即可观察到 3D 动态仿真加工，加工后的结果如图 8.27 所示。

Step4. 分别在“刀轨可视化”对话框和“外径开槽”对话框中单击 确定 按钮，完成精车加工。

Task10. 创建刀具 4

Step1. 选择下拉菜单 插入(S) ➡ 刀具(T)... 命令，系统弹出“创建刀具”对话框。

Step2. 在“创建刀具”对话框的类型下拉列表中选择turning选项，在刀具子类型区域中单击 OD_THREAD_L 按钮，单击确定按钮，系统弹出“螺纹刀-标准”对话框。

Step3. 在“螺纹刀-标准”对话框中单击工具选项卡，然后在(IW) 刀片宽度文本框中输入数值 6，在(TO) 刀尖偏置文本框中输入数值 3，其他参数采用系统默认设置。

Step4. 单击“螺纹刀-标准”对话框中的确定按钮，完成刀具 4 的创建。

Task11. 创建车削螺纹工序

Stage1. 创建工序

Step1. 选择下拉菜单插入(S) → 工序(E)...命令，系统弹出“创建工序”对话框。

Step2. 在“创建工序”对话框的类型下拉列表中选择turning选项，在工序子类型区域中单击“外径螺纹铣”按钮，在程序下拉列表中选择PROGRAM选项，在刀具下拉列表中选择OD_THREAD_L (螺纹刀-标准)选项，在几何体下拉列表中选择AVOIDANCE选项，在方法下拉列表中选择LATHE_THREAD选项。

Step3. 单击“创建工序”对话框中的确定按钮，系统弹出“外径螺纹铣”对话框。

Stage2. 定义螺纹几何体

Step1. 选取螺纹起始线。激活“外径螺纹铣”对话框的* 选择顶线 (0)区域，在模型上选取图 8.28 所示的边线。

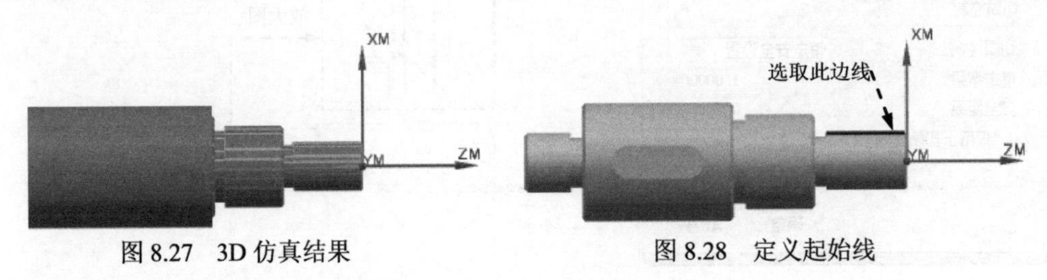

图 8.27 3D 仿真结果　　图 8.28 定义起始线

说明：在选取边线时需要在靠近坐标系的一端选取。

Step2. 选取螺纹终止线。激活“外径螺纹铣”对话框的* 选择终止线 (0)区域，在模型上选取图 8.29 所示的边线。

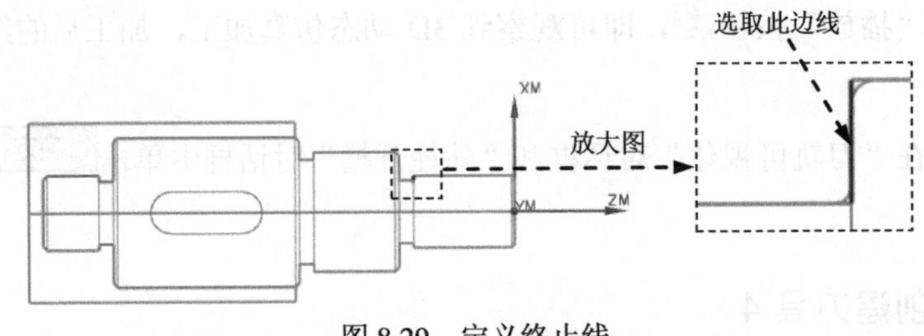

图 8.29 定义终止线

Step3. 选取根线。在深度选项下拉列表中选择根线选项，激活* 选择根线 (0)区域，然后选取图 8.30 所示的边线。

说明：此处选取的根线与顶线相同，后面通过偏置1.083得到其实际位置。

Stage3．设置螺纹参数

Step1．单击 偏置 区域使其显示出来，然后按图8.31所示设置偏置参数。

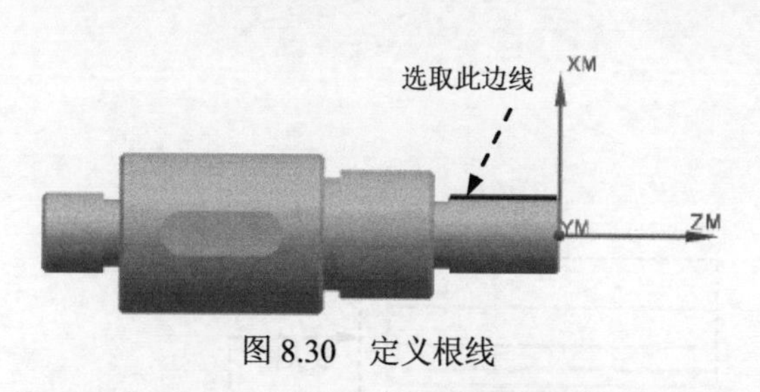

图8.30　定义根线

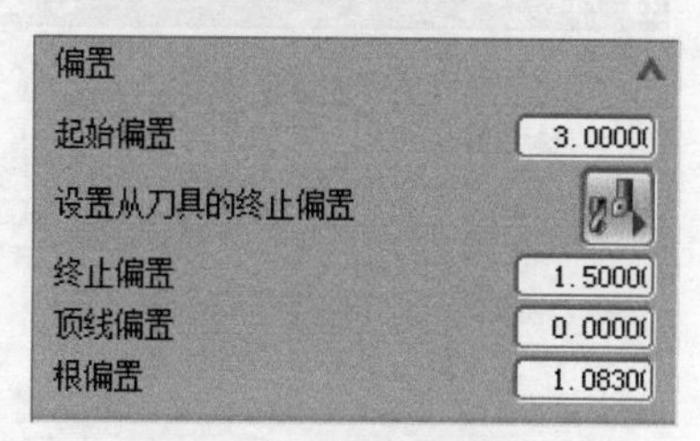

图8.31　设置偏置参数

Step2．设置刀轨参数。在 切削深度 下拉列表中选择 剩余百分比 选项，在 最小距离 文本框中输入值0.1。

Step3．设置切削参数。单击“外径螺纹铣”对话框中的“切削参数”按钮，系统弹出“切削参数”对话框，单击 螺距 选项卡，然后在 距离 文本框中输入值2，单击 附加刀路 选项卡，在 刀路数 文本框中输入值1，单击 确定 按钮。

Step4．设置非切削参数。单击“外径螺纹铣”对话框中的“非切削参数”按钮，系统弹出“非切削移动”对话框；单击 离开 选项卡，在 刀轨选项 下拉列表中选择 点 选项，在 运动到离开点 下拉列表中选择 径向->轴向 选项，然后单击“点对话框”按钮，系统弹出“点”对话框，按图8.32所示设置参数，单击 确定 按钮。

Stage4．设置进给率和速度

Step1．单击“外径螺纹铣”对话框中的“进给率和速度”按钮，系统弹出“进给率和速度”对话框。

Step2．在“进给率和速度”对话框 主轴速度 区域的 输出模式 下拉列表中选择 RPM 选项，选中 ☑ 主轴速度 复选框，然后在 ☑ 主轴速度 文本框中输入值350，在 进给率 区域的 切削 文本框中输入值2。

Step3．单击“进给率和速度”对话框中的 确定 按钮，系统返回“外径螺纹铣”对话框。

Stage5．生成刀路轨迹并3D仿真

Step1．单击“外径螺纹铣”对话框中的“生成”按钮，生成的刀路轨迹如图8.33所示。

Step2．单击“外径螺纹铣”对话框中的“确认”按钮，系统弹出“刀轨可视化”对话框。

Step3. 在“刀轨可视化”对话框中单击 3D 动态 选项卡，采用系统默认参数设置，调整动画速度后单击“播放”按钮，即可观察到 3D 动态仿真加工，加工后的结果如图 8.34 所示。

图 8.32 “点”对话框

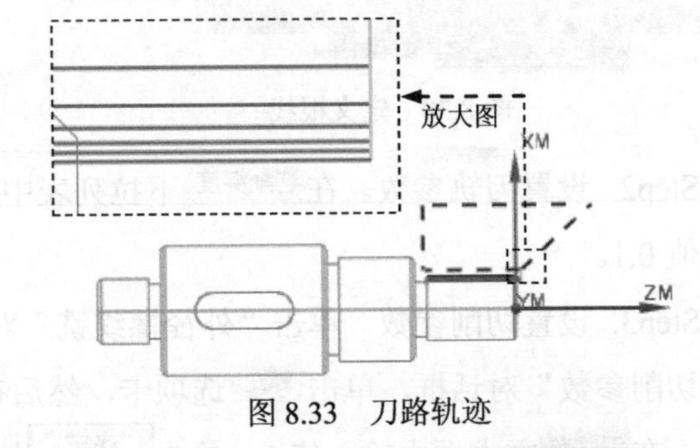

图 8.33 刀路轨迹

Step4. 分别在“刀轨可视化”对话框和“外径螺纹铣”对话框中单击 确定 按钮，完成螺纹加工。

Task12. 创建几何体

Stage1. 创建几何体

Step1. 选择下拉菜单 插入(S) → 几何体(G)... 命令，系统弹出“创建几何体”对话框。

Step2. 在 几何体子类型 区域中选择 MCS_SPINDLE_1 选项，在 几何体 下拉列表中选择 GEOMETRY 选项，采用系统默认的名称 MCS_SPINDLE_1，单击 确定 按钮，系统弹出“MCS 主轴”对话框。

Step3. 在“MCS 主轴”对话框中单击“坐标系对话框”按钮，系统弹出“坐标系”对话框，然后单击“点对话框”按钮，系统弹出“点”对话框，在 X 文本框中输入值-165，单击 确定 按钮；在图形区域旋转坐标系至图 8.35 所示的方位。

Step4. 单击两次 确定 按钮，完成几何体的创建。

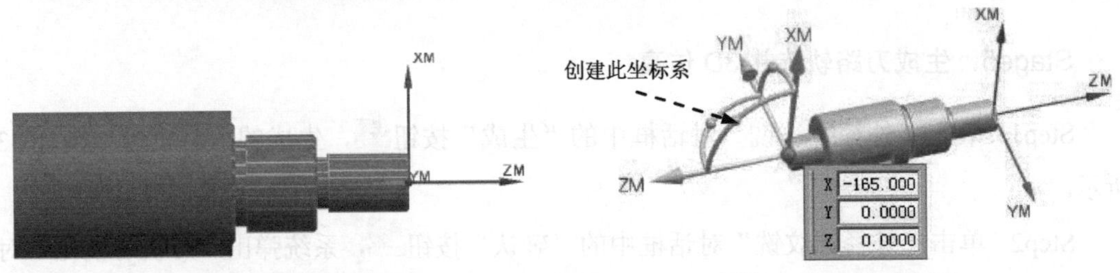

图 8.34 3D 仿真结果　　图 8.35 创建坐标系

Stage2．创建部件几何体

Step1．在工序导航器中双击 MCS_SPINDLE_1 节点下的 WORKPIECE_1，系统弹出“工件”对话框。

Step2．单击“工件”对话框中的按钮，系统弹出“部件几何体”对话框，选取整个零件为部件几何体。

Step3．依次单击“部件几何体”对话框和“工件”对话框中的 确定 按钮，完成部件几何体的创建。

Stage3．创建毛坯几何体

说明：本 Stage 的详细操作过程请参见随书学习资源中 video\ch08\reference 文件下的语音视频讲解文件“螺纹轴车削加工-r00.exe”。

Task13．创建外径粗车工序 2

Stage1．创建工序

Step1．选择下拉菜单 插入(S) → 工序(E)... 命令，系统弹出“创建工序”对话框。

Step2．在“创建工序”对话框的 类型 下拉列表中选择 turning 选项，在 工序子类型 区域中单击“外径粗车”按钮，在 程序 下拉列表中选择 PROGRAM 选项，在 刀具 下拉列表中选择 OD_80_L (车刀-标准) 选项，在 几何体 下拉列表中选择 TURNING_WORKPIECE_1 选项，在 方法 下拉列表中选择 LATHE_ROUGH 选项，采用系统默认的名称。

Step3．单击“创建工序”对话框中的 确定 按钮，系统弹出“外径粗车”对话框。

Stage2．设置刀轨参数

Step1．在“外径粗车”对话框的 刀具方位 区域中选中 ☑ 绕夹持器翻转刀具 复选框。

Step2．单击 切削区域 右侧的按钮，显示切削区域。

Step3．在“外径粗车”对话框 步进 区域的 切削深度 下拉列表中选择 恒定 选项，在 最大距离 文本框中输入值 2，其他参数接受系统默认设置。

Step4．在 更多 区域中选中 ☑ 附加轮廓加工 复选框。

Stage3．设置切削参数

Step1．在 更多 区域中单击“切削参数”按钮，系统弹出“切削参数”对话框。

Step2．在“切削参数”对话框中单击 余量 选项卡，在 轮廓加工余量 区域的 面 文本框中输入值 0.3，在 径向 文本框中输入值 0.5。

Step3．在“切削参数”对话框中单击 轮廓加工 选项卡，选中 附加轮廓加工 区域中的

☑ 附加轮廓加工复选框，单击确定按钮，系统返回到“外径粗车”对话框。

Stage4．设置非切削移动参数

所有参数采用系统默认设置。

Stage5．设置进给率和速度

Step1．单击“外径粗车”对话框中的“进给率和速度”按钮，系统弹出“进给率和速度”对话框。

Step2．在“进给率和速度”对话框主轴速度区域的输出模式下拉列表中选择SMM选项，在表面速度（smm）文本框中输入值 120，在进给率区域的切削文本框中输入值 0.5，其他参数采用系统默认设置。

Step3．单击“进给率和速度”对话框中的确定按钮，系统返回“外径粗车”对话框。

Stage6．生成刀路轨迹并 3D 仿真

Step1．单击“外径粗车”对话框中的“生成”按钮，生成的刀路轨迹如图 8.36 所示。

Step2．单击“外径粗车”对话框中的“确认”按钮，系统弹出“刀轨可视化”对话框。

Step3．在“刀轨可视化”对话框中单击3D 动态选项卡，采用系统默认参数设置，调整动画速度后单击“播放”按钮，即可观察到 3D 动态仿真加工，加工后的结果如图 8.37 所示。

Step4．分别在“刀轨可视化”对话框和“外径粗车”对话框中单击确定按钮，完成粗车加工。

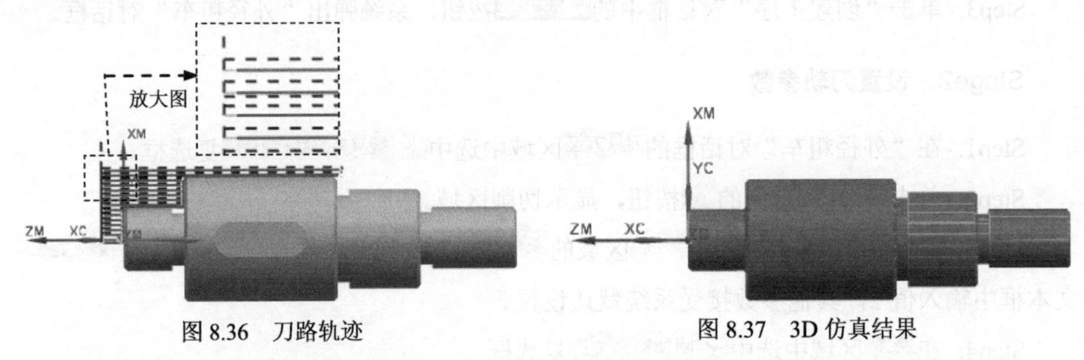

图 8.36　刀路轨迹　　图 8.37　3D 仿真结果

Task14．创建外径精车工序 2

Stage1．创建工序

Step1．选择下拉菜单插入(S) ➡ 工序(E)...命令，系统弹出“创建工序”对话框。

Step2．在“创建工序”对话框的类型下拉列表中选择turning选项，在工序子类型区域中单击“外径精车”按钮，在程序下拉列表中选择PROGRAM选项，在刀具下拉列表中选择OD_55_L（车刀-标准）选项，在几何体下拉列表中选择TURNING_WORKPIECE_1选项，在方法下拉列表中

选择LATHE_FINISH选项。

Step3. 单击“创建工序”对话框中的确定按钮，系统弹出“外径精车”对话框。

Stage2．设置切削区域

Step1. 单击“外径精车”对话框切削区域右侧的“编辑”按钮，系统弹出“切削区域”对话框。

Step2. 在“切削区域”对话框区域选择区域的区域加工下拉列表中选择多个选项。

Step3. 单击确定按钮，系统返回到“外径精车”对话框。

Stage3．设置刀轨参数

Step1. 在“外径精车”对话框的刀具方位区域中选中☑绕夹持器翻转刀具复选框，其他参数接受系统默认设置。

Step2. 单击切削区域右侧的按钮，显示切削区域。

Step3. 选中“外径精车”对话框中的☑省略变换区复选框，其他参数接受系统默认设置。

Stage4．设置切削参数

Step1. 单击“外径精车”对话框中的“切削参数”按钮，系统弹出“切削参数”对话框，在其中选择策略选项卡，取消选中☐允许底切复选框，其他参数采用默认设置。

Step2. 单击确定按钮，完成切削参数的设置。

Stage5．设置非切削移动参数

采用系统默认的非切削移动参数。

Stage6．设置进给率和速度

Step1. 单击“外径精车”对话框中的“进给率和速度”按钮，系统弹出“进给率和速度”对话框。

Step2. 在“进给率和速度”对话框主轴速度区域的输出模式下拉列表中选择SFM选项，在表面速度（smm）文本框中输入值200，在进给率区域的切削文本框中输入值0.2。

Step3. 单击“进给率和速度”对话框中的确定按钮，系统返回“外径精车”对话框。

Stage7．生成刀路轨迹并3D仿真

Step1. 单击“外径精车”对话框中的“生成”按钮，生成的刀路轨迹如图8.38所示。

Step2. 单击“外径精车”对话框中的“确认”按钮，系统弹出“刀轨可视化”对话框。

Step3. 在“刀轨可视化”对话框中单击3D 动态选项卡，采用系统默认参数设置，调整

动画速度后单击“播放”按钮▶，即可观察到 3D 动态仿真加工，加工后的结果如图 8.39 所示。

Step4. 分别在“刀轨可视化”对话框和“外径精车”对话框中单击 确定 按钮，完成精车加工。

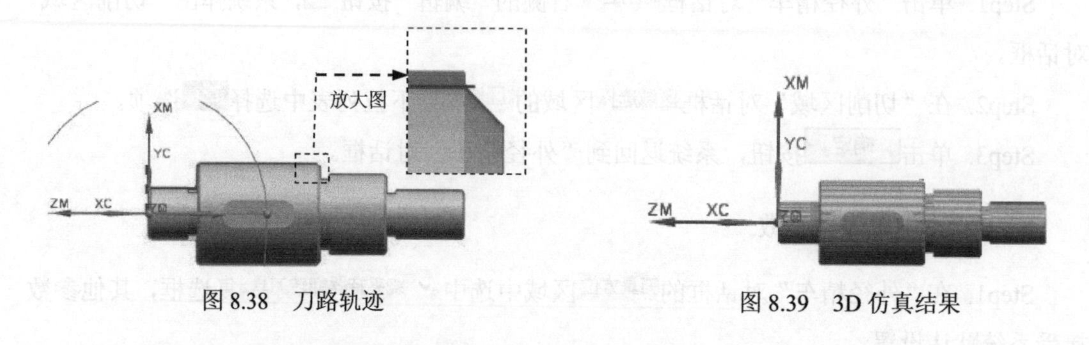

图 8.38 刀路轨迹

图 8.39 3D 仿真结果

Task15. 后面的详细操作过程请参见随书学习资源中 video\ch08\reference\文件下的语音视频讲解文件“螺纹轴车削加工-r01.exe”

学习拓展： 扫码学习更多视频讲解。

讲解内容： 本部分主要对“五轴加工刀轴控制”做了详细的讲解，并对其中的各个参数选项及应用做了说明。

实例9 烟灰缸凸模加工

粗、精加工要设置好每次切削的余量，并且要注意刀轨参数设置是否正确，以免影响零件的精度。下面以烟灰缸凸模加工为例来介绍铣削的一般加工操作。该零件的加工工艺路线如图 9.1 和图 9.2 所示。

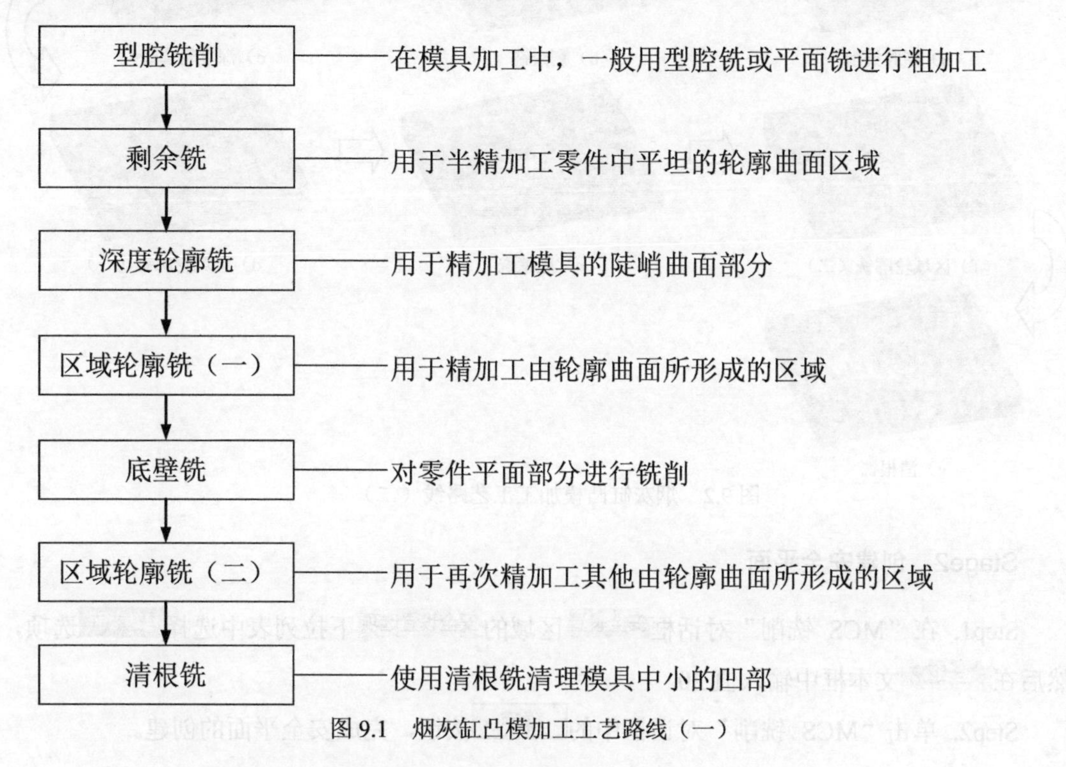

图 9.1 烟灰缸凸模加工工艺路线（一）

Task1. 打开模型文件并进入加工模块

Step1. 打开模型文件 D:\ug12.11\work\ch09\ashtray_upper_mold.prt。

Step2. 进入加工环境。在 应用模块 功能选项卡的 加工 区域单击 按钮，系统弹出“加工环境”对话框；在“加工环境”对话框的 CAM 会话配置 列表框中选择 cam_general 选项，在 要创建的 CAM 组装 列表框中选择 mill contour 选项，单击 确定 按钮，进入加工环境。

Task2. 创建几何体

Stage1. 创建机床坐标系

Step1. 将工序导航器调整到几何视图，双击节点 MCS_MILL，系统弹出“MCS 铣削”对话框，在“MCS 铣削”对话框的 机床坐标系 区域中单击“坐标系对话框”按钮，系统弹出“坐标系”对话框。

Step2. 单击“坐标系”对话框操控器区域中的“点对话框”按钮，系统弹出“点”对话框，在“点”对话框的Z文本框中输入值30，单击确定按钮，此时系统返回至“坐标系”对话框，在该对话框中单击确定按钮，完成图9.3所示机床坐标系的创建。

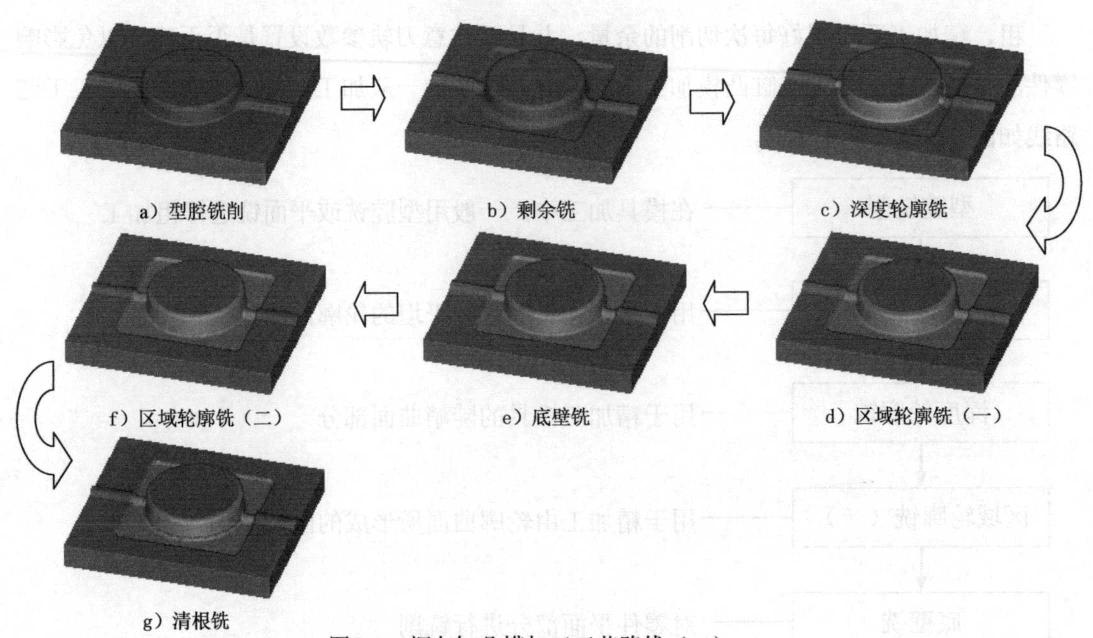

图9.2 烟灰缸凸模加工工艺路线（二）

Stage2. 创建安全平面

Step1. 在“MCS 铣削”对话框安全设置区域的安全设置选项下拉列表中选择自动平面选项，然后在安全距离文本框中输入值20。

Step2. 单击“MCS 铣削”对话框中的确定按钮，完成安全平面的创建。

Stage3. 创建部件几何体

Step1. 在工序导航器中双击MCS_MILL节点下的WORKPIECE，系统弹出“工件”对话框。

Step2. 选取部件几何体。在“铣削几何体”对话框中单击按钮，系统弹出“工件”对话框。

Step3. 在图形区选择整个零件为部件几何体，如图9.4所示。在“部件几何体”对话框中单击确定按钮，完成部件几何体的创建，同时系统返回到“工件”对话框。

Stage4. 创建毛坯几何体

Step1. 在“工件”对话框中单击按钮，系统弹出“毛坯几何体”对话框。

Step2. 在“毛坯几何体”对话框的类型下拉列表中选择包容块选项，在限制区域的ZM+文本框中输入值5。

Step3. 单击“毛坯几何体”对话框中的 确定 按钮，系统返回到“工件”对话框，完成图 9.5 所示毛坯几何体的创建。

Step4. 单击“工件”对话框中的 确定 按钮。

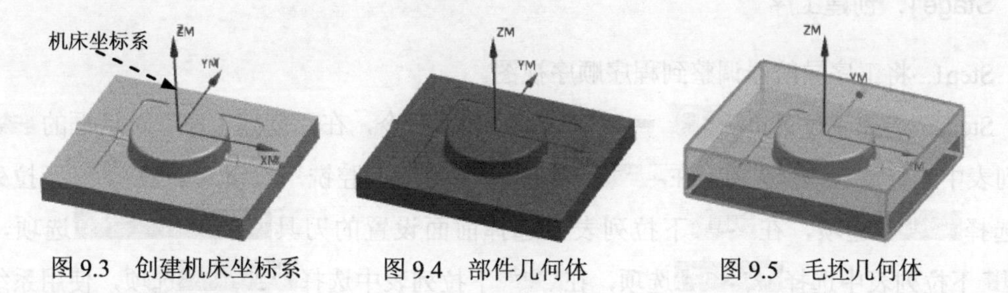

图 9.3 创建机床坐标系　　图 9.4 部件几何体　　图 9.5 毛坯几何体

Task3. 创建刀具

Stage1. 创建刀具 1

Step1. 将工序导航器调整到机床视图。

Step2. 选择下拉菜单 插入(S) → 刀具(T)... 命令，系统弹出“创建刀具”对话框。

Step3. 在“创建刀具”对话框的 类型 下拉列表中选择 mill_contour 选项，在 刀具子类型 区域中单击 MILL 按钮，在 位置 区域的 刀具 下拉列表中选择 GENERIC_MACHINE 选项，在 名称 文本框中输入 D20R2，然后单击 确定 按钮，系统弹出“铣刀-5 参数”对话框。

Step4. 在“铣刀-5 参数”对话框的 (D) 直径 文本框中输入值 20，在 (R1) 下半径 文本框中输入值 2，在 编号 区域的 刀具号、补偿寄存器 和 刀具补偿寄存器 文本框中均输入值 1，其他参数采用系统默认设置，单击 确定 按钮，完成刀具 1 的创建。

Stage2. 创建刀具 2

设置刀具类型为 mill_contour，刀具子类型 为 BALL_MILL 类型（单击 按钮），刀具名称为 B10，刀具 (D) 球直径 值为 10，在 编号 区域的 刀具号、补偿寄存器 和 刀具补偿寄存器 文本框中均输入值 2，具体操作方法参照 Stage1。

Stage3. 创建刀具 3

设置刀具类型为 mill_contour，刀具子类型 为 BALL_MILL 类型（单击 按钮），刀具名称为 B4，刀具 (D) 球直径 值为 4，在 编号 区域的 刀具号、补偿寄存器 和 刀具补偿寄存器 文本框中均输入值 3，具体操作方法参照 Stage1。

Stage4. 创建刀具 4

设置刀具类型为 mill_contour，刀具子类型 为 BALL_MILL 类型（单击 按钮），刀具名称为 B3，刀具 (D) 球直径 值为 3，在 编号 区域的 刀具号、补偿寄存器 和 刀具补偿寄存器 文本框中均输入值 4，具体操作方法参照 Stage1。

Task4. 创建型腔铣操作

Stage1. 创建工序

Step1. 将工序导航器调整到程序顺序视图。

Step2. 选择下拉菜单 插入(S) → 工序(E)... 命令，在“创建工序”对话框的 类型 下拉列表中选择 mill_contour 选项，在 工序子类型 区域中单击“型腔铣”按钮，在 程序 下拉列表中选择 PROGRAM 选项，在 刀具 下拉列表中选择前面设置的刀具 D20R2 (铣刀-5 参数) 选项，在 几何体 下拉列表中选择 WORKPIECE 选项，在 方法 下拉列表中选择 MILL ROUGH 选项，使用系统默认的名称。

Step3. 单击“创建工序”对话框中的 确定 按钮，系统弹出“型腔铣”对话框。

Stage2. 设置一般参数

在“型腔铣”对话框的 切削模式 下拉列表中选择 跟随部件 选项；在 步距 下拉列表中选择 % 刀具平直 选项，在 平面直径百分比 文本框中输入值 50；在 公共每刀切削深度 下拉列表中选择 恒定 选项，在 最大距离 文本框中输入值 2。

Stage3. 设置切削参数

Step1. 在 刀轨设置 区域中单击“切削参数”按钮，系统弹出“切削参数”对话框。

Step2. 在“切削参数”对话框中单击 连接 选项卡，在 开放刀路 下拉列表中选择 变换切削方向 选项，其他参数采用系统默认设置。

Step3. 单击“切削参数”对话框中的 确定 按钮，系统返回到“型腔铣”对话框。

Stage4. 设置非切削移动参数

Step1. 在“型腔铣”对话框中单击“非切削移动”按钮，系统弹出“非切削移动”对话框。

Step2. 单击“非切削移动”对话框中的 进刀 选项卡，在 封闭区域 区域的 斜坡角度 文本框中输入值 3，其他参数采用系统默认设置，单击 确定 按钮，完成非切削移动参数的设置。

Stage5. 设置进给率和速度

Step1. 在“型腔铣”对话框中单击“进给率和速度”按钮，系统弹出“进给率和速度”对话框。

Step2. 选中“进给率和速度”对话框 主轴速度 区域中的 ☑ 主轴速度 (rpm) 复选框，在其后的文本框中输入值 800，按 Enter 键，然后单击 按钮，在 进给率 区域的 切削 文本框中输入值 200，按 Enter 键，然后单击按钮，其他参数采用系统默认设置。

Step3. 单击 确定 按钮，完成进给率和速度的设置，系统返回“型腔铣”对话框。

Stage6. 生成刀路轨迹并仿真

生成的刀路轨迹如图 9.6 所示，2D 动态仿真加工后的模型如图 9.7 所示。

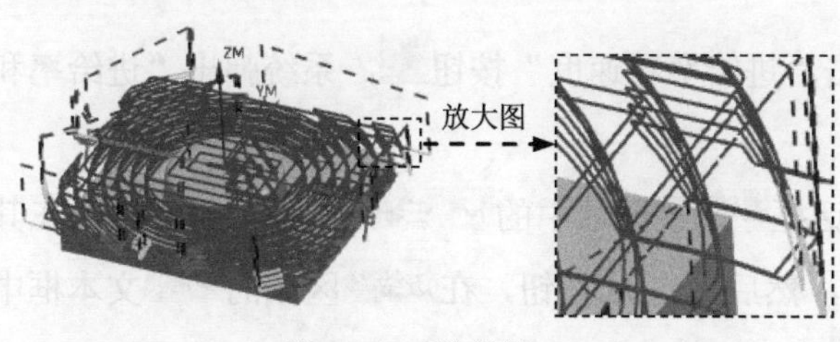

图 9.6 刀路轨迹

图 9.7 2D 仿真结果

Task5. 创建剩余铣操作

Stage1. 创建工序

Step1. 选择下拉菜单 插入(S) → 工序(E)... 命令，在“创建工序”对话框的 类型 下拉列表中选择 mill_contour 选项，在 工序子类型 区域中单击“剩余铣”按钮，在 程序 下拉列表中选择 PROGRAM 选项，在 刀具 下拉列表中选择 B10（铣刀-球头铣）选项，在 几何体 下拉列表中选择 WORKPIECE 选项，在 方法 下拉列表中选择 MILL_SEMI_FINISH 选项，使用系统默认的名称 REST_MILLING。

Step2. 单击“创建工序”对话框中的 确定 按钮，系统弹出“剩余铣”对话框。

Stage2. 设置一般参数

在“剩余铣”对话框的 切削模式 下拉列表中选择 跟随周边 选项，在 步距 下拉列表中选择 % 刀具平直 选项，在 平面直径百分比 文本框中输入值 20；在 公共每刀切削深度 下拉列表中选择 恒定 选项，在 最大距离 文本框中输入值 1。

Stage3. 设置切削参数

Step1. 在 刀轨设置 区域中单击“切削参数”按钮，系统弹出“切削参数”对话框。

Step2. 在“切削参数”对话框中单击 策略 选项卡，在 延伸路径 区域的 在边上延伸 文本框中输入值 2，其他参数采用系统默认设置。

Step3. 在“切削参数”对话框中单击 连接 选项卡，在 开放刀路 下拉列表中选择 变换切削方向 选项，其他参数采用系统默认设置。

Step4. 在“切削参数”对话框中单击 空间范围 选项卡，在 毛坯 区域的 最小除料量 文本框中输入值 1。

Step5. 单击“切削参数”对话框中的确定按钮，系统返回到“剩余铣”对话框。

Stage4．设置非切削移动参数

采用系统默认的非切削移动参数。

Stage5．设置进给率和速度

Step1. 在“剩余铣”对话框中单击“进给率和速度”按钮，系统弹出“进给率和速度”对话框。

Step2. 选中“进给率和速度”对话框主轴速度区域中的☑ 主轴速度 (rpm)复选框，在其后的文本框中输入值 1200，按 Enter 键，然后单击按钮，在进给率区域的切削文本框中输入值 300，再按 Enter 键，然后单击按钮，其他参数采用系统默认设置。

Step3. 单击确定按钮，完成进给率和速度的设置，系统返回“剩余铣”对话框。

Stage6．生成刀路轨迹并仿真

生成的刀路轨迹如图 9.8 所示，2D 动态仿真加工后的模型如图 9.9 所示。

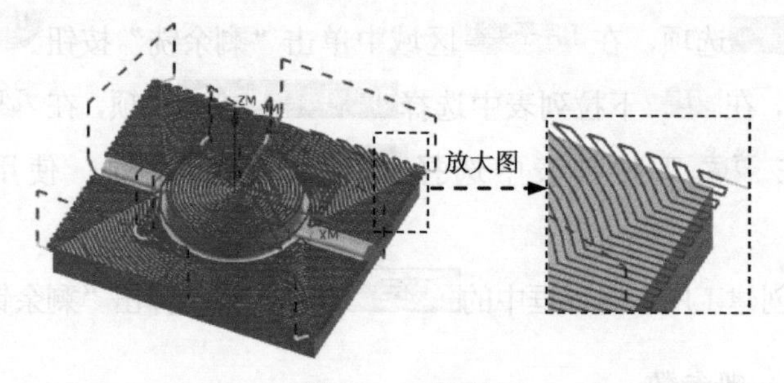

图 9.8　刀路轨迹

Task6．创建深度轮廓铣操作

Stage1．创建工序

Step1. 选择下拉菜单插入(S) → 工序(E)...命令，在“创建工序”对话框的类型下拉列表中选择mill_contour选项，在工序子类型区域中单击“深度轮廓铣”按钮，在程序下拉列表中选择PROGRAM选项，在刀具下拉列表中选择B4 (铣刀-球头铣)选项，在几何体下拉列表中选择WORKPIECE选项，在方法下拉列表中选择MILL_FINISH选项，使用系统默认的名称。

Step2. 单击“创建工序”对话框中的确定按钮，系统弹出“深度轮廓铣”对话框。

Stage2．指定切削区域

Step1. 在“深度轮廓铣”对话框的几何体区域中单击指定切削区域右侧的按钮，系统弹出“切削区域”对话框。

Step2. 在图形区中选取图 9.10 所示的面（共 12 个）为切削区域，然后单击“切削区域”对话框中的 确定 按钮，系统返回到“深度轮廓铣”对话框。

图 9.9 2D 仿真结果

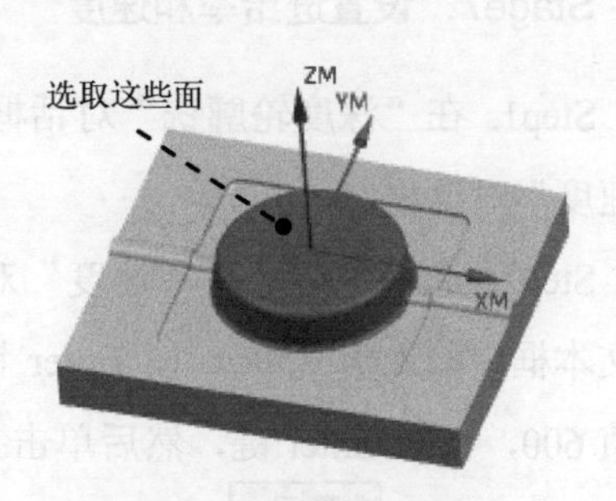

图 9.10 指定切削区域

Stage3. 设置一般参数

在“深度轮廓铣”对话框的 合并距离 文本框中输入值 3，在 最小切削长度 文本框中输入值 1，在 公共每刀切削深度 下拉列表中选择 恒定 选项，在 最大距离 文本框中输入值 0.2。

Stage4. 设置切削层

Step1. 单击“深度轮廓铣”对话框中的“切削层”按钮，系统弹出“切削层”对话框。

Step2. 在 范围 1 的顶部 区域的 ZC 文本框中输入值 28，在 范围定义 区域的 范围深度 文本框中输入值 12，然后单击 确定 按钮，系统返回到“深度轮廓铣”对话框。

Stage5. 设置切削参数

Step1. 单击“深度轮廓铣”对话框中的“切削参数”按钮，系统弹出“切削参数”对话框。

Step2. 在“切削参数”对话框中单击 策略 选项卡，在 切削 区域的 切削方向 下拉列表中选择 混合 选项，在 切削顺序 下拉列表中选择 始终深度优先 选项，在 延伸路径 区域中选中 ☑ 在边上延伸 和 ☑ 在刀具接触点下继续切削 复选框。

Step3. 单击 余量 选项卡，在 公差 区域的 内公差 和 外公差 文本框中均输入值 0.01，其他采用系统默认设置。

Step4. 在“切削参数”对话框中单击 连接 选项卡，在 层之间 区域的 层到层 下拉列表中选择 直接对部件进刀 选项。

Step5. 单击“切削参数”对话框中的 确定 按钮，完成切削参数的设置，系统返回到“深度轮廓铣”对话框。

Stage6. 设置非切削移动参数

参数采用系统默认设置。

Stage7. 设置进给率和速度

Step1. 在“深度轮廓铣”对话框中单击“进给率和速度”按钮，系统弹出“进给率和速度”对话框。

Step2. 选中“进给率和速度”对话框主轴速度区域中的☑ 主轴速度 (rpm)复选框，在其后的文本框中输入值 3500，按 Enter 键，然后单击按钮，在进给率区域的切削文本框中输入值 600，再按 Enter 键，然后单击按钮，其他参数采用系统默认设置。

Step3. 单击确定按钮，完成进给率和速度的设置，系统返回“深度轮廓铣”对话框。

Stage8. 生成刀路轨迹并仿真

生成的刀路轨迹如图 9.11 所示，2D 动态仿真加工后的模型如图 9.12 所示。

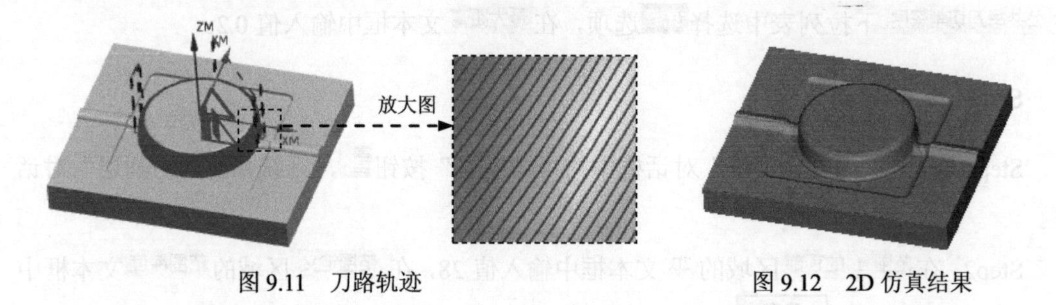

图 9.11 刀路轨迹　　图 9.12 2D 仿真结果

Task7. 创建区域轮廓铣 1

Stage1. 创建工序

Step1. 选择下拉菜单插入(S) → 工序(E)...命令，在“创建工序”对话框的类型下拉列表中选择mill_contour选项，在工序子类型区域中单击“区域轮廓铣”按钮，在程序下拉列表中选择PROGRAM选项，在刀具下拉列表中选择B4 (铣刀-球头铣)选项，在几何体下拉列表中选择WORKPIECE选项，在方法下拉列表中选择MILL_FINISH选项，使用系统默认的名称 CONTOUR_AREA。

Step2. 单击“创建工序”对话框中的确定按钮，系统弹出“区域轮廓铣”对话框。

Stage2. 指定切削区域

Step1. 在几何体区域中单击“选择或编辑切削区域几何体”按钮，系统弹出“切削区域”对话框。

Step2. 选取图 9.13 所示的面（共 9 个）为切削区域，在“切削区域”对话框中单击确定按钮，完成切削区域的创建，系统返回到“区域轮廓铣”对话框。

Stage3．设置驱动方式

Step1. 在“区域轮廓铣”对话框 驱动方法 区域的 方法 下拉列表中选择 区域铣削 选项，单击“编辑”按钮，系统弹出“区域铣削驱动方法”对话框。

Step2. 在“区域铣削驱动方法”对话框中按图 9.14 所示设置参数，然后单击 确定 按钮，系统返回到“区域轮廓铣”对话框。

选取这些面为切削区域
ZM
YM
XM

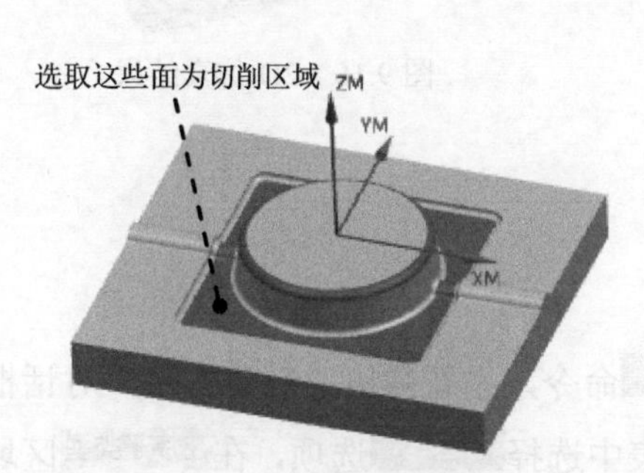

图 9.13　指定切削区域

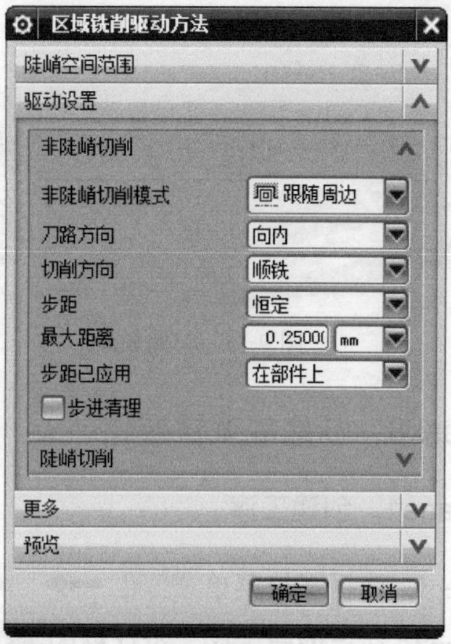

区域铣削驱动方法
陡峭空间范围
驱动设置
非陡峭切削
非陡峭切削模式
跟随周边
刀路方向
向内
切削方向
顺铣
步距
恒定
最大距离
0.2500
mm
步距已应用
在部件上
步进清理
陡峭切削
更多
预览
确定
取消

图 9.14　“区域铣削驱动方法”对话框

Stage4．设置切削参数

Step1. 单击“区域轮廓铣”对话框中的“切削参数”按钮，系统弹出“切削参数”对话框。

Step2. 单击 余量 选项卡，在 公差 区域的 内公差 和 外公差 文本框中均输入值 0.01，其他采用系统默认参数设置。

Step3. 单击“切削参数”对话框中的 确定 按钮，完成切削参数的设置，系统返回到“区域轮廓铣”对话框。

Stage5．设置非切削移动参数

采用系统默认的非切削移动参数设置。

Stage6．设置进给率和速度

Step1. 在“区域轮廓铣”对话框中单击“进给率和速度”按钮，系统弹出“进给率和速度”对话框。

Step2. 选中“进给率和速度”对话框主轴速度区域中的☑ 主轴速度（rpm）复选框，在其后的文本框中输入值 5000，按 Enter 键，然后单击按钮，在进给率区域的切削文本框中输入值 600，再按 Enter 键，然后单击按钮，其他参数采用系统默认设置。

Step3. 单击确定按钮，完成进给率和速度的设置，系统返回“区域轮廓铣”对话框。

Stage7. 生成刀路轨迹并仿真

生成的刀路轨迹如图 9.15 所示，2D 动态仿真加工后的模型如图 9.16 所示。

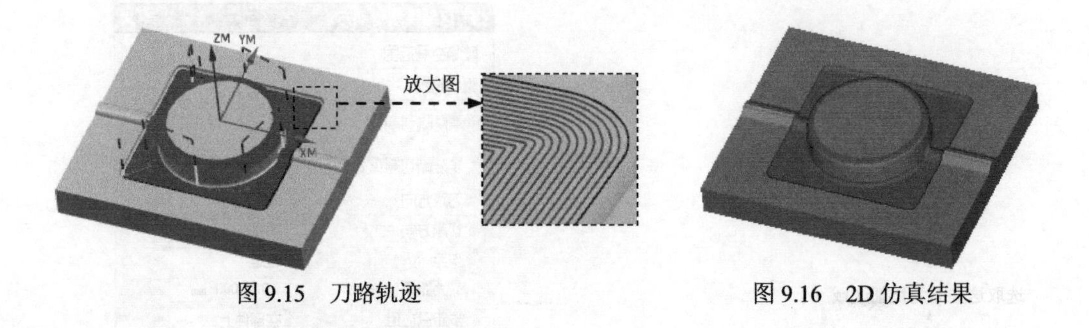

图 9.15　刀路轨迹　　图 9.16　2D 仿真结果

Task8. 创建底壁铣操作

Stage1. 创建工序

Step1. 选择下拉菜单插入(S) → 工序(E)...命令，系统弹出“创建工序”对话框。

Step2. 在“创建工序”对话框的类型下拉列表中选择mill_planar选项，在工序子类型区域中单击“底壁铣”按钮，在程序下拉列表中选择PROGRAM选项，在刀具下拉列表中选择D20R2（铣刀-5 参数）选项，在几何体下拉列表中选择WORKPIECE选项，在方法下拉列表中选择MILL FINISH选项，使用系统默认的名称。

Step3. 单击“创建工序”对话框中的确定按钮，系统弹出“底壁铣”对话框。

Stage2. 指定切削区域

Step1. 单击“底壁铣”对话框中的“选择或编辑切削区域几何体”按钮，系统弹出“切削区域”对话框。

Step2. 在图形区选取图 9.17 所示的切削区域，单击“切削区域”对话框中的确定按钮，系统返回到“底壁铣”对话框。

Stage3. 设置一般参数

在“底壁铣”对话框的几何体区域中选中☑ 自动壁复选框，在刀轨设置区域的切削模式下拉列表中选择跟随周边选项，在步距下拉列表中选择% 刀具平直选项，在平面直径百分比文本框中输入值 50，在底面毛坯厚度文本框中输入值 1，在每刀切削深度文本框中输入值 0。

Stage4．设置切削参数

Step1．单击“底壁铣”对话框中的“切削参数”按钮，系统弹出“切削参数”对话框。

Step2．单击“切削参数”对话框中的策略选项卡，在切削区域的刀路方向下拉列表中选择向内选项，然后选中精加工刀路区域中的☑添加精加工刀路复选框；单击余量选项卡，在壁余量文本框中输入值 0.5。

Step3．单击“切削参数”对话框中的确定按钮，完成切削参数的设置，系统返回到“底壁铣”对话框。

Stage5．设置非切削移动参数

采用系统默认的非切削移动参数设置。

Stage6．设置进给率和速度

Step1．单击“底壁铣”对话框中的“进给率和速度”按钮，系统弹出“进给率和速度”对话框。

Step2．选中“进给率和速度”对话框主轴速度区域中的☑主轴速度（rpm）复选框，在其后的文本框中输入值 1200，按 Enter 键，然后单击按钮，在进给率区域的切削文本框中输入值 500，再按 Enter 键，然后单击按钮，单击确定按钮，系统返回“底壁铣”对话框。

Stage7．生成刀路轨迹并仿真

生成的刀路轨迹如图 9.18 所示，2D 动态仿真加工后的模型如图 9.19 所示。

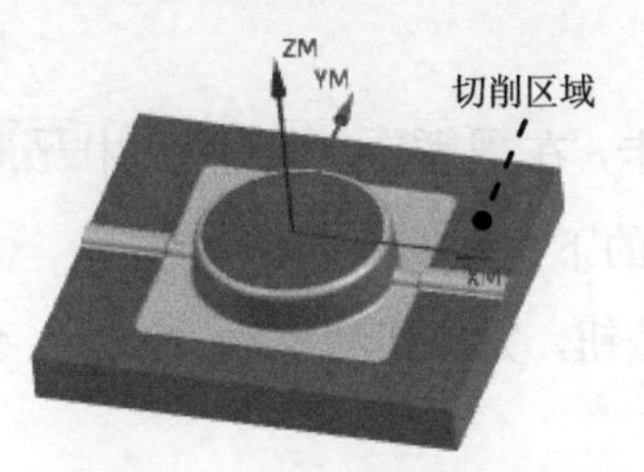

图 9.17　指定切削区域

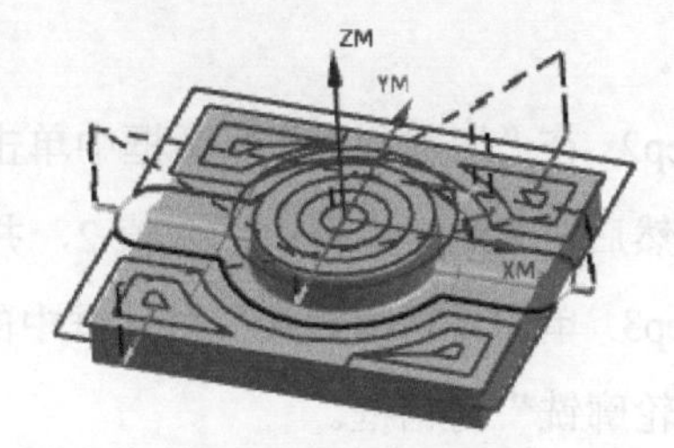

图 9.18　刀路轨迹

Task9．创建区域轮廓铣 2

Stage1．创建工序

Step1．选择下拉菜单插入(S) → 工序(E)...命令，在“创建工序”对话框的类型下拉列表中选择mill_contour选项，在工序子类型区域中单击“区域轮廓铣”按钮，在程序下拉列表中选择PROGRAM选项，在刀具下拉列表中选择B3（铣刀-球头铣）选项，在几何体下拉列表中选择WORKPIECE选项，在方法下拉列表中选择MILL_FINISH选项，使用系统默认的名称

CONTOUR_AREA_1。

Step2. 单击“创建工序”对话框中的 确定 按钮，系统弹出“区域轮廓铣”对话框。

Stage2．指定切削区域

Step1. 在 几何体 区域中单击“选择或编辑切削区域几何体”按钮，系统弹出“切削区域”对话框。

Step2. 选取图 9.20 所示的面（共 6 个）为切削区域，单击 确定 按钮，完成切削区域的创建，系统返回到“区域轮廓铣”对话框。

图 9.19　2D 仿真结果

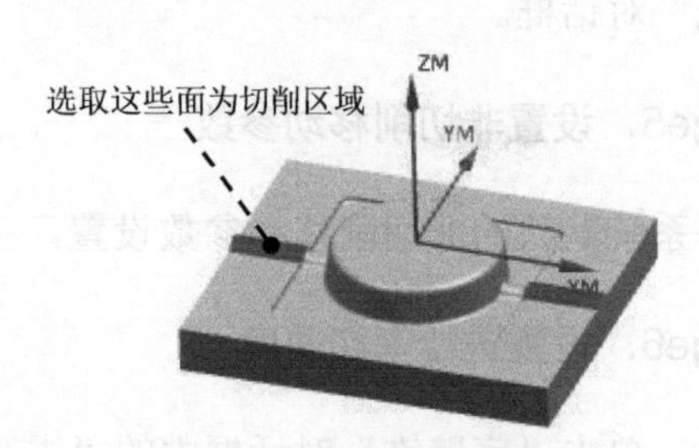

图 9.20　指定切削区域

Stage3．设置驱动方式

说明：本 Stage 的详细操作过程请参见随书学习资源中 video\ch09\reference 文件下的语音视频讲解文件“烟灰缸凸模加工-r01.exe”。

Stage4．设置切削参数

Step1. 单击“区域轮廓铣”对话框中的“切削参数”按钮，系统弹出“切削参数”对话框。

Step2. 在“切削参数”对话框中单击 策略 选项卡，在 延伸路径 区域中选中 ☑ 在边上延伸 复选框，然后在 距离 文本框中输入值 2，并在其后面的下拉列表中选择 mm 选项。

Step3. 单击“切削参数”对话框中的 确定 按钮，完成切削参数的设置，系统返回到“区域轮廓铣”对话框。

Stage5．设置非切削移动参数

采用系统默认的非切削移动参数设置。

Stage6．设置进给率和速度

Step1. 在“区域轮廓铣”对话框中单击“进给率和速度”按钮，系统弹出“进给率和速度”对话框。

Step2. 选中“进给率和速度”对话框 主轴速度 区域中的 ☑ 主轴速度（rpm）复选框，在其后的文本框中输入值 5000，按 Enter 键，然后单击按钮，在进给率区域的切削文本框中输入值 600，按 Enter 键，然后单击按钮，其他参数采用系统默认设置。

Step3. 单击确定按钮，完成进给率和速度的设置，系统返回“区域轮廓铣”对话框。

Stage7. 生成刀路轨迹并仿真

生成的刀路轨迹如图 9.21 所示，2D 动态仿真加工后的模型如图 9.22 所示。

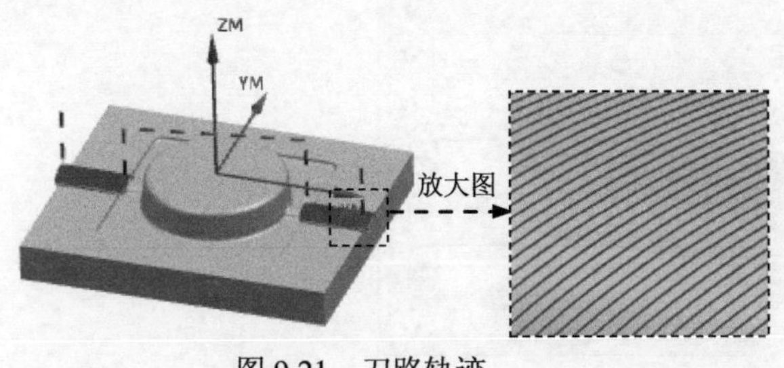

图 9.21 刀路轨迹

图 9.22 2D 仿真结果

Task10. 创建清根铣操作

Stage1. 创建工序

Step1. 选择下拉菜单插入(S) → 工序(E)...命令，系统弹出“创建工序”对话框。

Step2. 确定加工方法。在“创建工序”对话框的类型下拉列表中选择mill_contour选项，在工序子类型区域中单击“清根参考刀具”按钮，在程序下拉列表中选择PROGRAM选项，在刀具下拉列表中选择B3 (铣刀-球头铣)选项，在几何体下拉列表中选择WORKPIECE选项，在方法下拉列表中选择MILL_FINISH选项，单击确定按钮，系统弹出“清根参考刀具”对话框。

Stage2. 指定切削区域

在“清根参考刀具”对话框中单击按钮，系统弹出“切削区域”对话框，采用系统默认的选项，选取图 9.23 所示的切削区域（共 36 个面），单击确定按钮，系统返回到“清根参考刀具”对话框。

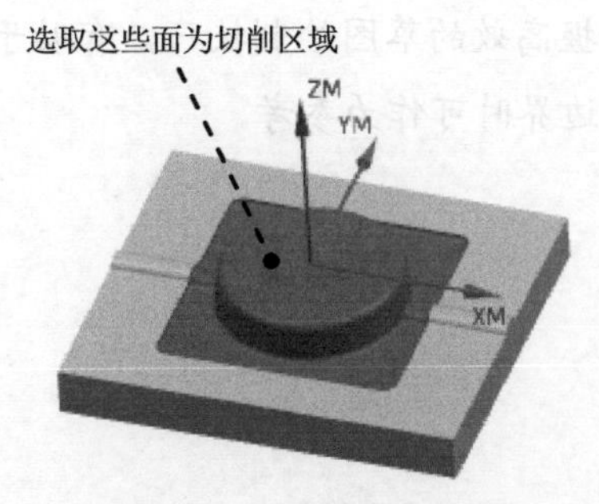

图 9.23 指定切削区域

Stage3．设置驱动设置

Step1. 单击“清根参考刀具”对话框 驱动方法 区域中的“编辑”按钮，然后在系统弹出的“清根驱动方法”对话框中按图 9.24 所示设置参数。

Step2. 单击 确定 按钮，系统返回到“清根参考刀具”对话框。

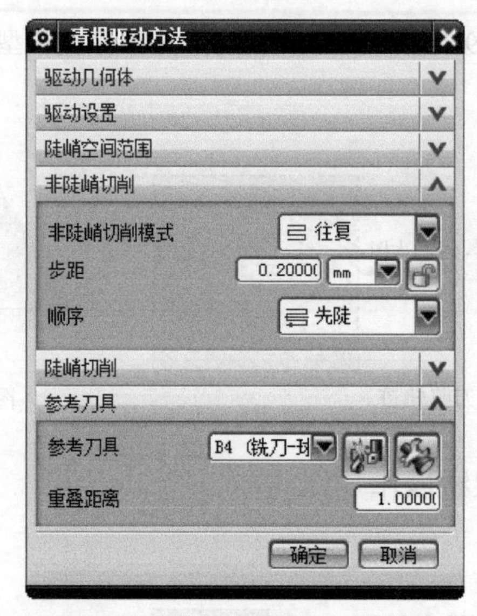

图 9.24 “清根驱动方法”对话框

Stage4. 后面的详细操作过程请参见随书学习资源中 video\ch09\reference 文件下的语音视频讲解文件“烟灰缸凸模加工-r02.exe”

学习拓展：扫码学习更多视频讲解。

讲解内容：主要包含二维草图的绘制思路、流程与技巧总结，另外还有二十多个来自实际产品设计中草图案例的讲解。草图是创建三维实体特征的基础，掌握高效的草图绘制技巧，有助于对零件结构的理解，定义铣削加工边界时可作为参考。

实例 10 烟灰缸凹模加工

下面以烟灰缸凹模加工为例介绍在多工序加工中粗、精加工工序的安排，以免影响零件的精度。该零件的加工工艺路线如图 10.1 和图 10.2 所示。

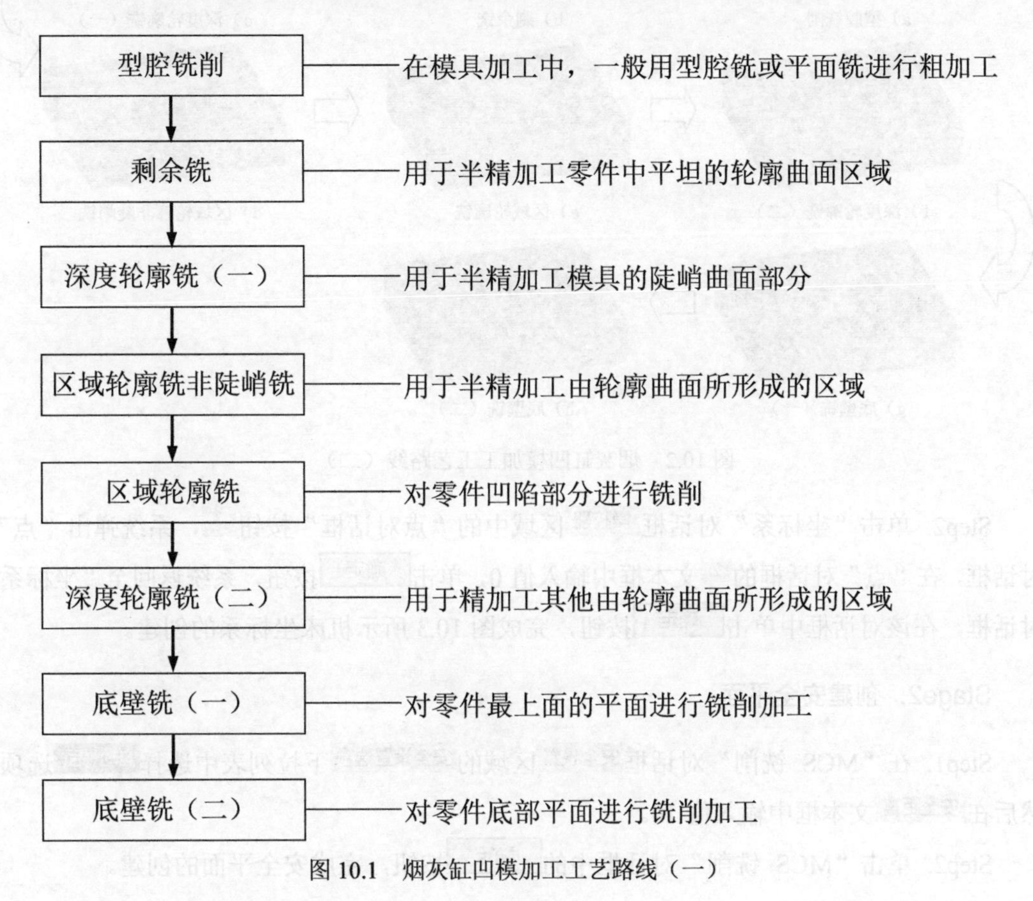

图 10.1 烟灰缸凹模加工工艺路线（一）

Task1. 打开模型文件并进入加工环境

Step1. 打开模型文件 D:\ug12.11\work\ch10\ashtray_lower.prt。

Step2. 进入加工环境。在 应用模块 功能选项卡的 加工 区域单击按钮，系统弹出“加工环境”对话框；在“加工环境”对话框的 CAM 会话配置 列表框中选择 cam_general 选项，在 要创建的 CAM 组装 列表框中选择 mill contour 选项，单击 确定 按钮，进入加工环境。

Task2. 创建几何体

Stage1. 创建机床坐标系

Step1. 将工序导航器调整到几何视图，双击节点 MCS_MILL，系统弹出“MCS 铣削”

对话框，在“MCS 铣削”对话框的机床坐标系区域中单击“坐标系对话框”按钮，系统弹出“坐标系”对话框。

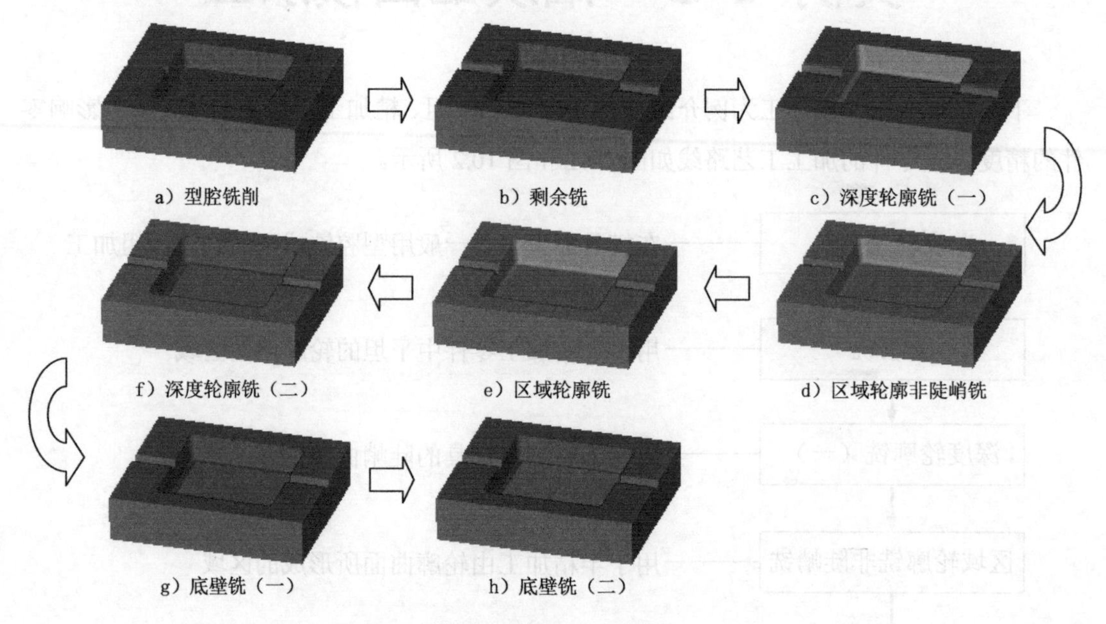

图 10.2　烟灰缸凹模加工工艺路线（二）

Step2. 单击“坐标系”对话框操控器区域中的“点对话框”按钮，系统弹出“点”对话框，在“点”对话框的 Z 文本框中输入值 0，单击确定按钮，系统返回至“坐标系”对话框，在该对话框中单击确定按钮，完成图 10.3 所示机床坐标系的创建。

Stage2. 创建安全平面

Step1. 在“MCS 铣削”对话框安全设置区域的安全设置选项下拉列表中选择自动平面选项，然后在安全距离文本框中输入值 10。

Step2. 单击“MCS 铣削”对话框中的确定按钮，完成安全平面的创建。

Stage3. 创建部件几何体

Step1. 在工序导航器中双击 MCS_MILL 节点下的 WORKPIECE，系统弹出“工件”对话框。

Step2. 选取部件几何体。在“工件”对话框中单击按钮，系统弹出“部件几何体”对话框。

Step3. 在图形区选择整个零件为部件几何体，如图 10.4 所示；在“部件几何体”对话框中单击确定按钮，完成部件几何体的创建，系统返回到“工件”对话框。

Stage4. 创建毛坯几何体

Step1. 在“工件”对话框中单击按钮，系统弹出“毛坯几何体”对话框。

Step2. 在“毛坯几何体”对话框的类型下拉列表中选择包容块选项，在限制区域的ZM+文本框中输入值 5。

Step3. 单击“毛坯几何体”对话框中的确定按钮，系统返回到“工件”对话框。

Step4. 单击“工件”对话框中的确定按钮，完成毛坯几何体的创建，如图 10.5 所示。

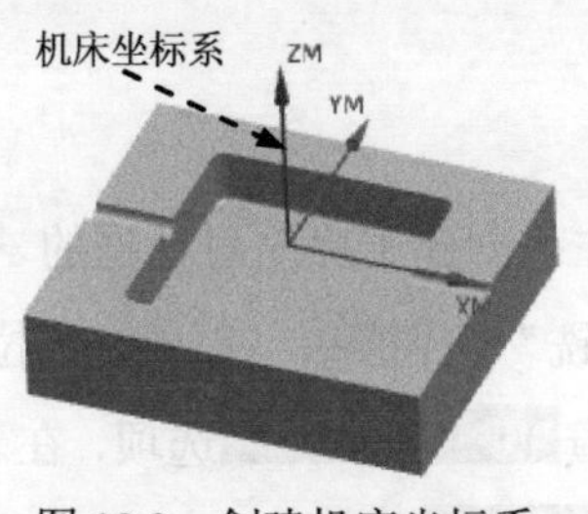

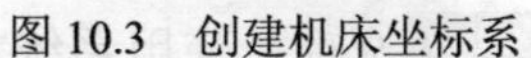
图 10.3 创建机床坐标系

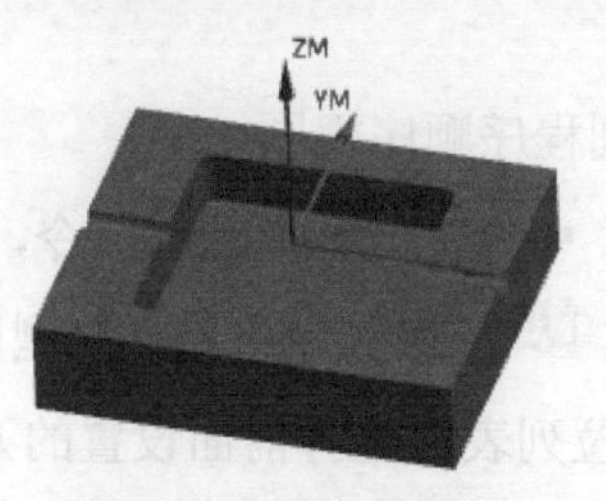

图 10.4 部件几何体

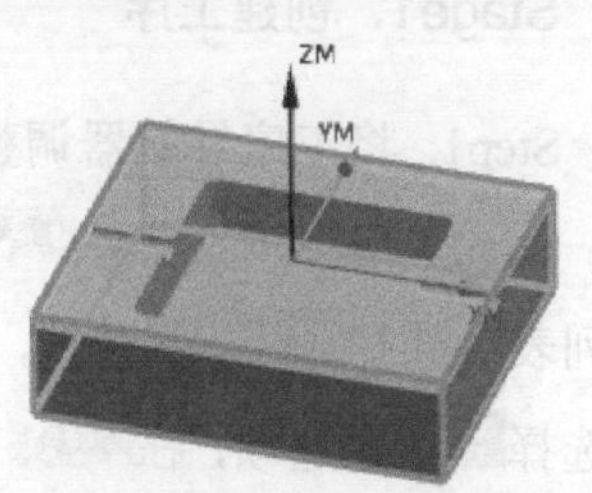

图 10.5 毛坯几何体

Task3. 创建刀具

Stage1. 创建刀具 1

Step1. 将工序导航器调整到机床视图。

Step2. 选择下拉菜单插入(S) → 刀具(T)...命令，系统弹出“创建刀具”对话框。

Step3. 在“创建刀具”对话框的类型下拉列表中选择mill contour选项，在刀具子类型区域中单击 MILL 按钮，在位置区域的刀具下拉列表中选择GENERIC_MACHINE选项，在名称文本框中输入 D10，然后单击确定按钮，系统弹出“铣刀-5 参数”对话框。

Step4. 在“铣刀-5 参数”对话框的(D) 直径文本框中输入值 10，在编号区域的刀具号、补偿寄存器和刀具补偿寄存器文本框中均输入值 1，其他参数采用系统默认设置，单击确定按钮，完成刀具 1 的创建。

Stage2. 创建刀具 2

设置刀具类型为mill contour，刀具子类型为 BALL_MILL 类型（单击按钮），刀具名称为 B6，刀具(D) 球直径值为 6，在编号区域的刀具号、补偿寄存器和刀具补偿寄存器文本框中均输入值 2，具体操作方法参照 Stage1。

Stage3. 创建刀具 3

设置刀具类型为mill contour，刀具子类型为 BALL_MILL 类型（单击按钮），刀具名称为 B3，刀具(D) 球直径值为 3，在编号区域的刀具号、补偿寄存器和刀具补偿寄存器文本框中均输入值 3，具体操作方法参照 Stage1。

Stage4. 创建刀具 4

设置刀具类型为mill contour，刀具子类型为 MILL 类型（单击按钮），刀具名称为D4R1，刀具(D) 直径值为 4，刀具(R1) 下半径值为 1，在编号区域的刀具号、补偿寄存器和刀具补偿寄存器文本框中均输入值 4，具体操作方法参照 Stage1。

Task4．创建型腔铣操作

Stage1．创建工序

Step1. 将工序导航器调整到程序顺序视图。

Step2. 选择下拉菜单插入(S) → 工序(E)...命令，在“创建工序”对话框的类型下拉列表中选择mill_contour选项，在工序子类型区域中单击“型腔铣”按钮，在程序下拉列表中选择PROGRAM选项，在刀具下拉列表中选择前面设置的刀具D10 (铣刀-5 参数)选项，在几何体下拉列表中选择WORKPIECE选项，在方法下拉列表中选择MILL ROUGH选项，使用系统默认的名称。

Step3. 单击“创建工序”对话框中的确定按钮，系统弹出“型腔铣”对话框。

Stage2．设置一般参数

在“型腔铣”对话框的切削模式下拉列表中选择跟随部件选项；在步距下拉列表中选择% 刀具平直选项，在平面直径百分比文本框中输入值 50；在公共每刀切削深度下拉列表中选择恒定选项，在最大距离文本框中输入值 1。

Stage3．设置切削参数

参数采用系统默认设置。

Stage4．设置非切削移动参数。

Step1. 在“型腔铣”对话框中单击“非切削移动”按钮，系统弹出“非切削移动”对话框。

Step2. 单击“非切削移动”对话框中的进刀选项卡，在封闭区域区域的进刀类型下拉列表中选择沿形状斜进刀选项，在封闭区域区域的斜坡角度文本框中输入值 3，其他参数采用系统默认设置，单击确定按钮，完成非切削移动参数的设置。

Stage5．设置进给率和速度

Step1. 在“型腔铣”对话框中单击“进给率和速度”按钮，系统弹出“进给率和速度”对话框。

Step2. 选中“进给率和速度”对话框主轴速度区域中的☑ 主轴速度 (rpm)复选框，在其后的文本框中输入值 1200，按 Enter 键，然后单击按钮，在进给率区域的切削文本框中输入值 250，再按 Enter 键，然后单击按钮，其他参数采用系统默认设置。

Step3. 单击 确定 按钮，完成进给率和速度的设置，系统返回“型腔铣”操作对话框。

Stage6. 生成刀路轨迹并仿真

生成的刀路轨迹如图 10.6 所示，2D 动态仿真加工后的模型如图 10.7 所示。

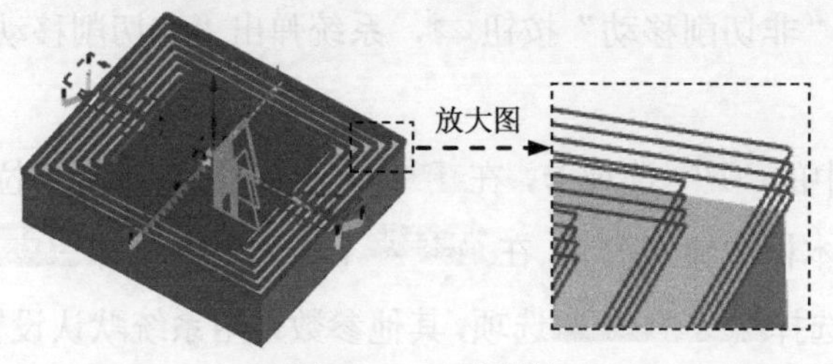

图 10.6 刀路轨迹

图 10.7 2D 仿真结果

Task5. 创建剩余铣操作

Stage1. 创建工序

Step1. 选择下拉菜单 插入(S) → 工序(E)... 命令，在“创建工序”对话框的 类型 下拉列表中选择 mill_contour 选项，在 工序子类型 区域中单击“剩余铣”按钮，在 程序 下拉列表中选择 PROGRAM 选项，在 刀具 下拉列表中选择 B6（铣刀-球头铣）选项，在 几何体 下拉列表中选择 WORKPIECE 选项，在 方法 下拉列表中选择 MILL_SEMI_FINISH 选项，使用系统默认的名称 REST_MILLING。

Step2. 单击“创建工序”对话框中的 确定 按钮，系统弹出“剩余铣”对话框。

Stage2. 指定切削区域

Step1. 在“剩余铣”对话框的 几何体 区域中单击 指定切削区域 右侧的按钮，系统弹出“切削区域”对话框。

Step2. 在图形区选取图 10.8 所示的面（共 6 个）为切削区域，然后单击“切削区域”对话框中的 确定 按钮，系统返回到“剩余铣”对话框。

Stage3. 设置一般参数

在“剩余铣”对话框的 切削模式 下拉列表中选择 跟随周边 选项，在 步距 下拉列表中选择 % 刀具平直 选项，在 平面直径百分比 文本框中输入值 20；在 公共每刀切削深度 下拉列表中选择 恒定 选项，在 最大距离 文本框中输入值 1。

Stage4. 设置切削参数

Step1. 在 刀轨设置 区域中单击“切削参数”按钮，系统弹出“切削参数”对话框。

Step2. 在“切削参数”对话框中单击 策略 选项卡，在 切削 区域的 切削顺序 下拉列表中选择深度优先选项，在刀路方向下拉列表中选择向内选项，其他参数采用系统默认设置。

Step3. 单击“切削参数”对话框中的确定按钮，系统返回到“剩余铣”对话框。

Stage5. 设置非切削移动参数

Step1. 在“剩余铣”对话框中单击“非切削移动”按钮，系统弹出“非切削移动”对话框。

Step2. 单击“非切削移动”对话框中的进刀选项卡，在封闭区域区域的进刀类型下拉列表中选择沿形状斜进刀选项，在斜坡角度文本框中输入值 3，在高度起点下拉列表中选择当前层选项；在开放区域区域的进刀类型下拉列表中选择与封闭区域相同选项，其他参数采用系统默认设置，单击确定按钮，完成非切削移动参数的设置。

Stage6. 设置进给率和速度

Step1. 在“剩余铣”对话框中单击“进给率和速度”按钮，系统弹出“进给率和速度”对话框。

Step2. 选中“进给率和速度”对话框主轴速度区域中的☑ 主轴速度（rpm）复选框，在其后的文本框中输入值 1500，按 Enter 键，然后单击按钮，在进给率区域的切削文本框中输入值 250，再按 Enter 键，然后单击按钮，其他参数采用系统默认设置。

Step3. 单击确定按钮，完成进给率和速度的设置，系统返回“剩余铣”操作对话框。

Stage7. 生成刀路轨迹并仿真

生成的刀路轨迹如图 10.9 所示，2D 动态仿真加工后的模型如图 10.10 所示。

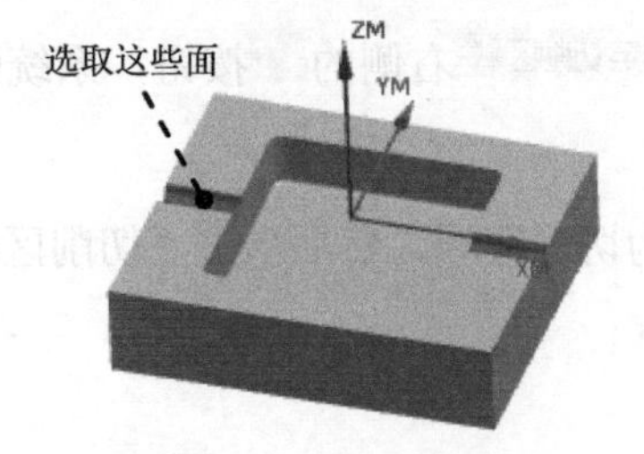

图 10.8 指定切削区域

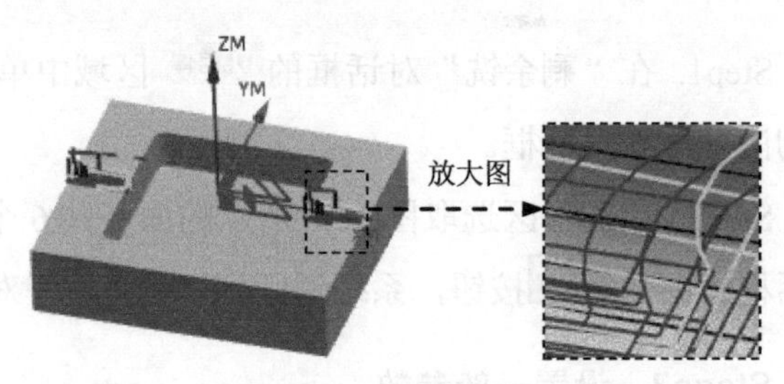

图 10.9 刀路轨迹

Task6. 创建深度轮廓铣操作 1

Stage1. 创建工序

Step1. 选择下拉菜单插入(S) ➡ 工序(E)...命令，在“创建工序”对话框的类型下拉列表中选择mill_contour选项，在工序子类型区域中单击“深度轮廓铣”按钮，在程序下拉列表中选择PROGRAM选项，在刀具下拉列表中选择B6（铣刀-球头铣）选项，在几何体下拉列表中选择WORKPIECE选项，在方法下拉列表中选择MILL_SEMI_FINISH选项，使用系统默认的名称。

Step2. 单击“创建工序”对话框中的确定按钮，系统弹出“深度轮廓铣”对话框。

Stage2．指定切削区域

Step1. 在“深度轮廓铣”对话框的几何体区域中单击指定切削区域右侧的按钮，系统弹出“切削区域”对话框。

Step2. 在图形区选取图 10.11 所示的面（共 17 个）为切削区域，然后单击“切削区域”对话框中的确定按钮，系统返回到“深度轮廓铣”对话框。

图 10.10　2D 仿真结果

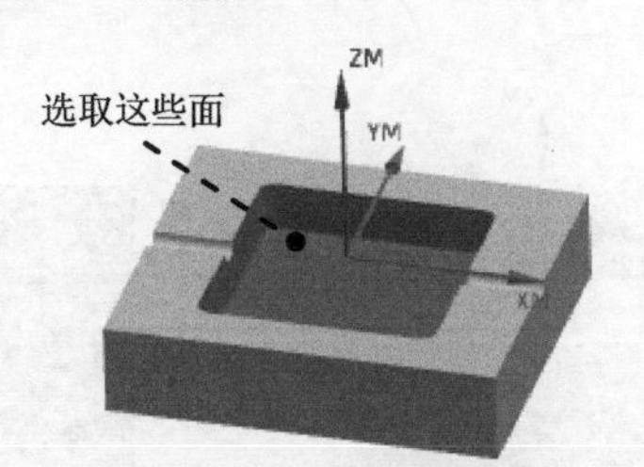

图 10.11　指定切削区域

Stage3．设置一般参数

在“深度轮廓铣”对话框的合并距离文本框中输入值 3，在最小切削长度文本框中输入值 1，在公共每刀切削深度下拉列表中选择恒定选项，在最大距离文本框中输入值 1。

Stage4．设置切削参数

Step1. 单击“深度轮廓铣”对话框中的“切削参数”按钮，系统弹出“切削参数”对话框。

Step2. 在“切削参数”对话框中单击策略选项卡，在切削区域的切削方向下拉列表中选择混合选项，在延伸路径区域中选中☑ 在边上延伸复选框，在距离文本框中输入值 2，并在其后面的下拉列表中选择mm选项，然后选中☑ 在刀具接触点下继续切削复选框。

Step3. 在“切削参数”对话框中单击连接选项卡，在层之间区域的层到层下拉列表中选择直接对部件进刀选项。

Step4. 单击“切削参数”对话框中的确定按钮，完成切削参数的设置，系统返回到“深度轮廓铣”对话框。

Stage5．设置非切削移动参数

参数采用系统默认设置。

Stage6．设置进给率和速度

Step1. 在“深度轮廓铣”对话框中单击“进给率和速度”按钮，系统弹出“进给率和速度”对话框。

Step2. 选中“进给率和速度”对话框主轴速度区域中的☑ 主轴速度 (rpm)复选框，在其后的文本框中输入值 1500，按 Enter 键，然后单击按钮，在进给率区域的切削文本框中输入值 250，按 Enter 键，然后单击按钮，其他参数采用系统默认设置。

Step3. 单击确定按钮，完成进给率和速度的设置，系统返回“深度轮廓铣”对话框。

Stage7. 生成刀路轨迹并仿真

生成的刀路轨迹如图 10.12 所示，2D 动态仿真加工后的模型如图 10.13 所示。

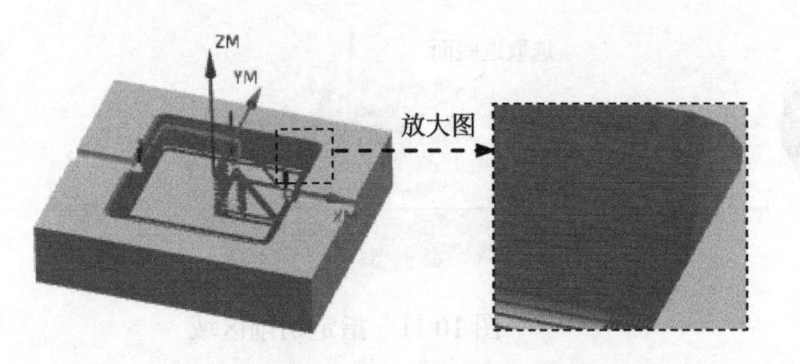

图 10.12 刀路轨迹

图 10.13 2D 仿真结果

Task7. 创建非陡峭区域轮廓铣操作

Stage1. 创建工序

Step1. 选择下拉菜单插入(S) → 工序(E)...命令，在“创建工序”对话框的类型下拉列表中选择mill_contour选项，在工序子类型区域中单击“非陡峭区域轮廓铣”按钮，在程序下拉列表中选择PROGRAM选项，在刀具下拉列表中选择B6 (铣刀-球头铣)选项，在几何体下拉列表中选择WORKPIECE选项，在方法下拉列表中选择MILL_SEMI_FINISH选项，使用系统默认的名称。

Step2. 单击“创建工序”对话框中的确定按钮，系统弹出“非陡峭区域轮廓铣”对话框。

Stage2. 指定切削区域

Step1. 在几何体区域中单击“选择或编辑切削区域几何体”按钮，系统弹出“切削区域”对话框。

Step2. 选取图 10.14 所示的面(共 19 个)为切削区域，在“切削区域”对话框中单击确定按钮，完成切削区域的创建，系统返回到“非陡峭区域轮廓铣”对话框。

Stage3. 设置驱动方式

Step1. 在“非陡峭区域轮廓铣”对话框驱动方法区域的方法下拉列表中选择区域铣削选项，单击“编辑”按钮，系统弹出“区域铣削驱动方法”对话框。

Step2. 在“区域铣削驱动方法”对话框中按图 10.15 所示设置参数，然后单击 确定 按钮，系统返回到“非陡峭区域轮廓铣”对话框。

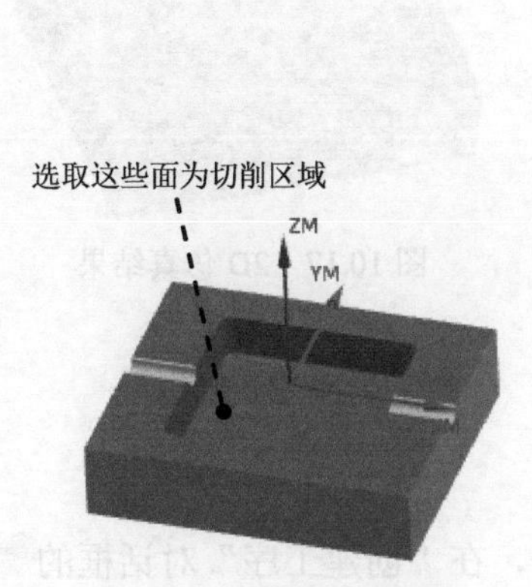

图 10.14 指定切削区域

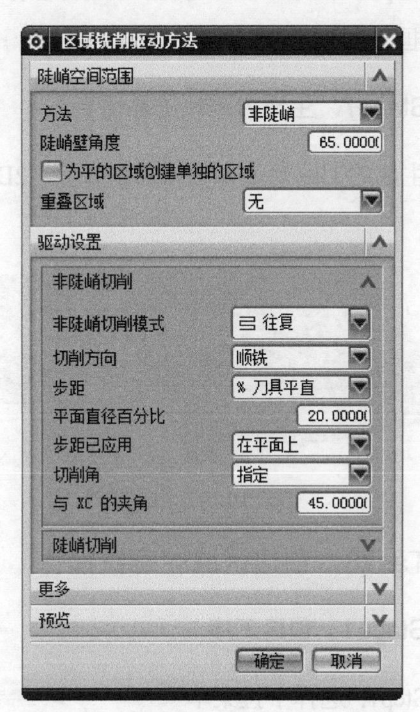

图 10.15 “区域铣削驱动方法”对话框

Stage4．设置切削参数

Step1. 单击“非陡峭区域轮廓铣”对话框中的“切削参数”按钮，系统弹出“切削参数”对话框。

Step2. 在“切削参数”对话框中单击策略选项卡，在延伸路径区域中选中☑ 在边上延伸复选框，然后在距离文本框中输入值 1，并在其后面的下拉列表中选择mm选项。

Step3. 单击“切削参数”对话框中的 确定 按钮，完成切削参数的设置，系统返回到“非陡峭区域轮廓铣”对话框。

Stage5．设置非切削移动参数

采用系统默认的非切削移动参数。

Stage6．设置进给率和速度

Step1. 在“非陡峭区域轮廓铣”对话框中单击“进给率和速度”按钮，系统弹出“进给率和速度”对话框。

Step2. 选中“进给率和速度”对话框主轴速度区域中的☑ 主轴速度 (rpm) 复选框，在其后的文本框中输入值 1600，按 Enter 键，然后单击按钮，在进给率区域的切削文本框中输

入值 300，再按 Enter 键，然后单击按钮，其他参数采用系统默认设置。

Step3. 单击 确定 按钮，完成进给率和速度的设置，系统返回“非陡峭区域轮廓铣”对话框。

Stage7．生成刀路轨迹并仿真

生成的刀路轨迹如图 10.16 所示，2D 动态仿真加工后的模型如图 10.17 所示。

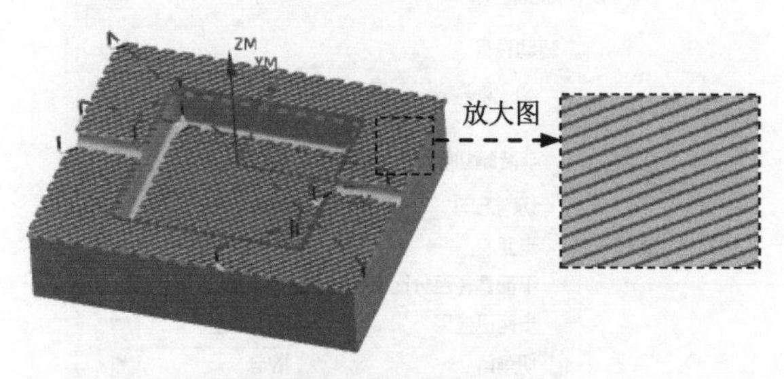

图 10.16 刀路轨迹

图 10.17 2D 仿真结果

Task8．创建区域轮廓铣操作

Stage1．创建工序

Step1. 选择下拉菜单 插入(S) → 工序(E)... 命令，在“创建工序”对话框的 类型 下拉列表中选择 mill_contour 选项，在 工序子类型 区域中单击“区域轮廓铣”按钮，在 程序 下拉列表中选择 PROGRAM 选项，在 刀具 下拉列表中选择 B3（铣刀-球头铣）选项，在 几何体 下拉列表中选择 WORKPIECE 选项，在 方法 下拉列表中选择 MILL_FINISH 选项，使用系统默认的名称 CONTOUR_AREA。

Step2. 单击“创建工序”对话框中的 确定 按钮，系统弹出“区域轮廓铣”对话框。

Stage2．指定切削区域

Step1. 在 几何体 区域中单击“选择或编辑切削区域几何体”按钮，系统弹出“切削区域”对话框。

Step2. 选取图 10.18 所示的面（共 6 个）为切削区域，在“切削区域”对话框中单击 确定 按钮，完成切削区域的创建，系统返回到“区域轮廓铣”对话框。

Stage3．设置驱动方式

Step1. 在“区域轮廓铣”对话框 驱动方法 区域的 方法 下拉列表中选择 区域铣削 选项，单击“编辑”按钮，系统弹出“区域铣削驱动方法”对话框。

Step2. 在“区域铣削驱动方法”对话框中按图 10.19 所示设置参数，然后单击 确定 按钮，系统返回到“区域轮廓铣”对话框。

Stage4．设置切削参数

Step1．单击“区域轮廓铣”对话框中的“切削参数”按钮，系统弹出“切削参数”对话框。

Step2．在“切削参数”对话框中单击策略选项卡，在延伸路径区域中选中☑在边上延伸复选框，然后在距离文本框中输入值 1，并在其后面的下拉列表中选择mm选项。

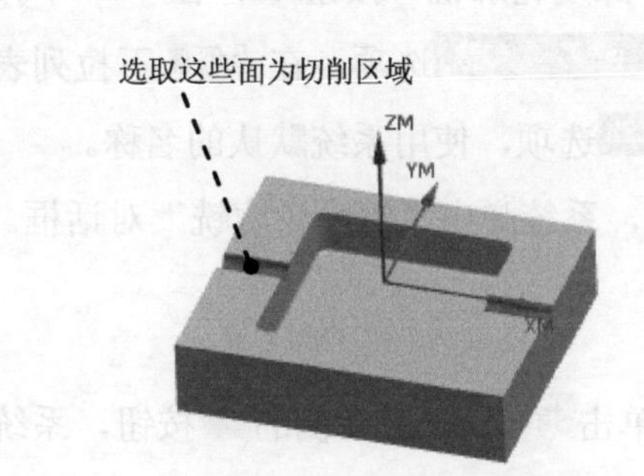

图 10.18　指定切削区域

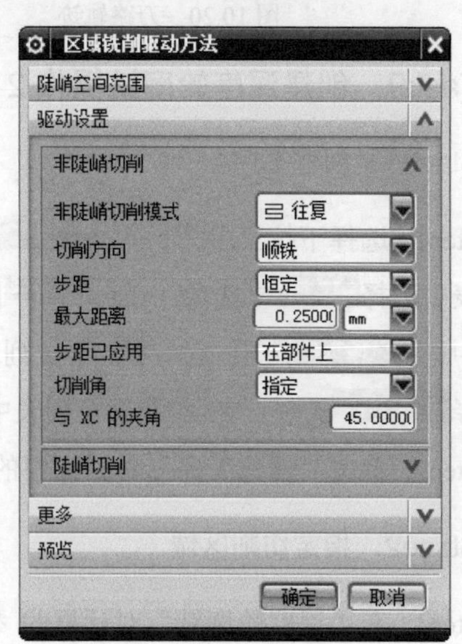

图 10.19　“区域铣削驱动方法”对话框

Step3．单击“切削参数”对话框中的确定按钮，完成切削参数的设置，系统返回到“区域轮廓铣”对话框。

Stage5．设置非切削移动参数

采用系统默认的非切削移动参数。

Stage6．设置进给率和速度

Step1．在“区域轮廓铣”对话框中单击“进给率和速度”按钮，系统弹出“进给率和速度”对话框。

Step2．选中“进给率和速度”对话框主轴速度区域中的☑主轴速度（rpm）复选框，在其后的文本框中输入值 2200，按 Enter 键，然后单击按钮，在进给率区域的切削文本框中输入值 600，再按 Enter 键，然后单击按钮，其他参数采用系统默认设置。

Step3．单击确定按钮，完成进给率和速度的设置，系统返回“区域轮廓铣”对话框。

Stage7．生成刀路轨迹并仿真

生成的刀路轨迹如图 10.20 所示，2D 动态仿真加工后的模型如图 10.21 所示。

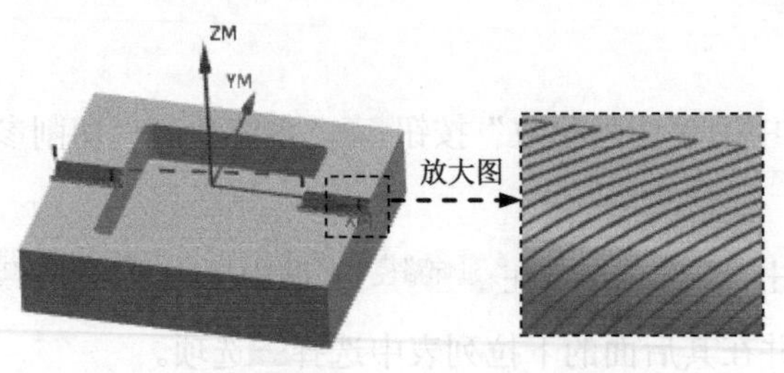

图 10.20 刀路轨迹

图 10.21 2D 仿真结果

Task9. 创建深度轮廓铣操作 2

Stage1. 创建工序

Step1. 选择下拉菜单 插入(S) → 工序(E)... 命令，在“创建工序”对话框的 类型 下拉列表中选择 mill_contour 选项，在 工序子类型 区域中单击“深度轮廓铣”按钮，在 程序 下拉列表中选择 PROGRAM 选项，在 刀具 下拉列表中选择 D4R1（铣刀-5 参数）选项，在 几何体 下拉列表中选择 WORKPIECE 选项，在 方法 下拉列表中选择 MILL_FINISH 选项，使用系统默认的名称。

Step2. 单击“创建工序”对话框中的 确定 按钮，系统弹出“深度轮廓铣”对话框。

Stage2. 指定切削区域

Step1. 在“深度轮廓铣”对话框的 几何体 区域中单击 指定切削区域 右侧的按钮，系统弹出“切削区域”对话框。

Step2. 在图形区选取图 10.22 所示的面（共 17 个）为切削区域，然后单击“切削区域”对话框中的 确定 按钮，系统返回到“深度轮廓铣”对话框。

Stage3. 设置一般参数

在“深度轮廓铣”对话框的 合并距离 文本框中输入值 3，在 最小切削长度 文本框中输入值 1，在 公共每刀切削深度 下拉列表中选择 恒定 选项，在 最大距离 文本框中输入值 0.2。

Stage4. 设置切削参数

Step1. 单击“深度轮廓铣”对话框中的“切削参数”按钮，系统弹出“切削参数”对话框。

Step2. 在“切削参数”对话框中单击 策略 选项卡，在 延伸路径 区域中选中 ☑ 在边上延伸 和 ☑ 在刀具接触点下继续切削 复选框。

Step3. 在“切削参数”对话框中单击 连接 选项卡，在 层之间 区域的 层到层 下拉列表中选择 沿部件斜进刀 选项，在 斜坡角 文本框中输入值 10。

Step4. 单击“切削参数”对话框中的 确定 按钮，完成切削参数的设置，系统返回到“深度轮廓铣”对话框。

Stage5. 设置非切削移动参数

参数采用系统默认设置。

Stage6. 设置进给率和速度

Step1. 在“深度轮廓铣”对话框中单击“进给率和速度”按钮，系统弹出“进给率和速度”对话框。

Step2. 选中“进给率和速度”对话框主轴速度区域中的☑ 主轴速度（rpm）复选框，在其后的文本框中输入值 2000，按 Enter 键，然后单击按钮，在进给率区域的切削文本框中输入值 250，按 Enter 键，然后单击按钮，其他参数采用系统默认设置。

Step3. 单击确定按钮，完成进给率和速度的设置，系统返回“深度轮廓铣”对话框。

Stage7. 生成刀路轨迹并仿真

生成的刀路轨迹如图 10.23 所示，2D 动态仿真加工后的模型如图 10.24 所示。

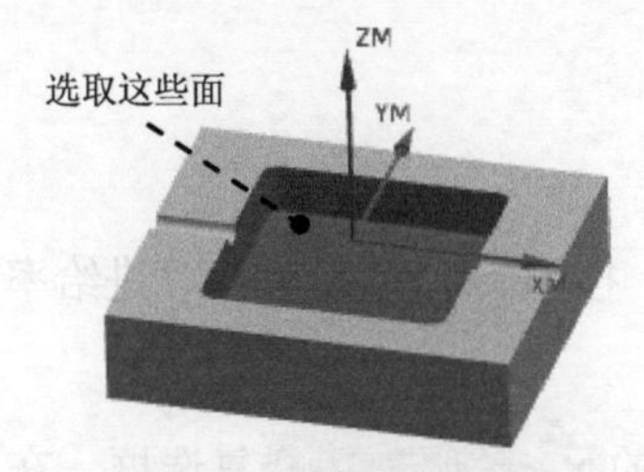

图 10.22　指定切削区域

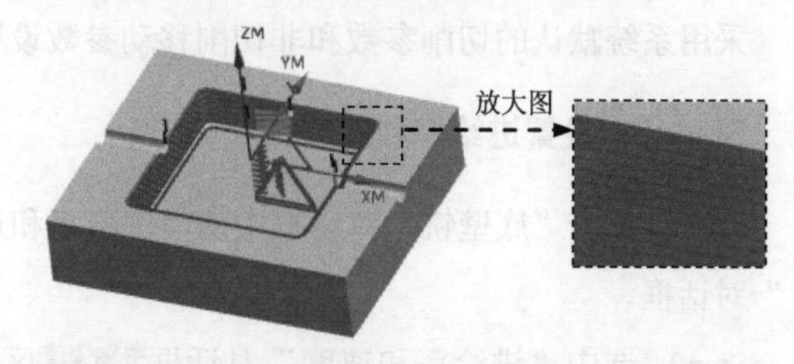

图 10.23　刀路轨迹

Task10. 创建底壁铣操作 1

Stage1. 创建工序

Step1. 选择下拉菜单插入(S) → 工序(E)...命令，系统弹出“创建工序”对话框。

Step2. 在“创建工序”对话框的类型下拉列表中选择mill_planar选项，在工序子类型区域中单击“底壁铣”按钮，在程序下拉列表中选择PROGRAM选项，在刀具下拉列表中选择D10（铣刀-5 参数）选项，在几何体下拉列表中选择WORKPIECE选项，在方法下拉列表中选择MILL FINISH选项，使用系统默认的名称。

Step3. 单击“创建工序”对话框中的确定按钮，系统弹出“底壁铣”对话框。

Stage2. 指定切削区域

Step1. 单击“底壁铣”对话框中的“选择或编辑切削区域几何体”按钮，系统弹出“切削区域”对话框。

Step2. 在图形区选取图 10.25 所示的切削区域，单击“切削区域”对话框中的确定按钮，系统返回到“底壁铣”对话框。

图 10.24　2D 仿真结果

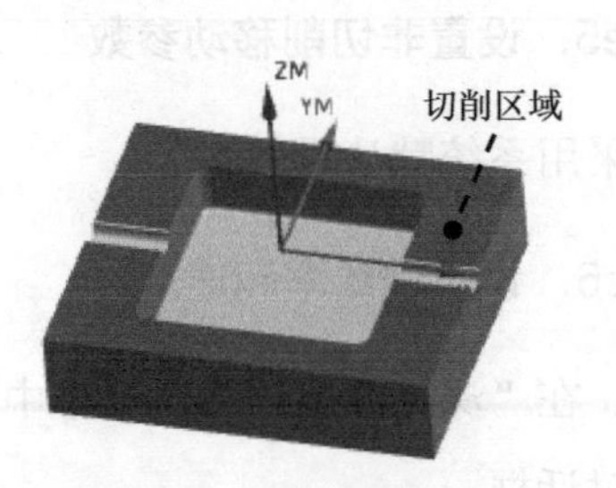

图 10.25　指定切削区域

Stage3．设置一般参数

在“底壁铣”对话框刀轨设置区域的切削模式下拉列表中选择单向选项，在步距下拉列表中选择% 刀具平直选项，在平面直径百分比文本框中输入值 75，在底面毛坯厚度文本框中输入值 1，在每刀切削深度文本框中输入值 0。

Stage4．设置切削参数和非切削移动参数

采用系统默认的切削参数和非切削移动参数设置。

Stage5．设置进给率和速度

Step1. 单击“底壁铣”对话框中的“进给率和速度”按钮，系统弹出“进给率和速度”对话框。

Step2. 选中“进给率和速度”对话框主轴速度区域中的☑ 主轴速度（rpm）复选框，在其后的文本框中输入值 1000，按 Enter 键，然后单击按钮，在进给率区域的切削文本框中输入值 250，再按 Enter 键，然后单击按钮，单击确定按钮，系统返回“底壁铣”对话框。

Stage6．生成刀路轨迹并仿真

生成的刀路轨迹如图 10.26 所示，2D 动态仿真加工后的模型如图 10.27 所示。

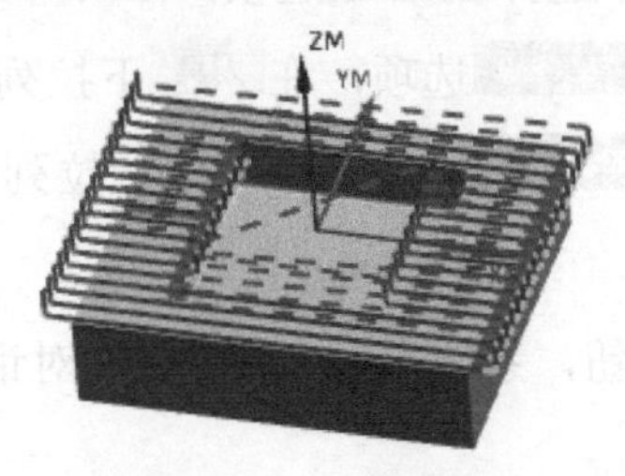

图 10.26　刀路轨迹

图 10.27　2D 仿真结果

Task11．后面的详细操作过程请参见随书学习资源中 video\ch10\reference 文件下的语音视频讲解文件“烟灰缸凹模加工-r01.exe”

实例 11　电话机凹模加工

在模具加工中，从毛坯零件到目标零件的加工一般都要经过多道工序。工序安排得是否合理对加工后零件的质量有较大的影响，因此在加工之前需要根据目标零件的特征制订加工工艺。下面以电话机凹模为例介绍多工序车削的加工方法，其加工工艺路线如图 11.1 和图 11.2 所示。

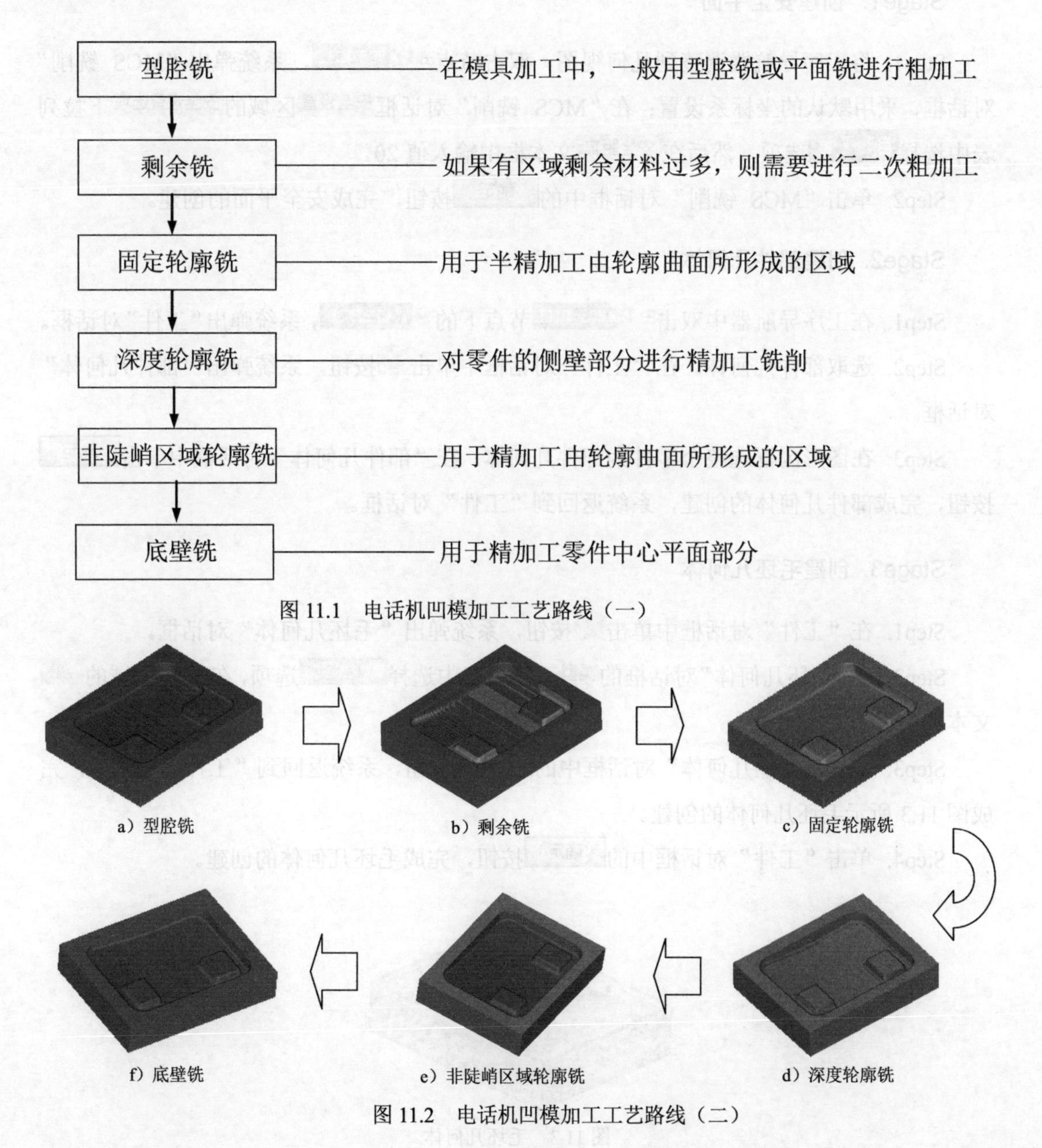

图 11.1　电话机凹模加工工艺路线（一）

图 11.2　电话机凹模加工工艺路线（二）

Task1．打开模型文件并进入加工模块

Step1．打开模型文件 D:\ug12.11\work\ch11\phone_upper.prt。

Step2．进入加工环境。在 应用模块 功能选项卡的 加工 区域单击按钮，系统弹出“加工环境”对话框；在“加工环境”对话框的 CAM 会话配置 列表框中选择 cam_general 选项，在 要创建的 CAM 组装 列表框中选择 mill_contour 选项，单击 确定 按钮，进入加工环境。

Task2．创建几何体

Stage1．创建安全平面

Step1．将工序导航器调整到几何视图，双击节点 MCS_MILL，系统弹出“MCS 铣削”对话框，采用默认的坐标系设置；在“MCS 铣削”对话框 安全设置 区域的 安全设置选项 下拉列表中选择 自动平面 选项，然后在 安全距离 文本框中输入值 20。

Step2．单击“MCS 铣削”对话框中的 确定 按钮，完成安全平面的创建。

Stage2．创建部件几何体

Step1．在工序导航器中双击 MCS_MILL 节点下的 WORKPIECE，系统弹出“工件”对话框。

Step2．选取部件几何体。在“工件”对话框中单击按钮，系统弹出“部件几何体”对话框。

Step3．在图形区框选整个零件为部件几何体。在“部件几何体”对话框中单击 确定 按钮，完成部件几何体的创建，系统返回到“工件”对话框。

Stage3．创建毛坯几何体

Step1．在“工件”对话框中单击按钮，系统弹出“毛坯几何体”对话框。

Step2．在“毛坯几何体”对话框的 类型 下拉列表中选择 包容块 选项，在 限制 区域的 ZM+ 文本框中输入值 5。

Step3．单击“毛坯几何体”对话框中的 确定 按钮，系统返回到“工件”对话框，完成图 11.3 所示毛坯几何体的创建。

Step4．单击“工件”对话框中的 确定 按钮，完成毛坯几何体的创建。

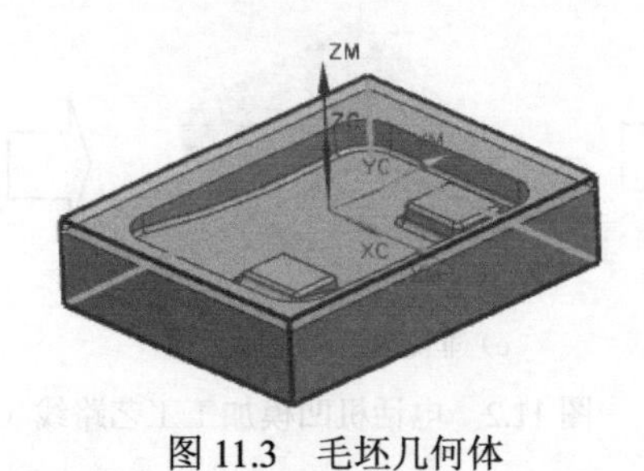

图 11.3　毛坯几何体

Task3. 创建刀具

Stage1. 创建刀具 1

Step1. 将工序导航器调整到机床视图。

Step2. 选择下拉菜单 插入(S) → 刀具(T)... 命令，系统弹出“创建刀具”对话框。

Step3. 在“创建刀具”对话框的 类型 下拉列表中选择 mill contour 选项，在 刀具子类型 区域中单击 MILL 按钮，在 位置 区域的 刀具 下拉列表中选择 GENERIC_MACHINE 选项，在 名称 文本框中输入 T1D20R2，然后单击 确定 按钮，系统弹出“铣刀-5 参数”对话框。

Step4. 在“铣刀-5 参数”对话框的 (D) 直径 文本框中输入值 20，在 (R1) 下半径 文本框中输入值 2，在 编号 区域的 刀具号、补偿寄存器 和 刀具补偿寄存器 文本框中均输入值 1，其他参数采用系统默认设置，单击 确定 按钮，完成刀具 1 的创建。

Stage2. 创建刀具 2

设置刀具类型为 mill contour，刀具子类型 为 BALL_MILL 类型（单击按钮），刀具名称为 T2B6，刀具 (D) 直径 值为 6，在 编号 区域的 刀具号、补偿寄存器 和 刀具补偿寄存器 文本框中均输入值 2，具体操作方法参照 Stage1。

Stage3. 创建刀具 3

设置刀具类型为 mill contour，刀具子类型 为 BALL_MILL 类型（单击按钮），刀具名称为 T3B4，刀具 (D) 直径 值为 4，在 编号 区域的 刀具号、补偿寄存器 和 刀具补偿寄存器 文本框中均输入值 3，具体操作方法参照 Stage1。

Task4. 创建型腔铣工序

Stage1. 插入工序

Step1. 选择下拉菜单 插入(S) → 工序(E)... 命令，在“创建工序”对话框的 类型 下拉列表中选择 mill_contour 选项，在 工序子类型 区域中单击“型腔铣”按钮，在 程序 下拉列表中选择 PROGRAM 选项，在 刀具 下拉列表中选择前面设置的刀具 T1D20R2（铣刀-5 参数）选项，在 几何体 下拉列表中选择 WORKPIECE 选项，在 方法 下拉列表中选择 MILL ROUGH 选项，使用系统默认的名称。

Step2. 单击“创建工序”对话框中的 确定 按钮，系统弹出“型腔铣”对话框。

Stage2. 设置一般参数

在“型腔铣”对话框的 切削模式 下拉列表中选择 跟随部件 选项；在 步距 下拉列表中选择 % 刀具平直 选项，在 平面直径百分比 文本框中输入值 50；在 公共每刀切削深度 下拉列表中选择 恒定选项，在最大距离文本框中输入值 0.5。

Stage3．设置切削与非切削移动参数

采用系统默认的切削参数与非切削移动参数设置。

Stage4．设置进给率和速度

Step1．在“型腔铣”对话框中单击“进给率和速度”按钮，系统弹出“进给率和速度”对话框。

Step2．选中“进给率和速度”对话框主轴速度区域中的☑ 主轴速度 (rpm)复选框，在其后的文本框中输入值 800，按 Enter 键，然后单击按钮，在进给率区域的切削文本框中输入值 300，再按 Enter 键，然后单击按钮，其他参数采用系统默认设置。

Step3．单击确定按钮，完成进给率和速度的设置，系统返回“型腔铣”对话框。

Stage5．生成刀路轨迹并仿真

生成的刀路轨迹如图 11.4 所示，2D 动态仿真加工后的模型如图 11.5 所示。

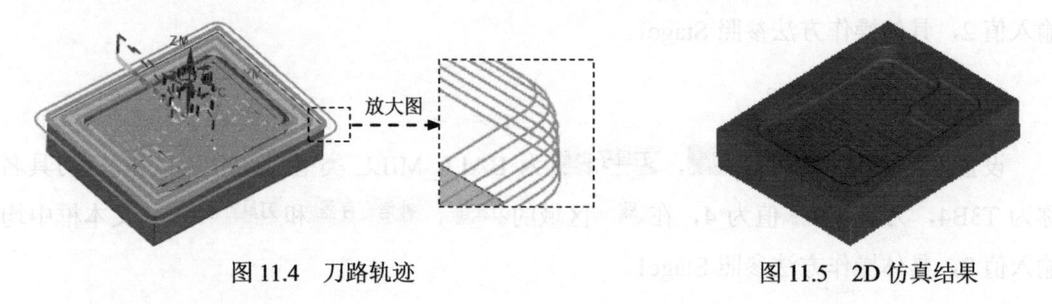

图 11.4　刀路轨迹　　　　图 11.5　2D 仿真结果

Task5．创建剩余铣工序

Stage1．插入工序

Step1．选择下拉菜单插入(S) → 工序(E)...命令，在“创建工序”对话框的类型下拉列表中选择mill_contour选项，在工序子类型区域中单击“剩余铣”按钮，在程序下拉列表中选择PROGRAM选项，在刀具下拉列表中选择T2B6（铣刀-球头铣）选项，在几何体下拉列表中选择WORKPIECE选项，在方法下拉列表中选择MILL ROUGH选项，使用系统默认的名称 REST_MILLING。

Step2．单击“创建工序”对话框中的确定按钮，系统弹出“剩余铣”对话框。

Stage2．指定修剪边界

Step1．在几何体区域中单击“选择或编辑修剪边界”按钮，系统弹出“修剪边界”对话框。

Step2. 在边界区域的选择方法下拉列表中选择曲线选项，在修剪侧下拉列表中选择外侧选项，在“曲线规则”下拉列表中选择相切曲线选项，然后在图形区选取图 11.6 所示的边线，在“修剪边界”对话框中单击确定按钮，完成修剪边界的创建，系统返回到“剩余铣”对话框。

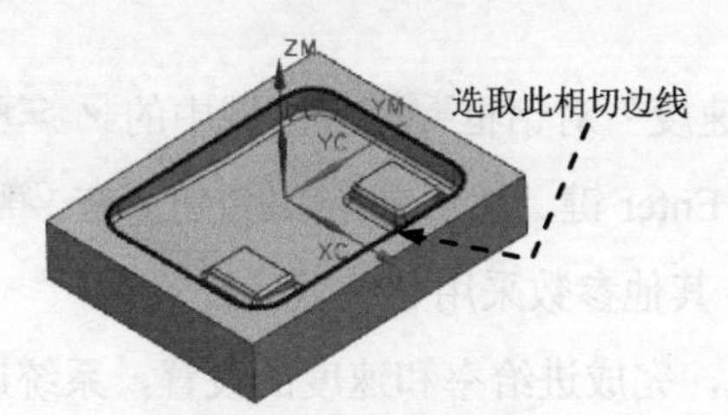

图 11.6　选取修剪边界

Stage3．设置一般参数

在最大距离文本框中输入值 0.5，其他参数采用系统默认设置。

Stage4．设置切削参数

Step1. 在刀轨设置区域中单击“切削参数”按钮，系统弹出“切削参数”对话框。

Step2. 单击“切削参数”对话框中的策略选项卡，在切削顺序下拉列表中选择深度优先选项。

Step3. 在“切削参数”对话框中单击余量选项卡，在余量区域中取消选中□ 使底面余量与侧面余量一致复选框，然后在部件底面余量文本框中输入值 1.2，其他参数采用系统默认设置。

Step4. 在“切削参数”对话框中单击拐角选项卡，在光顺下拉列表中选择所有刀路，其他参数采用系统默认设置。

Step5. 在“切削参数”对话框中单击连接选项卡，在开放刀路下拉列表中选择变换切削方向，其他参数采用系统默认设置。

Step6. 在“切削参数”对话框中单击空间范围选项卡，在最小除料量文本框中输入值 1，其他参数采用系统默认设置。

Step7. 单击“切削参数”对话框中的确定按钮，系统返回到“剩余铣”对话框。

Stage5．设置非切削移动参数

Step1. 单击“面铣削区域”对话框刀轨设置区域中的“非切削移动”按钮，系统弹出“非切削移动”对话框。

Step2. 单击“非切削移动”对话框中的转移/快速选项卡，在区域内区域的转移类型下拉列表中选择毛坯平面选项，其他参数采用系统默认设置。

Step3. 在“切削参数”对话框区域之间区域的转移类型下拉列表中选择毛坯平面选项，

其他参数采用系统默认设置。

Stage6．设置进给率和速度

Step1. 在“剩余铣”对话框中单击“进给率和速度”按钮，系统弹出“进给率和速度”对话框。

Step2. 选中“进给率和速度”对话框主轴速度区域中的☑ 主轴速度 (rpm)复选框，在其后的文本框中输入值 1800，按 Enter 键，然后单击按钮，在切削文本框中输入值 300，按 Enter 键，然后单击按钮，其他参数采用系统默认设置。

Step3. 单击确定按钮，完成进给率和速度的设置，系统返回“剩余铣”对话框。

Stage7．生成刀路轨迹并仿真

生成的刀路轨迹如图 11.7 所示，2D 动态仿真加工后的模型如图 11.8 所示。

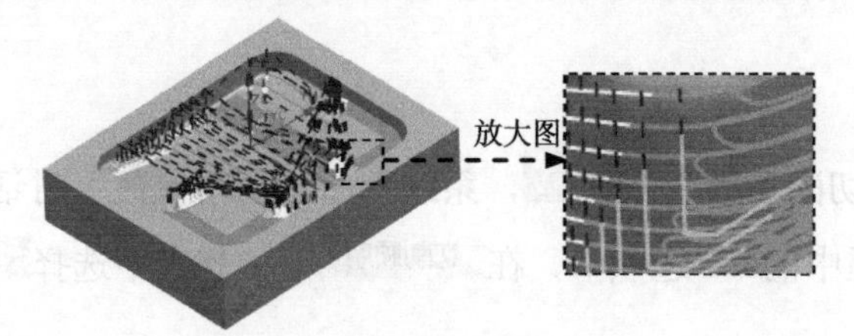

图 11.7　刀路轨迹

图 11.8　2D 仿真结果

Task6．创建固定轮廓铣工序

Stage1．插入工序

Step1. 选择下拉菜单插入(S) → 工序(E)...命令，系统弹出“创建工序”对话框。

Step2. 确定加工方法。在“创建工序”对话框的类型下拉列表中选择mill_contour选项，在工序子类型区域中单击“固定轮廓铣”按钮，在刀具下拉列表中选择T2B6 (铣刀-球头铣)选项，在几何体下拉列表中选择WORKPIECE选项，在方法下拉列表中选择MILL_SEMI_FINISH选项，单击确定按钮，系统弹出“固定轮廓铣”对话框。

Stage2．设置驱动方式

Step1. 单击“固定轮廓铣”对话框驱动方法区域中的“编辑”按钮，系统弹出“边界驱动方法”对话框。

Step2. 在“边界驱动方法”对话框中单击“选择或编辑驱动几何体”按钮，系统弹出“边界几何体”对话框，在模式下拉列表中选择曲线/边...选项，在刀具位置下拉列表中选择对中选项，然后在图形区选取图 11.9 所示的边线，单击创建下一个边界按钮，再单击“创建边界”对话框和“边界几何体”对话框中的确定按钮，系统返回到“边界驱动方法”对话框。

Step3. 在“边界驱动方法”对话框的步距下拉列表中选择% 刀具平直选项，在平面直径百分比文本框中输入值 30，单击“边界驱动方法”对话框中的确定按钮，系统返回到“固定轮廓铣”对话框。

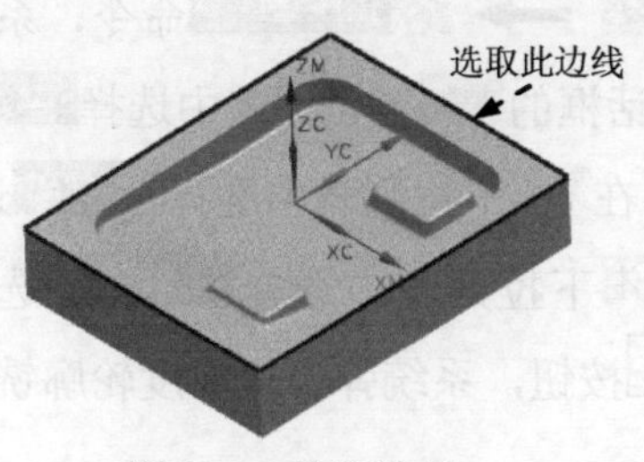

图 11.9 选取边界

Stage3. 设置切削参数

Step1. 单击“固定轮廓铣”对话框中的“切削参数”按钮，系统弹出“切削参数”对话框。

Step2. 在“切削参数”对话框中单击余量选项卡，在部件余量文本框中输入值 0.25，其他参数采用系统默认设置，单击确定按钮。

Stage4. 设置非切削移动参数

采用系统默认的非切削移动参数。

Stage5. 设置进给率和速度

Step1. 在“固定轮廓铣”对话框中单击“进给率和速度”按钮，系统弹出“进给率和速度”对话框。

Step2. 选中“进给率和速度”对话框主轴速度区域中的☑ 主轴速度（rpm）复选框，在其后的文本框中输入值 2000，按 Enter 键，然后单击按钮，在进给率区域的切削文本框中输入值 500，再按 Enter 键，然后单击按钮，其他参数采用系统默认设置。

Step3. 单击确定按钮，完成进给率和速度的设置，系统返回“固定轮廓铣”对话框。

Stage6. 生成刀路轨迹并仿真

生成的刀路轨迹如图 11.10 所示，2D 动态仿真加工后的模型如图 11.11 所示。

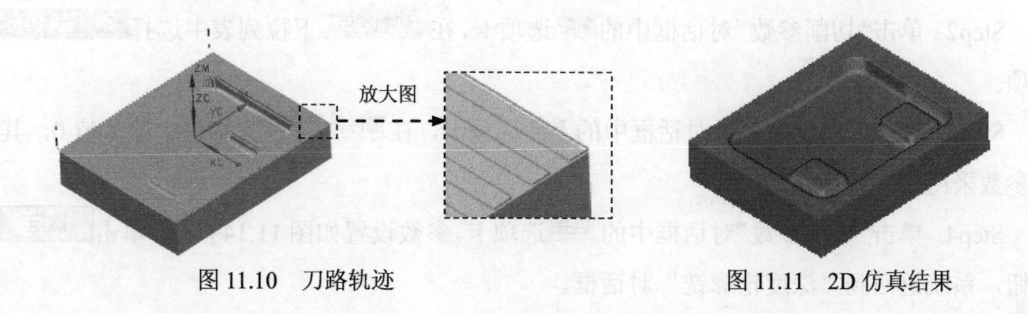

图 11.10 刀路轨迹　　　　图 11.11 2D 仿真结果

Task7．创建深度轮廓铣工序

Stage1．插入工序

Step1．选择下拉菜单 插入(S) → 工序(E)... 命令，系统弹出“创建工序”对话框。

Step2．在“创建工序”对话框的 类型 下拉列表中选择 mill_contour 选项，在 工序子类型 区域中选择“深度轮廓铣”按钮，在 程序 下拉列表中选择 PROGRAM 选项，在 刀具 下拉列表中选择 T3B4（铣刀-球头铣）选项，在 几何体 下拉列表中选择 WORKPIECE 选项，在 方法 下拉列表中选择 MILL_FINISH 选项，单击 确定 按钮，系统弹出“深度轮廓铣”对话框。

Stage2．指定切削区域

Step1．单击“深度轮廓铣”对话框 指定切削区域 右侧的按钮，系统弹出“切削区域”对话框。

Step2．在绘图区选取图 11.12 所示的切削区域（共 68 个面），单击 确定 按钮，系统返回到“深度轮廓铣”对话框。

Stage3．设置刀具路径参数和切削层

Step1．设置刀具路径参数，如图 11.13 所示。

Step2．设置切削层。采用系统的默认设置。

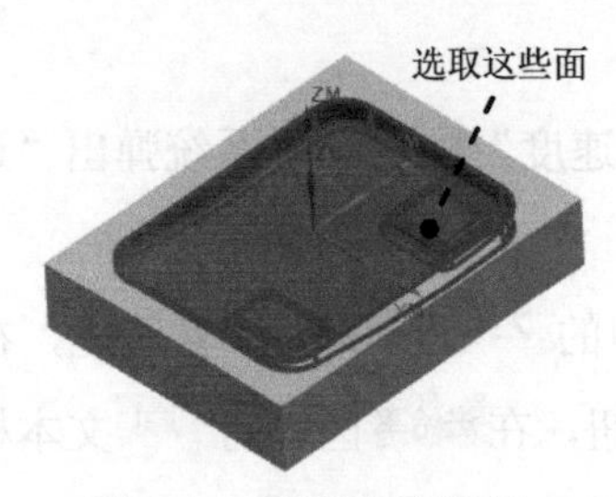

图 11.12 选取切削区域

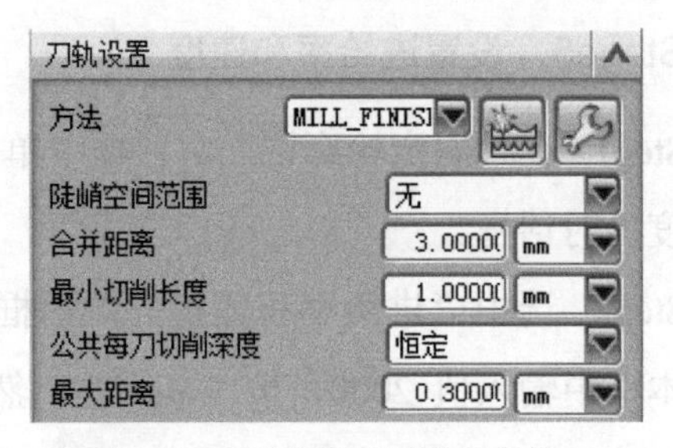

图 11.13 设置刀具路径参数

Stage4．设置切削参数

Step1．单击“深度轮廓铣”对话框中的“切削参数”按钮，系统弹出“切削参数”对话框。

Step2．单击“切削参数”对话框中的 策略 选项卡，在 切削顺序 下拉列表中选择 始终深度优先 选项。

Step3．单击“切削参数”对话框中的 余量 选项卡，在 部件侧面余量 文本框中输入值 0，其他参数采用系统默认设置。

Step4．单击“切削参数”对话框中的 连接 选项卡，参数设置如图 11.14 所示，单击 确定 按钮，系统返回到“深度轮廓铣”对话框。

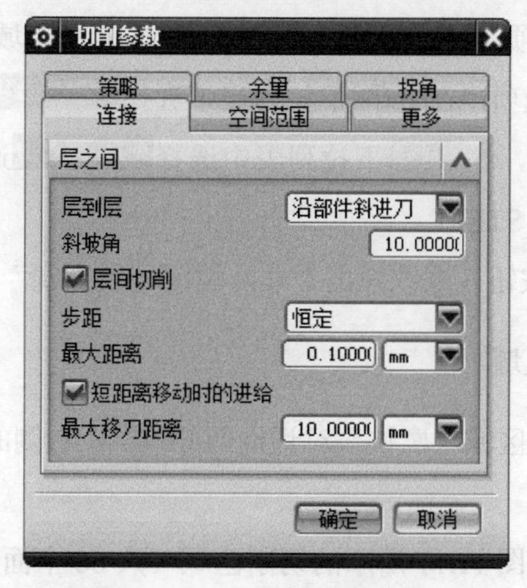

图 11.14 “连接”选项卡

Stage5. 设置非切削移动参数

采用系统默认的非切削移动参数。

Stage6. 设置进给率和速度

Step1. 在“深度轮廓铣”对话框中单击“进给率和速度”按钮，系统弹出“进给率和速度”对话框。

Step2. 在“进给率和速度”对话框中选中 主轴速度 (rpm) 复选框，然后在其文本框中输入值 4500，在 切削 文本框中输入值 600，按 Enter 键，然后单击按钮。

Step3. 单击 确定 按钮，完成进给率和速度的设置，系统返回“深度轮廓铣”对话框。

Stage7. 生成刀路轨迹并仿真

生成的刀路轨迹如图 11.15 所示，2D 动态仿真加工后的模型如图 11.16 所示。

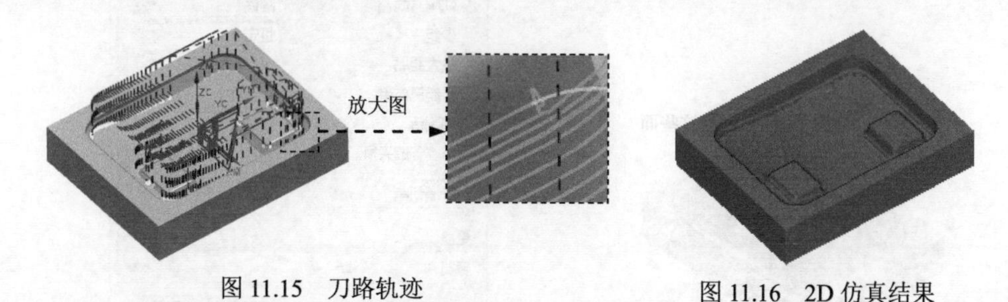

图 11.15 刀路轨迹

图 11.16 2D 仿真结果

Task8. 创建非陡峭区域轮廓铣工序

Stage1. 插入工序

Step1. 选择下拉菜单 插入(S) → 工序(E)... 命令，在“创建工序”对话框的 类型 下拉列表中选择mill_contour选项，在工序子类型区域中单击“非陡峭区域轮廓铣铣”按钮，在程序下拉列表中选择PROGRAM选项，在刀具下拉列表中选择T3B4（铣刀-球头铣）选项，在几何体下拉列表中选择WORKPIECE选项，在方法下拉列表中选择MILL_FINISH选项，使用系统默认的名称CONTOUR_AREA_NON_STEEP。

Step2. 单击确定按钮，系统弹出“非陡峭区域轮廓铣”对话框。

Stage2. 指定切削区域

Step1. 单击“非陡峭区域轮廓铣”对话框指定切削区域右侧的按钮，系统弹出“切削区域”对话框。

Step2. 在绘图区选取图 11.17 所示的切削区域（共 68 个面），单击确定按钮，系统返回到“非陡峭区域轮廓铣”对话框。

Stage3. 设置驱动方式

Step1. 单击“非陡峭区域轮廓铣”对话框驱动方法区域中的“编辑”按钮，系统弹出“区域铣削驱动方法”对话框。

Step2. “区域铣削驱动方法”对话框中参数设置如图 11.18 所示，单击确定按钮，系统返回到“区域铣削驱动方法”对话框中。

图 11.17 指定切削区域

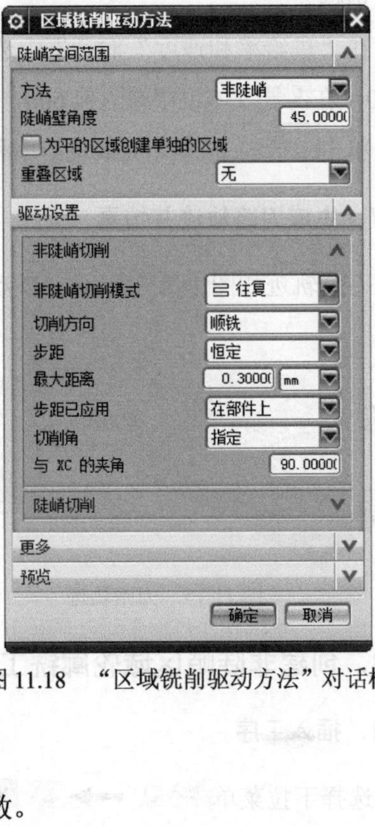

区域铣削驱动方法
陡峭空间范围
方法 非陡峭
陡峭壁角度 45.0000
为平的区域创建单独的区域
重叠区域 无
驱动设置
非陡峭切削
非陡峭切削模式 往复
切削方向 顺铣
步距 恒定
最大距离 0.3000 mm
步距已应用 在部件上
切削角 指定
与 XC 的夹角 90.0000
陡峭切削
更多
预览
确定 取消

图 11.18 “区域铣削驱动方法”对话框

Stage4. 设置切削参数和非切削移动参数

采用系统默认的切削参数和非切削移动参数。

Stage5．设置进给率和速度

Step1. 在“非陡峭区域轮廓铣”对话框中单击“进给率和速度”按钮，系统弹出“进给率和速度”对话框。

Step2. 选中“进给率和速度”对话框主轴速度区域中的☑ 主轴速度 (rpm)复选框，在其后的文本框中输入值 4500，按 Enter 键，然后单击按钮，在进给率区域的切削文本框中输入值 600，再按 Enter 键，然后单击按钮，其他参数采用系统默认设置。

Step3. 单击确定按钮，完成进给率和速度的设置，系统返回“非陡峭区域轮廓铣”对话框。

Stage6．生成刀路轨迹并仿真

生成的刀路轨迹如图 11.19 所示，2D 动态仿真加工后的模型如图 11.20 所示。

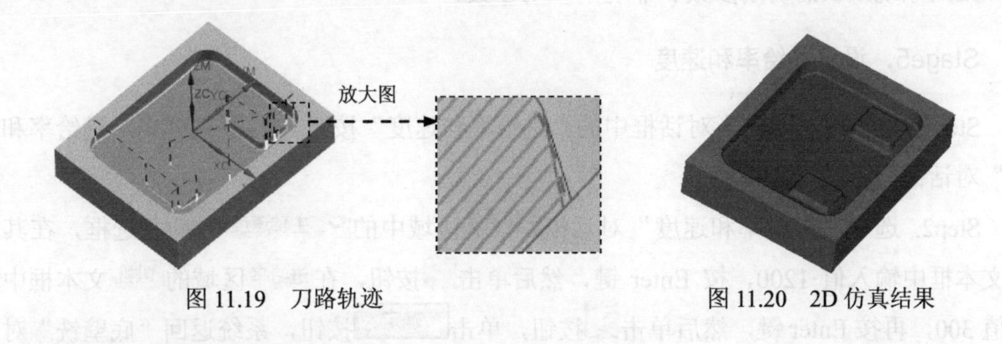

图 11.19　刀路轨迹　　　图 11.20　2D 仿真结果

Task9．创建底壁铣工序

Stage1．插入工序

Step1. 选择下拉菜单插入(S) → 工序(E)...命令，系统弹出“创建工序”对话框。

Step2. 在“创建工序”对话框的类型下拉列表中选择mill_planar选项，在工序子类型区域中单击“底壁铣”按钮，在程序下拉列表中选择PROGRAM选项，在刀具下拉列表中选择T1D20R2 (铣刀-5 参数)选项，在几何体下拉列表中选择WORKPIECE选项，在方法下拉列表中选择MILL FINISH选项，使用系统默认的名称。

Step3. 单击“创建工序”对话框中的确定按钮，系统弹出“底壁铣”对话框。

Stage2．指定切削区域

Step1. 单击“底壁铣”对话框中的“选择或编辑切削区域几何体”按钮，系统弹出“切削区域”对话框。

Step2. 在图形区选取图 11.21 所示的切削区域，单击“切削区域”对话框中的确定按钮，系统返回到“底壁铣”对话框。

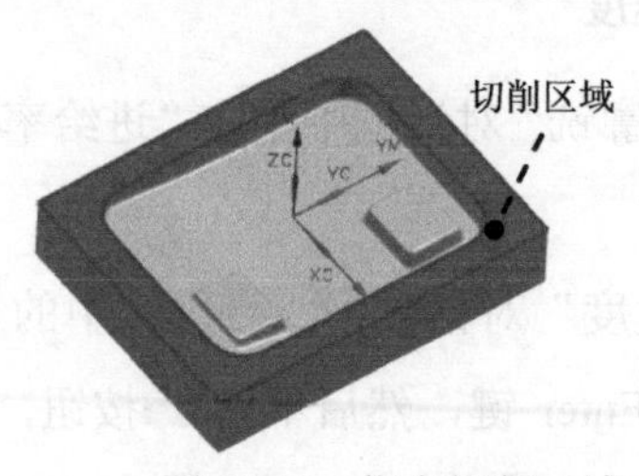

图 11.21　指定切削区域

Stage3．设置一般参数

采用系统默认参数设置。

Stage4．设置切削参数和非切削移动参数

采用系统默认的切削参数和非切削移动参数。

Stage5．设置进给率和速度

Step1. 单击“底壁铣”对话框中的“进给率和速度”按钮，系统弹出“进给率和速度”对话框。

Step2. 选中“进给率和速度”对话框主轴速度区域中的☑ 主轴速度 (rpm)复选框，在其后的文本框中输入值 1200，按 Enter 键，然后单击按钮，在进给率区域的切削文本框中输入值 300，再按 Enter 键，然后单击按钮，单击确定按钮，系统返回“底壁铣”对话框。

Stage6．生成刀路轨迹并仿真

生成的刀路轨迹如图 11.22 所示，2D 动态仿真加工后的模型如图 11.23 所示。

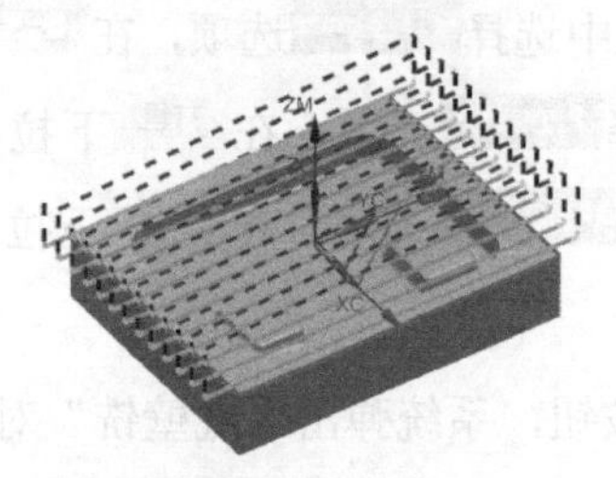

图 11.22　刀路轨迹

图 11.23　2D 仿真结果

Task10．保存文件

选择下拉菜单文件(F) ➡ 保存(S)命令，保存文件。

实例 12 电话机凸模加工

下面以电话机凸模加工为例介绍在多工序加工中如何合理安排粗、精加工工序，以免影响零件的精度。该零件的加工工艺路线如图 12.1 和图 12.2 所示。

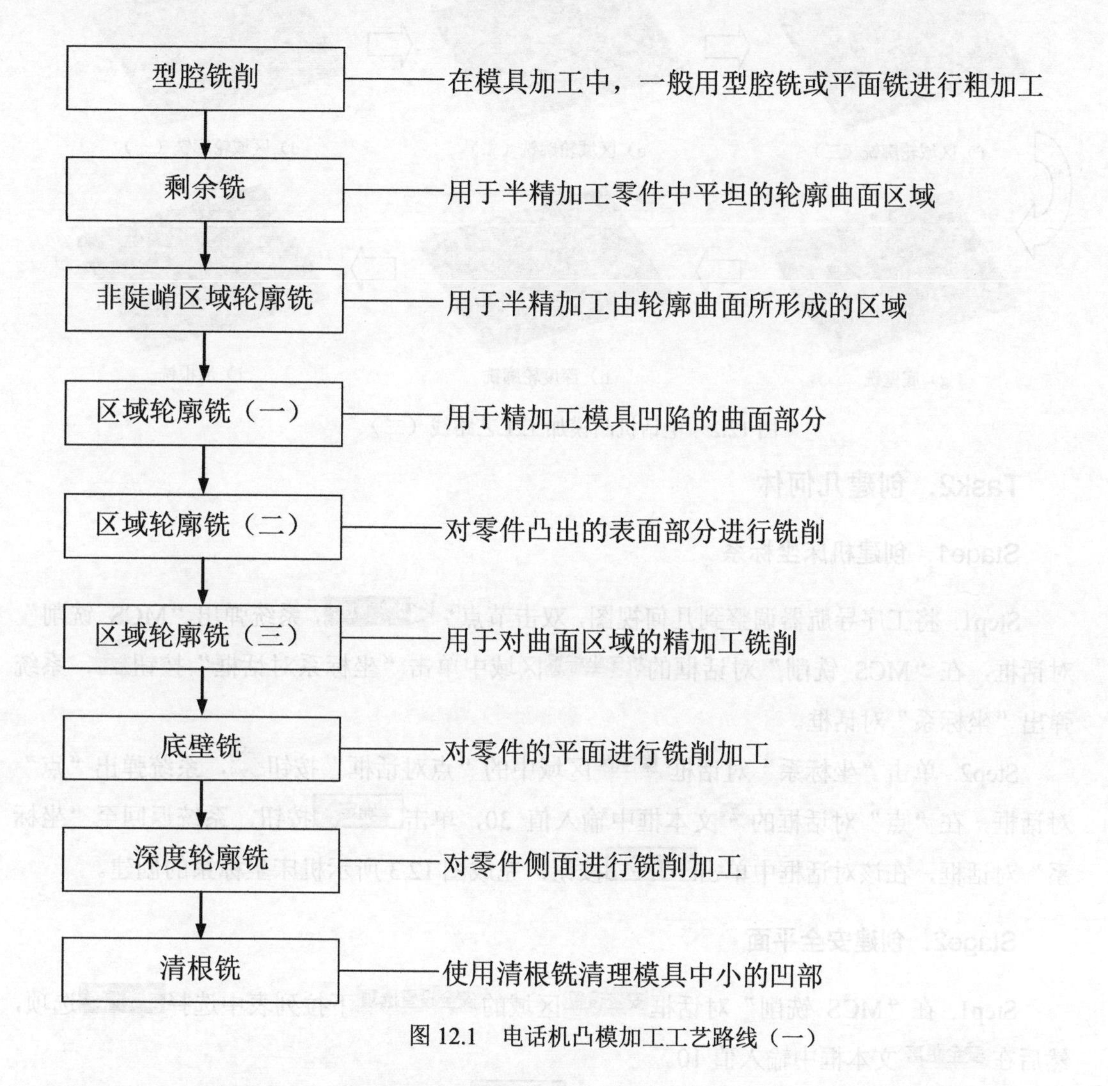

图 12.1 电话机凸模加工工艺路线（一）

Task1. 打开模型文件并进入加工环境

Step1. 打开模型文件 D:\ug12.11\work\ch12\phone_lower.prt。

Step2. 进入加工环境。在 应用模块 功能选项卡的 加工 区域单击 按钮，系统弹出“加工环境”对话框；在“加工环境”对话框的 CAM 会话配置 列表框中选择 cam_general 选项，在 要创建的 CAM 组装 列表框中选择 mill contour 选项，单击 确定 按钮，进入加工环境。

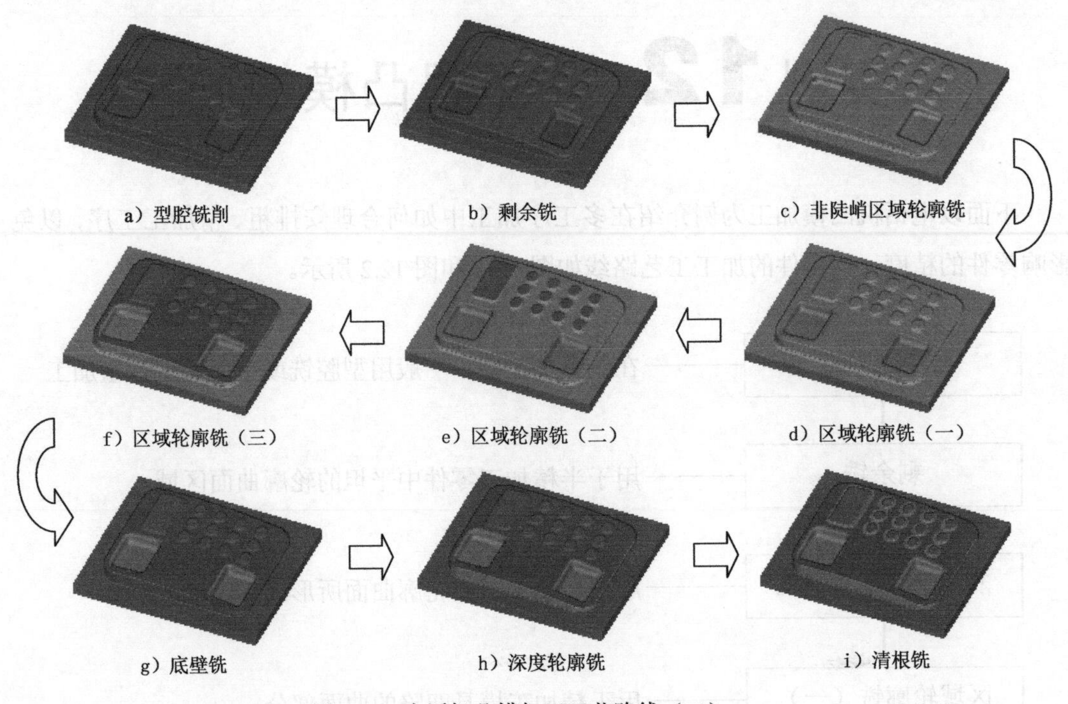

图 12.2 电话机凸模加工工艺路线（二）

Task2．创建几何体

Stage1．创建机床坐标系

Step1．将工序导航器调整到几何视图，双击节点 MCS_MILL，系统弹出“MCS 铣削”对话框，在“MCS 铣削”对话框的机床坐标系区域中单击“坐标系对话框”按钮，系统弹出“坐标系”对话框。

Step2．单击“坐标系”对话框操控器区域中的“点对话框”按钮，系统弹出“点”对话框，在“点”对话框的 Z 文本框中输入值 30，单击确定按钮，系统返回至“坐标系”对话框，在该对话框中单击确定按钮，完成图 12.3 所示机床坐标系的创建。

Stage2．创建安全平面

Step1．在“MCS 铣削”对话框安全设置区域的安全设置选项下拉列表中选择自动平面选项，然后在安全距离文本框中输入值 10。

Step2．单击“MCS 铣削”对话框中的确定按钮，完成安全平面的创建。

Stage3．创建部件几何体

Step1．在工序导航器中双击 MCS_MILL 节点下的 WORKPIECE，系统弹出“工件”对话框。

Step2．选取部件几何体。在“工件”对话框中单击按钮，系统弹出“部件几何体”对话框。

Step3. 在图形区选择整个零件为部件几何体，如图 12.4 所示。在“部件几何体”对话框中单击 确定 按钮，完成部件几何体的创建，系统返回到“工件”对话框。

Stage4. 创建毛坯几何体

Step1. 在“工件”对话框中单击 按钮，系统弹出“毛坯几何体”对话框。

Step2. 在“毛坯几何体”对话框的 类型 下拉列表中选择 包容块 选项，在 限制 区域的 ZM+ 文本框中输入值 7。

Step3. 单击“毛坯几何体”对话框中的 确定 按钮，系统返回到“工件”对话框，完成图 12.5 所示毛坯几何体的创建。

Step4. 单击“工件”对话框中的 确定 按钮。

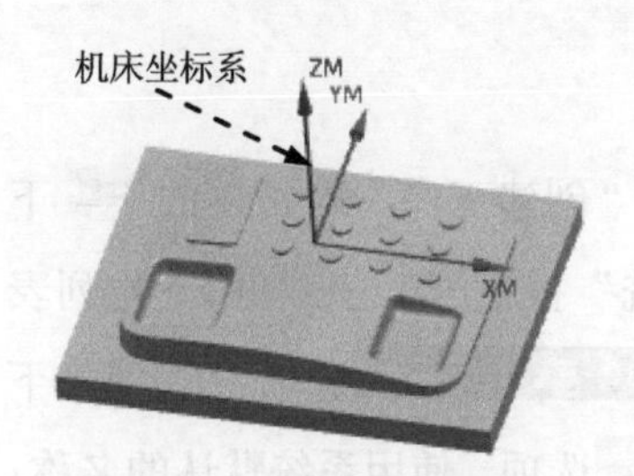

图 12.3 创建机床坐标系

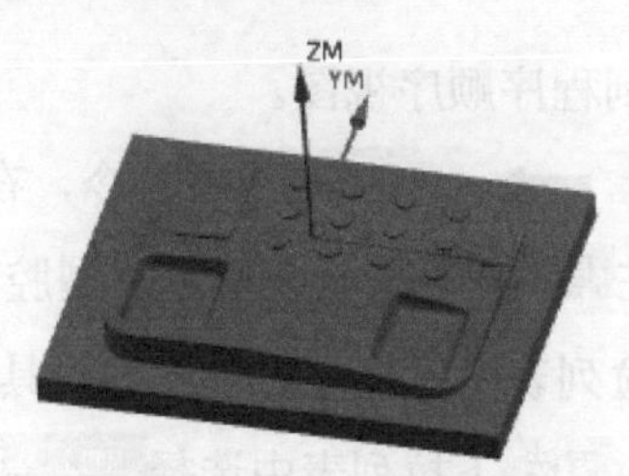

图 12.4 部件几何体

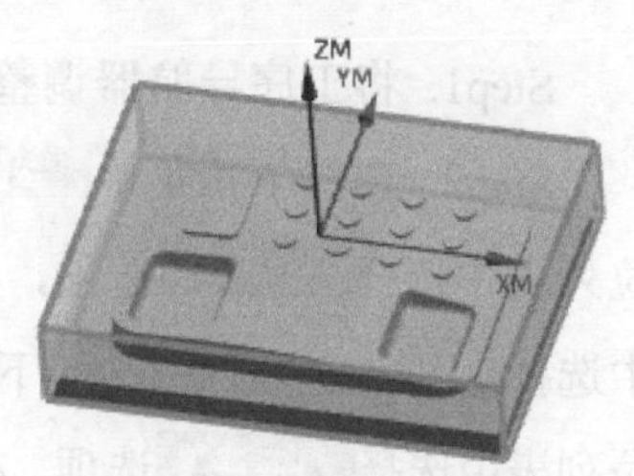

图 12.5 毛坯几何体

Task3. 创建刀具

Stage1. 创建刀具 1

Step1. 将工序导航器调整到机床视图。

Step2. 选择下拉菜单 插入(S) → 刀具(T)... 命令，系统弹出“创建刀具”对话框。

Step3. 在“创建刀具”对话框的 类型 下拉列表中选择 mill contour 选项，在 刀具子类型 区域中单击 MILL 按钮，在 位置 区域的 刀具 下拉列表中选择 GENERIC_MACHINE 选项，在 名称 文本框中输入 D10，然后单击 确定 按钮，系统弹出“铣刀-5 参数”对话框。

Step4. 在“铣刀-5 参数”对话框的 (D) 直径 文本框中输入值 10，在 编号 区域的 刀具号、补偿寄存器 和 刀具补偿寄存器 文本框中均输入值 1，其他参数采用系统默认设置，单击 确定 按钮，完成刀具 1 的创建。

Stage2. 创建刀具 2

设置刀具类型为 mill contour，刀具子类型 为 BALL_MILL 类型（单击 按钮），刀具名称为 B6，刀具 (D) 球直径 值为 6，在 编号 区域的 刀具号、补偿寄存器 和 刀具补偿寄存器 文本框中均输入值 2，具体操作方法参照 Stage1。

Stage3. 创建刀具 3

设置刀具类型为mill contour，刀具子类型为 BALL_MILL 类型（单击按钮），刀具名称为 B5，刀具(D) 球直径值为 5，在编号区域的刀具号、补偿寄存器和刀具补偿寄存器文本框中均输入值 3。

Stage4. 创建刀具 4

设置刀具类型为mill contour，刀具子类型为 MILL 类型（单击按钮），刀具名称为 D1，刀具(D) 直径值为 1，在编号区域的刀具号、补偿寄存器和刀具补偿寄存器文本框中均输入值 4。

Task4. 创建型腔铣操作

Stage1. 创建工序

Step1. 将工序导航器调整到程序顺序视图。

Step2. 选择下拉菜单插入(S) ➡ 工序(E)...命令，在“创建工序”对话框的类型下拉列表中选择mill_contour选项，在工序子类型区域中单击“型腔铣”按钮，在程序下拉列表中选择PROGRAM选项，在刀具下拉列表中选择前面设置的刀具D10 (铣刀-5 参数)选项，在几何体下拉列表中选择WORKPIECE选项，在方法下拉列表中选择MILL ROUGH选项，使用系统默认的名称。

Step3. 单击“创建工序”对话框中的确定按钮，系统弹出“型腔铣”对话框。

Stage2. 设置一般参数

在“型腔铣”对话框的切削模式下拉列表中选择跟随部件选项；在步距下拉列表中选择% 刀具平直选项，在平面直径百分比文本框中输入值 50；在公共每刀切削深度下拉列表中选择恒定选项，在最大距离文本框中输入值 1。

Stage3. 设置切削参数

Step1. 在刀轨设置区域中单击“切削参数”按钮，系统弹出“切削参数”对话框。

Step2. 在“切削参数”对话框中单击策略选项卡，在切削区域的切削顺序下拉列表中选择深度优先选项；单击连接选项卡，在开放刀路下拉列表中选择变换切削方向选项，其他参数采用系统默认设置。

Step3. 单击“切削参数”对话框中的确定按钮，系统返回到“型腔铣”对话框。

Stage4. 设置非切削移动参数

Step1. 在“型腔铣”对话框中单击“非切削移动”按钮，系统弹出“非切削移动”对话框。

Step2. 单击“非切削移动”对话框中的进刀选项卡，在进刀类型下拉列表中选择沿形状斜进刀选项，在封闭区域的斜坡角度文本框中输入值3，在高度起点下拉列表中选择当前层选项，其他参数采用系统默认设置，单击确定按钮，完成非切削移动参数的设置。

Stage5. 设置进给率和速度

Step1. 在“型腔铣”对话框中单击“进给率和速度”按钮，系统弹出“进给率和速度”对话框。

Step2. 选中“进给率和速度”对话框主轴速度区域中的☑ 主轴速度（rpm）复选框，在其后的文本框中输入值800，按Enter键，然后单击按钮，在进给率区域的切削文本框中输入值250，再按Enter键，然后单击按钮，其他参数采用系统默认设置。

Step3. 单击确定按钮，完成进给率和速度的设置，系统返回“型腔铣”对话框。

Stage6. 生成刀路轨迹并仿真

生成的刀路轨迹如图12.6所示，2D动态仿真加工后的模型如图12.7所示。

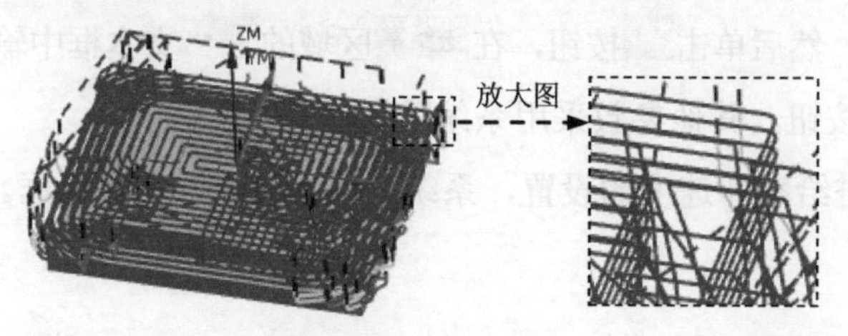

图12.6 刀路轨迹

图12.7 2D仿真结果

Task5. 创建剩余铣操作

Stage1. 创建工序

Step1. 选择下拉菜单插入(S) → 工序(E)...命令，在“创建工序”对话框的类型下拉列表中选择mill_contour选项，在工序子类型区域中单击“剩余铣”按钮，在程序下拉列表中选择PROGRAM选项，在刀具下拉列表中选择B6（铣刀-球头铣）选项，在几何体下拉列表中选择WORKPIECE选项，在方法下拉列表中选择MILL ROUGH选项，使用系统默认的名称REST_MILLING。

Step2. 单击“创建工序”对话框中的确定按钮，系统弹出“剩余铣”对话框。

Stage2. 设置一般参数

在“剩余铣”对话框的切削模式下拉列表中选择跟随部件选项，在步距下拉列表中选择% 刀具平直选项，在平面直径百分比文本框中输入值20；在公共每刀切削深度下拉列表中选择恒定选项，在最大距离文本框中输入值0.5。

Stage3. 设置切削参数

Step1. 在刀轨设置区域中单击“切削参数”按钮，系统弹出“切削参数”对话框。

Step2. 在“切削参数”对话框中单击策略选项卡，在切削区域的切削顺序下拉列表中选择深度优先选项；单击连接选项卡，在开放刀路下拉列表中选择变换切削方向选项，其他参数采用系统默认设置。

Step3. 单击“切削参数”对话框中的确定按钮，系统返回到“剩余铣”对话框。

Stage4．设置非切削移动参数

采用系统默认的非切削移动参数。

Stage5．设置进给率和速度

Step1. 在“剩余铣”对话框中单击“进给率和速度”按钮，系统弹出“进给率和速度”对话框。

Step2. 选中“进给率和速度”对话框主轴速度区域中的☑ 主轴速度（rpm）复选框，在其后的文本框中输入值 1200，按 Enter 键，然后单击按钮，在进给率区域的切削文本框中输入值 250，再按 Enter 键，然后单击按钮，其他参数采用系统默认设置。

Step3. 单击确定按钮，完成进给率和速度的设置，系统返回“剩余铣”对话框。

Stage6．生成刀路轨迹并仿真

生成的刀路轨迹如图 12.8 所示，2D 动态仿真加工后的模型如图 12.9 所示。

Task6．创建非陡峭区域轮廓铣操作

Stage1．创建工序

Step1. 选择下拉菜单插入(S) → 工序(E)...命令，在“创建工序”对话框的类型下拉列表中选择mill_contour选项，在工序子类型区域中单击“非陡峭区域轮廓铣”按钮，在程序下拉列表中选择PROGRAM选项，在刀具下拉列表中选择B6（铣刀-球头铣）选项，在几何体下拉列表中选择WORKPIECE选项，在方法下拉列表中选择MILL_SEMI_FINISH选项，使用系统默认的名称。

Step2. 单击“创建工序”对话框中的确定按钮，系统弹出“非陡峭区域轮廓铣”对话框。

Stage2．设置驱动方式

Step1. 在“非陡峭区域轮廓铣”对话框驱动方法区域的方法下拉列表中选择区域铣削选项，单击“编辑”按钮，系统弹出“区域铣削驱动方法”对话框。

Step2. 在“区域铣削驱动方法”对话框中按图 12.10 所示设置参数，然后单击确定按钮，系统返回到“非陡峭区域轮廓铣”对话框。

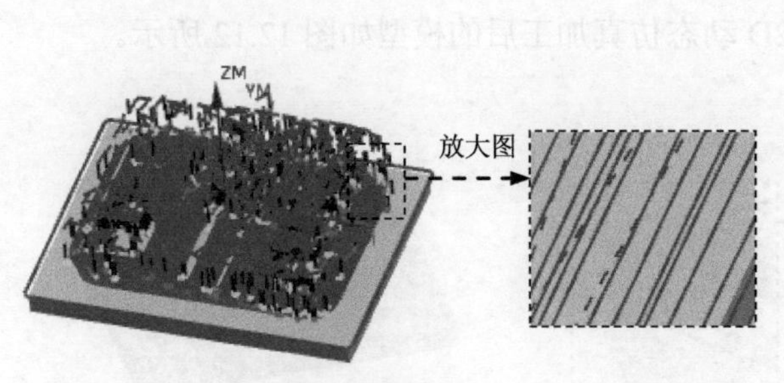

图 12.8　刀路轨迹

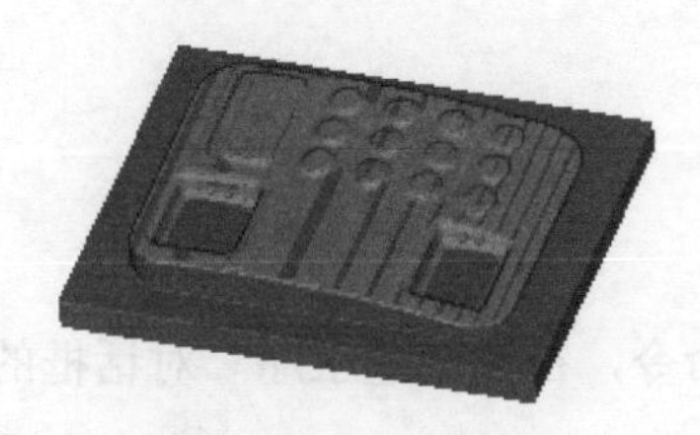

图 12.9　2D 仿真结果

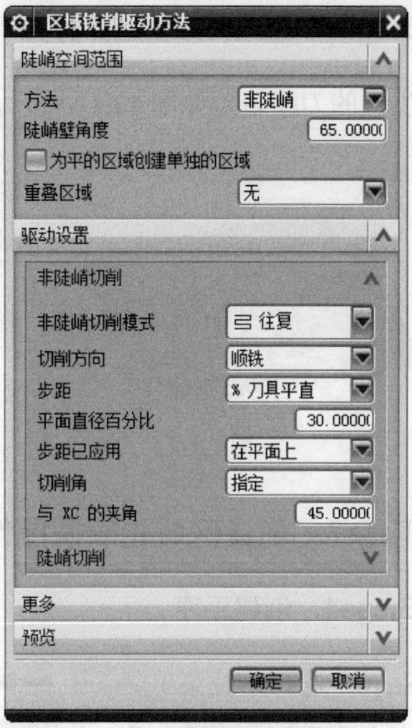

区域铣削驱动方法
陡峭空间范围
方法　非陡峭
陡峭壁角度　65.0000
为平的区域创建单独的区域
重叠区域　无
驱动设置
非陡峭切削
非陡峭切削模式　往复
切削方向　顺铣
步距　% 刀具平直
平面直径百分比　30.0000
步距已应用　在平面上
切削角　指定
与 XC 的夹角　45.0000
陡峭切削
更多
预览
确定　取消

图 12.10　“区域铣削驱动方法”对话框

Stage3．设置切削参数

Step1. 单击“非陡峭区域轮廓铣”对话框中的“切削参数”按钮，系统弹出“切削参数”对话框。

Step2. 在“切削参数”对话框中单击策略选项卡，在延伸路径区域中选中☑在边上延伸复选框，然后在距离文本框中输入值 1，并在其后的下拉列表中选择mm选项。

Step3. 单击“切削参数”对话框中的确定按钮，完成切削参数的设置，系统返回到“非陡峭区域轮廓铣”对话框。

Stage4．设置非切削移动参数

采用系统默认的非切削移动参数。

Stage5．设置进给率和速度

Step1. 在“非陡峭区域轮廓铣”对话框中单击“进给率和速度”按钮，系统弹出“进给率和速度”对话框。

Step2. 选中“进给率和速度”对话框主轴速度区域中的☑主轴速度 (rpm)复选框，在其后的文本框中输入值 1200，按 Enter 键，然后单击按钮，在进给率区域的切削文本框中输入值 300，再按 Enter 键，然后单击按钮，其他参数采用系统默认设置。

Step3. 单击确定按钮，完成进给率和速度的设置，系统返回“非陡峭区域轮廓铣”对话框。

Stage6．生成刀路轨迹并仿真

生成的刀路轨迹如图 12.11 所示，2D 动态仿真加工后的模型如图 12.12 所示。

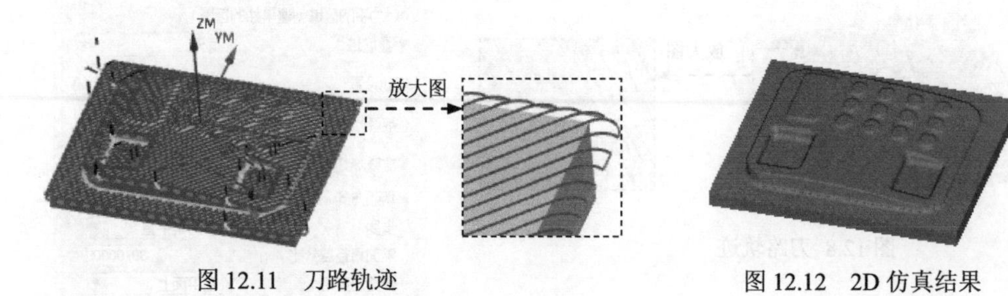

图 12.11　刀路轨迹　　　　图 12.12　2D 仿真结果

Task7．创建区域轮廓铣操作 1

Stage1．创建工序

Step1. 选择下拉菜单 插入(S) → 工序(E)... 命令，在“创建工序”对话框的 类型 下拉列表中选择 mill_contour 选项，在 工序子类型 区域中单击“区域轮廓铣”按钮，在 程序 下拉列表中选择 PROGRAM 选项，在 刀具 下拉列表中选择 B5（铣刀-球头铣）选项，在 几何体 下拉列表中选择 WORKPIECE 选项，在 方法 下拉列表中选择 MILL_FINISH 选项，使用系统默认的名称。

Step2. 单击“创建工序”对话框中的 确定 按钮，系统弹出“区域轮廓铣”对话框。

Stage2．指定切削区域

Step1. 在 几何体 区域中单击“选择或编辑切削区域几何体”按钮，系统弹出“切削区域”对话框。

Step2. 选取图 12.13 所示的面（共 51 个）为切削区域，单击 确定 按钮，完成切削区域的创建，系统返回到“区域轮廓铣”对话框。

Stage3．设置驱动方式

Step1. 在“区域轮廓铣”对话框 驱动方法 区域的 方法 下拉列表中选择 区域铣削 选项，单击“编辑”按钮，系统弹出“区域铣削驱动方法”对话框。

Step2. 在“区域铣削驱动方法”对话框 驱动设置 区域的 切削模式 下拉列表中选择 跟随周边 选项，在 步距 下拉列表中选择 恒定 选项，在 最大距离 文本框中输入值 0.25，在 步距已应用 下拉列表中选择 在部件上 选项，然后单击 确定 按钮，系统返回到“区域轮廓铣”对话框。

Stage4．设置切削参数

Step1. 单击“区域轮廓铣”对话框中的“切削参数”按钮，系统弹出“切削参数”对话框。

Step2. 在“切削参数”对话框中单击策略选项卡，在延伸路径区域选中☑ 在边上延伸复选框，然后在距离文本框中输入值 1，并在其后的下拉列表中选择mm选项。

Step3. 单击“切削参数”对话框中的确定按钮，完成切削参数的设置，系统返回到“区域轮廓铣”对话框。

Stage5. 设置非切削移动参数

采用系统默认的非切削移动参数。

Stage6. 设置进给率和速度

Step1. 在“区域轮廓铣”对话框中单击“进给率和速度”按钮，系统弹出“进给率和速度”对话框。

Step2. 选中“进给率和速度”对话框主轴速度区域中的☑ 主轴速度 (rpm)复选框，在其后的文本框中输入值 2200，按 Enter 键，然后单击按钮，在进给率区域的切削文本框中输入值 600，再按 Enter 键，然后单击按钮，其他参数采用系统默认设置。

Step3. 单击确定按钮，完成进给率和速度的设置，系统返回“区域轮廓铣”对话框。

Stage7. 生成刀路轨迹并仿真

生成的刀路轨迹如图 12.14 所示，2D 动态仿真加工后的模型如图 12.15 所示。

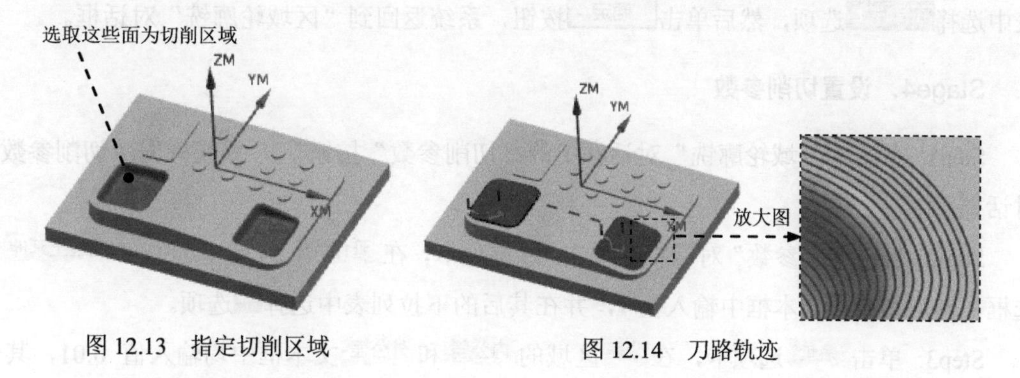

图 12.13 指定切削区域　　图 12.14 刀路轨迹

Task8. 创建区域轮廓铣操作 2

Stage1. 创建工序

Step1. 选择下拉菜单插入(S) → 工序(E)...命令，在“创建工序”对话框的类型下拉列表中选择mill_contour选项，在工序子类型区域中单击“区域轮廓铣”按钮，在程序下拉列表中选择PROGRAM选项，在刀具下拉列表中选择B5 (铣刀-球头铣)选项，在几何体下拉列表中选择WORKPIECE选项，在方法下拉列表中选择MILL_FINISH选项，使用系统默认的名称。

Step2. 单击“创建工序”对话框中的确定按钮，系统弹出“区域轮廓铣”对话框。

Stage2．指定切削区域

Step1. 在几何体区域中单击“选择或编辑切削区域几何体”按钮，系统弹出“切削区域”对话框。

Step2. 选取图 12.16 所示的面(共 13 个)为切削区域，在“切削区域”对话框中单击确定按钮，完成切削区域的创建，系统返回到“区域轮廓铣”对话框。

图 12.15　2D 仿真结果

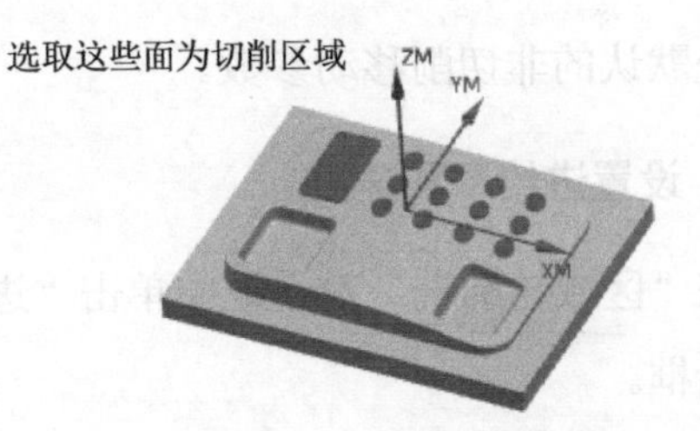

图 12.16　指定切削区域

Stage3．设置驱动方式

Step1. 在“区域轮廓铣”对话框驱动方法区域的方法下拉列表中选择区域铣削选项，单击“编辑”按钮，系统弹出“区域铣削驱动方法”对话框。

Step2. 在“区域铣削驱动方法”对话框驱动设置区域的切削模式下拉列表中选择往复选项，在步距下拉列表中选择恒定选项，在最大距离文本框中输入值 0.25，在步距已应用下拉列表中选择在部件上选项，然后单击确定按钮，系统返回到“区域轮廓铣”对话框。

Stage4．设置切削参数

Step1. 单击“区域轮廓铣”对话框中的“切削参数”按钮，系统弹出“切削参数”对话框。

Step2. 在“切削参数”对话框中单击策略选项卡，在延伸路径区域中选中☑在边上延伸复选框，然后在距离文本框中输入值 1，并在其后的下拉列表中选择mm选项。

Step3. 单击余量选项卡，在公差区域的内公差和外公差文本框中均输入值 0.01，其他参数采用系统默认设置。

Step4. 单击“切削参数”对话框中的确定按钮，完成切削参数的设置，系统返回到“区域轮廓铣”对话框。

Stage5．设置非切削移动参数

采用系统默认的非切削移动参数。

Stage6．设置进给率和速度

Step1. 在“区域轮廓铣”对话框中单击“进给率和速度”按钮，系统弹出“进给率和速度”对话框。

Step2. 选中“进给率和速度”对话框主轴速度区域中的☑ 主轴速度 (rpm)复选框，在其后的文本框中输入值 2500，按 Enter 键，然后单击按钮，在进给率区域的切削文本框中输入值 300，按 Enter 键，然后单击按钮，其他参数采用系统默认设置。

Step3. 单击确定按钮，完成进给率和速度的设置，系统返回“区域轮廓铣”对话框。

Stage7. 生成刀路轨迹并仿真

生成的刀路轨迹如图 12.17 所示，2D 动态仿真加工后的模型如图 12.18 所示。

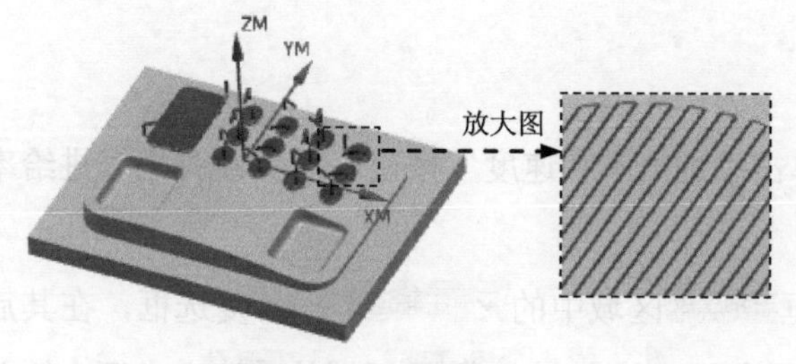

图 12.17　刀路轨迹

图 12.18　2D 仿真结果

Task9. 创建区域轮廓铣操作 3

Stage1. 创建工序

Step1. 选择下拉菜单插入(S) ➡ 工序(E)...命令，在“创建工序”对话框的类型下拉列表中选择mill_contour选项，在工序子类型区域中单击“区域轮廓铣”按钮，在程序下拉列表中选择PROGRAM选项，在刀具下拉列表中选择B5 (铣刀-球头铣)选项，在几何体下拉列表中选择WORKPIECE选项，在方法下拉列表中选择MILL_FINISH选项，使用系统默认的名称。

Step2. 单击“创建工序”对话框中的确定按钮，系统弹出“区域轮廓铣”对话框。

Stage2. 指定切削区域

Step1. 在几何体区域中单击“选择或编辑切削区域几何体”按钮，系统弹出“切削区域”对话框。

Step2. 选取图 12.19 所示的面为切削区域，单击确定按钮，完成切削区域的创建，系统返回到“区域轮廓铣”对话框。

Stage3. 设置驱动方式

Step1. 在“区域轮廓铣”对话框驱动方法区域的方法下拉列表中选择区域铣削选项，单击“编辑”按钮，系统弹出“区域铣削驱动方法”对话框。

Step2. 在“区域铣削驱动方法”对话框驱动设置区域的切削模式下拉列表中选择跟随周边

选项，在步距下拉列表中选择恒定选项，在最大距离文本框中输入值 0.2，在步距已应用下拉列表中选择在部件上选项，然后单击确定按钮，系统返回到“区域轮廓铣”对话框。

Stage4．设置切削参数

说明：本 Stage 的详细操作过程请参见随书学习资源中 video\ch12\reference 文件下的语音视频讲解文件“电话机凸模加工-r01.exe”。

Stage5．设置非切削移动参数

采用系统默认的非切削移动参数。

Stage6．设置进给率和速度

Step1. 在“区域轮廓铣”对话框中单击“进给率和速度”按钮，系统弹出“进给率和速度”对话框。

Step2. 选中“进给率和速度”对话框主轴速度区域中的☑ 主轴速度 (rpm)复选框，在其后文本框中输入值 1600，按 Enter 键，然后单击按钮，在进给率区域的切削文本框中输入值 300，再按 Enter 键，然后单击按钮，其他参数采用系统默认设置。

Step3. 单击确定按钮，完成进给率和速度的设置，系统返回“区域轮廓铣”对话框。

Stage7．生成刀路轨迹并仿真

生成的刀路轨迹如图 12.20 所示，2D 动态仿真加工后的模型如图 12.21 所示。

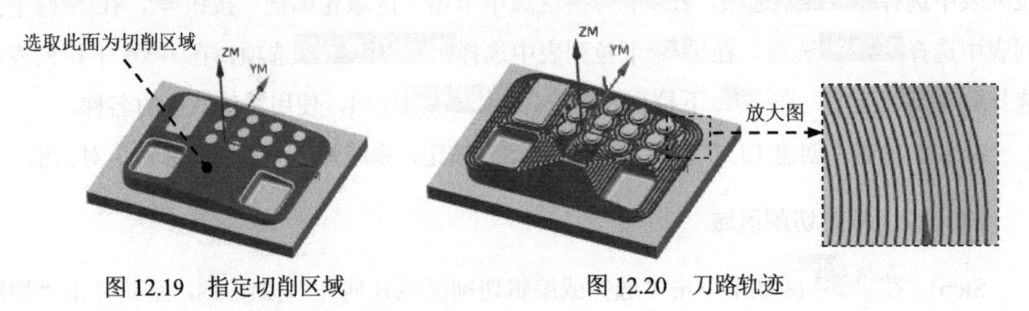

图 12.19　指定切削区域　　　　图 12.20　刀路轨迹

Task10．创建底壁铣操作

Stage1．创建工序

Step1. 选择下拉菜单插入(S) → 工序(E)...命令，系统弹出“创建工序”对话框。

Step2. 在“创建工序”对话框的类型下拉列表中选择mill_planar选项，在工序子类型区域中单击“底壁铣”按钮，在程序下拉列表中选择PROGRAM选项，在刀具下拉列表中选择D10 (铣刀-5 参数)选项，在几何体下拉列表中选择WORKPIECE选项，在方法下拉列表中选择MILL FINISH选项，使用系统默认的名称。

Step3. 单击“创建工序”对话框中的确定按钮，系统弹出“底壁铣”对话框。

Stage2. 指定切削区域

Step1. 单击“底壁铣”对话框中的“选择或编辑切削区域几何体”按钮，系统弹出“切削区域”对话框。

Step2. 在图形区选取图 12.22 所示的切削区域，单击“切削区域”对话框中的确定按钮，系统返回到“底壁铣”对话框。

图 12.21 2D 仿真结果

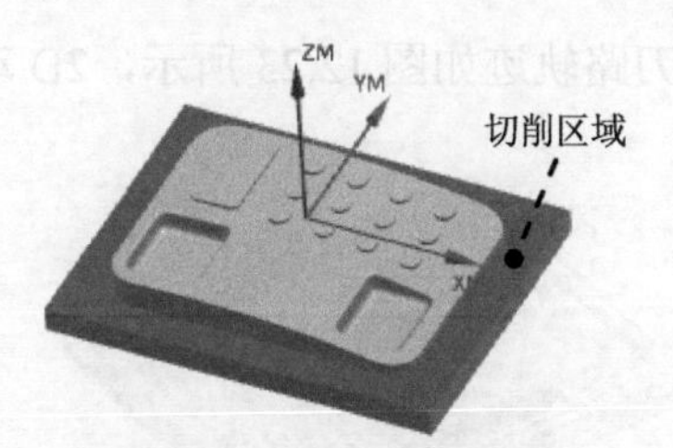

图 12.22 指定切削区域

Stage3. 设置一般参数

在“底壁铣”对话框的几何体区域中选中☑自动壁复选框，在刀轨设置区域的切削模式下拉列表中选择跟随周边选项，在步距下拉列表中选择% 刀具平直选项，在平面直径百分比文本框中输入值 75，在底面毛坯厚度文本框中输入值 1，在每刀切削深度文本框中输入值 0。

Stage4. 设置切削参数

Step1. 单击“底壁铣”对话框中的“切削参数”按钮，系统弹出“切削参数”对话框。

Step2. 单击“切削参数”对话框中的策略选项卡，在切削区域的刀路方向下拉列表中选择向内选项，在壁区域中选中☑岛清根复选框。单击拐角选项卡，在凸角下拉列表中选择绕对象滚动选项；单击连接选项卡，在跨空区域区域的运动类型下拉列表中选择跟随选项；单击空间范围选项卡，在合并距离文本框中输入值 200，在切削区域空间范围下拉列表中选择壁选项，在刀具延展量文本框中输入值 100，其他参数采用系统默认设置。

Step3. 单击“切削参数”对话框中的确定按钮，完成切削参数的设置，系统返回到“底壁铣”对话框。

Stage5. 设置非切削移动参数

采用系统默认的非切削移动参数值。

Stage6. 设置进给率和速度

Step1. 单击“底壁铣”对话框中的“进给率和速度”按钮，系统弹出“进给率和速度”对话框。

Step2. 选中“进给率和速度”对话框主轴速度区域中的☑ 主轴速度 (rpm)复选框，在其后的文本框中输入值 1200，按 Enter 键，然后单击按钮，在进给率区域的切削文本框中输入值 250，再按 Enter 键，然后单击按钮，单击确定按钮，系统返回“底壁铣”对话框。

Stage7．生成刀路轨迹并仿真

生成的刀路轨迹如图 12.23 所示，2D 动态仿真加工后的模型如图 12.24 所示。

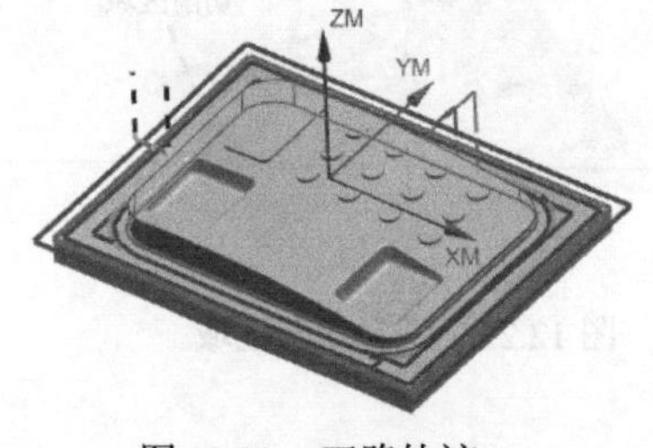

图 12.23　刀路轨迹

图 12.24　2D 仿真结果

Task11．创建深度轮廓铣操作

Stage1．创建工序

Step1. 选择下拉菜单插入(S) ➡ 工序(E)...命令，在“创建工序”对话框的类型下拉列表中选择mill_contour选项，在工序子类型区域中单击“深度轮廓铣”按钮，在程序下拉列表中选择PROGRAM选项，在刀具下拉列表中选择D10 (铣刀-5 参数)选项，在几何体下拉列表中选择WORKPIECE选项，在方法下拉列表中选择MILL FINISH选项，使用系统默认的名称。

Step2. 单击“创建工序”对话框中的确定按钮，系统弹出“深度轮廓铣”对话框。

Stage2．指定切削区域

Step1. 在“深度轮廓铣”对话框的几何体区域中单击指定切削区域右侧的按钮，系统弹出“切削区域”对话框。

Step2. 在图形区选取图 12.25 所示的面（共 8 个）为切削区域，然后单击“切削区域”对话框中的确定按钮，系统返回到“深度轮廓铣”对话框。

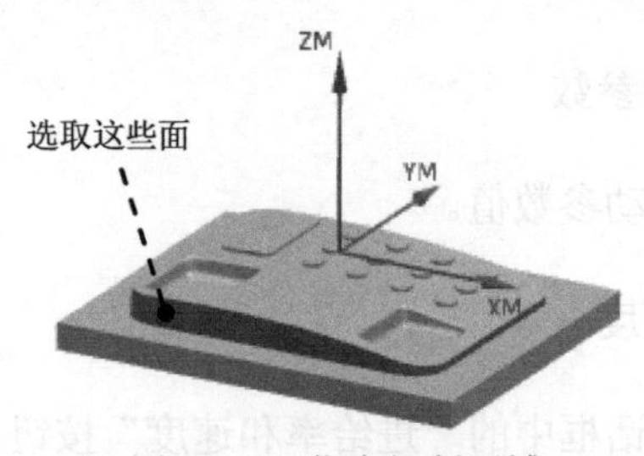

图 12.25　指定切削区域

Stage3．设置一般参数

在“深度轮廓铣”对话框的合并距离文本框中输入值 3，在最小切削长度文本框中输入值 1，在公共每刀切削深度下拉列表中选择恒定选项，在最大距离文本框中输入值 0.25。

Stage4．设置切削参数

Step1．单击“深度轮廓铣”对话框中的“切削参数”按钮，系统弹出“切削参数”对话框。

Step2．在“切削参数”对话框中单击策略选项卡，在切削区域的切削顺序下拉列表中选择层优先选项，然后选中☑在刀具接触点下继续切削复选框。

Step3．单击余量选项卡，在公差区域的内公差和外公差文本框中均输入值 0.01，其他参数采用系统默认设置。

Step4．在“切削参数”对话框中单击连接选项卡，在层之间区域的层到层下拉列表中选择直接对部件进刀选项。

Step5．单击确定按钮，完成切削参数的设置，系统返回到“深度轮廓铣”对话框。

Stage5．设置非切削移动参数

参数采用系统默认设置。

Stage6．设置进给率和速度

Step1．在“深度轮廓铣”对话框中单击“进给率和速度”按钮，系统弹出“进给率和速度”对话框。

Step2．选中“进给率和速度”对话框主轴速度区域中的☑主轴速度（rpm）复选框，在其后的文本框中输入值 1200，按 Enter 键，然后单击按钮，在进给率区域的切削文本框中输入值 250，再按 Enter 键，然后单击按钮，其他参数采用系统默认设置。

Step3．单击确定按钮，完成进给率和速度的设置，系统返回到“深度轮廓铣”对话框。

Stage7．生成刀路轨迹并仿真

生成的刀路轨迹如图 12.26 所示，2D 动态仿真加工后的模型如图 12.27 所示。

Task12．创建清根铣操作

Stage1．创建工序

Step1．选择下拉菜单插入(S) ➡ 工序(E)... 命令，系统弹出“创建工序”对话框。

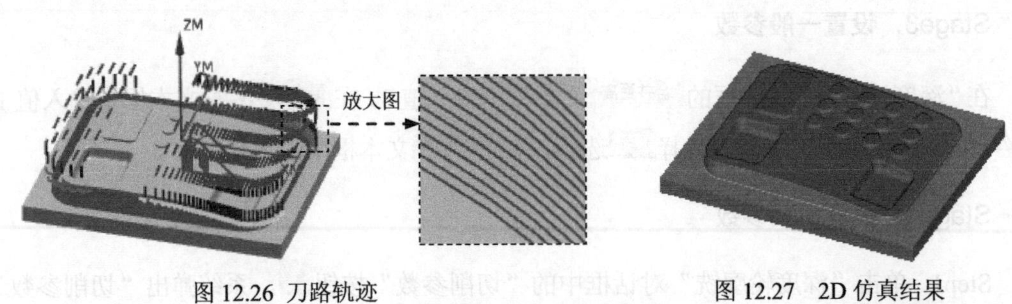

图 12.26　刀路轨迹　　　　图 12.27　2D 仿真结果

Step2. 确定加工方法。在“创建工序”对话框的类型下拉列表中选择mill_contour选项，在工序子类型区域中单击“清根参考刀具”按钮，在程序下拉列表中选择PROGRAM选项，在刀具下拉列表中选择D1（铣刀-5 参数）选项，在几何体下拉列表中选择WORKPIECE选项，在方法下拉列表中选择MILL_FINISH选项，单击确定按钮，系统弹出“清根参考刀具”对话框。

Stage2．指定切削区域

在“清根参考刀具”对话框中单击按钮，系统弹出“切削区域”对话框，采用系统默认设置，选取图 12.28 所示的切削区域（共 46 个面），单击确定按钮，系统返回到“清根参考刀具”对话框。

Stage3．设置驱动设置

Step1. 单击“清根参考刀具”对话框驱动方法区域中的“编辑”按钮，然后在系统弹出的“清根驱动方法”对话框中非陡峭切削界面上按图 12.29 所示设置参数。

Step2. 单击参考刀具区域中的按钮，在系统弹出的“新参考刀具”对话框中选择，然后单击确定按钮，在(D) 直径文本框中输入值 4，在(R1) 下半径文本框中输入值 1.5，再次单击确定按钮。

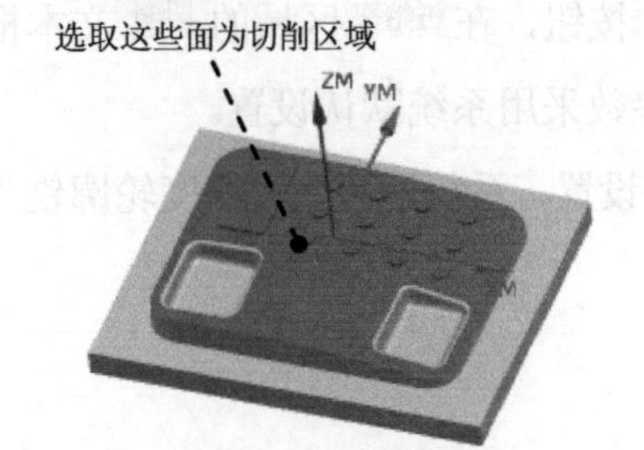

图 12.28　选取切削区域

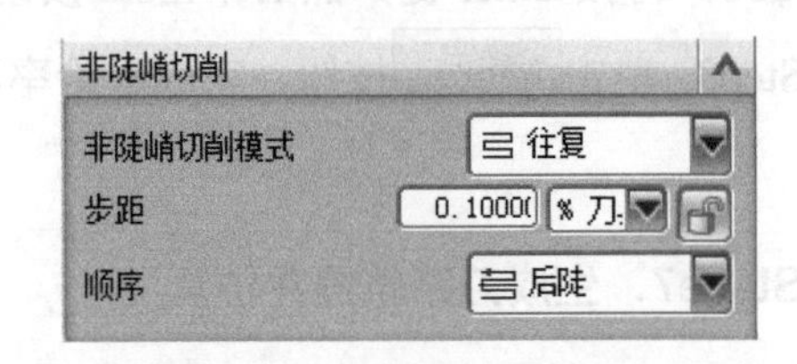

图 12.29　非陡峭切削界面

Step3. 单击确定按钮，系统返回到“清根参考刀具”对话框。

Stage4．设置切削参数

Step1. 单击“清根参考刀具”对话框中的“切削参数”按钮，系统弹出“切削参数”对话框。

Step2. 在“切削参数”对话框中单击余量选项卡，在公差区域的内公差和外公差文本框中均输入值 0.01，其他参数采用系统默认设置。

Step3. 单击“切削参数”对话框中的确定按钮，完成切削参数的设置，系统返回到“清根参考刀具”对话框。

Stage5. 设置进给率和速度

Step1. 单击“清根参考刀具”对话框中的“进给率和速度”按钮，系统弹出“进给率和速度”对话框。

Step2. 在“进给率和速度”对话框中选中☑ 主轴速度 (rpm)复选框，然后在其文本框中输入值 8000，按 Enter 键，然后单击按钮，在切削文本框中输入值 600，再按 Enter 键，然后单击按钮，其他参数均采用系统默认设置。

Step3. 单击“进给率和速度”对话框中的确定按钮，完成进给率和速度的设置，系统返回到“清根参考刀具”对话框。

Stage6. 生成刀路轨迹并仿真

生成的刀路轨迹如图 12.30 所示，2D 动态仿真加工后的模型如图 12.31 所示。

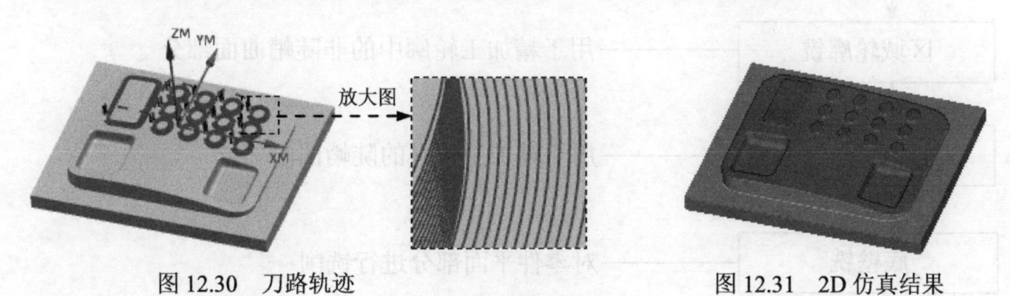

图 12.30　刀路轨迹　　　图 12.31　2D 仿真结果

Task13. 保存文件

选择下拉菜单文件(F) → 保存(S)命令，保存文件。

学习拓展：扫码学习更多视频讲解。

讲解内容：零件设计实例精选，包含六十多个各行各业零件设计的全过程讲解。讲解中，首先分析了设计的思路以及建模要点，然后对设计操作步骤做了详细的演示，最后对设计方法和技巧做了总结。尤其是实例中孔结构不同设计方法的讲解，这对于理解孔加工工艺方面知识会更加深入。

实例 13 微波炉旋钮凸模加工

下面以微波炉旋钮凸模加工为例介绍模具的一般加工操作。粗加工是大量地去除毛坯材料的加工方式；半精加工是留有一定余量的加工，同时为精加工做好准备；精加工是把毛坯件加工成目标件的最后步骤，也是关键的一步，其加工结果直接影响模具的加工质量和加工精度，所以在本例中我们对精加工的要求很高。该微波炉旋钮凸模的加工工艺路线如图 13.1 和图 13.2 所示。

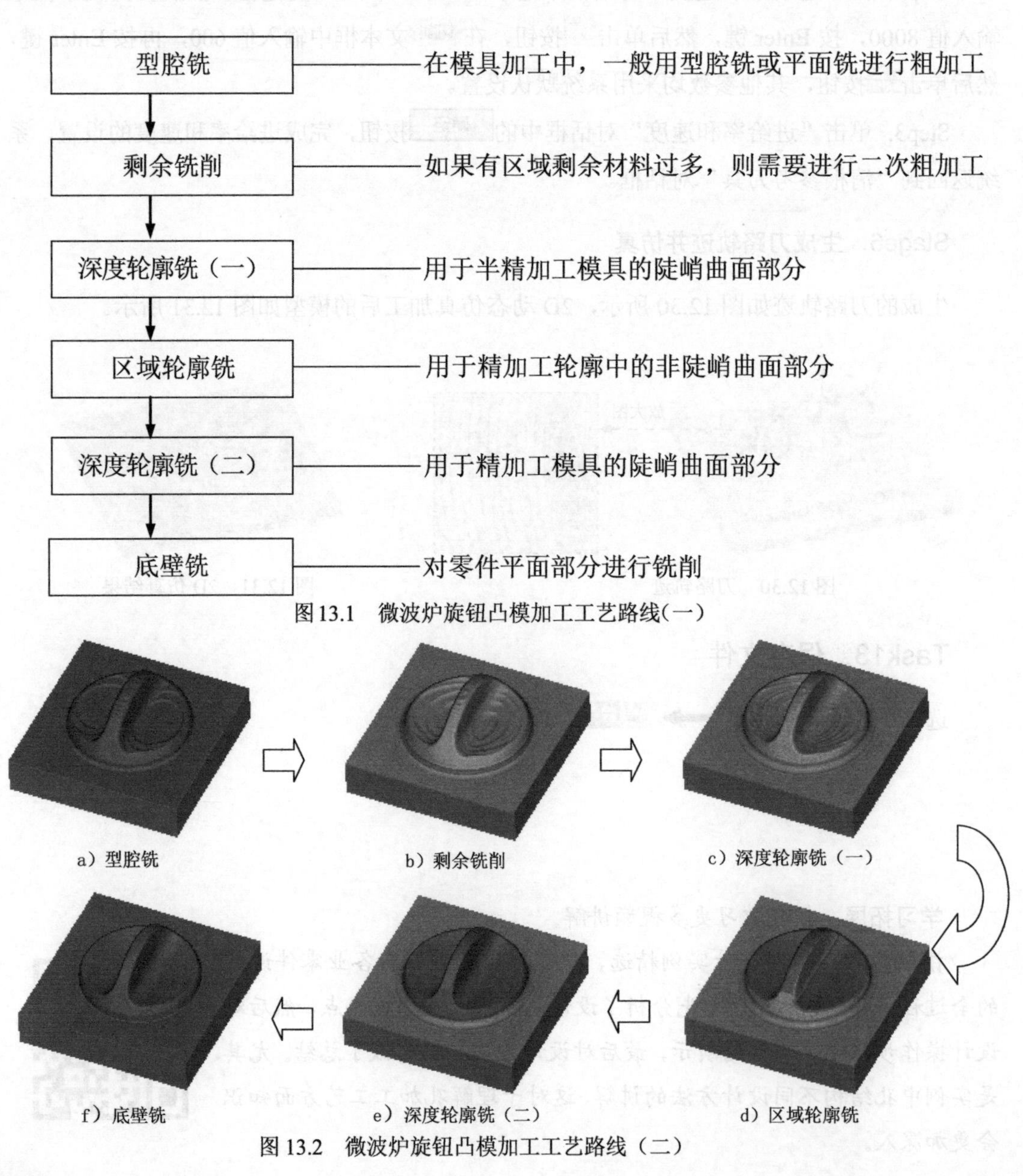

图 13.1 微波炉旋钮凸模加工工艺路线(一)

图 13.2 微波炉旋钮凸模加工工艺路线（二）

Task1．打开模型文件并进入加工环境

Step1．打开模型文件 D:\ug12.11\work\ch13\micro-oven_switch_lower.prt。

Step2．进入加工环境。在应用模块功能选项卡的加工区域单击按钮，系统弹出“加工环境”对话框；在“加工环境”对话框的CAM 会话配置列表框中选择cam_general选项，在要创建的 CAM 组装列表框中选择mill contour选项，单击确定按钮，进入加工环境。

Task2．创建几何体

Stage1．创建机床坐标系

Step1．将工序导航器调整到几何视图，双击MCS_MILL节点，系统弹出“MCS 铣削”对话框，在“MCS 铣削”对话框的机床坐标系区域中单击“坐标系对话框”按钮，系统弹出“坐标系”对话框。

Step2．单击“坐标系”对话框操控器区域中的“点对话框”按钮，系统弹出“点”对话框；在“点”对话框的X文本框中输入值 0，在Y文本框中输入值 0，在Z文本框中输入值 30；单击确定按钮，系统返回至“坐标系”对话框，在该对话框中单击确定按钮，完成图 13.3 所示机床坐标系的创建。

Stage2．创建安全平面

Step1．在“MCS 铣削”对话框安全设置区域的安全设置选项下拉列表中选择自动平面选项，然后在安全距离文本框中输入值 20。

Step2．单击“MCS 铣削”对话框中的确定按钮，完成安全平面的创建。

Stage3．创建部件几何体

Step1．在工序导航器中双击MCS_MILL节点下的WORKPIECE，系统弹出“工件”对话框。

Step2．选取部件几何体。在“工件”对话框中单击按钮，系统弹出“部件几何体”对话框。

Step3．在图形区中选择整个零件为部件几何体，如图 13.4 所示。在“部件几何体”对话框中单击确定按钮，完成部件几何体的创建，同时系统返回到“工件”对话框。

Stage4．创建毛坯几何体

Step1．在“工件”对话框中单击按钮，系统弹出“毛坯几何体”对话框。

Step2．在“毛坯几何体”对话框的类型下拉列表中选择包容块选项，在限制区域的ZM+文本框中输入值 5。

Step3．单击“毛坯几何体”对话框中的确定按钮，系统返回到“工件”对话框，完

成图 13.5 所示毛坯几何体的创建。

Step4. 单击“工件”对话框中的 确定 按钮。

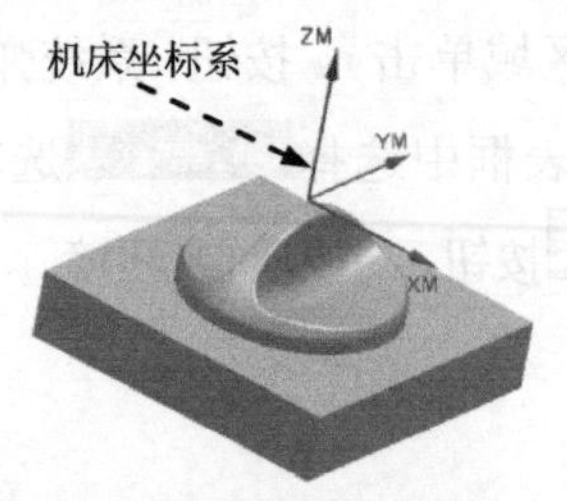

图 13.3 创建机床坐标系

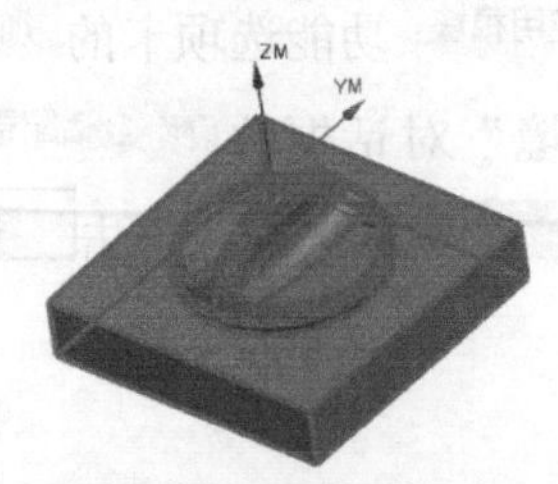

图 13.4 部件几何体

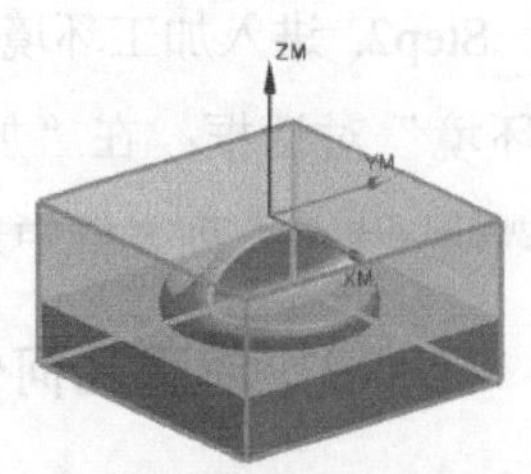

图 13.5 毛坯几何体

Task3. 创建刀具

Stage1. 创建刀具 1

Step1. 将工序导航器调整到机床视图。

Step2. 选择下拉菜单 插入(S) → 刀具(T)... 命令，系统弹出“创建刀具”对话框。

Step3. 在“创建刀具”对话框的 类型 下拉列表中选择 mill contour 选项，在 刀具子类型 区域中单击 MILL 按钮，在 位置 区域的 刀具 下拉列表中选择 GENERIC_MACHINE 选项，在 名称 文本框中输入 T1D20R2，然后单击 确定 按钮，系统弹出“铣刀-5 参数”对话框。

Step4. 在“铣刀-5 参数”对话框的 (D) 直径 文本框中输入值 20，在 (R1) 下半径 文本框中输入值 2，在 编号 区域的 刀具号、补偿寄存器 和 刀具补偿寄存器 文本框中均输入值 1，其他参数采用系统默认设置；单击 确定 按钮，完成刀具 1 的创建。

Stage2. 创建刀具 2

设置刀具类型为 mill contour，刀具子类型 为 BALL_MILL 类型（单击按钮），刀具名称为 T2B12，刀具 (D) 球直径 值为 12，在 编号 区域的 刀具号、补偿寄存器 和 刀具补偿寄存器 文本框中均输入值 2，具体操作方法参照 Stage1。

Stage3. 创建刀具 3

设置刀具类型为 mill contour，刀具子类型 为 BALL_MILL 类型（单击按钮），刀具名称为 T3B6，刀具 (D) 球直径 值为 6，在 编号 区域的 刀具号、补偿寄存器 和 刀具补偿寄存器 文本框中均输入值 3，具体操作方法参照 Stage1。

Stage4. 创建刀具 4

设置刀具类型为 mill contour，刀具子类型 为 MILL 类型（单击按钮），刀具名称为 T4D12，刀具 (D) 直径 值为 12，在 编号 区域的 刀具号、补偿寄存器 和 刀具补偿寄存器 文本框中均输入值 4，具体操作方法参照 Stage1。

Task4．创建型腔铣工序

Stage1．创建工序

Step1. 将工序导航器调整到程序顺序视图。

Step2. 选择下拉菜单 插入(S) → 工序(E)... 命令，在“创建工序”对话框的 类型 下拉列表中选择 mill_contour 选项，在 工序子类型 区域中单击“型腔铣”按钮，在 程序 下拉列表中选择 PROGRAM 选项，在 刀具 下拉列表中选择前面设置的刀具 T1D20R2（铣刀-5 参数）选项，在 几何体 下拉列表中选择 WORKPIECE 选项，在 方法 下拉列表中选择 MILL ROUGH 选项，使用系统默认的名称。

Step3. 单击“创建工序”对话框中的 确定 按钮，系统弹出“型腔铣”对话框。

Stage2．设置一般参数

在“型腔铣”对话框的 切削模式 下拉列表中选择 跟随部件 选项；在 步距 下拉列表中选择 % 刀具平直 选项，在 平面直径百分比 文本框中输入值 50；在 公共每刀切削深度 下拉列表中选择 恒定 选项，在 最大距离 文本框中输入值 1。

Stage3．设置切削参数

Step1. 在 刀轨设置 区域中单击“切削参数”按钮，系统弹出“切削参数”对话框。

Step2. 在“切削参数”对话框中单击 连接 选项卡，在 开放刀路 下拉列表中选择 变换切削方向 选项，其他参数采用系统默认设置。

Step3. 单击“切削参数”对话框中的 确定 按钮，系统返回到“型腔铣”对话框。

Stage4．设置非切削移动参数

Step1. 在“型腔铣”对话框中单击“非切削移动”按钮，系统弹出“非切削移动”对话框。

Step2. 单击“非切削移动”对话框中的 进刀 选项卡，按图 13.6 所示设置参数。

Step3. 单击“非切削移动”对话框中的 确定 按钮，完成非切削移动参数的设置，系统返回到“型腔铣”对话框。

Stage5．设置进给率和速度

Step1. 在“型腔铣”对话框中单击“进给率和速度”按钮，系统弹出“进给率和速度”对话框。

Step2. 选中“进给率和速度”对话框 主轴速度 区域中的 ☑ 主轴速度 (rpm) 复选框，在其后的文本框中输入值 600，按 Enter 键，然后单击 按钮；在 进给率 区域的 切削 文本框中输入

值 250，再按 Enter 键，然后单击按钮，其他参数采用系统默认设置。

Step3. 单击 确定 按钮，完成进给率和速度的设置，系统返回到“型腔铣”对话框。

Stage6. 生成刀路轨迹并仿真

生成的刀路轨迹如图 13.7 所示，2D 动态仿真加工后的模型如图 13.8 所示。

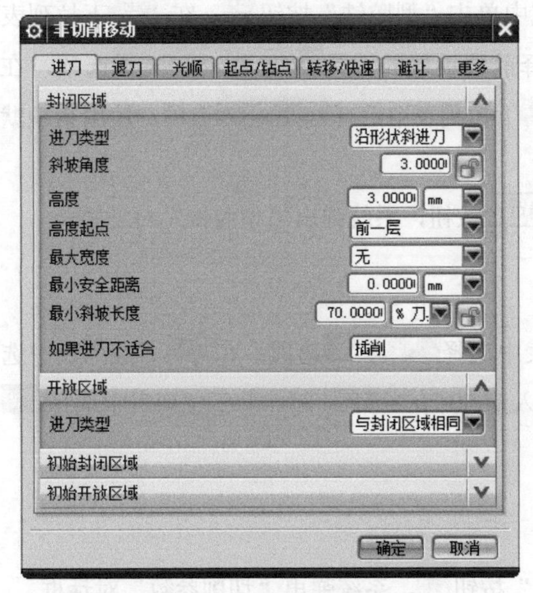

图 13.6 “进刀”选项卡

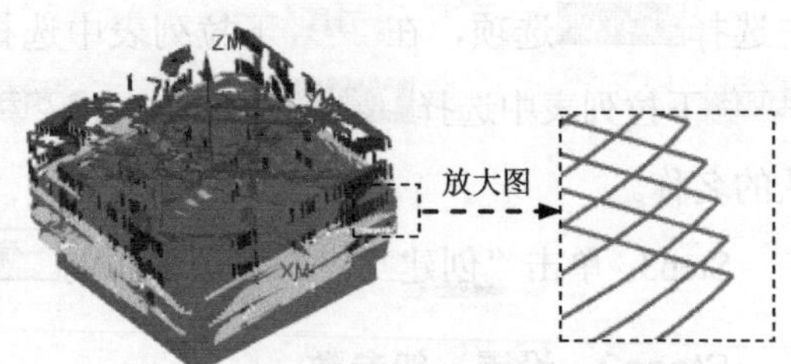

图 13.7 刀路轨迹

图 13.8 2D 仿真结果

Task5. 创建剩余铣工序

说明：本步骤是继承 Task4 操作的 IPW 对毛坯进行二次开粗。创建工序时应选用直径较小的端铣刀，并设置较小的每刀切削深度值，以保证更多区域能被加工到。

Stage1. 创建工序

Step1. 选择下拉菜单 插入(S) → 工序(E)... 命令，在“创建工序”对话框的 类型 下拉列表中选择 mill_contour 选项，在 工序子类型 区域中单击“剩余铣”按钮，在 程序 下拉列表中选择 PROGRAM 选项，在 刀具 下拉列表中选择 T2B12（铣刀-球头铣）选项，在 几何体 下拉列表中选择 WORKPIECE 选项，在 方法 下拉列表中选择 MILL_SEMI_FINISH 选项，使用系统默认的名称 REST_MILLING。

Step2. 单击“创建工序”对话框中的 确定 按钮，系统弹出“剩余铣”对话框。

Stage2. 设置一般参数

在“剩余铣”对话框的 切削模式 下拉列表中选择 跟随部件 选项，在 步距 下拉列表中选择 % 刀具平直 选项，在 平面直径百分比 文本框中输入值 20；在 公共每刀切削深度 下拉列表中选择 恒定选项，在最大距离文本框中输入值1。

Stage3. 设置切削参数

说明：本 Stage 的详细操作过程请参见随书学习资源中 video\ch13\reference 文件下的语音视频讲解文件“微波炉旋钮凸模加工-r01.exe”。

Stage4. 设置非切削移动参数

采用系统默认的非切削移动参数设置。

Stage5. 设置进给率和速度

Step1. 在“剩余铣”对话框中单击“进给率和速度”按钮，系统弹出“进给率和速度”对话框。

Step2. 选中“进给率和速度”对话框主轴速度区域中的☑ 主轴速度（rpm）复选框，在其后的文本框中输入值 1000，按 Enter 键，然后单击按钮；在进给率区域的切削文本框中输入值 300，按 Enter 键，然后单击按钮，其他参数采用系统默认设置。

Step3. 单击确定按钮，完成进给率和速度的设置，系统返回“剩余铣”对话框。

Stage6. 生成刀路轨迹并仿真

生成的刀路轨迹如图 13.9 所示，2D 动态仿真加工后的模型如图 13.10 所示。

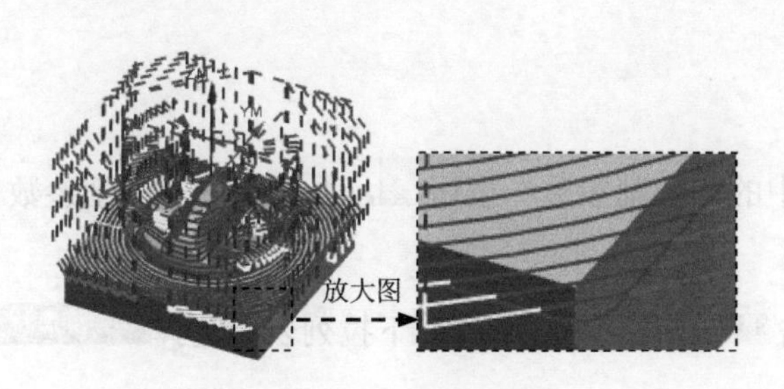

图 13.9 刀路轨迹

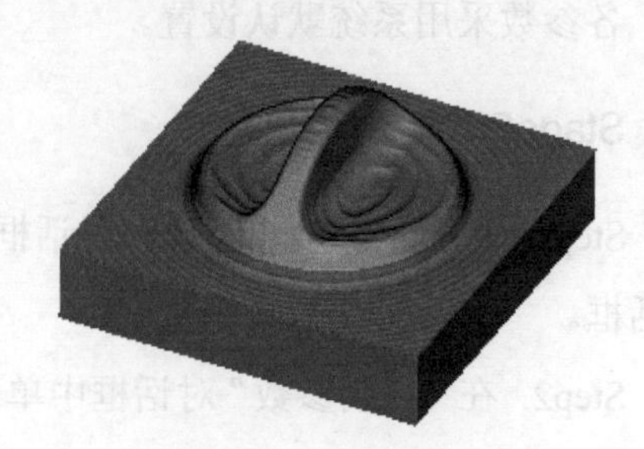

图 13.10 2D 仿真结果

Task6. 创建深度轮廓铣 1

Stage1. 创建工序

Step1. 选择下拉菜单插入(S) → 工序(E)... 命令，在“创建工序”对话框的类型下拉列表中选择mill_contour选项，在工序子类型区域中单击“深度轮廓铣”按钮，在程序下拉列表中选择PROGRAM选项，在刀具下拉列表中选择T3B6（铣刀-球头铣）选项，在几何体下拉列表中选择WORKPIECE选项，在方法下拉列表中选择MILL_SEMI_FINISH选项，使用系统默认的名称。

Step2. 单击“创建工序”对话框中的 确定 按钮，系统弹出“深度轮廓铣”对话框。

Stage2. 指定切削区域

Step1. 在“深度轮廓铣”对话框的 几何体 区域中单击 指定切削区域 右侧的按钮，系统弹出“切削区域”对话框。

Step2. 在图形区中选取图 13.11 所示的面（共 28 个）为切削区域，然后单击“切削区域”对话框中的 确定 按钮，系统返回到“深度轮廓铣”对话框。

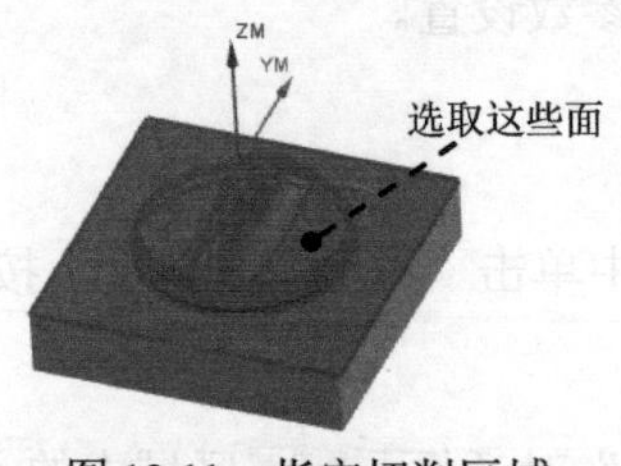

图 13.11　指定切削区域

Stage3. 设置一般参数

在“深度轮廓铣”对话框的 合并距离 文本框中输入值 3，在 最小切削长度 文本框中输入值 1，在 公共每刀切削深度 下拉列表中选择 恒定 选项，在 最大距离 文本框中输入值 0.5。

Stage4. 设置切削层

各参数采用系统默认设置。

Stage5. 设置切削参数

Step1. 单击“深度轮廓铣”对话框中的“切削参数”按钮，系统弹出“切削参数”对话框。

Step2. 在“切削参数”对话框中单击 策略 选项卡，在 切削顺序 下拉列表中选择 始终深度优先 选项。

Step3. 单击 连接 选项卡，在 层到层 下拉列表中选择 直接对部件进刀 选项。

Step4. 单击“切削参数”对话框中的 确定 按钮，完成切削参数的设置，系统返回到“深度轮廓铣”对话框。

Stage6. 设置非切削移动参数

采用系统默认的非切削移动参数设置。

Stage7. 设置进给率和速度

Step1. 在“深度轮廓铣”对话框中单击“进给率和速度”按钮，系统弹出“进给率和速度”对话框。

Step2. 选中“进给率和速度”对话框主轴速度区域中的☑ 主轴速度（rpm）复选框，在其后的文本框中输入值 1600，按 Enter 键，然后单击按钮；在进给率区域的切削文本框中输入值 250，再按 Enter 键，然后单击按钮，其他参数采用系统默认设置。

Step3. 单击确定按钮，完成进给率和速度的设置，系统返回到“深度轮廓铣”对话框。

Stage8．生成刀路轨迹并仿真

生成的刀路轨迹如图 13.12 所示，2D 动态仿真加工后的模型如图 13.13 所示。

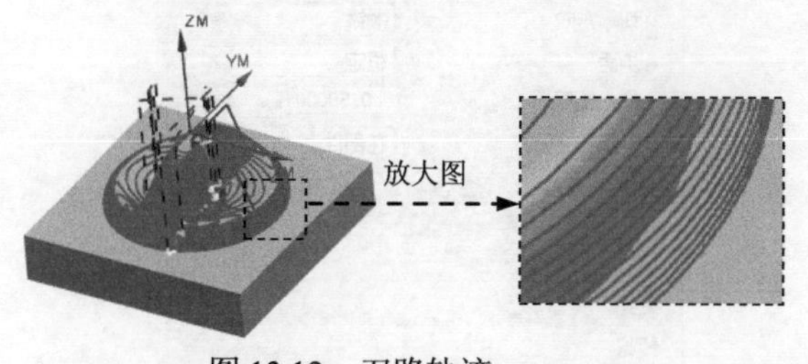

图 13.12　刀路轨迹

图 13.13　2D 仿真结果

Task7．创建区域轮廓铣

Stage1．创建工序

Step1. 选择下拉菜单插入(S) → 工序(E)... 命令，在“创建工序”对话框的类型下拉列表中选择mill_contour选项，在工序子类型区域中单击“区域轮廓铣”按钮，在程序下拉列表中选择PROGRAM选项，在刀具下拉列表中选择T3B6（铣刀-球头铣）选项，在几何体下拉列表中选择WORKPIECE选项，在方法下拉列表中选择MILL_FINISH选项，使用系统默认的名称 CONTOUR_AREA。

Step2. 单击“创建工序”对话框中的确定按钮，系统弹出“区域轮廓铣”对话框。

Stage2．指定切削区域

Step1. 在“区域轮廓铣”对话框的几何体区域中单击指定切削区域右侧的按钮，系统弹出“切削区域”对话框。

Step2. 在图形区中选取图 13.14 所示的面（共 27 个）为切削区域，然后单击“切削区域”对话框中的确定按钮，系统返回到“区域轮廓铣”对话框。

Stage3．设置驱动方式

Step1. 在“区域轮廓铣”对话框驱动方法区域的下拉列表中选择区域铣削选项，单击驱动方法区域中的“编辑”按钮，系统弹出“区域铣削驱动方法”对话框。

Step2. 在“区域铣削驱动方法”对话框中设置图 13.15 所示的参数，然后单击 确定 按钮，系统返回到“区域轮廓铣”对话框。

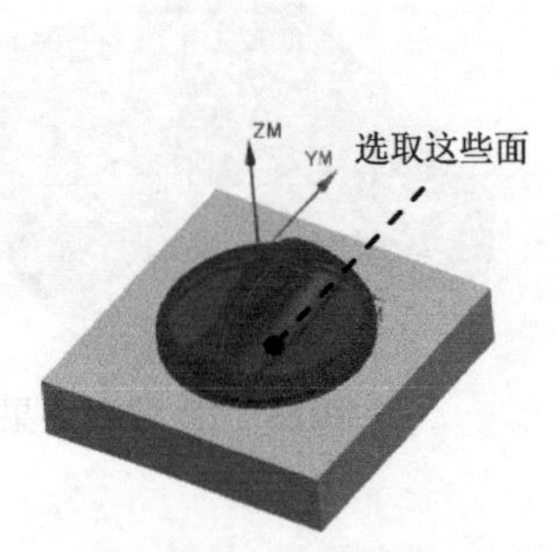

图 13.14 指定切削区域

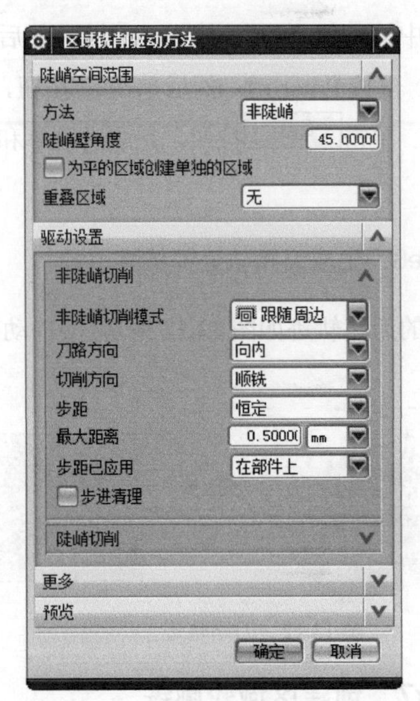

图 13.15 “区域铣削驱动方法”对话框

Stage4. 设置刀轴

刀轴选择系统默认的 +ZM 轴 选项。

Stage5. 设置切削参数和非切削移动参数

采用系统默认的切削参数和非切削移动参数。

Stage6. 设置进给率和速度

Step1. 在“区域轮廓铣”对话框中单击“进给率和速度”按钮，系统弹出“进给率和速度”对话框。

Step2. 选中“进给率和速度”对话框 主轴速度 区域中的 ☑ 主轴速度 (rpm) 复选框，在其后的文本框中输入值 2000，按 Enter 键，然后单击按钮；在 进给率 区域的 切削 文本框中输入值 250，再按 Enter 键，然后单击按钮，其他参数采用系统默认设置。

Step3. 单击 确定 按钮，完成进给率和速度的设置，系统返回到“区域轮廓铣”对话框。

Stage7. 生成刀路轨迹并仿真

生成的刀路轨迹如图 13.16 所示，2D 动态仿真加工后的模型如图 13.17 所示。

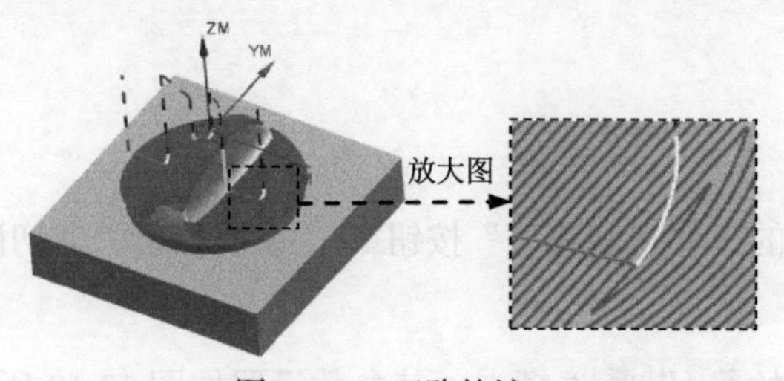

图 13.16 刀路轨迹

图 13.17 2D 仿真结果

Task8. 创建深度轮廓铣 2

Stage1. 创建工序

Step1. 选择下拉菜单 插入(S) → 工序(E)... 命令，在“创建工序”对话框的 类型 下拉列表中选择 mill_contour 选项，在 工序子类型 区域中单击“深度轮廓铣”按钮，在 程序 下拉列表中选择 PROGRAM 选项，在 刀具 下拉列表中选择 T3B6（铣刀-球头铣）选项，在 几何体 下拉列表中选择 WORKPIECE 选项，在 方法 下拉列表中选择 MILL_FINISH 选项，采用系统默认的名称。

Step2. 单击“创建工序”对话框中的 确定 按钮，系统弹出“深度轮廓铣”对话框。

Stage2. 指定切削区域

Step1. 在“深度轮廓铣”对话框的 几何体 区域中单击 指定切削区域 右侧的按钮，系统弹出“切削区域”对话框。

Step2. 在图形区选取图 13.18 所示的面（共 25 个）为切削区域，然后单击“切削区域”对话框中的 确定 按钮，系统返回到“深度轮廓铣”对话框。

Stage3. 设置一般参数

在“深度轮廓铣”对话框的 陡峭空间范围 下拉列表中选择 仅陡峭的 选项，在“角度”文本框中输入值 44，在 公共每刀切削深度 下拉列表中选择 恒定 选项，在 最大距离 文本框中输入值 0.25。

Stage4. 设置切削层

参数采用系统默认设置。

Stage5. 设置切削参数

Step1. 单击“深度轮廓铣”对话框中的“切削参数”按钮，系统弹出“切削参数”对话框。

Step2. 在“切削参数”对话框中单击 策略 选项卡，在 延伸路径 区域中选中 ☑ 在边上延伸 复选框。

Step3. 单击“切削参数”对话框中的 确定 按钮，完成切削参数的设置，系统返回到

“深度轮廓铣”对话框。

Stage6．设置非切削移动参数

Step1. 单击“深度轮廓铣”对话框中的“非切削移动”按钮，系统弹出“非切削移动”对话框。

Step2. 单击“非切削移动”对话框中的转移/快速选项卡，其参数设置如图 13.19 所示，单击确定按钮，完成非切削移动参数的设置。

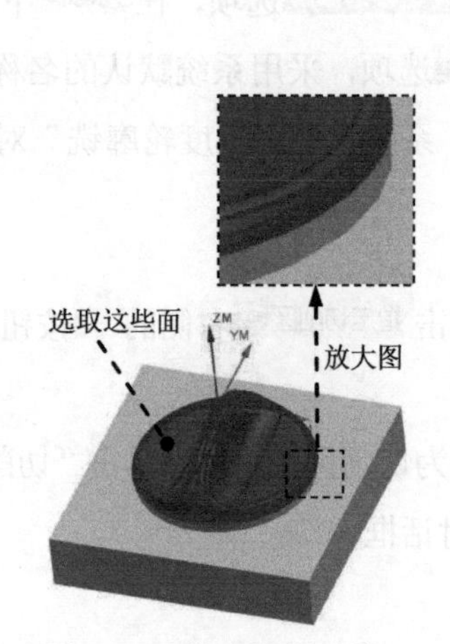

图 13.18　指定切削区域

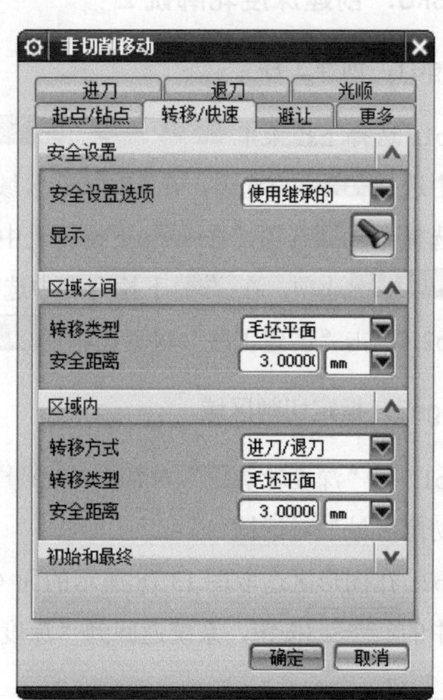

图 13.19　“转移/快速”选项卡

Stage7．设置进给率和速度

Step1. 在“深度轮廓铣”对话框中单击“进给率和速度”按钮，系统弹出“进给率和速度”对话框。

Step2. 选中“进给率和速度”对话框主轴速度区域中的☑ 主轴速度 (rpm)复选框，在其后的文本框中输入值 1800，按 Enter 键，然后单击按钮；在进给率区域的切削文本框中输入值 250，再按 Enter 键，然后单击按钮，其他参数采用系统默认设置。

Step3. 单击确定按钮，完成进给率和速度的设置，系统返回到“深度轮廓铣”对话框。

Stage8．生成刀路轨迹并仿真

生成的刀路轨迹如图 13.20 所示，2D 动态仿真加工后的模型如图 13.21 所示。

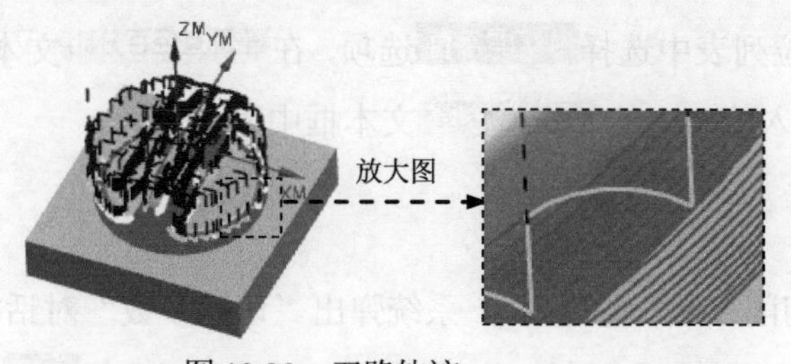

图 13.20 刀路轨迹

图 13.21 2D 仿真结果

Task9. 创建底壁铣

Stage1. 创建工序

Step1. 选择下拉菜单 插入(S) → 工序(E)... 命令，系统弹出“创建工序”对话框。

Step2. 确定加工方法。在“创建工序”对话框的 类型 下拉列表中选择 mill_planar 选项，在 工序子类型 区域中单击“底壁铣”按钮，在 刀具 下拉列表中选择 T4D12（铣刀-5 参数）选项，在 几何体 下拉列表中选择 WORKPIECE 选项，在 方法 下拉列表中选择 MILL_FINISH 选项，采用系统默认的名称。

Step3. 在“创建工序”对话框中单击 确定 按钮，系统弹出“底壁铣”对话框。

Stage2. 指定切削区域

Step1. 在“底壁铣”对话框的 几何体 区域中单击“选择或编辑切削区域几何体”按钮，系统弹出“切削区域”对话框。

Step2. 选取图 13.22 所示的面为切削区域，在“切削区域”对话框中单击 确定 按钮，完成切削区域的创建，系统返回到“底壁铣”对话框。

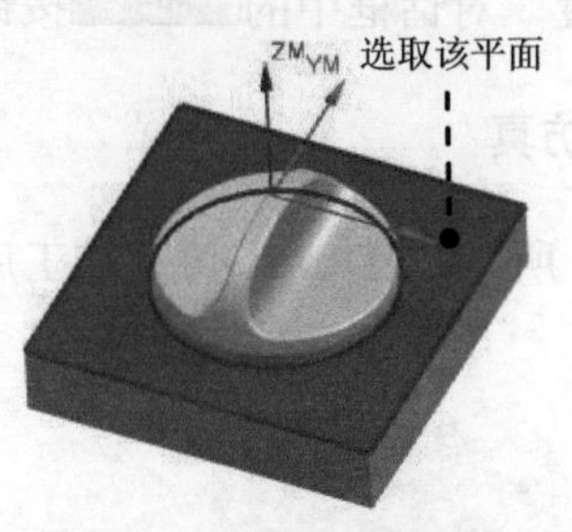

图 13.22 指定切削区域

Step3. 在“底壁铣”对话框中选中 ☑ 自动壁 复选框，单击 指定壁几何体 区域中的按钮查看壁几何体。

Stage3. 设置刀具路径参数

Step1. 设置切削模式。在 刀轨设置 区域的 切削模式 下拉列表中选择 跟随周边 选项。

Step2. 设置步进方式。在步距下拉列表中选择% 刀具平直选项，在平面直径百分比文本框中输入值 75，在底面毛坯厚度文本框中输入值 1，在每刀切削深度文本框中输入值 0。

Stage4．设置切削参数

Step1. 在刀轨设置区域中单击“切削参数”按钮，系统弹出“切削参数”对话框。

Step2. 在“切削参数”对话框中单击策略选项卡，在刀路方向下拉列表中选择向内选项，在壁区域中选中☑ 岛清根复选框；单击空间范围选项卡，在刀具延展量文本框中输入值 50。单击拐角选项卡，在凸角下拉列表中选择绕对象滚动选项；单击连接选项卡，在跨空区域区域的运动类型下拉列表中选择跟随选项；单击空间范围选项卡，在合并距离文本框中输入值 200，在切削区域空间范围下拉列表中选择壁选项，其他参数采用系统默认设置。

Step3. 单击确定按钮，系统返回到“底壁铣”对话框。

Stage5．设置非切削移动参数

参数采用系统默认设置。

Stage6．设置进给率和速度

Step1. 单击“底壁铣”对话框中的“进给率和速度”按钮，系统弹出“进给率和速度”对话框。

Step2. 选中“进给率和速度”对话框主轴速度区域中的☑ 主轴速度 (rpm) 复选框，在其后的文本框中输入值 1200，按 Enter 键，然后单击按钮；在进给率区域的切削文本框中输入值 250，再按 Enter 键，然后单击按钮，其他参数采用系统默认设置。

Step3. 单击“进给率和速度”对话框中的确定按钮，系统返回“底壁铣”对话框。

Stage7．生成刀路轨迹并仿真

生成的刀路轨迹如图 13.23 所示，2D 动态仿真加工后的模型如图 13.24 所示。

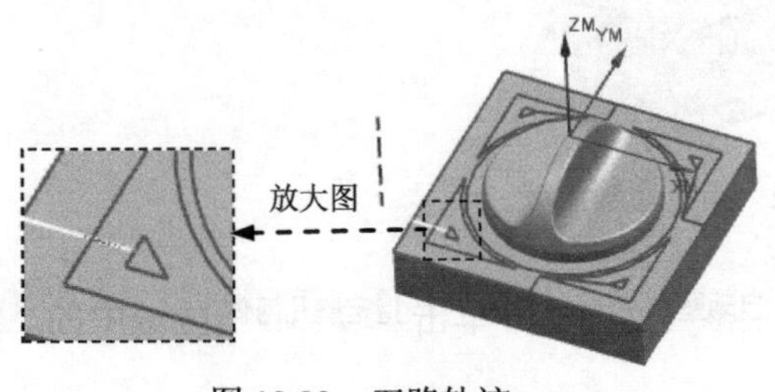

图 13.23 刀路轨迹

图 13.24 2D 仿真结果

Task10．保存文件

选择下拉菜单文件(F) → 保存(S)命令，保存文件。

实例 14 旋钮凹模加工

本实例讲述的是旋钮凹模加工工艺，该零件的加工工艺路线如图 14.1 和图 14.2 所示。

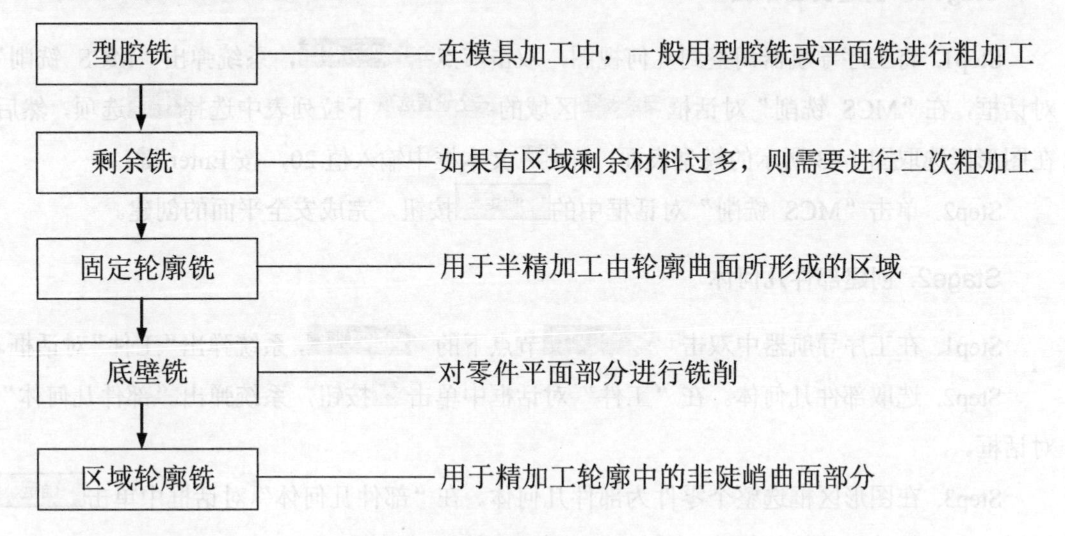

图 14.1 旋钮凹模加工工艺路线（一）

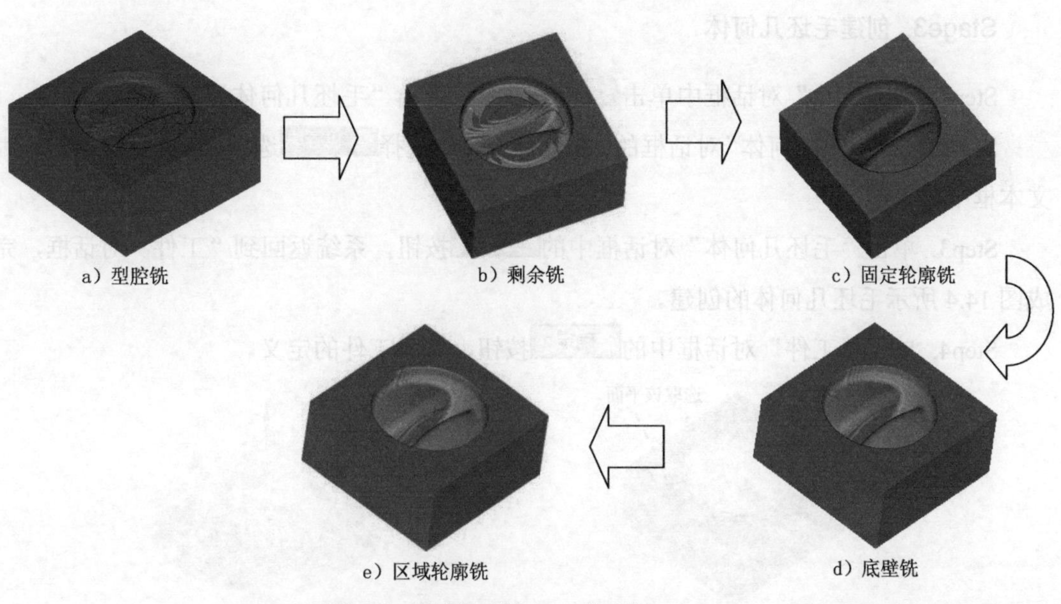

图 14.2 旋钮凹模加工工艺路线（二）

Task1. 打开模型文件并进入加工环境

Step1. 打开模型文件 D:\ug12.11\work\ch14\micro-oven_switch_upper_mold.prt。

Step2. 进入加工环境。在 应用模块 功能选项卡的 加工 区域单击按钮，系统弹出“加工环境”对话框；在“加工环境”对话框的CAM 会话配置列表框中选择cam_general选项，在要创建的 CAM 组装列表框中选择mill planar选项，单击确定按钮，进入加工环境。

Task2．创建几何体

Stage1．创建安全平面

Step1．将工序导航器调整到几何视图，双击节点MCS_MILL，系统弹出“MCS 铣削”对话框，在“MCS 铣削”对话框安全设置区域的安全设置选项下拉列表中选择平面选项，然后在图形区选取图 14.3 所示的模型表面，在距离文本框中输入值 20，按 Enter 键。

Step2．单击“MCS 铣削”对话框中的确定按钮，完成安全平面的创建。

Stage2．创建部件几何体

Step1．在工序导航器中双击MCS_MILL节点下的WORKPIECE，系统弹出“工件”对话框。

Step2．选取部件几何体。在“工件”对话框中单击按钮，系统弹出“部件几何体”对话框。

Step3．在图形区框选整个零件为部件几何体。在“部件几何体”对话框中单击确定按钮，完成部件几何体的创建，系统返回到“工件”对话框。

Stage3．创建毛坯几何体

Step1．在“工件”对话框中单击按钮，系统弹出“毛坯几何体”对话框。

Step2．在“毛坯几何体”对话框的类型下拉列表中选择包容块选项，在限制区域的ZM+文本框中输入值 5。

Step3．单击“毛坯几何体”对话框中的确定按钮，系统返回到“工件”对话框，完成图 14.4 所示毛坯几何体的创建。

Step4．单击“工件”对话框中的确定按钮，完成工件的定义。

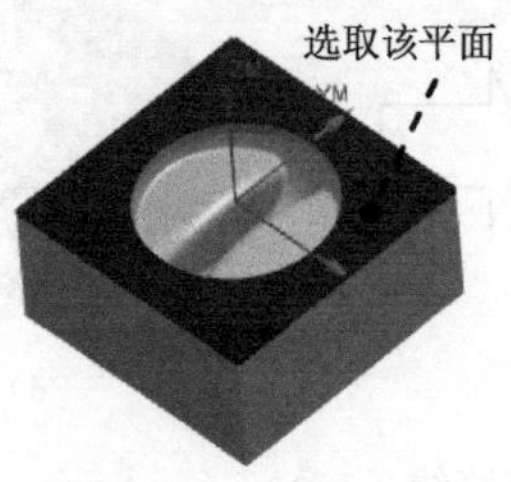

图 14.3　参考面

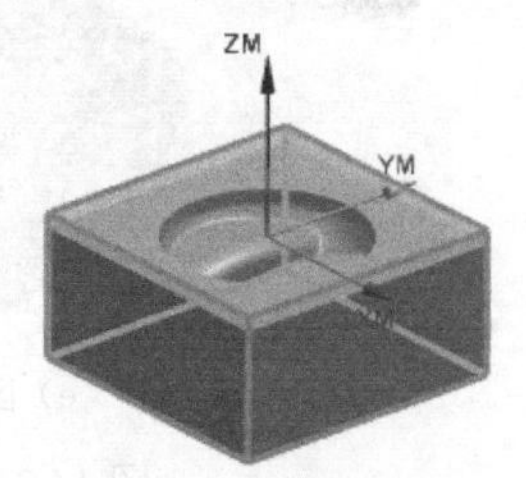

图 14.4　毛坯几何体

Task3．创建刀具

Stage1．创建刀具 1

Step1．将工序导航器调整到机床视图。

Step2. 选择下拉菜单 插入(S) → 刀具(T)... 命令，系统弹出“创建刀具”对话框。

Step3. 在“创建刀具”对话框的 类型 下拉列表中选择 mill contour 选项，在 刀具子类型 区域中单击 MILL 按钮，在 位置 区域的 刀具 下拉列表中选择 GENERIC_MACHINE 选项，在 名称 文本框中输入 D10，然后单击 确定 按钮，系统弹出“铣刀-5 参数”对话框。

Step4. 在 (D) 直径 文本框中输入值 10，在 编号 区域的 刀具号、补偿寄存器 和 刀具补偿寄存器 文本框中均输入值 1，其他参数采用系统默认设置，单击 确定 按钮，完成刀具 1 的创建。

Stage2．创建刀具 2

设置刀具类型为 mill contour，刀具子类型 为 MILL 类型（单击 MILL 按钮），刀具名称为 D5R1，刀具 (D) 直径 值为 5，刀具 (R1) 下半径 值为 1，在 编号 区域的 刀具号、补偿寄存器 和 刀具补偿寄存器 文本框中均输入值 2，具体操作方法参照 Stage1。

Stage3．创建刀具 3

设置刀具类型为 mill contour，刀具子类型 为 BALL_MILL 类型（单击 BALL_MILL 按钮），刀具名称为 B6，刀具 (D) 直径 值为 6，在 编号 区域的 刀具号、补偿寄存器 和 刀具补偿寄存器 文本框中均输入值 3，具体操作方法参照 Stage1。

Stage4．创建刀具 4

设置刀具类型为 mill contour，刀具子类型 为 BALL_MILL 类型（单击 BALL_MILL 按钮），刀具名称为 B4，刀具 (D) 直径 值为 4，在 编号 区域的 刀具号、补偿寄存器 和 刀具补偿寄存器 文本框中均输入值 4，具体操作方法参照 Stage1。

Task4．创建型腔铣工序

Stage1．创建工序

Step1. 选择下拉菜单 插入(S) → 工序(E)... 命令，在“创建工序”对话框的 类型 下拉列表中选择 mill_contour 选项，在 工序子类型 区域中单击“型腔铣”按钮，在 程序 下拉列表中选择 PROGRAM 选项，在 刀具 下拉列表中选择前面设置的刀具 D10（铣刀-5 参数）选项，在 几何体 下拉列表中选择 WORKPIECE 选项，在 方法 下拉列表中选择 MILL ROUGH 选项，使用系统默认的名称。

Step2. 单击“创建工序”对话框中的 确定 按钮，系统弹出“型腔铣”对话框。

Stage2．设置一般参数

在“型腔铣”对话框的 切削模式 下拉列表中选择 跟随部件 选项；在 步距 下拉列表中选择 % 刀具平直 选项，在 平面直径百分比 文本框中输入值 50；在 公共每刀切削深度 下拉列表中选择 恒定 选项，在 最大距离 文本框中输入值 1。

Stage3．设置切削参数

Step1. 在刀轨设置区域中单击“切削参数”按钮，系统弹出“切削参数”对话框。

Step2. 在“切削参数”对话框中单击策略选项卡，在切削顺序下拉列表中选择深度优先选项，其他参数采用系统默认设置。

Step3. 单击“切削参数”对话框中的确定按钮，系统返回到“型腔铣”对话框。

Stage4．设置非切削移动参数

Step1. 在“型腔铣”对话框中单击“非切削移动”按钮，系统弹出“非切削移动”对话框。

Step2. 单击“非切削移动”对话框中的进刀选项卡，在封闭区域区域的进刀类型下拉列表中选择沿形状斜进刀选项，在斜坡角度文本框中输入数值 3，其他参数采用系统默认设置。

Step3. 单击“非切削移动”对话框中的确定按钮，系统返回到“型腔铣”对话框。

Stage5．设置进给率和速度

Step1. 在“型腔铣”对话框中单击“进给率和速度”按钮，系统弹出“进给率和速度”对话框。

Step2. 选中“进给率和速度”对话框主轴速度区域中的☑ 主轴速度 (rpm)复选框，在其后的文本框中输入值 1000，按 Enter 键，然后单击按钮，在进给率区域的切削文本框中输入值 250，再按 Enter 键，然后单击按钮，其他参数采用系统默认设置。

Step3. 单击确定按钮，完成进给率和速度的设置，系统返回“型腔铣”对话框。

Stage6．生成刀路轨迹并仿真

生成的刀路轨迹如图 14.5 所示，2D 动态仿真加工后的模型如图 14.6 所示。

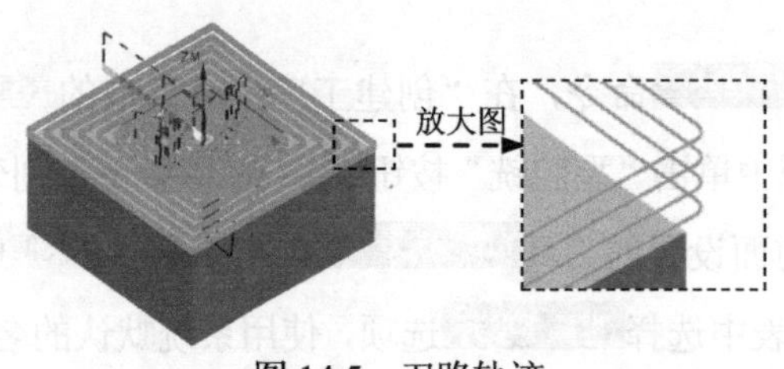

图 14.5 刀路轨迹

图 14.6 2D 仿真结果

Task5．创建剩余铣工序

Stage1．创建工序

Step1. 选择下拉菜单插入(S) → 工序(E)... 命令，在“创建工序”对话框的类型下拉列表中选择mill_contour选项，在工序子类型区域中单击“剩余铣”按钮，在程序下拉列表中选择PROGRAM选项，在刀具下拉列表中选择D5R1（铣刀-5 参数）选项，在几何体下拉列表中选择WORKPIECE选项，在方法下拉列表中选择MILL ROUGH选项，使用系统默认的名称REST_MILLING。

Step2. 单击“创建工序”对话框中的确定按钮，系统弹出“剩余铣”对话框。

Stage2. 设置一般参数

在最大距离文本框中输入值 1，其他参数采用系统默认设置。

Stage3. 设置切削参数

Step1. 在刀轨设置区域中单击“切削参数”按钮，系统弹出“切削参数”对话框。

Step2. 在“切削参数”对话框中单击策略选项卡，在切削顺序下拉列表中选择深度优先选项，其他参数采用系统默认设置。

Step3. 在“切削参数”对话框中单击空间范围选项卡，在毛坯区域的最小除料量文本框中输入值 2。

Step4. 单击“切削参数”对话框中的确定按钮，系统返回到“剩余铣”对话框。

Stage4. 设置非切削移动参数

Step1. 在“剩余铣”对话框中单击“非切削移动”按钮，系统弹出“非切削移动”对话框。

Step2. 单击“非切削移动”对话框中的进刀选项卡，然后在封闭区域区域的进刀类型下拉列表中选择沿形状斜进刀选项，在斜坡角度文本框中输入值 3，在高度文本框中输入值 1，在开放区域区域的进刀类型下拉列表中选择与封闭区域相同选项，其他参数采用系统默认设置。

Step3. 单击“非切削移动”对话框中的确定按钮，完成非切削移动参数的设置，系统返回到“剩余铣”对话框。

Stage5. 设置进给率和速度

Step1. 在“剩余铣”对话框中单击“进给率和速度”按钮，系统弹出“进给率和速度”对话框。

Step2. 选中“进给率和速度”对话框主轴速度区域中的☑ 主轴速度 (rpm)复选框，在其后的文本框中输入值 1800，按 Enter 键，然后单击按钮，其他参数采用系统默认设置。

Step3. 单击确定按钮，完成进给率和速度的设置，系统返回“剩余铣”对话框。

Stage6. 生成刀路轨迹并仿真

生成的刀路轨迹如图 14.7 所示，2D 动态仿真加工后的模型如图 14.8 所示。

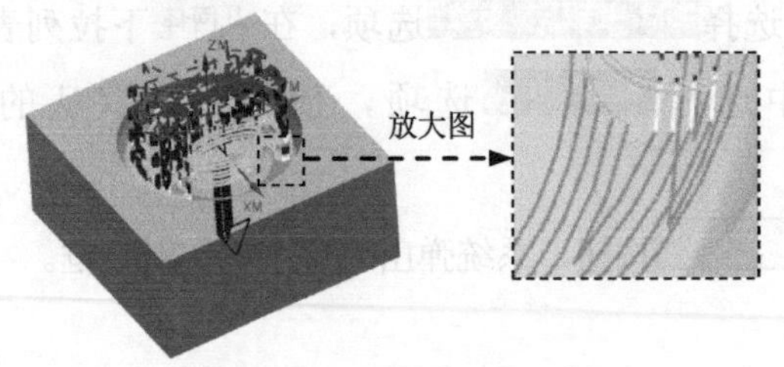

图 14.7　刀路轨迹

图 14.8　2D 仿真结果

Task6．创建固定轮廓铣工序

Stage1．创建工序

Step1. 选择下拉菜单 插入(S) → 工序(E)... 命令，系统弹出“创建工序”对话框。

Step2. 确定加工方法。在“创建工序”对话框的 类型 下拉列表中选择 mill_contour 选项，在 工序子类型 区域中单击“固定轮廓铣”按钮，在 刀具 下拉列表中选择 B6 (铣刀-球头铣) 选项，在 几何体 下拉列表中选择 WORKPIECE 选项，在 方法 下拉列表中选择 MILL_SEMI_FINISH 选项，单击 确定 按钮，系统弹出“固定轮廓铣”对话框。

Stage2．设置驱动方式

Step1. 单击“固定轮廓铣”对话框 驱动方法 区域中的“编辑”按钮，系统弹出“边界驱动方法”对话框。

Step2. 在“边界驱动方法”对话框中单击“选择或编辑驱动几何体”按钮，系统弹出“边界几何体”对话框，在 模式 下拉列表中选择 曲线/边... 选项，在图形区选取图 14.9 所示的边线，然后单击 创建下一个边界 按钮，再分别单击“创建边界”对话框和“边界几何体”对话框中的 确定 按钮，系统返回到“边界驱动方法”对话框。

Step3. 在“边界驱动方法”对话框的 步距 下拉列表中选择 恒定 选项，在 最大距离 文本框中输入值 1，单击“边界驱动方法”对话框中的 确定 按钮，系统返回到“固定轮廓铣”对话框。

Stage3．设置切削参数

Step1. 单击“固定轮廓铣”对话框中的“切削参数”按钮，系统弹出“切削参数”对话框。

Step2. 在“切削参数”对话框中单击 策略 选项卡，其参数设置如图 14.10 所示，其他参数采用系统默认设置，单击 确定 按钮。

Stage4．设置非切削移动参数

采用系统默认的非切削移动参数。

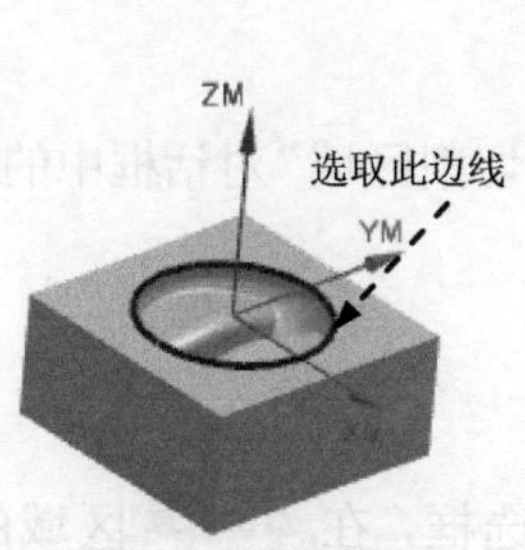

图 14.9　选取边界

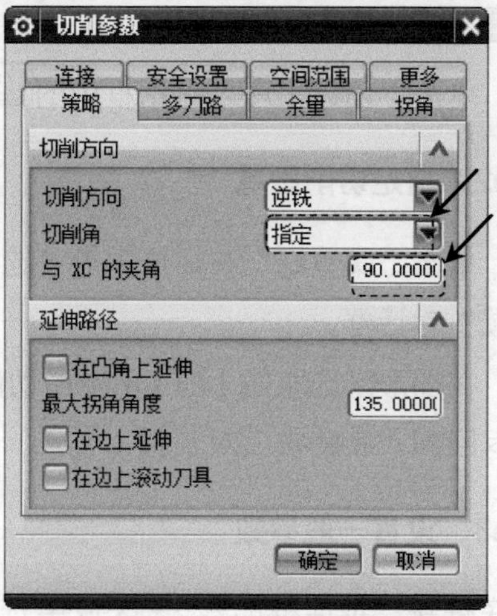

图 14.10　“策略”选项卡

Stage5．设置进给率和速度

Step1．在“固定轮廓铣”对话框中单击“进给率和速度”按钮，系统弹出“进给率和速度”对话框。

Step2．选中“进给率和速度”对话框主轴速度区域中的☑ 主轴速度 (rpm)复选框，在其后的文本框中输入值 2200，按 Enter 键，然后单击按钮，其他参数采用系统默认设置。

Step3．单击确定按钮，完成进给率和速度的设置，系统返回“固定轮廓铣”对话框。

Stage6．生成刀路轨迹并仿真

生成的刀路轨迹如图 14.11 所示，2D 动态仿真加工后的模型如图 14.12 所示。

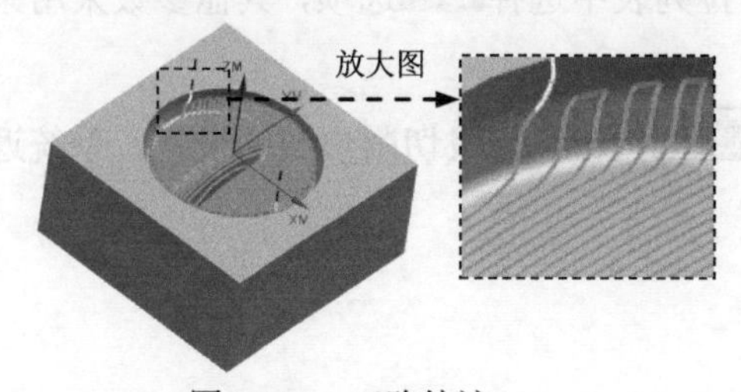

图 14.11　刀路轨迹

图 14.12　2D 仿真结果

Task7．创建底壁铣工序

Stage1．创建工序

Step1．选择下拉菜单插入(S) → 工序(E)...命令，系统弹出“创建工序”对话框。

Step2．在“创建工序”对话框的类型下拉列表中选择mill_planar选项，在工序子类型区域中单击“底壁铣”按钮，在程序下拉列表中选择PROGRAM选项，在刀具下拉列表中选择D10（铣刀-5 参数）选项，在几何体下拉列表中选择WORKPIECE选项，在方法下拉列表中选择

MILL FINISH选项，采用系统默认的名称。

Step3. 单击“创建工序”对话框中的确定按钮，系统弹出“底壁铣”对话框。

Stage2. 指定切削区域

Step1. 单击“底壁铣”对话框中的“选择或编辑切削区域几何体”按钮，系统弹出“切削区域”对话框。

Step2. 在图形区选取图 14.13 所示的切削区域，单击“切削区域”对话框中的确定按钮，系统返回到“底壁铣”对话框。

Stage3. 设置一般参数

在“底壁铣”对话框的几何体区域中选中☑自动壁复选框，在刀轨设置区域的切削模式下拉列表中选择往复选项，在最大距离文本框中输入值 75，在底面毛坯厚度文本框中输入值 1，其他参数采用系统默认设置。

Stage4. 设置切削参数

Step1. 单击“底壁铣”对话框中的“切削参数”按钮，系统弹出“切削参数”对话框。

Step2. 单击策略选项卡，在切削角下拉列表中选择指定选项，在与 XC 的夹角文本框中输入值 180；单击拐角选项卡，在凸角下拉列表中选择绕对象滚动选项；单击连接选项卡，在跨空区域区域运动类型下拉列表中选择跟随选项；单击空间范围选项卡，在合并距离文本框中输入值 200，在切削区域空间范围下拉列表中选择壁选项，在刀具运行开文本框中输入值 50，在刀具运行关下拉列表中选择指定选项，其他参数采用系统默认设置。

Step3. 单击“切削参数”对话框中的确定按钮，完成切削参数的设置，系统返回到“底壁铣”对话框。

Stage5. 设置非切削移动参数

采用系统默认的非切削移动参数设置。

Stage6. 设置进给率和速度

Step1. 单击“底壁铣”对话框中的“进给率和速度”按钮，系统弹出“进给率和速度”对话框。

Step2. 选中“进给率和速度”对话框主轴速度区域中的☑主轴速度 (rpm)复选框，在其后的文本框中输入值 1500，按 Enter 键，然后单击按钮，再单击确定按钮，系统返回“底壁铣”对话框。

Stage7．生成刀路轨迹并仿真

生成的刀路轨迹如图 14.14 所示，2D 动态仿真加工后的模型如图 14.15 所示。

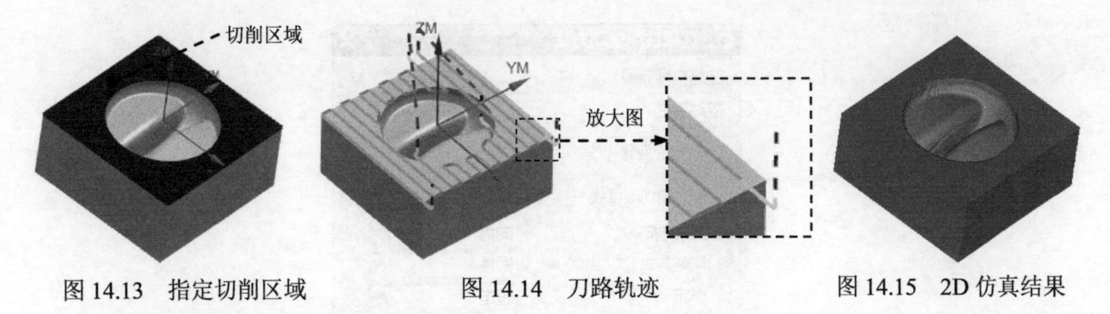

图 14.13　指定切削区域　　图 14.14　刀路轨迹　　图 14.15　2D 仿真结果

Task8．创建区域轮廓铣

Stage1．创建工序

Step1．选择下拉菜单 插入(S) → 工序(E)... 命令，在“创建工序”对话框的 类型 下拉列表中选择 mill_contour 选项，在 工序子类型 区域中单击“区域轮廓铣”按钮，在 程序 下拉列表中选择 PROGRAM 选项，在 刀具 下拉列表中选择 B4（铣刀-球头铣）选项，在 几何体 下拉列表中选择 WORKPIECE 选项，在 方法 下拉列表中选择 MILL_FINISH 选项，使用系统默认的名称 CONTOUR_AREA。

Step2．单击“创建工序”对话框中的 确定 按钮，系统弹出“区域轮廓铣”对话框。

Stage2．指定切削区域

Step1．在 几何体 区域中单击“选择或编辑切削区域几何体”按钮，系统弹出“切削区域”对话框。

Step2．在图形区选取图 14.16 所示的面（共 36 个），单击 确定 按钮，系统返回到“区域轮廓铣”对话框。

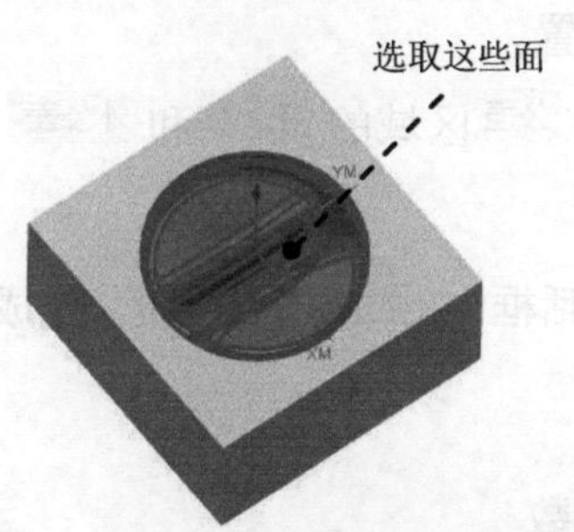

图 14.16　选取切削区域

Stage3．设置驱动方式

Step1．在“区域轮廓铣”对话框 驱动方法 区域的下拉列表中选择 区域铣削 选项，单击 驱动方法 区域的“编辑”按钮，系统弹出“区域铣削驱动方法”对话框。

Step2. 在“区域铣削驱动方法”对话框中按图 14.17 所示设置参数，然后单击 确定 按钮，系统返回到“区域轮廓铣”对话框。

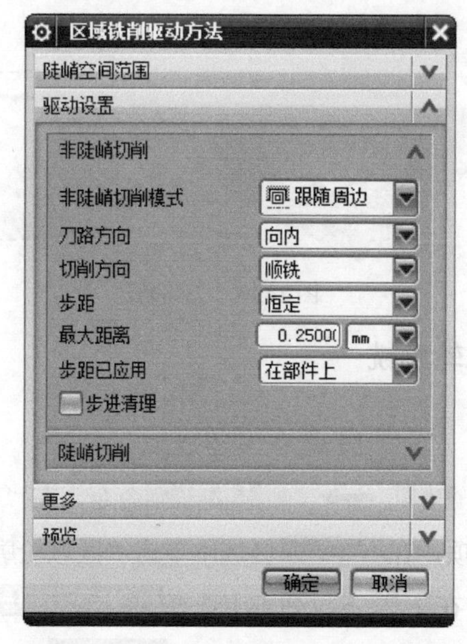

图 14.17 “区域铣削驱动方法”对话框

Stage4．设置刀轴

刀轴选择系统默认的 +ZM 轴 选项。

Stage5．设置切削参数

Step1. 单击“区域轮廓铣”对话框中的“切削参数”按钮，系统弹出“切削参数”对话框。

Step2. 在“切削参数”对话框中单击 策略 选项卡，在 延伸路径 区域中选中 ☑ 在边上延伸 复选框，其他参数采用系统默认设置。

Step3. 单击 余量 选项卡，在 公差 区域的 内公差 和 外公差 文本框中均输入值 0.01，其他参数采用系统默认设置。

Step4. 单击“切削参数”对话框中的 确定 按钮，完成切削参数的设置，系统返回到“区域轮廓铣”对话框。

Stage6．设置非切削移动参数

采用系统默认的非切削移动参数。

Stage7．设置进给率和速度

Step1. 在“区域轮廓铣”对话框中单击“进给率和速度”按钮，系统弹出“进给率

和速度”对话框。

Step2. 选中“进给率和速度”对话框主轴速度区域中的☑ 主轴速度 (rpm)复选框，在其后的文本框中输入值 3000，按 Enter 键，然后单击按钮，其他参数采用系统默认设置。

Step3. 单击 确定 按钮，完成进给率和速度的设置，系统返回“区域轮廓铣”对话框。

Stage8．生成刀路轨迹并仿真

生成的刀路轨迹如图 14.18 所示，2D 动态仿真加工后的模型如图 14.19 所示。

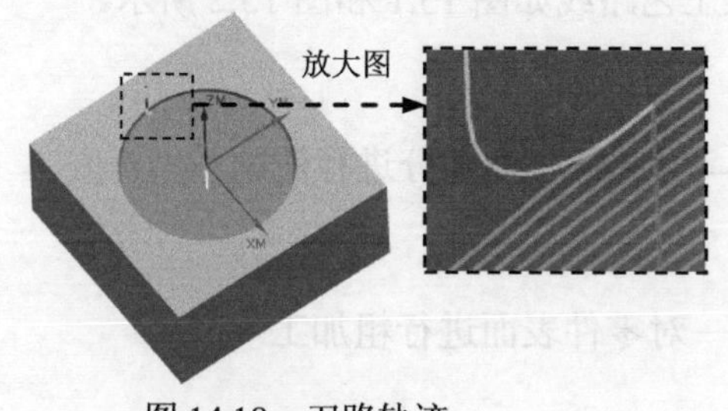

图 14.18　刀路轨迹

图 14.19　2D 仿真结果

Task9．保存文件

选择下拉菜单 文件(F) ➡ 保存(S) 命令，保存文件。

学习拓展：扫码学习更多视频讲解。

讲解内容：装配设计实例精选。讲解了一些典型的装配设计案例，着重介绍了装配设计的方法流程以及一些快速操作技巧，这些方法和技巧同样可以用于加工设计。

学习拓展：扫码学习更多视频讲解。

讲解内容：产品自顶向下（Top-Down）设计方法。自顶向下设计方法是一种高级的装配设计方法，在电子电器、工程机械、工业机器人等产品设计中应用广泛。

实例 15 固定板加工

本实例通过对固定板的加工来介绍平面铣削、钻孔和扩孔等加工操作。固定板的加工虽然较为简单，但其加工操作步骤较多，本例安排了合理的加工工序，以便提高固定板的加工精度，保证其加工质量。该固定板加工工艺路线如图 15.1 和图 15.2 所示。

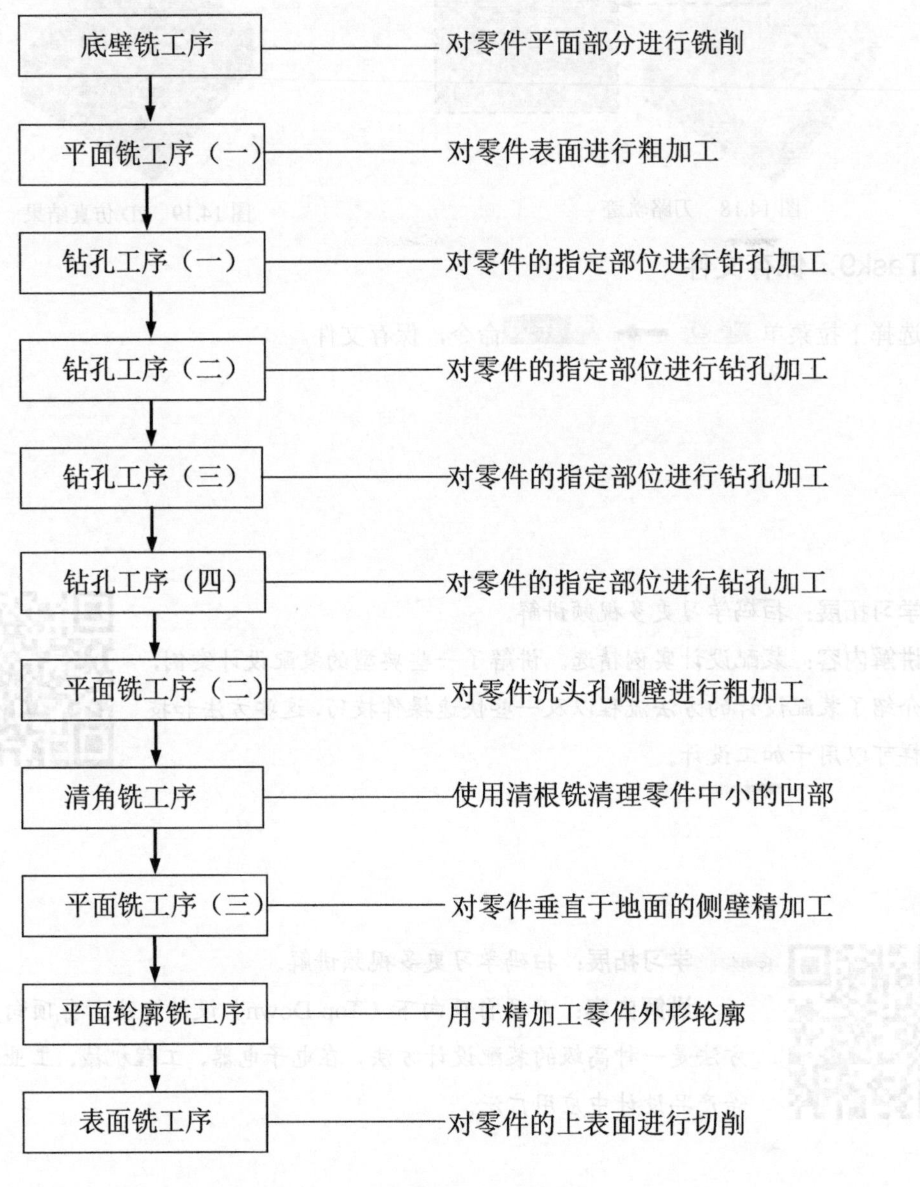

图 15.1 固定板加工工艺路线（一）

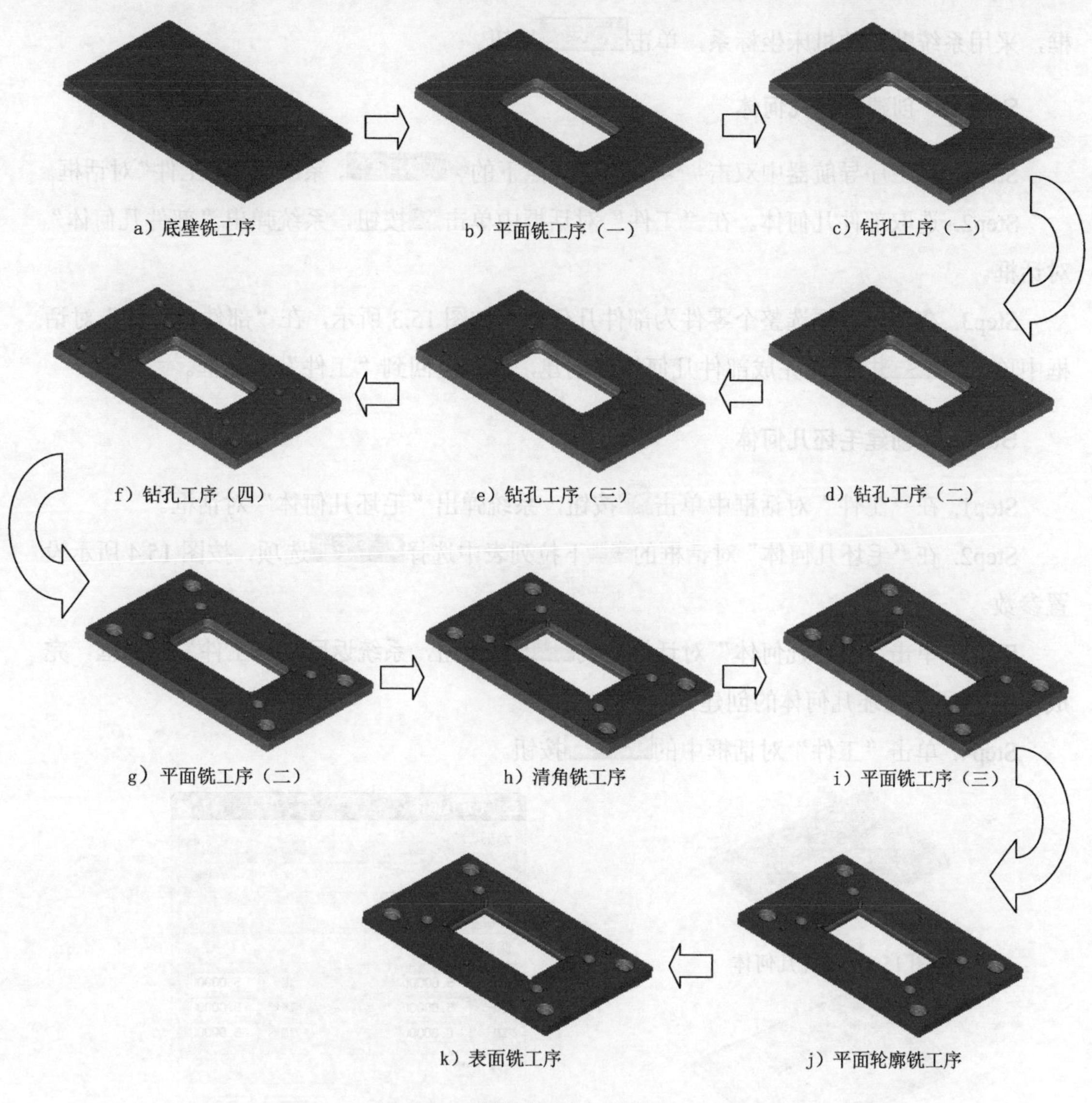

图 15.2 固定板加工工艺路线（二）

Task1．打开模型文件并进入加工环境

Step1．打开模型文件 D:\ug12.11\work\ch15\B_Plate.prt。

Step2．进入加工环境。在 应用模块 功能选项卡的 加工 区域单击按钮，系统弹出“加工环境”对话框；在“加工环境”对话框的 CAM 会话配置 列表框中选择 cam_general 选项，在 要创建的 CAM 组装 列表框中选择 mill planar 选项，单击 确定 按钮，进入加工环境。

Task2．创建几何体

Stage1．创建加工坐标系

将工序导航器调整到几何视图，双击节点 MCS_MILL，系统弹出“MCS 铣削”对话框，采用系统默认的机床坐标系，单击 确定 按钮。

Stage2. 创建部件几何体

Step1. 在工序导航器中双击 MCS_MILL 节点下的 WORKPIECE，系统弹出“工件”对话框。

Step2. 选取部件几何体。在“工件”对话框中单击按钮，系统弹出“部件几何体”对话框。

Step3. 在图形区框选整个零件为部件几何体，如图 15.3 所示，在“部件几何体”对话框中单击 确定 按钮，完成部件几何体的创建，系统返回到“工件”对话框。

Stage3. 创建毛坯几何体

Step1. 在“工件”对话框中单击按钮，系统弹出“毛坯几何体”对话框。

Step2. 在“毛坯几何体”对话框的 类型 下拉列表中选择 包容块 选项，按图 15.4 所示设置参数。

Step3. 单击“毛坯几何体”对话框中的 确定 按钮，系统返回到“工件”对话框，完成图 15.5 所示毛坯几何体的创建。

Step4. 单击“工件”对话框中的 确定 按钮。

图 15.3　部件几何体

图 15.5　毛坯几何体

图 15.4　“毛坯几何体”对话框

Task3. 创建刀具 1

Step1. 将工序导航器调整到机床视图。

Step2. 选择下拉菜单 插入(S) → 刀具(T)... 命令，系统弹出“创建刀具”对话框。

Step3. 在“创建刀具”对话框的 类型 下拉列表中选择 mill planar 选项，在 刀具子类型 区域中单击 MILL 按钮，在 位置 区域的 刀具 下拉列表中选择 GENERIC_MACHINE 选项，在 名称 文本框中输入 T1D20，然后单击 确定 按钮，系统弹出“铣刀-5 参数”对话框。

Step4. 在“铣刀-5 参数”对话框的 (D) 直径 文本框中输入值 20，在 编号 区域的 刀具号、补偿寄存器 和 刀具补偿寄存器 文本框中均输入值 1，单击 确定 按钮，完成刀具 1 的创建。

Task4．创建底壁铣工序

Stage1．创建工序

Step1．选择下拉菜单 插入(S) → 工序(E)... 命令，系统弹出“创建工序”对话框。

Step2．在“创建工序”对话框的 类型 下拉列表中选择 mill_planar 选项，在 工序子类型 区域中单击“底壁铣”按钮，在 程序 下拉列表中选择 PROGRAM 选项，在 刀具 下拉列表中选择 T1D20（铣刀-5 参数）选项，在 几何体 下拉列表中选择 WORKPIECE 选项，在 方法 下拉列表中选择 MILL_SEMI_FINISH 选项，使用系统默认的名称。

Step3．单击“创建工序”对话框中的 确定 按钮，系统弹出“底壁铣”对话框。

Stage2．指定切削区域

Step1．单击“底壁铣”对话框中的“选择或编辑切削区域几何体”按钮，系统弹出“切削区域”对话框。

Step2．在图形区选取图 15.6 所示的切削区域，单击“切削区域”对话框中的 确定 按钮，系统返回到“底壁铣”对话框。

Stage3．设置一般参数

在 刀轨设置 区域的 切削模式 下拉列表中选择 往复 选项，在 步距 下拉列表中选择 % 刀具平直 选项，在 平面直径百分比 文本框中输入值 75，在 底面毛坯厚度 文本框中输入值 5，在 每刀切削深度 文本框中输入值 1。

Stage4．设置切削参数

Step1．单击“底壁铣”对话框中的“切削参数”按钮，系统弹出“切削参数”对话框；单击“切削参数”对话框中的 余量 选项卡，按图 15.7 所示设置参数。

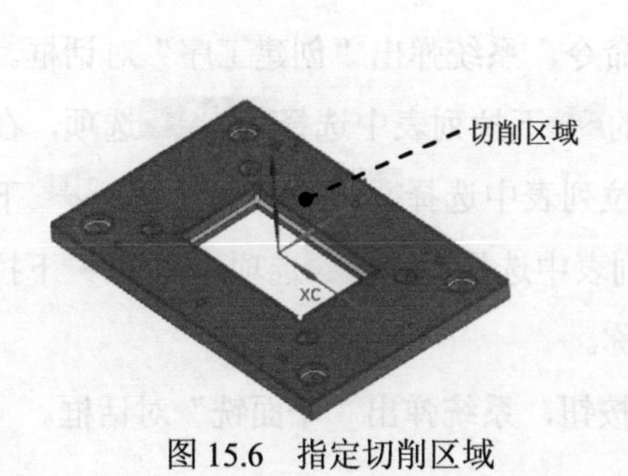

图 15.6 指定切削区域

图 15.7 “余量”选项卡

Step2. 单击“切削参数”对话框中的连接选项卡，在跨空区域区域的运动类型下拉列表中选择切削选项。

Step3. 单击“切削参数”对话框中的确定按钮，完成切削参数的设置，系统返回到“底壁铣”对话框。

Stage5. 设置非切削移动参数

采用系统默认的非切削移动参数设置。

Stage6. 设置进给率和速度

Step1. 单击“底壁铣”对话框中的“进给率和速度”按钮，系统弹出“进给率和速度”对话框。

Step2. 选中“进给率和速度”对话框主轴速度区域中的☑ 主轴速度（rpm）复选框，在其后的文本框中输入值 800，按 Enter 键，然后单击按钮，在进给率区域的切削文本框中输入值 200，再按 Enter 键，然后单击按钮，再单击确定按钮，系统返回“底壁铣”对话框。

Stage7. 生成刀路轨迹并仿真

生成的刀路轨迹如图 15.8 所示，2D 动态仿真加工后的模型如图 15.9 所示。

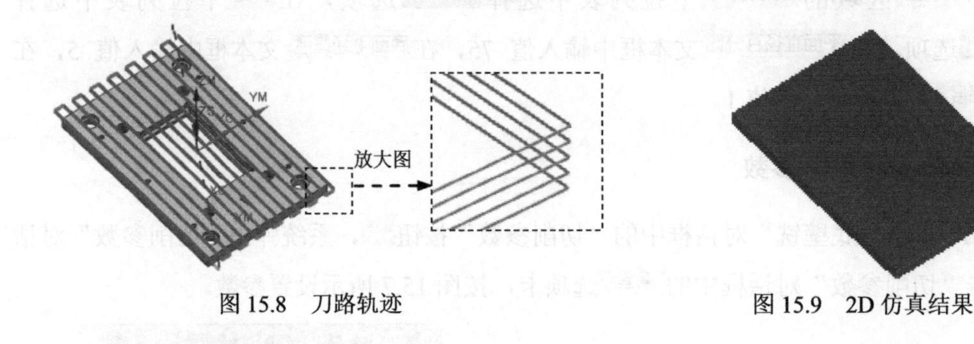

图 15.8 刀路轨迹　　图 15.9 2D 仿真结果

Task5. 创建平面铣工序 1

Stage1. 创建工序

Step1. 选择下拉菜单插入(S) → 工序(E)...命令，系统弹出“创建工序”对话框。

Step2. 确定加工方法。在“创建工序”对话框的类型下拉列表中选择mill_planar选项，在工序子类型区域中单击“平面铣”按钮，在程序下拉列表中选择PROGRAM选项，在刀具下拉列表中选择T1D20（铣刀-5 参数）选项，在几何体下拉列表中选择WORKPIECE选项，在方法下拉列表中选择MILL_SEMI_FINISH选项，采用系统默认的名称。

Step3. 在“创建工序”对话框中单击确定按钮，系统弹出“平面铣”对话框。

Stage2. 指定部件边界

Step1. 在“平面铣”对话框中单击指定部件边界右侧的“选择或编辑部件边界”按钮，系统弹出“部件边界”对话框。

Step2. 在选择方法下拉列表中选择曲线选项，在图形区选取图 15.10 所示的边线。

Step3. 单击按钮，在刀具侧下拉列表中选择内侧选项，然后在绘图区域选取图 15.11 所示的边线。

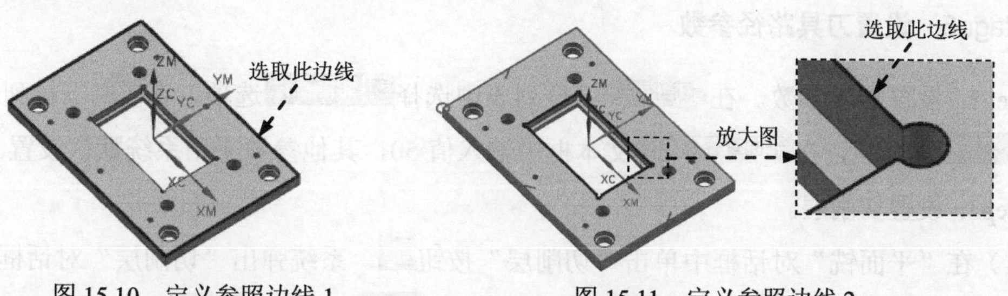

图 15.10 定义参照边线 1　　图 15.11 定义参照边线 2

Step4. 保持对话框中的参数设置不变，再次单击按钮，在绘图区域选取图 15.12 所示的边线，单击“部件边界”对话框中的确定按钮，系统返回“平面铣”对话框。

Stage3. 指定毛坯边界

Step1. 在“平面铣”对话框中单击指定毛坯边界右侧的“选择或编辑毛坯边界”按钮，系统弹出“毛坯边界”对话框。

Step2. 在选择方法下拉列表中选择曲线选项，在刀具侧下拉列表中选择内侧选项，在图形区选择图 15.13 所示的边线。

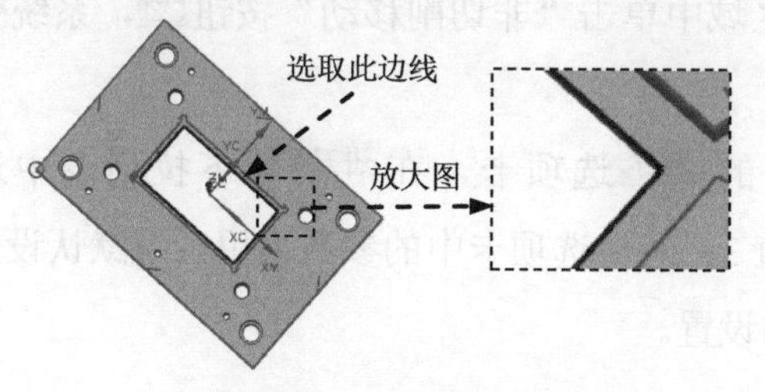

图 15.12 定义参照边线 3

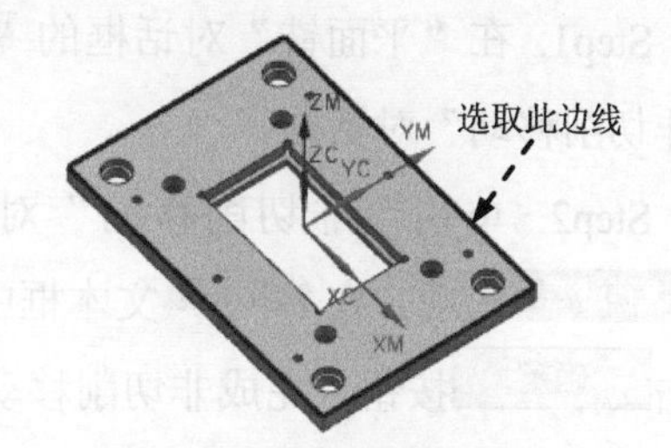

图 15.13 定义参照边线 4

Step3. 单击定制边界数据展开该区域，选中☑余量复选框，然后在☑余量后的文本框中输入值 5，单击确定按钮，系统返回“平面铣”对话框。

Stage4. 指定底面

Step1. 在“平面铣”对话框中单击指定底面右侧的“选择或编辑底平面几何体”按钮，系统弹出“平面”对话框。

Step2. 在图形区选择图 15.14 所示的面，单击确定按钮，系统返回“平面铣”对话框。

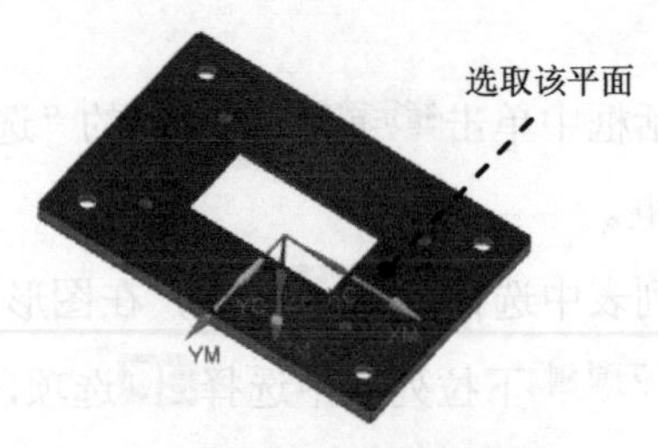

图 15.14 选取底面

Stage5. 设置刀具路径参数

Step1. 设置一般参数。在切削模式下拉列表中选择跟随部件选项，在步距下拉列表中选择% 刀具平直选项，在平面直径百分比文本框中输入值 50，其他参数采用系统默认设置。

Step2. 设置切削层。

（1）在“平面铣”对话框中单击“切削层”按钮，系统弹出“切削层”对话框。

（2）在“切削层”对话框的类型下拉列表中选择恒定选项，在公共文本框中输入值 1，其余参数采用系统默认设置，单击确定按钮，系统返回到“平面铣”对话框。

Stage6. 设置切削参数

Step1. 在“平面铣”对话框中单击“切削参数”按钮，系统弹出“切削参数”对话框。

Step2. 在“切削参数”对话框中单击策略选项卡，在切削顺序下拉列表中选择深度优先选项。

Step3. 在“切削参数”对话框中单击确定按钮，系统返回到“平面铣”对话框。

Stage7. 设置非切削移动参数

Step1. 在“平面铣”对话框的刀轨设置区域中单击“非切削移动”按钮，系统弹出“非切削移动”对话框。

Step2. 单击“非切削移动”对话框中的进刀选项卡，在进刀类型下拉列表中选择沿形状斜进刀选项，在斜坡角度文本框中输入值 3；其他选项卡中的参数采用系统默认设置，单击确定按钮，完成非切削移动参数的设置。

Stage8. 设置进给率和速度

Step1. 单击“平面铣”对话框中的“进给率和速度”按钮，系统弹出“进给率和速度”对话框。

Step2. 选中“进给率和速度”对话框主轴速度区域中的主轴速度 (rpm)复选框，在其后的文本框中输入值 800，在进给率区域的切削文本框中输入值 200，按 Enter 键，然后单击按钮，其他参数采用系统默认设置。

Step3. 单击“进给率和速度”对话框中的确定按钮。

Stage9. 生成刀路轨迹并仿真

Step1. 在“平面铣”对话框中单击“生成”按钮，在图形区生成图 15.15 所示的刀路轨迹。

Step2. 使用 2D 动态仿真，完成仿真后的模型如图 15.16 所示。

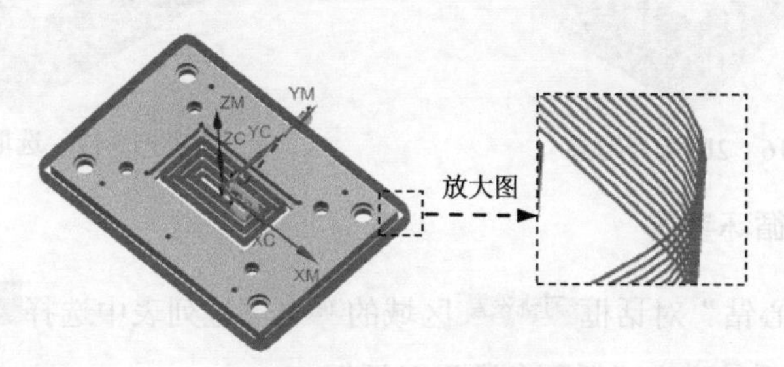

图 15.15 刀路轨迹

Task6. 创建刀具 2

Step1. 将工序导航器调整到机床视图。

Step2. 选择下拉菜单 插入(S) → 刀具(T)... 命令，系统弹出“创建刀具”对话框。

Step3. 在“创建刀具”对话框的 类型 下拉列表中选择 hole_making 选项，在 刀具子类型 区域中单击 SPOT_DRILL 按钮，在 位置 区域的 刀具 下拉列表中选择 GENERIC_MACHINE 选项，在 名称 文本框中输入 T2SP3，然后单击 确定 按钮，系统弹出“定心钻刀”对话框。

Step4. 在“定心钻刀”对话框的 (D) 直径 文本框中输入值 3，在 编号 区域的 刀具号、补偿寄存器 文本框中均输入值 2，其他参数采用系统默认设置，单击 确定 按钮，完成刀具 2 的创建。

Task7. 创建钻孔工序 1

Stage1. 创建工序

Step1. 选择下拉菜单 插入(S) → 工序(E)... 命令，系统弹出“创建工序”对话框。

Step2. 在“创建工序”对话框的 类型 下拉列表中选择 hole_making 选项，在 工序子类型 区域中单击“定心钻”按钮，在 刀具 下拉列表中选择前面设置的刀具 T2SP3（钻刀）选项，在 几何体 下拉列表中选择 WORKPIECE 选项，其他参数采用系统默认设置。

Step3. 单击“创建工序”对话框中的 确定 按钮，系统弹出“定心钻”对话框。

Stage2. 指定几何体

Step1. 单击“定心钻”对话框 指定特征几何体 右侧的按钮，系统弹出“特征几何体”对话框。

Step2. 在图形区选取图 15.17 所示的面上所有圆弧边（共 18 个），然后在 序列 区域的 优化 下拉列表中选择 最短刀轨 选项，并单击按钮进行重新排序。最后单击“特征几何体”

对话框中的 确定 按钮，系统返回“定心钻”对话框。

图 15.16　2D 仿真结果

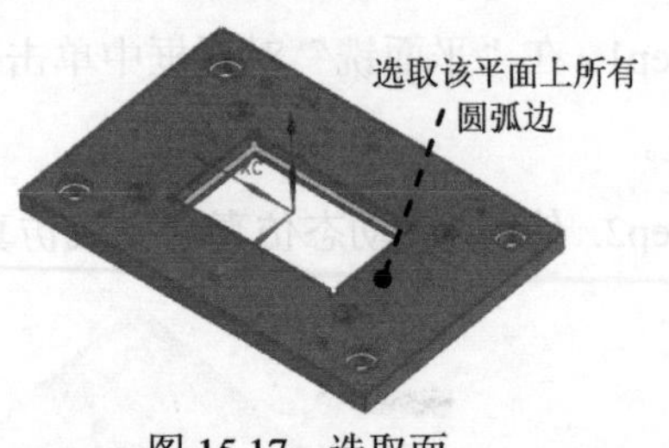

图 15.17　选取面

Stage3．设置循环参数

Step1. 在“定心钻”对话框 刀轨设置 区域的 循环 下拉列表中选择 钻 选项，单击“编辑参数”按钮，系统弹出“循环参数”对话框。

Step2. 在“循环参数”对话框中采用系统默认的参数，单击 确定 按钮，系统返回“定心钻”对话框。

Stage4．设置切削参数

采用系统默认的切削参数设置。

Stage5．设置非切削参数

采用系统默认的非切削参数设置。

Stage6．设置进给率和速度

Step1. 单击“定心钻”对话框中的“进给率和速度”按钮，系统弹出“进给率和速度”对话框。

Step2. 在“进给率和速度”对话框中选中 ☑ 主轴速度（rpm） 复选框，然后在其文本框中输入值 3000，按 Enter 键，然后单击 按钮，在 切削 文本框中输入值 150，再按 Enter 键，然后单击 按钮，其他参数采用系统默认设置，单击 确定 按钮，完成进给率和速度的设置。

Stage7．生成刀路轨迹并仿真

生成的刀路轨迹如图 15.18 所示，2D 动态仿真加工后的模型如图 15.19 所示。

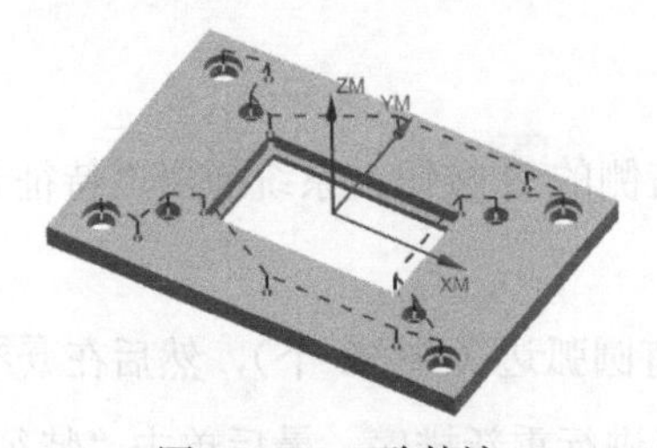

图 15.18　刀路轨迹

图 15.19　2D 仿真结果

Task8．创建刀具 3

Step1．选择下拉菜单插入(S) → 刀具(T)...命令，系统弹出“创建刀具”对话框。

Step2．确定刀具类型。在“创建刀具”对话框的类型下拉列表中选择hole_making选项，在刀具子类型区域中单击 STD_DRILL 按钮，在名称文本框中输入 T3DR6，然后单击确定按钮，系统弹出“钻刀”对话框。

Step3．设置刀具参数。在“钻刀”对话框的(D) 直径文本框中输入值 6，在刀具号、补偿寄存器文本框中均输入值 3，其他参数采用系统默认设置，单击确定按钮，完成刀具 3 的创建。

Task9．创建钻孔工序 2

Stage1．创建工序

Step1．选择下拉菜单插入(S) → 工序(E)...命令，系统弹出“创建工序”对话框。

Step2．在“创建工序”对话框的类型下拉列表中选择hole_making选项，在工序子类型区域中单击“钻孔”按钮，在程序下拉列表中选择PROGRAM选项，在刀具下拉列表中选择T3DR6（钻刀）选项，在几何体下拉列表中选择WORKPIECE选项，在方法下拉列表中选择DRILL_METHOD选项，其他参数采用系统默认设置。

Step3．单击“创建工序”对话框中的确定按钮，系统弹出“钻孔”对话框。

Stage2．指定几何体

Step1．单击“钻孔”对话框中指定特征几何体右侧的按钮，系统弹出“特征几何体”对话框。

Step2．在图形区选取图 15.20 所示的面上所有圆弧边（共 18 个），然后在序列区域的优化下拉列表中选择最短刀轨选项，并单击按钮进行重新排序。

Step3．在列表区域中选中图 15.21 所示的孔，然后在特征区域单击深度后面的按钮，在系统弹出的菜单中选择用户定义(U)选项，然后在深度文本框中输入值 15，在深度限制下拉列表中选择通孔选项。单击“特征几何体”对话框中的确定按钮，系统返回“钻孔”对话框。

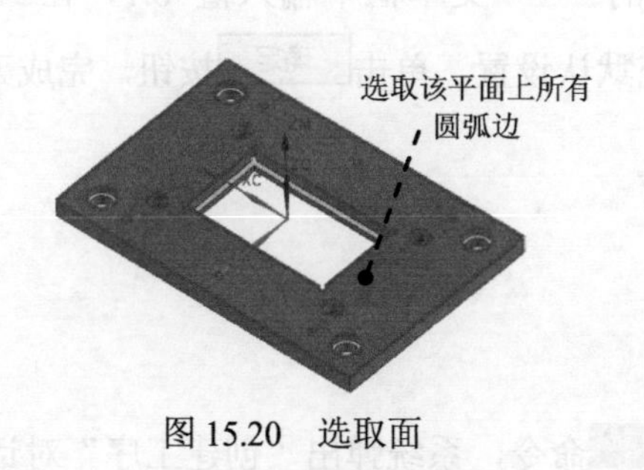

图 15.20　选取面

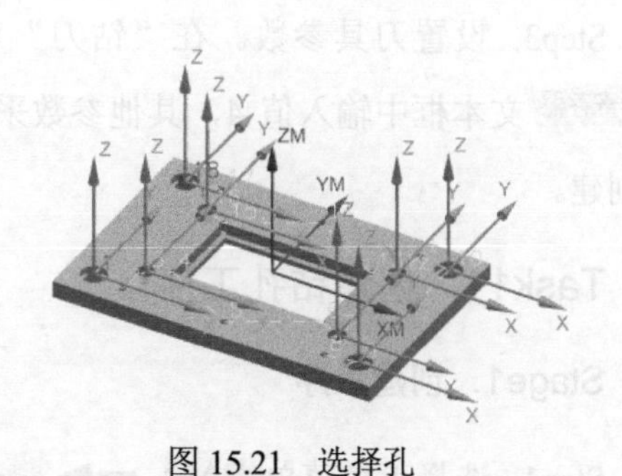

图 15.21　选择孔

Stage3．设置循环参数

采用系统默认的参数设置。

Stage4．设置切削参数和非切削参数

采用系统默认的参数设置。

Stage5．设置进给率和速度

Step1. 单击“钻孔”对话框中的“进给率和速度”按钮，系统弹出“进给率和速度”对话框。

Step2. 在“进给率和速度”对话框中选中☑ 主轴速度 (rpm)复选框，然后在其文本框中输入值 1600，按 Enter 键，然后单击按钮，在切削文本框中输入值 300，再按 Enter 键，然后单击按钮，其他参数采用系统默认设置，单击确定按钮，完成进给率和速度的设置。

Stage6．生成刀路轨迹并仿真

生成的刀路轨迹如图 15.22 所示，2D 动态仿真加工后的模型如图 15.23 所示。

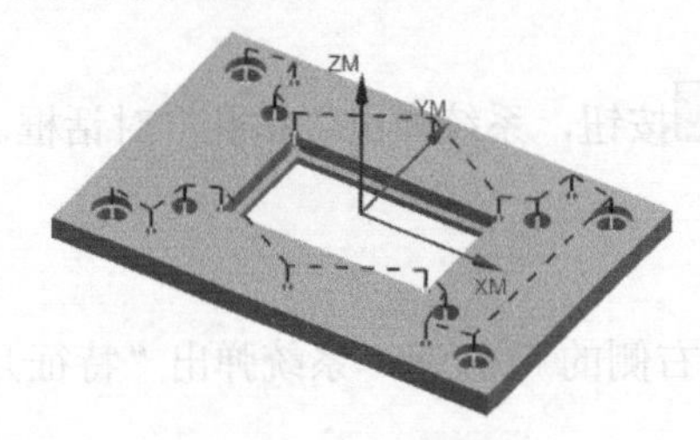

图 15.22 刀路轨迹

图 15.23 2D 仿真结果

Task10．创建刀具 4

Step1. 选择下拉菜单插入(S) ➡ 刀具(T)命令，系统弹出“创建刀具”对话框。

Step2. 确定刀具类型。在“创建刀具”对话框的类型下拉列表中选择hole_making选项，在刀具子类型区域中单击 STD_DRILL 按钮，在名称文本框中输入 T4DR6.7，然后单击确定按钮，系统弹出“钻刀”对话框。

Step3. 设置刀具参数。在“钻刀”对话框的(D) 直径文本框中输入值 6.7，在刀具号和补偿寄存器文本框中输入值 4，其他参数采用系统默认设置，单击确定按钮，完成刀具 4 的创建。

Task11．创建钻孔工序 3

Stage1．创建工序

Step1. 选择下拉菜单插入(S) ➡ 工序(E)...命令，系统弹出“创建工序”对话框。

Step2. 在“创建工序”对话框的 类型 下拉列表中选择 hole_making 选项，在 工序子类型 区域中单击“钻孔”按钮，在 程序 下拉列表中选择 PROGRAM 选项，在 刀具 下拉列表中选择 T4DR6.7 (钻刀) 选项，在 几何体 下拉列表中选择 WORKPIECE 选项，在 方法 下拉列表中选择 DRILL_METHOD 选项，其他参数采用系统默认设置。

Step3. 单击“创建工序”对话框中的 确定 按钮，系统弹出“钻孔”对话框。

Stage2．指定几何体

Step1. 单击“钻孔”对话框 指定特征几何体 右侧的按钮，系统弹出“特征几何体”对话框。

Step2. 在绘图区域选取图 15.24 所示的 6 个孔，单击“特征几何体”对话框中的 确定 按钮，系统返回“钻孔”对话框。

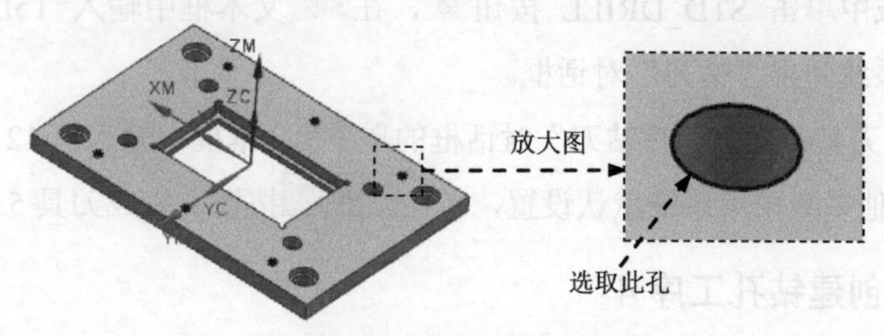

图 15.24 指定钻孔点

Stage3．设置循环参数

采用系统默认的参数设置。

Stage4．设置切削参数和非切削参数

采用系统默认的参数设置。

Stage5．设置进给率和速度

Step1. 单击“钻孔”对话框中的“进给率和速度”按钮，系统弹出“进给率和速度”对话框。

Step2. 在“进给率和速度”对话框中选中 ☑ 主轴速度 (rpm) 复选框，然后在其文本框中输入值 1800，按 Enter 键，然后单击按钮，在 切削 文本框中输入值 250，再按 Enter 键，然后单击按钮，其他参数采用系统默认设置，单击 确定 按钮，完成进给率和速度的设置。

Stage6．生成刀路轨迹并仿真

生成的刀路轨迹如图 15.25 所示，2D 动态仿真加工后的模型如图 15.26 所示。

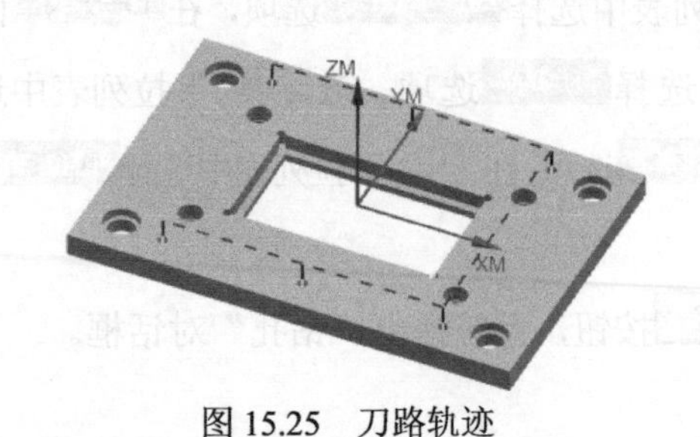

图 15.25 刀路轨迹

图 15.26 2D 仿真结果

Task12. 创建刀具 5

Step1. 选择下拉菜单 插入(S) → 刀具(T)... 命令，系统弹出“创建刀具”对话框。

Step2. 确定刀具类型。在“创建刀具”对话框的 类型 下拉列表中选择 hole_making 选项，在 刀具子类型 区域中单击 STD_DRILL 按钮，在 名称 文本框中输入 T5DR12，然后单击 确定 按钮，系统弹出“钻刀”对话框。

Step3. 设置刀具参数。在“钻刀”对话框的 (D) 直径 文本框中输入值 12，在 刀具号 文本框中输入值 5，其他参数采用系统默认设置，单击 确定 按钮，完成刀具 5 的创建。

Task13. 创建钻孔工序 4

Stage1. 创建工序

Step1. 选择下拉菜单 插入(S) → 工序(E)... 命令，系统弹出“创建工序”对话框。

Step2. 在“创建工序”对话框的 类型 下拉列表中选择 hole_making 选项，在 工序子类型 区域中单击“钻孔”按钮，在 程序 下拉列表中选择 PROGRAM 选项，在 刀具 下拉列表中选择 T5DR12 (钻刀) 选项，在 几何体 下拉列表中选择 WORKPIECE 选项，在 方法 下拉列表中选择 DRILL_METHOD 选项，其他参数采用系统默认设置。

Step3. 单击“创建工序”对话框中的 确定 按钮，系统弹出“钻孔”对话框。

Stage2. 指定几何体

Step1. 单击“钻孔”对话框 指定特征几何体 右侧的按钮，系统弹出“特征几何体”对话框。

Step2. 在绘图区域选取图 15.27 所示的 8 个孔，在 列表 区域中选中 8 个孔，在 特征 区域单击 深度 后面的按钮，在系统弹出的菜单中选择 用户定义 (U) 选项，然后在 深度 文本框中输入值 15，在 深度限制 下拉列表中选择 通孔 选项。单击 确定 按钮，系统返回“钻孔”对话框。

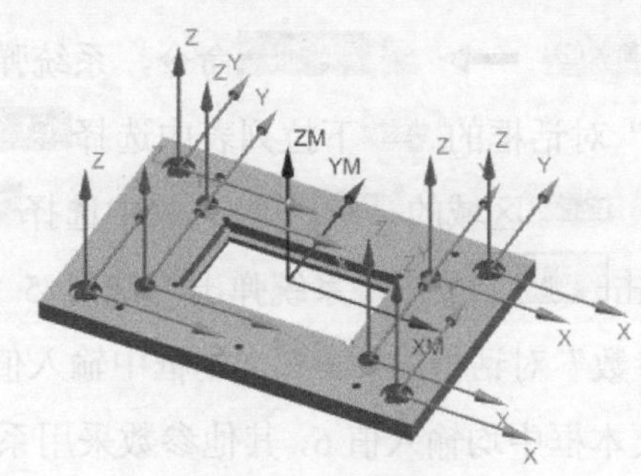

图 15.27　选择孔

Stage3．设置循环参数

采用系统默认的参数设置。

Stage4．设置切削参数

采用系统默认的参数设置。

Stage5．设置非切削参数

采用系统默认的参数设置。

Stage6．设置进给率和速度

Step1．单击“钻孔”对话框中的“进给率和速度”按钮，系统弹出“进给率和速度”对话框。

Step2．在“进给率和速度”对话框中选中 ☑ 主轴速度（rpm） 复选框，然后在其文本框中输入值 800，按 Enter 键，然后单击按钮，在 切削 文本框中输入值 250，再按 Enter 键，然后单击按钮，其他参数采用系统默认设置，单击 确定 按钮，完成进给率和速度的设置。

Stage7．生成刀路轨迹并仿真

生成的刀路轨迹如图 15.28 所示，2D 动态仿真加工后的模型如图 15.29 所示。

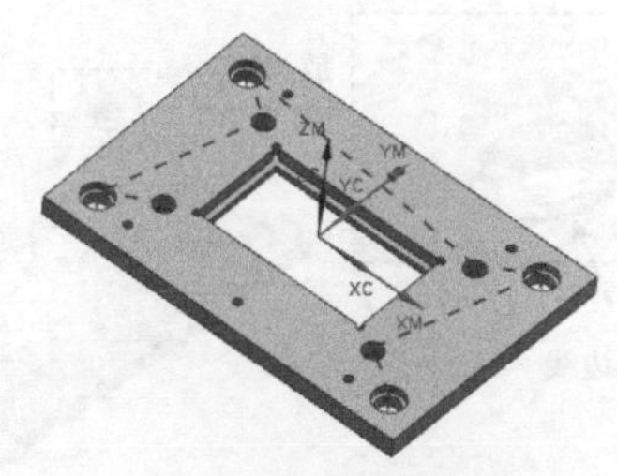

图 15.28　刀路轨迹

图 15.29　2D 仿真结果

Task14．创建刀具 6

Step1．将工序导航器调整到机床视图。

Step2. 选择下拉菜单 插入(S) ➡ 刀具(T)... 命令，系统弹出“创建刀具”对话框。

Step3. 在“创建刀具”对话框的 类型 下拉列表中选择 mill planar 选项，在 刀具子类型 区域中单击 MILL 按钮，在 位置 区域的 刀具 下拉列表中选择 GENERIC_MACHINE 选项，在 名称 文本框中输入 T6D10，然后单击 确定 按钮，系统弹出“铣刀-5 参数”对话框。

Step4. 在“铣刀-5 参数”对话框的 (D) 直径 文本框中输入值 10，在 编号 区域的 刀具号、补偿寄存器 和 刀具补偿寄存器 文本框中均输入值 6，其他参数采用系统默认设置，单击 确定 按钮，完成刀具 6 的创建。

Task15. 创建平面铣工序 2

Stage1. 创建工序

Step1. 选择下拉菜单 插入(S) ➡ 工序(E)... 命令，系统弹出“创建工序”对话框。

Step2. 确定加工方法。在“创建工序”对话框的 类型 下拉列表中选择 mill_planar 选项，在 工序子类型 区域中单击“平面铣”按钮，在 程序 下拉列表中选择 PROGRAM 选项，在 刀具 下拉列表中选择 T6D10（铣刀-5 参数）选项，在 几何体 下拉列表中选择 WORKPIECE 选项，在 方法 下拉列表中选择 MILL_FINISH 选项，采用系统默认的名称。

Step3. 在“创建工序”对话框中单击 确定 按钮，系统弹出“平面铣”对话框。

Stage2. 指定部件边界

Step1. 在“平面铣”对话框中单击 指定部件边界 右侧的“选择或编辑部件边界”按钮，系统弹出“部件边界”对话框。

Step2. 在 选择方法 下拉列表中选择 曲线 选项，在对话框的 刀具侧 下拉列表中选择 内侧 选项。

Step3. 在图形区选取图 15.30 所示的边线，单击 按钮。

Step4. 在图形区选取图 15.31 所示的边线，单击 按钮。

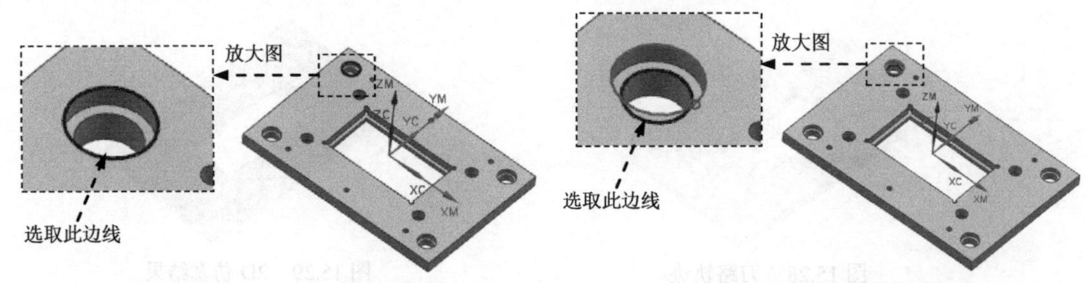

图 15.30 定义参照边线 1　　图 15.31 定义参照边线 2

Step5. 参照以上两步的操作方法，分别选取另外 7 个沉头孔的边线，并分别单击 按钮创建部件边界，如图 15.32 所示。

Step6. 单击“部件边界”对话框中的 确定 按钮，系统返回“平面铣”对话框。

Stage3．指定底面

Step1. 在“平面铣”对话框中单击 指定底面 右侧的“选择或编辑底平面几何体”按钮，系统弹出“平面”对话框。

Step2. 在图形区选取图 15.33 所示的面，然后在 偏置 区域的 距离 文本框中输入值 1，单击 确定 按钮，系统返回“平面铣”对话框。

Stage4．设置刀具路径参数

Step1. 设置一般参数。在 切削模式 下拉列表中选择 跟随部件 选项，在 步距 下拉列表中选择 恒定 选项，在 最大距离 文本框中输入值 2，其他参数采用系统默认设置。

Step2. 设置切削层。在“平面铣”对话框中单击“切削层”按钮，系统弹出“切削层”对话框；在“切削层”对话框的 类型 下拉列表中选择 恒定 选项，在 公共 文本框中输入值 1，其余参数采用系统默认设置，单击 确定 按钮，系统返回到“平面铣”对话框。

Stage5．设置切削参数

Step1. 在“平面铣”对话框中单击“切削参数”按钮，系统弹出“切削参数”对话框。

Step2. 在“切削参数”对话框中单击 策略 选项卡，按图 15.34 所示设置参数。

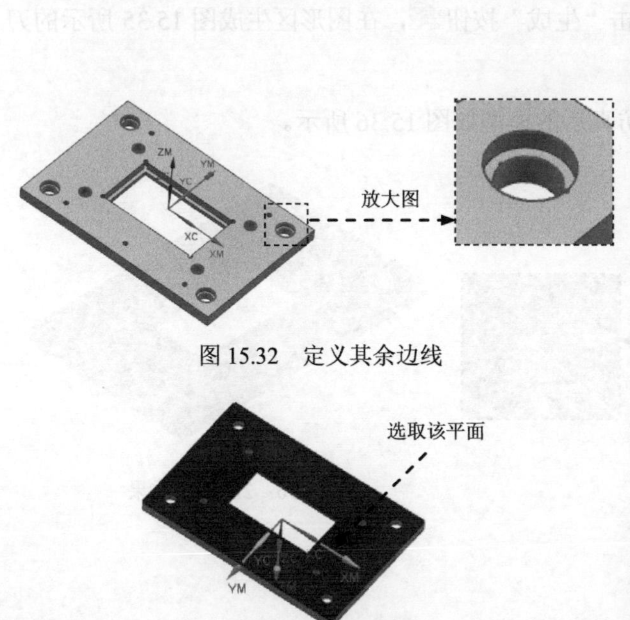

图 15.32　定义其余边线

图 15.33　指定底面

切削参数
连接　空间范围　更多
策略　余量　拐角
切削
切削方向　顺铣
切削顺序　深度优先
精加工刀路
添加精加工刀路
刀路数　1
精加工步距　0.2000(　% 刀
合并
合并距离　0.0000(　mm
毛坯
毛坯距离　0.0000(
确定　取消

图 15.34　“策略”选项卡

Step3. 在“切削参数”对话框中单击余量选项卡，在内公差与外公差文本框中均输入值0.01，其余选项卡参数采用系统默认设置，单击确定按钮，系统返回到“平面铣”对话框。

Stage6. 设置非切削移动参数

Step1. 在“平面铣”对话框的刀轨设置区域中单击“非切削移动”按钮，系统弹出“非切削移动”对话框。

Step2. 单击“非切削移动”对话框中的进刀选项卡，在进刀类型下拉列表中选择插削选项，在高度起点下拉列表中选择当前层选项，单击确定按钮，完成非切削移动参数的设置。

Stage7. 设置进给率和速度

Step1. 单击“平面铣”对话框中的“进给率和速度”按钮，系统弹出“进给率和速度”对话框。

Step2. 选中“进给率和速度”对话框主轴速度区域中的☑ 主轴速度（rpm）复选框，在其后的文本框中输入值1000，在进给率区域的切削文本框中输入值250，按Enter键，然后单击按钮，其他参数采用系统默认设置。

Step3. 单击“进给率和速度”对话框中的确定按钮，完成进给率和速度的设置。

Stage8. 生成刀路轨迹并仿真

Step1. 在“平面铣”对话框中单击“生成”按钮，在图形区生成图15.35所示的刀路轨迹。

Step2. 使用2D动态仿真，完成仿真后的模型如图15.36所示。

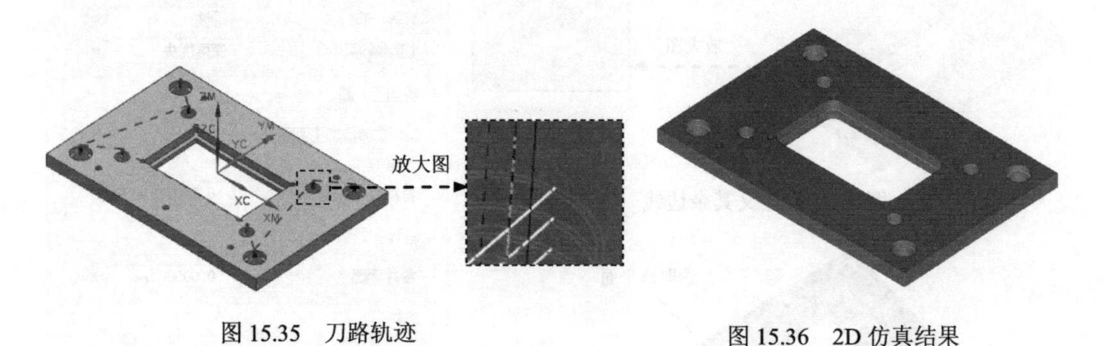

图15.35 刀路轨迹

图15.36 2D仿真结果

Task16. 创建刀具7

Step1. 将工序导航器调整到机床视图。

Step2. 选择下拉菜单插入(S) → 刀具(T)...命令，系统弹出“创建刀具”对话框。

Step3. 在“创建刀具”对话框的类型下拉列表中选择mill planar选项，在刀具子类型区域中单击 MILL 按钮，在位置区域的刀具下拉列表中选择GENERIC_MACHINE选项，在名称文本框中输入 T7D6，然后单击确定按钮，系统弹出“铣刀-5 参数”对话框。

Step4. 在“铣刀-5 参数”对话框的(D) 直径文本框中输入值 6，在编号区域的刀具号、补偿寄存器和刀具补偿寄存器文本框中均输入值 7，其他参数采用系统默认设置，单击确定按钮，完成刀具 7 的创建。

Task17. 创建清理拐角工序

Stage1. 创建工序

Step1. 选择下拉菜单插入(S) ➡ 工序(E)...命令，系统弹出“创建工序”对话框。

Step2. 确定加工方法。在“创建工序”对话框的类型下拉列表中选择mill_planar选项，在工序子类型区域中单击“清理拐角”按钮，在程序下拉列表中选择PROGRAM选项，在刀具下拉列表中选择T7D6 (铣刀-5 参数)选项，在几何体下拉列表中选择WORKPIECE选项，在方法下拉列表中选择MILL_SEMI_FINISH选项，采用系统默认的名称。

Step3. 单击“创建工序”对话框中的确定按钮，系统弹出“清理拐角”对话框。

Stage2. 指定部件边界

Step1. 在“清理拐角”对话框中单击指定部件边界右侧的“选择或编辑部件边界”按钮，系统弹出“部件边界”对话框。

Step2. 在选择方法下拉列表中选择曲线选项，在刀具侧下拉列表中选择内侧选项。

Step3. 在图形区选取图 15.37 所示的边线，然后单击按钮。

Step4. 在图形区选取图 15.38 所示的边线。单击“部件边界”对话框中的确定按钮，系统返回到“清理拐角”对话框。

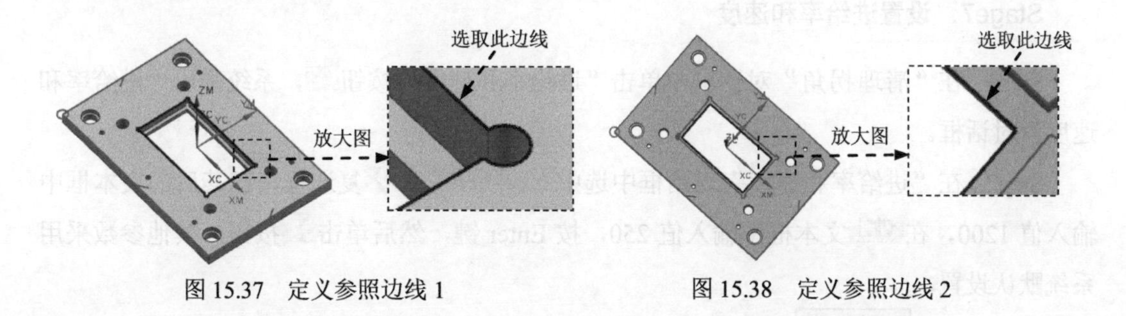

图 15.37 定义参照边线 1　　图 15.38 定义参照边线 2

Stage3. 指定底面

Step1. 在“清理拐角”对话框中单击指定底面右侧的“选择或编辑底平面几何体”按钮，系统弹出“平面”对话框。

Step2. 在图形区选取图 15.39 所示的面，然后在偏置区域的距离文本框中输入值 1，单击确定按钮，系统返回“清理拐角”对话框。

Stage4. 设置刀具路径参数

Step1. 设置一般参数。在切削模式下拉列表中选择轮廓选项，在步距下拉列表中选择恒定选项，在最大距离文本框中输入值 1，其他参数采用系统默认设置。

Step2. 设置切削层。在“清理拐角”对话框中单击“切削层”按钮，系统弹出“切削层”对话框；在“切削层”对话框的类型下拉列表中选择恒定选项，在公共文本框中输入值 1，其余参数采用系统默认设置，单击确定按钮，系统返回到“清理拐角”对话框。

Stage5. 设置切削参数

Step1. 在刀轨设置区域中单击“切削参数”按钮，系统弹出“切削参数”对话框。

Step2. 在“切削参数”对话框中单击策略选项卡，在切削顺序下拉列表中选择深度优先选项。

Step3. 在“切削参数”对话框中单击空间范围选项卡，在处理中的工件下拉列表中选择使用参考刀具选项，然后在参考刀具下拉列表中选择T1D20 (铣刀-5 参数)选项，在重叠距离文本框中输入值 1，单击确定按钮，系统返回到“清理拐角”对话框。

说明：这里选择的参考刀具一般是前面粗加工使用的刀具，也可以通过单击参考刀具右侧的“新建”按钮来创建新的参考刀具。注意，创建参考刀具时的刀具直径不能小于实际粗加工的刀具直径。

Stage6. 设置非切削移动参数

所有参数采用系统默认设置。

Stage7. 设置进给率和速度

Step1. 在“清理拐角”对话框中单击“进给率和速度”按钮，系统弹出“进给率和速度”对话框。

Step2. 在“进给率和速度”对话框中选中☑ 主轴速度 (rpm)复选框，在其后的文本框中输入值 1200，在切削文本框中输入值 250，按 Enter 键，然后单击按钮，其他参数采用系统默认设置。

Step3. 单击确定按钮，完成进给率和速度的设置，系统返回“清理拐角”对话框。

Stage8. 生成刀路轨迹并仿真

生成的刀路轨迹如图 15.40 所示，2D 动态仿真加工后的零件模型如图 15.41 所示。

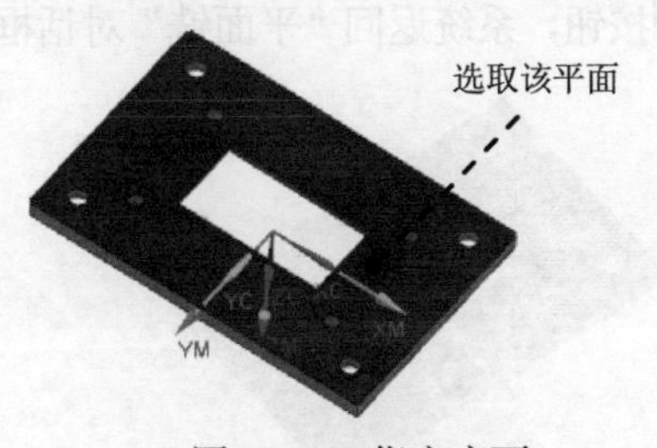

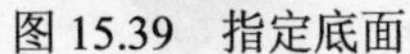
图 15.39 指定底面

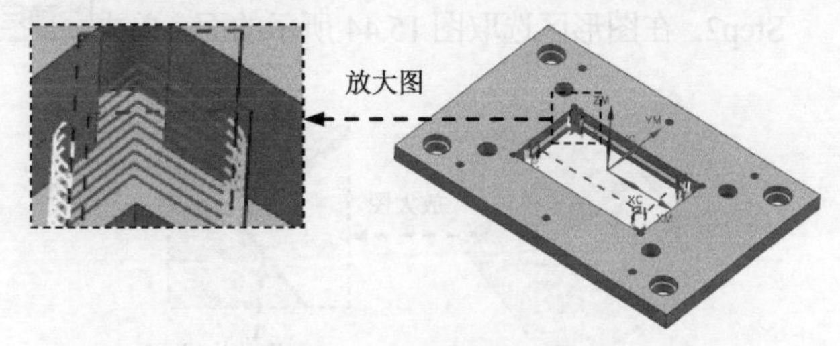

图 15.40 刀路轨迹

Task18. 创建平面铣工序 3

Stage1. 创建工序

Step1. 选择下拉菜单 插入(S) → 工序(E)... 命令，系统弹出“创建工序”对话框。

Step2. 确定加工方法。在“创建工序”对话框的 类型 下拉列表中选择 mill_planar 选项，在 工序子类型 区域中单击“平面铣”按钮，在 程序 下拉列表中选择 PROGRAM 选项，在 刀具 下拉列表中选择 T7D6（铣刀-5 参数）选项，在 几何体 下拉列表中选择 WORKPIECE 选项，在 方法 下拉列表中选择 MILL_FINISH 选项，采用系统默认的名称。

Step3. 在“创建工序”对话框中单击 确定 按钮，系统弹出“平面铣”对话框。

Stage2. 指定部件边界

Step1. 在“平面铣”对话框中单击 指定部件边界 右侧的“选择或编辑部件边界”按钮，系统弹出“部件边界”对话框。

Step2. 在 选择方法 下拉列表中选择 曲线 选项，在 刀具侧 下拉列表中选择 内侧 选项。

Step3. 在图形区选取图 15.42 所示的边线（4 条），然后单击按钮。

Step4. 在图形区选取图 15.43 所示的边线（4 条）。

图 15.41 2D 仿真结果

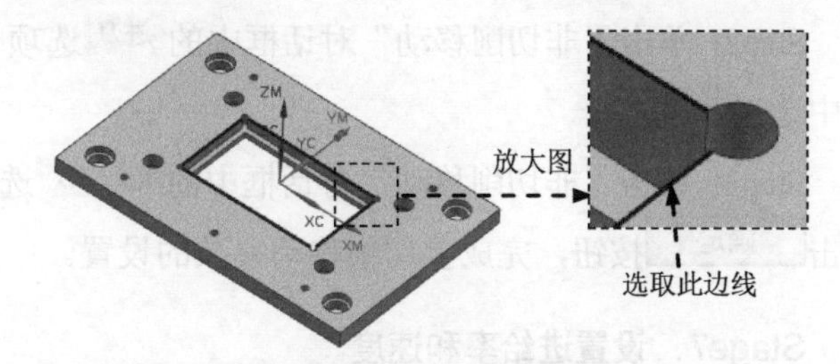

图 15.42 定义参照边线 1

Step5. 单击“部件边界”对话框中的 确定 按钮，系统返回“平面铣”对话框。

Stage3. 指定底面

Step1. 在“平面铣”对话框中单击 指定底面 右侧的“选择或编辑底平面几何体”按钮，系统弹出“平面”对话框。

Step2. 在图形区选取图 15.44 所示的面，单击 确定 按钮，系统返回“平面铣”对话框。

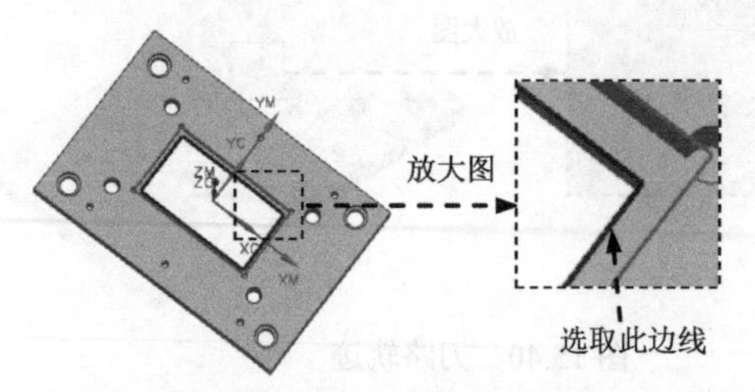

图 15.43 定义参照边线 2

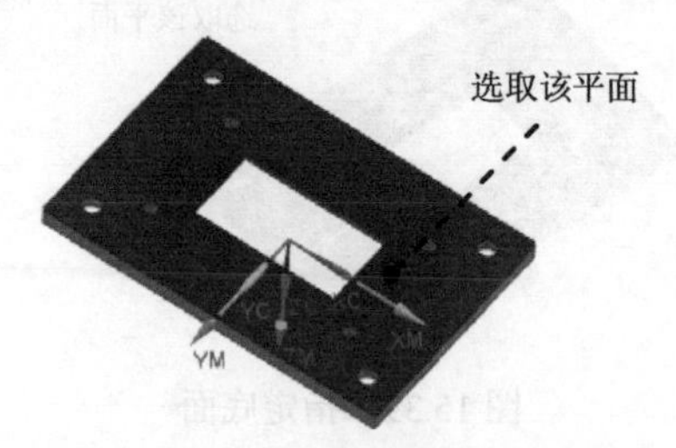

图 15.44 指定底面

Stage4．设置刀具路径参数

Step1. 设置一般参数。在 切削模式 下拉列表中选择 轮廓 选项，在 步距 下拉列表中选择 % 刀具平直 选项，在 平面直径百分比 文本框中输入值 50，其他参数采用系统默认设置。

Step2. 设置切削层。在“平面铣”对话框中单击“切削层”按钮，系统弹出“切削层”对话框；在“切削层”对话框的 类型 下拉列表中选择 临界深度 选项，其余参数采用系统默认设置，单击 确定 按钮，系统返回到“平面铣”对话框。

Stage5．设置切削参数

Step1. 在“平面铣”对话框中单击“切削参数”按钮，系统弹出“切削参数”对话框。

Step2. 在“切削参数”对话框中单击 余量 选项卡，在 部件余量 文本框中输入值 0，其余选项卡的参数采用系统默认设置，单击 确定 按钮，系统返回到“平面铣”对话框。

Stage6．设置非切削移动参数

Step1. 在“平面铣”对话框的 刀轨设置 区域中单击“非切削移动”按钮，系统弹出“非切削移动”对话框。

Step2. 单击“非切削移动”对话框中的 进刀 选项卡，在 开放区域 区域的 进刀类型 下拉列表中选择 圆弧 选项。

Step3. 单击“非切削移动”对话框中的 起点/钻点 选项卡，在 重叠距离 文本框中输入值 2，单击 确定 按钮，完成非切削移动参数的设置。

Stage7．设置进给率和速度

Step1. 单击“平面铣”对话框中的“进给率和速度”按钮，系统弹出“进给率和速度”对话框。

Step2. 选中“进给率和速度”对话框 主轴速度 区域中的 ☑ 主轴速度 (rpm) 复选框，在其后的文本框中输入值 1800，在 进给率 区域的 切削 文本框中输入值 250，按 Enter 键，然后单击按钮，其他参数采用系统默认设置。

Step3. 单击“进给率和速度”对话框中的 确定 按钮，完成进给率和速度的设置。

Stage8. 生成刀路轨迹并仿真

Step1. 在“平面铣”对话框中单击“生成”按钮，在图形区生成图 15.45 所示的刀路轨迹。

Step2. 使用 2D 动态仿真，完成仿真后的模型如图 15.46 所示。

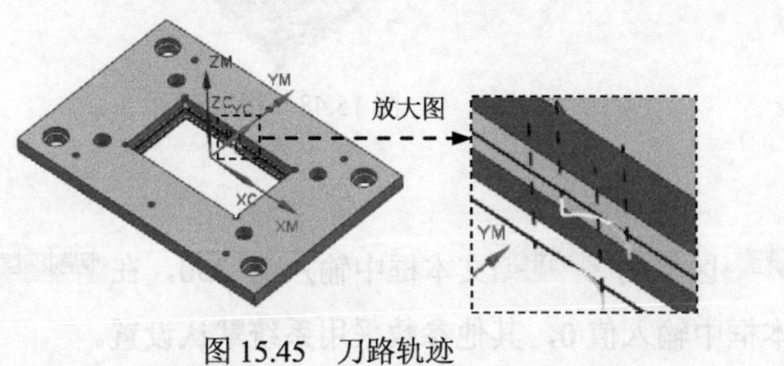

图 15.45 刀路轨迹

图 15.46 2D 仿真结果

Task19. 创建平面轮廓铣工序

Stage1. 创建工序

Step1. 选择下拉菜单 插入(S) → 工序(E)... 命令，系统弹出“创建工序”对话框。

Step2. 确定加工方法。在“创建工序”对话框的 类型 下拉列表中选择 mill_planar 选项，在 工序子类型 区域中单击“平面轮廓铣”按钮，在 程序 下拉列表中选择 PROGRAM 选项，在 刀具 下拉列表中选择 T6D10 (铣刀-5 参数) 选项，在 几何体 下拉列表中选择 WORKPIECE 选项，在 方法 下拉列表中选择 MILL_FINISH 选项，采用系统默认的名称。

Step3. 在“创建工序”对话框中单击 确定 按钮，系统弹出“平面轮廓铣”对话框。

Stage2. 指定部件边界

Step1. 在“平面轮廓铣”对话框的 几何体 区域中单击按钮，系统弹出“部件边界”对话框。

Step2. 在“部件边界”对话框的 选择方法 下拉列表中选择 曲线 选项，选取图 15.47 所示的边线为部件边界。

Step3. 单击“部件边界”对话框中的 确定 按钮，系统返回到“平面轮廓铣”对话框，完成部件边界的创建。

Stage3. 指定底面

Step1. 在“平面轮廓铣”对话框中单击按钮，系统弹出“平面”对话框，在 类型 下拉列表中选择 自动判断 选项。

Step2. 在模型上选取图 15.48 所示的模型底部平面，在偏置区域的距离文本框中输入值 1，单击 确定 按钮，完成底面的指定。

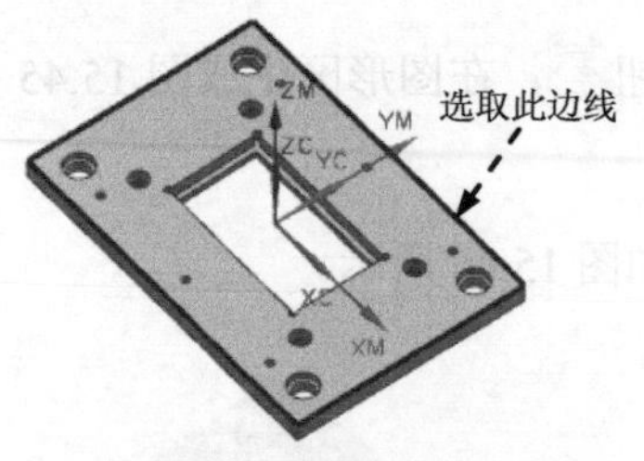

图 15.47 定义参照边线

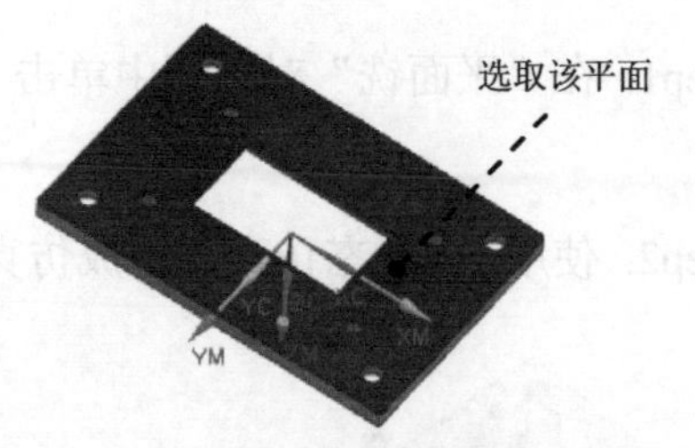

图 15.48 指定底面

Stage4. 设置刀具路径参数

在“平面轮廓铣”对话框刀轨设置区域的切削进给文本框中输入值 250，在切削深度下拉列表中选择恒定选项，在公共文本框中输入值 0，其他参数采用系统默认设置。

Stage5. 设置切削参数

采用系统默认的切削参数设置。

Stage6. 设置非切削移动参数

采用系统默认的非切削移动参数设置。

Stage7. 设置进给率和速度

Step1. 单击“平面轮廓铣”对话框中的“进给率和速度”按钮，系统弹出“进给率和速度”对话框。

Step2. 选中“进给率和速度”对话框主轴速度区域中的 ☑ 主轴速度 (rpm) 复选框，在其后的文本框中输入值 1200，按 Enter 键，然后单击按钮，在进给率区域的切削文本框中输入值 250，再按 Enter 键，然后单击按钮，其他参数采用系统默认设置。

Step3. 单击“进给率和速度”对话框中的 确定 按钮，系统返回“平面轮廓铣”对话框。

Stage8. 生成刀路轨迹并仿真

生成的刀路轨迹如图 15.49 所示，2D 动态仿真加工后的模型如图 15.50 所示。

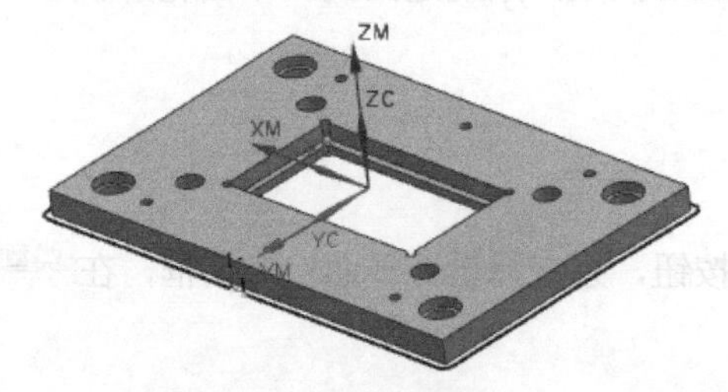

图 15.49 刀路轨迹

图 15.50 2D 仿真结果

Task20．创建表面铣工序

说明：本步骤的详细操作过程请参见随书学习资源中 video\ch15\reference 文件下的语音视频讲解文件“固定板加工-r01.exe”。

Task21．保存文件

选择下拉菜单 文件(F) → 保存(S) 命令，保存文件。

学习拓展：扫码学习更多视频讲解。

讲解内容：主要包含模具设计概述，基础知识，模具设计的一般流程，典型零件加工案例等，特别是有关注塑模设计、模具塑料及注塑成型工艺这些背景知识进行了系统讲解。作为编程技术人员，了解模具设计的基本知识非常必要。

实例 16 鼠标盖凹模加工

本实例为鼠标盖凹模，该模型加工要经过型腔铣、平面铣、等高线轮廓铣、区域轮廓铣等多道工序，特别要注意对一些细节部位的加工。下面详细介绍鼠标盖凹模的加工方法，其加工工艺路线如图 16.1 所示。

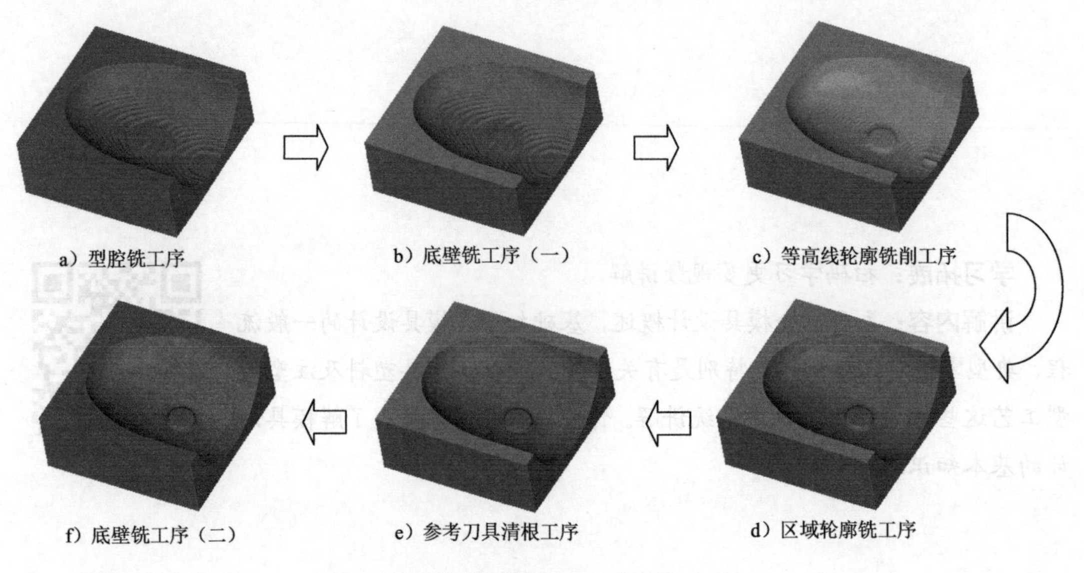

图 16.1　鼠标盖凹模加工工艺路线

Task1．打开模型文件并进入加工环境

Step1．打开模型文件 D:\ug12.11\work\ch16\mouse_upper_mold.prt。

Step2．进入加工环境。在 应用模块 功能选项卡的 加工 区域单击按钮，系统弹出“加工环境”对话框；在“加工环境”对话框的 CAM 会话配置 列表框中选择 cam_general 选项，在 要创建的 CAM 组装 列表框中选择 mill contour 选项，单击 确定 按钮，进入加工环境。

Task2．创建几何体

Stage1．创建机床坐标系

Step1．将工序导航器调整到几何视图，双击节点 MCS_MILL，系统弹出“MCS 铣削”对话框，在“MCS 铣削”对话框的 机床坐标系 区域中单击“坐标系对话框”按钮，系统弹出“坐标系”对话框。

Step2．在“坐标系”对话框的 操控器 区域中单击“点对话框”按钮，系统弹出“点”对话框，在“点”对话框的 Z 文本框中输入值 5，单击 确定 按钮，此时系统返回至“坐标系”对话框，在该对话框中单击 确定 按钮，完成图 16.2 所示机床坐标系的创建。

Stage2. 创建安全平面

Step1. 在“MCS 铣削”对话框 安全设置 区域的 安全设置选项 下拉列表中选择 平面 选项，在绘图区选取图 16.3 所示的面，然后在 距离 文本框中输入值 15。

Step2. 单击“MCS 铣削”对话框中的 确定 按钮，完成安全平面的创建。

Stage3. 创建部件几何体

Step1. 在工序导航器中双击 MCS_MILL 节点下的 WORKPIECE，系统弹出“工件”对话框。

Step2. 选取部件几何体。在“工件”对话框中单击 按钮，系统弹出“部件几何体”对话框。

Step3. 在图形区选取整个零件为部件几何体。在“部件几何体”对话框中单击 确定 按钮，完成部件几何体的创建，系统返回到“工件”对话框。

Stage4. 创建毛坯几何体

Step1. 在“工件”对话框中单击 按钮，系统弹出“毛坯几何体”对话框。

Step2. 在“毛坯几何体”对话框的 类型 下拉列表中选择 包容块 选项，在 限制 区域的 ZM+ 文本框中输入值 5。

Step3. 单击“毛坯几何体”对话框中的 确定 按钮，系统返回到“工件”对话框，完成图 16.4 所示毛坯几何体的创建。

Step4. 单击“工件”对话框中的 确定 按钮。

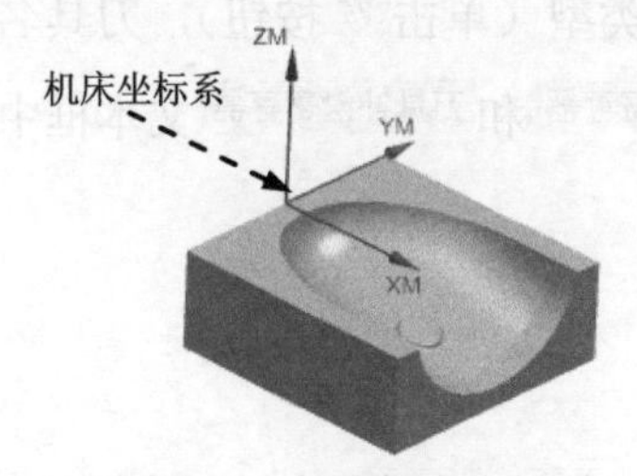

图 16.2　创建机床坐标系

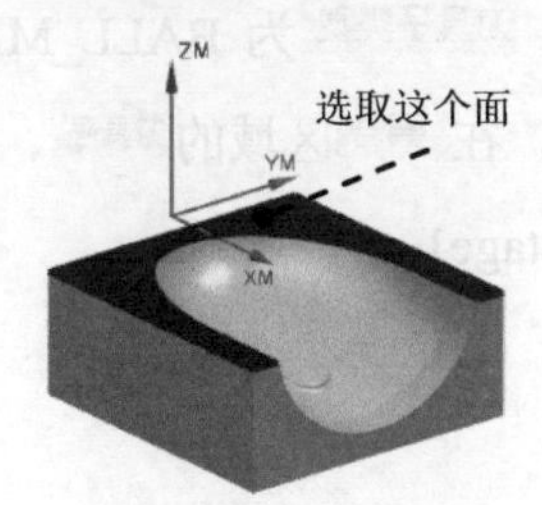

图 16.3　参考面

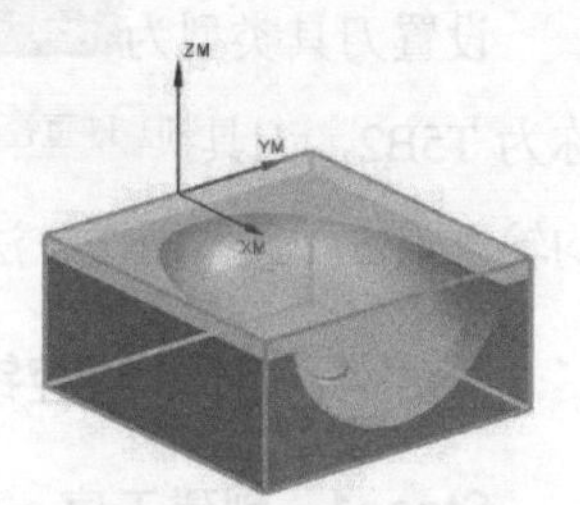

图 16.4　毛坯几何体

Task3. 创建刀具

Stage1. 创建刀具 1

Step1. 将工序导航器调整到机床视图。

Step2. 选择下拉菜单 插入(S) → 刀具(T)... 命令，系统弹出“创建刀具”对话框。

Step3. 在“创建刀具”对话框的 类型 下拉列表中选择 mill_planar 选项，在 刀具子类型 区域中单击 MILL 按钮，在 位置 区域的 刀具 下拉列表中选择 GENERIC_MACHINE 选项，在 名称 文本框中输入 T1D16R2，然后单击确定按钮，系统弹出“铣刀-5 参数”对话框。

Step4. 在“铣刀-5 参数”对话框的(D) 直径文本框中输入值 16，在(R1) 下半径文本框中输入值 2，在编号区域的刀具号、补偿寄存器和刀具补偿寄存器文本框中均输入值 1，其他参数采用系统默认设置值，单击确定按钮，完成刀具 1 的创建。

Stage2．创建刀具 2

设置刀具类型为mill contour，刀具子类型为 MILL 类型（单击按钮），刀具名称为 T2D10，刀具(D) 直径值为 10，在编号区域的刀具号、补偿寄存器和刀具补偿寄存器文本框中均输入值 2，具体操作方法参照 Stage1。

Stage3．创建刀具 3

设置刀具类型为mill contour，刀具子类型为 BALL_MILL 类型（单击按钮），刀具名称为 T3D8R4，刀具(D) 球直径值为 8，在编号区域的刀具号、补偿寄存器和刀具补偿寄存器文本框中均输入值 3，具体操作方法参照 Stage1。

Stage4．创建刀具 4

设置刀具类型为mill contour，刀具子类型为 BALL_MILL 类型（单击按钮），刀具名称为 T4D5R2.5，刀具(D) 球直径值为 5，在编号区域的刀具号、补偿寄存器和刀具补偿寄存器文本框中均输入值 4，具体操作方法参照 Stage1。

Stage5．创建刀具 5

设置刀具类型为mill contour，刀具子类型为 BALL_MILL 类型（单击按钮），刀具名称为 T5B2，刀具(D) 球直径值为 2，在编号区域的刀具号、补偿寄存器和刀具补偿寄存器文本框中均输入值 5，具体操作方法参照 Stage1。

Task4．创建型腔铣工序

Stage1．创建工序

Step1. 选择下拉菜单插入(S) → 工序(E)...命令，在“创建工序”对话框的类型下拉列表中选择mill_contour选项，在工序子类型区域中单击“型腔铣”按钮，在程序下拉列表中选择PROGRAM选项，在刀具下拉列表中选择前面设置的刀具T1D16R2（铣刀-5 参数）选项，在几何体下拉列表中选择WORKPIECE选项，在方法下拉列表中选择MILL ROUGH选项，使用系统默认的名称。

Step2. 单击“创建工序”对话框中的确定按钮，系统弹出“型腔铣”对话框。

Stage2．设置一般参数

在“型腔铣”对话框的切削模式下拉列表中选择跟随部件选项；在步距下拉列表中选择%刀具平直选项，在平面直径百分比文本框中输入值50；在公共每刀切削深度下拉列表中选择恒定选项，在最大距离文本框中输入值1。

Stage3．设置切削参数

Step1. 在刀轨设置区域中单击“切削参数”按钮，系统弹出“切削参数”对话框。

Step2. 在“切削参数”对话框中单击连接选项卡，在开放刀路下拉列表中选择变换切削方向，其他参数采用系统默认设置。

Step3. 在“切削参数”对话框中单击空间范围选项卡，在修剪方式下拉列表中选择轮廓线选项，其他参数采用系统默认设置。

Step4. 单击“切削参数”对话框中的确定按钮，系统返回到“型腔铣”对话框。

Stage4．设置非切削移动参数

采用系统默认的非切削移动参数设置。

Stage5．设置进给率和速度

Step1. 在“型腔铣”对话框中单击“进给率和速度”按钮，系统弹出“进给率和速度”对话框。

Step2. 选中“进给率和速度”对话框主轴速度区域中的☑主轴速度（rpm）复选框，在其后的文本框中输入值1000，按Enter键，然后单击按钮，在进给率区域的切削文本框中输入值300，再按Enter键，然后单击按钮，其他参数采用系统默认设置。

Step3. 单击确定按钮，完成进给率和速度的设置，系统返回“型腔铣”对话框。

Stage6．生成刀路轨迹并仿真

生成的刀路轨迹如图16.5所示，2D动态仿真加工后的模型如图16.6所示。

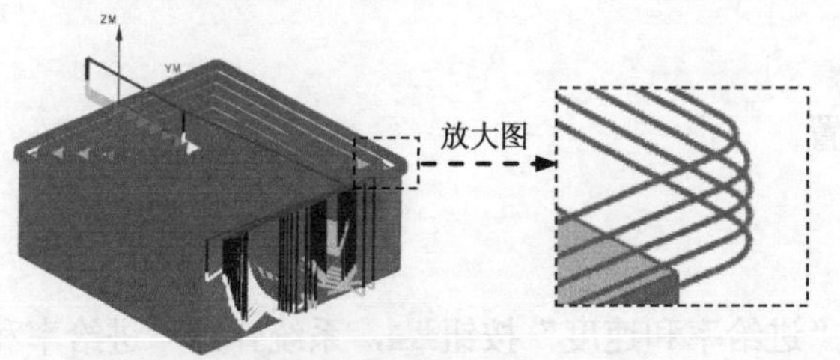

图16.5　刀路轨迹

图16.6　2D仿真结果

Task5．创建底壁铣工序1

Stage1．创建工序

Step1. 选择下拉菜单 插入(S) → 工序(E)... 命令，系统弹出“创建工序”对话框。

Step2. 确定加工方法。在“创建工序”对话框的类型下拉列表中选择mill_planar选项，在工序子类型区域中单击“底壁铣”按钮，在程序下拉列表中选择PROGRAM选项，在刀具下拉列表中选择T2D10（铣刀-5 参数）选项，在几何体下拉列表中选择WORKPIECE选项，在方法下拉列表中选择MILL_SEMI_FINISH选项，采用系统默认的名称。

Step3. 在“创建工序”对话框中单击 确定 按钮，系统弹出“底壁铣”对话框。

Stage2. 指定切削区域

Step1. 在几何体区域中单击“选择或编辑切削区域几何体”按钮，系统弹出“切削区域”对话框。

Step2. 选取图 16.7 所示的面为切削区域，在“切削区域”对话框中单击 确定 按钮，完成切削区域的创建，系统返回到“底壁铣”对话框。

Stage3. 设置刀具路径参数

Step1. 设置切削模式。在刀轨设置区域的切削模式下拉列表中选择跟随周边选项。

Step2. 设置步进方式。在步距下拉列表中选择 % 刀具平直选项，在平面直径百分比文本框中输入值 75，其他参数采用系统默认设置。

Stage4. 设置切削参数

Step1. 单击“底壁铣”对话框刀轨设置区域中的“切削参数”按钮，系统弹出“切削参数”对话框。

Step2. 在“切削参数”对话框中单击策略选项卡，在刀路方向下拉列表中选择向内选项；单击余量选项卡，在最终底面余量文本框中输入值 0.25；单击拐角选项卡，在光顺下拉列表中选择所有刀路选项；单击空间范围选项卡，在刀具延展量文本框中输入值 60；单击“切削参数”对话框中的 确定 按钮，系统返回到“底壁铣”对话框。

Stage5. 设置非切削移动参数

采用系统默认的非切削移动参数设置。

Stage6. 设置进给率和速度

Step1. 单击“底壁铣”对话框中的“进给率和速度”按钮，系统弹出“进给率和速度”对话框。

Step2. 选中“进给率和速度”对话框主轴速度区域中的 ☑ 主轴速度（rpm）复选框，在其后的文本框中输入值 800，按 Enter 键，然后单击按钮，在切削文本框中输入值 200，再按

Enter 键，然后单击按钮，其他参数采用系统默认设置。

Step3. 单击“进给率和速度”对话框中的 确定 按钮，系统返回“底壁铣”对话框。

Stage7. 生成刀路轨迹并仿真

生成的刀路轨迹如图 16.8 所示，2D 动态仿真加工后的模型如图 16.9 所示。

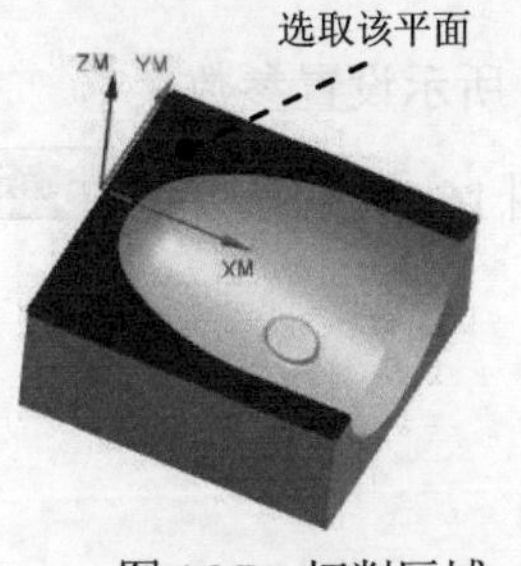

图 16.7 切削区域

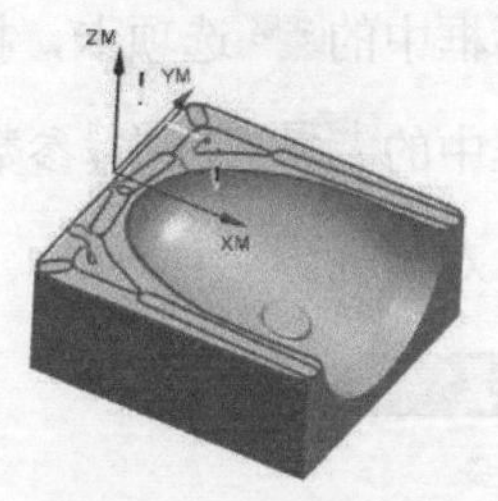

图 16.8 刀路轨迹

图 16.9 2D 仿真结果

Task6. 创建深度轮廓铣工序

Stage1. 创建工序

Step1. 选择下拉菜单 插入(S) → 工序(E)... 命令，系统弹出“创建工序”对话框。

Step2. 在“创建工序”对话框的 类型 下拉列表中选择 mill_contour 选项，在 工序子类型 区域中单击“深度轮廓铣”按钮，在 程序 下拉列表中选择 PROGRAM 选项，在 刀具 下拉列表中选择 T3D8R4（铣刀-球头铣）选项，在 几何体 下拉列表中选择 WORKPIECE 选项，在 方法 下拉列表中选择 MILL_SEMI_FINISH 选项，单击 确定 按钮，系统弹出“深度轮廓铣”对话框。

Stage2. 指定切削区域

Step1. 单击“深度轮廓铣”对话框 指定切削区域 右侧的按钮，系统弹出“切削区域”对话框。

Step2. 在绘图区选取图 16.10 所示的切削区域（共 22 个面），单击 确定 按钮，系统返回到“深度轮廓铣”对话框。

Stage3. 设置刀具路径参数和切削层

Step1. 设置刀具路径参数，如图 16.11 所示。

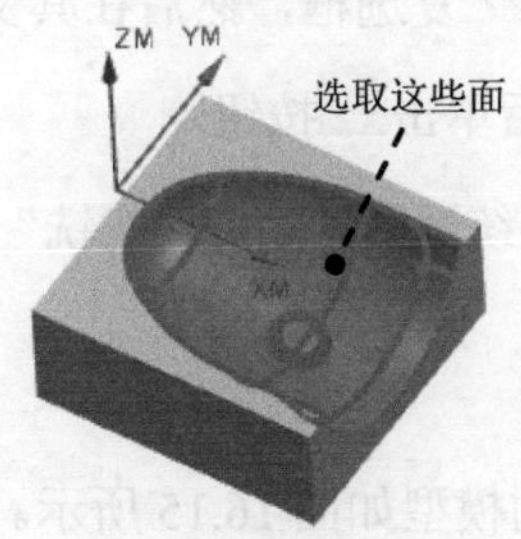

图 16.10 指定切削区域

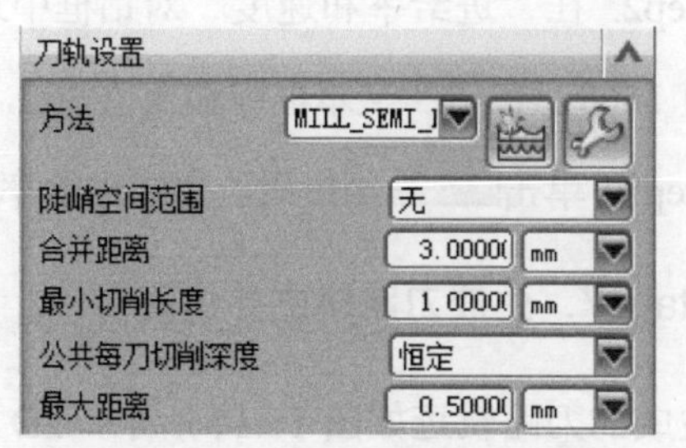

图 16.11 设置刀具路径参数

Step2. 设置切削层。采用系统默认设置。

Stage4. 设置切削参数

Step1. 单击“深度轮廓铣”对话框中的“切削参数”按钮，系统弹出“切削参数”对话框。

Step2. 单击“切削参数”对话框中的策略选项卡，按图 16.12 所示设置参数。

Step3. 单击“切削参数”对话框中的连接选项卡，参数设置如图 16.13 所示，单击确定按钮，系统返回到“深度轮廓铣”对话框。

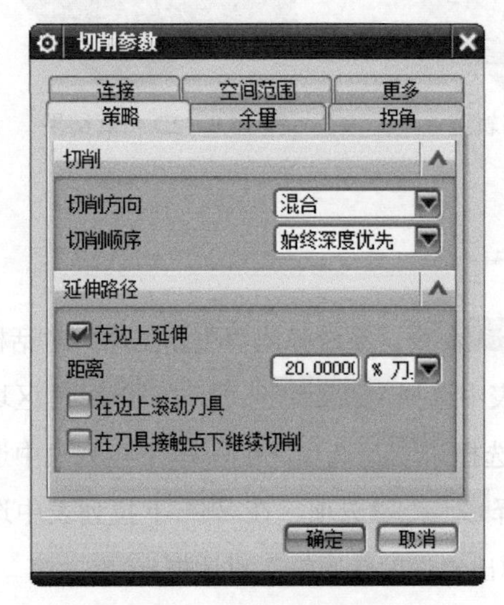

图 16.12 “策略”选项卡

图 16.13 “连接”选项卡

Stage5. 设置非切削移动参数

采用系统默认的非切削移动参数。

Stage6. 设置进给率和速度

Step1. 在“深度轮廓铣”对话框中单击“进给率和速度”按钮，系统弹出“进给率和速度”对话框。

Step2. 在“进给率和速度”对话框中选中☑ 主轴速度 (rpm)复选框，然后在其文本框中输入值 1600，在切削文本框中输入值 300，按 Enter 键，然后单击按钮。

Step3. 单击确定按钮，完成进给率和速度的设置，系统返回“深度轮廓铣”对话框。

Stage7. 生成刀路轨迹并仿真

生成的刀路轨迹如图 16.14 所示，2D 动态仿真加工后的模型如图 16.15 所示。

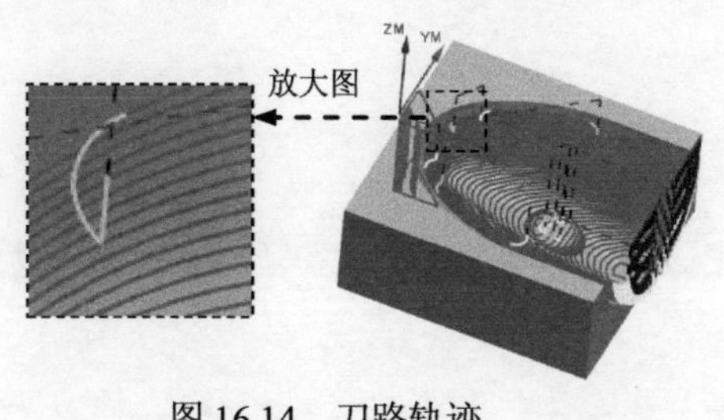

图 16.14 刀路轨迹

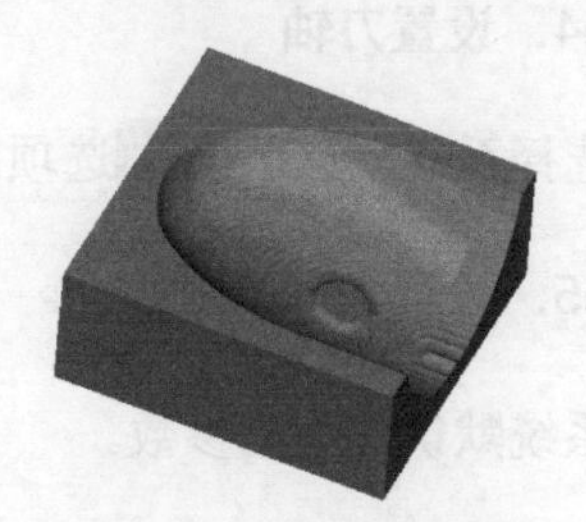

图 16.15 2D 仿真结果

Task7. 创建区域轮廓铣

Stage1. 创建工序

Step1. 选择下拉菜单 插入(S) → 工序(E)... 命令，在“创建工序”对话框的 类型 下拉列表中选择 mill_contour 选项，在 工序子类型 区域中单击“区域轮廓铣”按钮，在 程序 下拉列表中选择 PROGRAM 选项，在 刀具 下拉列表中选择 T4D5R2.5 (铣刀-球头铣) 选项，在 几何体 下拉列表中选择 WORKPIECE 选项，在 方法 下拉列表中选择 MILL_FINISH 选项，使用系统默认的名称 CONTOUR_AREA。

Step2. 单击“创建工序”对话框中的 确定 按钮，系统弹出“区域轮廓铣”对话框。

Stage2. 指定切削区域

Step1. 在 几何体 区域中单击“选择或编辑切削区域几何体”按钮，系统弹出“切削区域”对话框。

Step2. 在图形区域选取图 16.16 所示的面（共 22 个），单击 确定 按钮，系统返回到“区域轮廓铣”对话框。

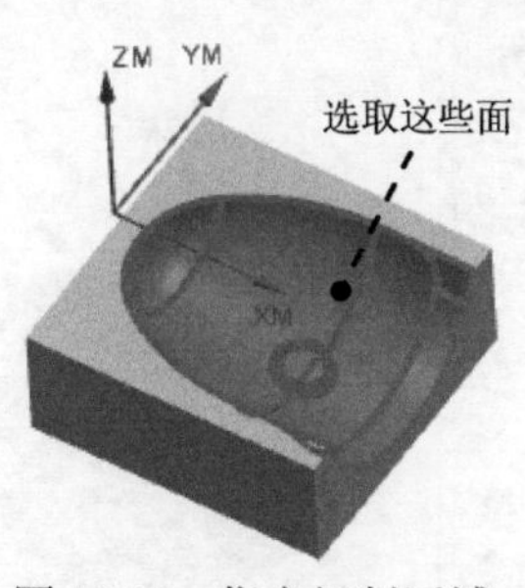

图 16.16 指定切削区域

Stage3. 设置驱动方式

Step1. 在“区域轮廓铣”对话框 驱动方法 区域的下拉列表中选择 区域铣削 选项，单击 驱动方法 区域中的“编辑”按钮，系统弹出“区域铣削驱动方法”对话框。

Step2. 在“区域铣削驱动方法”对话框中按图 16.17 所示设置参数，然后单击 确定 按钮，系统返回到“区域轮廓铣”对话框。

Stage4．设置刀轴

刀轴选择系统默认的+ZM 轴选项。

Stage5．设置切削参数

采用系统默认的切削参数。

Stage6．设置非切削移动参数

采用系统默认的非切削移动参数。

Stage7．设置进给率和速度

Step1．在“区域轮廓铣”对话框中单击“进给率和速度”按钮，系统弹出“进给率和速度”对话框。

Step2．选中“进给率和速度”对话框主轴速度区域中的☑ 主轴速度（rpm）复选框，在其后的文本框中输入值 4000，按 Enter 键，然后单击按钮，在切削文本框中输入值 600，再按 Enter 键，然后单击按钮，其他参数采用系统默认设置。

Step3．单击确定按钮，完成进给率和速度的设置，系统返回“区域轮廓铣”对话框。

Stage8．生成刀路轨迹并仿真

生成的刀路轨迹如图 16.18 所示，2D 动态仿真加工后的模型如图 16.19 所示。

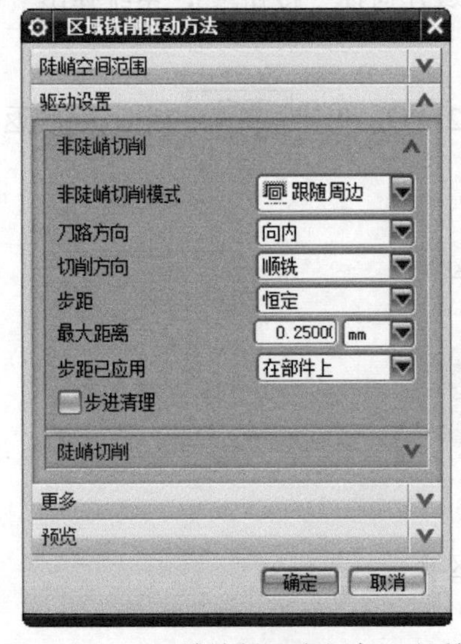

图 16.17 “区域铣削驱动方法”对话框

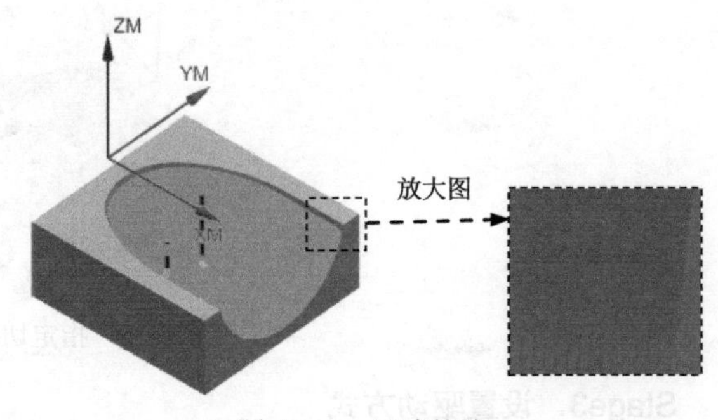

图 16.18 刀路轨迹

Task8．创建参考刀具清根工序

Stage1．创建工序

Step1．选择下拉菜单插入(S) → 工序(E)... 命令，系统弹出“创建工序”对话框。

Step2. 确定加工方法。在“创建工序”对话框的类型下拉列表中选择mill_contour选项，在工序子类型区域中单击“清根参考刀具”按钮，在刀具下拉列表中选择T5B2（铣刀-球头铣）选项，在几何体下拉列表中选择WORKPIECE选项，在方法下拉列表中选择MILL_FINISH选项，单击确定按钮，系统弹出“清根参考刀具”对话框。

Stage2. 指定切削区域

Step1.单击“清根参考刀具”对话框中的“切削区域”按钮，系统弹出“切削区域”对话框。

Step2. 在绘图区选取图 16.20 所示的切削区域（共 21 个面），单击确定按钮，系统返回到“清根参考刀具”对话框。

Stage3. 设置驱动方法

Step1. 在“清根参考刀具”对话框的驱动方法区域中单击“编辑”按钮，系统弹出“清根驱动方法”对话框，按图 16.21 所示设置参数。

Step2. 单击参考刀具区域中的按钮，在系统弹出的“新参考刀具”对话框中选择，然后单击确定按钮，在(D) 球直径文本框中输入值 10，再次单击确定按钮。

Step3. 单击确定按钮，系统返回到“清根参考刀具”对话框。

图 16.19　2D 仿真结果

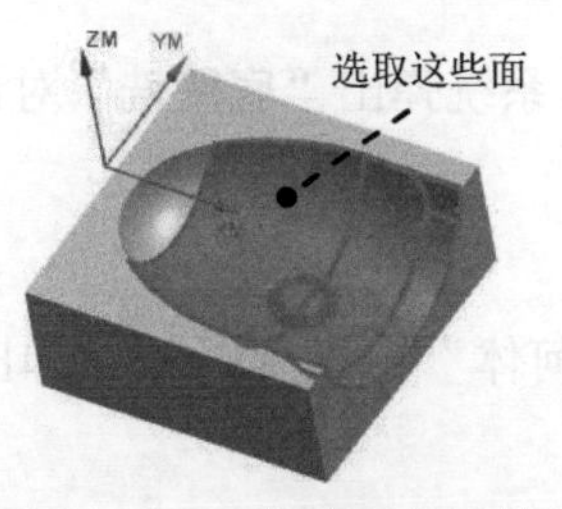

图 16.20　指定切削区域

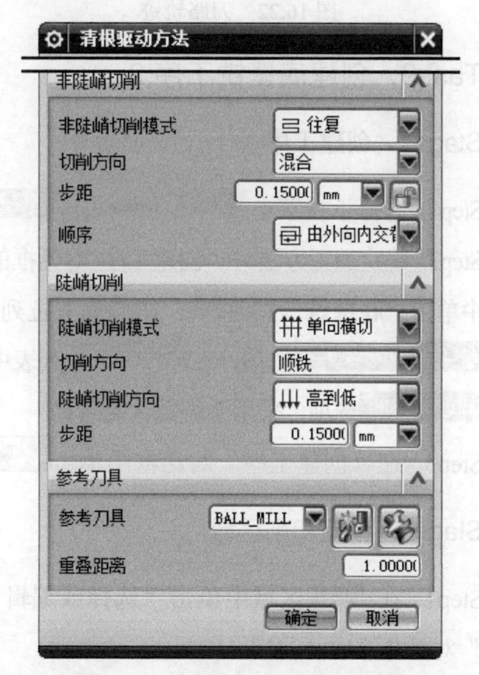

图 16.21　“清根驱动方法”对话框

Stage4. 设置切削参数与非切削移动参数

采用系统默认的切削与非切削移动参数。

Stage5．设置进给率和速度

Step1．单击“清根参考刀具”对话框中的“进给率和速度”按钮，系统弹出“进给率和速度”对话框。

Step2．在“进给率和速度”对话框中选中☑ 主轴速度 (rpm)复选框，然后在其文本框中输入值6000，在切削文本框中输入值200，按Enter键，然后单击按钮，其他参数均采用系统默认设置。

Step3．单击“进给率和速度”对话框中的确定按钮，完成切削参数的设置，系统返回到“清根参考刀具”对话框。

Stage6．生成刀路轨迹并仿真

生成的刀路轨迹如图16.22所示，2D动态仿真加工后的模型如图16.23所示。

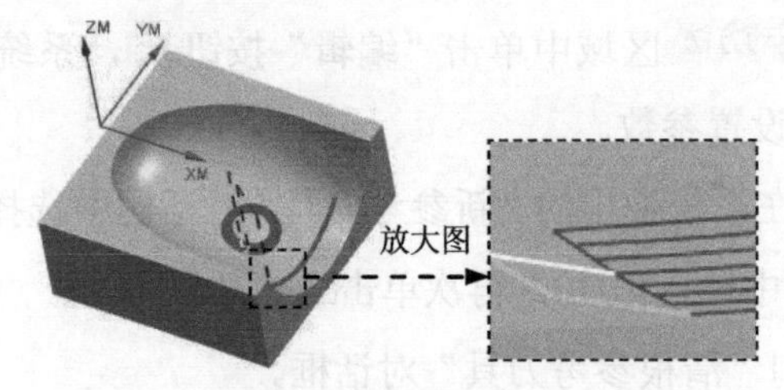

图16.22　刀路轨迹

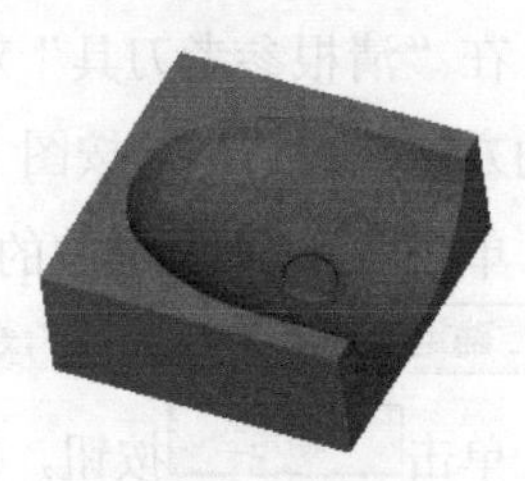

图16.23　2D仿真结果

Task9．创建底壁铣工序2

Stage1．创建工序

Step1．选择下拉菜单插入(S) → 工序(E)...命令，系统弹出“创建工序”对话框。

Step2．确定加工方法。在“创建工序”对话框的类型下拉列表中选择mill_planar选项，在工序子类型区域中单击“底壁铣”按钮，在程序下拉列表中选择PROGRAM选项，在刀具下拉列表中选择T2D10（铣刀-5参数）选项，在几何体下拉列表中选择WORKPIECE选项，在方法下拉列表中选择MILL_SEMI_FINISH选项，采用系统默认的名称。

Step3．在“创建工序”对话框中单击确定按钮，系统弹出“底壁铣”对话框。

Stage2．指定切削区域

Step1．在几何体区域中单击“选择或编辑切削区域几何体”按钮，系统弹出“切削区域”对话框。

Step2．选取图16.24所示的面为切削区域，在“切削区域”对话框中单击确定按钮，完成切削区域的创建，系统返回到“底壁铣”对话框。

Stage3．设置刀具路径参数

Step1. 设置切削模式。在 刀轨设置 区域的 切削模式 下拉列表中选择 往复 选项。

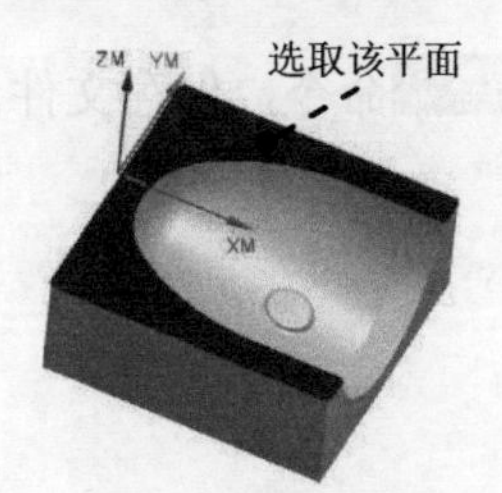

图 16.24 指定切削区域

Step2. 设置步进方式。在 步距 下拉列表中选择 % 刀具平直 选项，在 平面直径百分比 文本框中输入值 50，其他参数采用系统默认设置。

Stage4. 设置切削参数

单击“底壁铣”对话框 刀轨设置 区域中的“切削参数”按钮，系统弹出“切削参数”对话框。在“切削参数”对话框中单击 空间范围 选项卡，在 第一刀路延展里 文本框中输入值 50；单击 拐角 选项卡，在 光顺 下拉列表中选择 所有刀路 选项，其他参数采用系统默认设置，单击“切削参数”对话框中的 确定 按钮，系统返回到“底壁铣”对话框。

Stage5. 设置非切削移动参数

采用系统默认的非切削移动参数。

Stage6. 设置进给率和速度

Step1. 单击“底壁铣”对话框中的“进给率和速度”按钮，系统弹出“进给率和速度”对话框。

Step2. 选中“进给率和速度”对话框 主轴速度 区域中的 ☑ 主轴速度 (rpm) 复选框，在其后的文本框中输入值 2000，按 Enter 键，然后单击按钮，在 切削 文本框中输入值 500，再按 Enter 键，然后单击按钮，其他参数采用系统默认设置。

Step3. 单击“进给率和速度”对话框中的 确定 按钮，系统返回“底壁铣”对话框。

Stage7. 生成刀路轨迹并仿真

生成的刀路轨迹如图 16.25 所示，2D 动态仿真加工后的模型如图 16.26 所示。

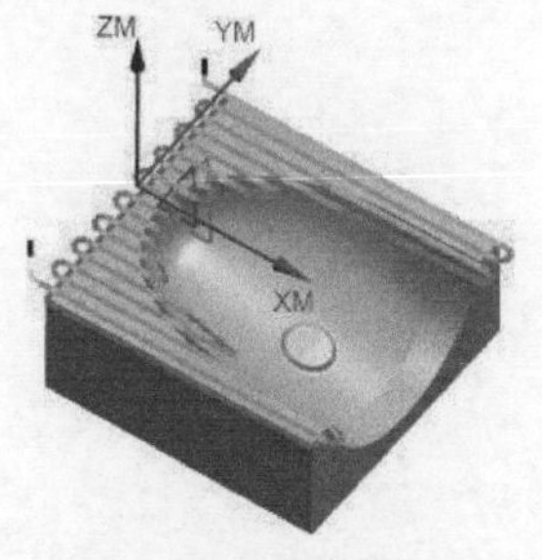

图 16.25 刀路轨迹

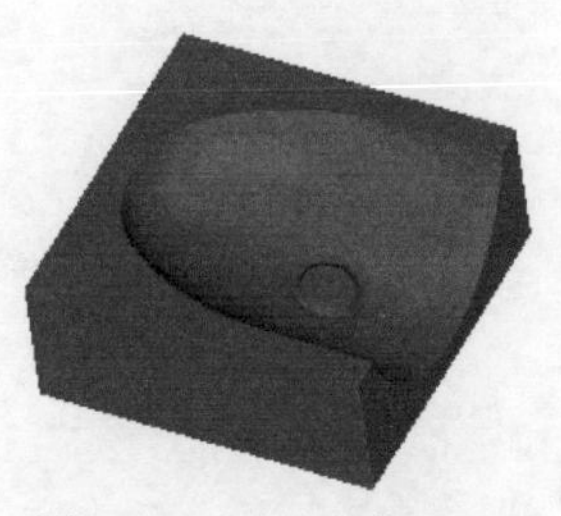

图 16.26 2D 仿真结果

Task10．保存文件

选择下拉菜单 文件(F) → 保存(S) 命令，保存文件。

学习拓展：扫码学习更多视频讲解。

讲解内容：曲面设计实例精选。本部分首先对常用的曲面设计思路和方法进行了系统的总结，然后讲解了数十个典型曲面产品设计的全过程，并对每个产品的设计要点都进行了深入剖析。了解这类曲面产品结构的设计方法，对于使用多轴加工会更有针对性，本部分内容可供读者参考。

实例 17 塑料壳凹模加工

在机械零件的加工中，加工工艺的制订是十分重要的，一般先进行粗加工，然后再进行精加工。粗加工时，刀具进给量大，机床主轴的转速较低，以便切除大量的材料，提高加工的效率。在进行精加工时，刀具的进给量小，主轴的转速较高，加工的精度高，以达到零件加工精度的要求。本节将以塑料壳凹模的加工为例介绍在多工序加工中粗、精加工工序的安排及相关加工工序的制定。塑料壳凹模加工工艺路线如图 17.1 和图 17.2 所示。

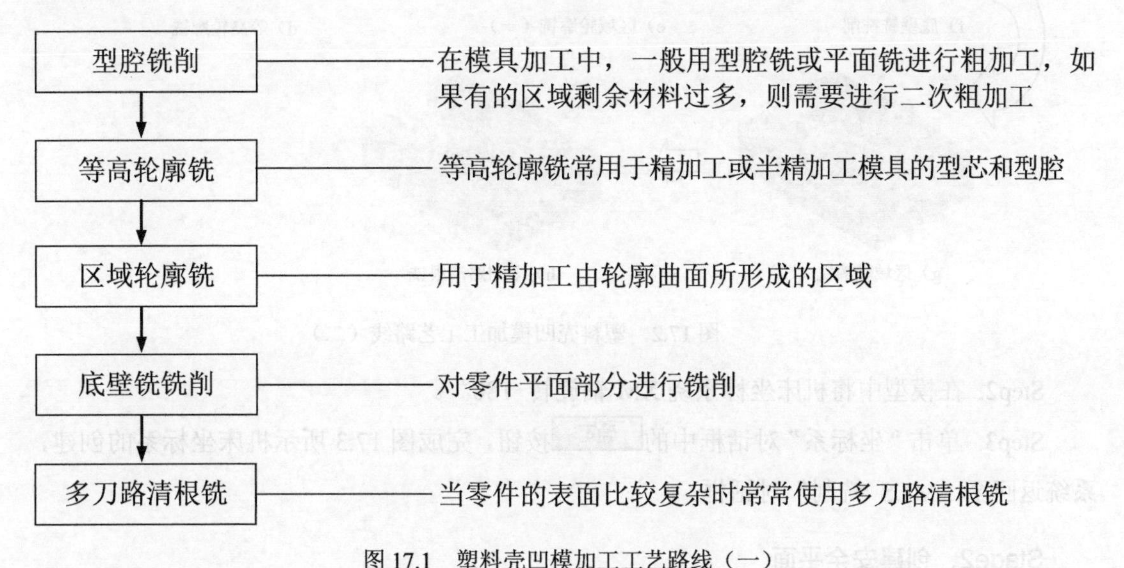

图 17.1 塑料壳凹模加工工艺路线（一）

Task1．打开模型文件并进入加工环境

Step1．打开模型文件 D:\ug12.11\work\ch17\disbin_cover_mold_cavity.prt。

Step2．进入加工环境。在 应用模块 功能选项卡 加工 区域单击按钮，系统弹出“加工环境”对话框；在“加工环境”对话框的 CAM 会话配置 列表框中选择 mill contour 选项，在 要创建的 CAM 组装 列表框中选择 mill contour 选项，单击 确定 按钮，进入加工环境。

Task2．创建几何体

Stage1．创建机床坐标系

Step1．将工序导航器调整到几何视图，双击节点 MCS_MILL，系统弹出“MCS 铣削”对话框，在“MCS 铣削”对话框的 机床坐标系 区域中单击“坐标系对话框”按钮，系统弹出“坐标系”对话框。

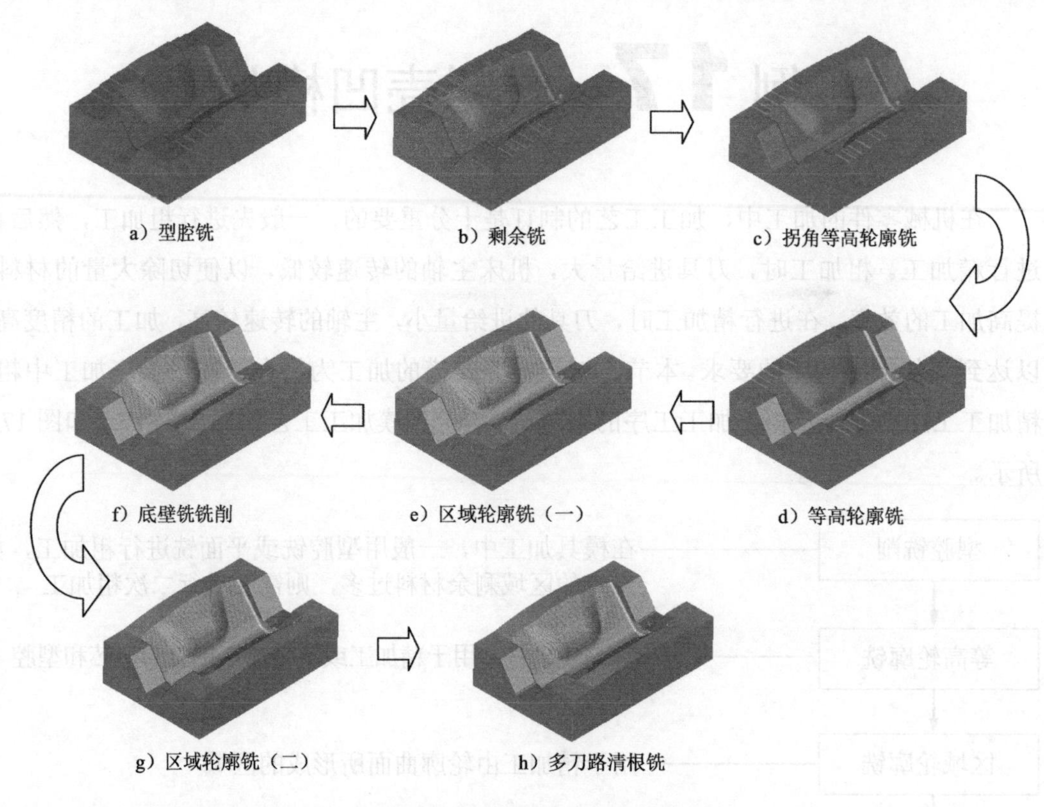

图 17.2　塑料壳凹模加工工艺路线（二）

Step2. 在模型中将机床坐标系绕 XM 轴旋转-180°。

Step3. 单击“坐标系”对话框中的 确定 按钮，完成图 17.3 所示机床坐标系的创建，系统返回至“MCS 铣削”对话框。

Stage2. 创建安全平面

Step1. 在“MCS 铣削”对话框 安全设置 区域的 安全设置选项 下拉列表中选择 平面 选项，单击“平面对话框”按钮，系统弹出“平面”对话框。

Step2. 在“平面”对话框的 类型 下拉列表中选择 按某一距离 选项，在 平面参考 区域中单击按钮，选取图 17.3 所示的平面为参考平面；在 偏置 区域的 距离 文本框中输入值 10，按 Enter 键，单击 确定 按钮，完成图 17.4 所示安全平面的创建，系统返回到“MCS 铣削”对话框。

Step3. 单击“MCS 铣削”对话框中的 确定 按钮。

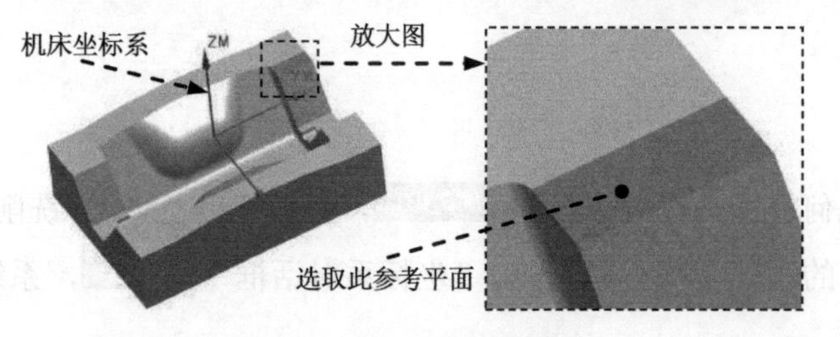

图 17.3　创建机床坐标系

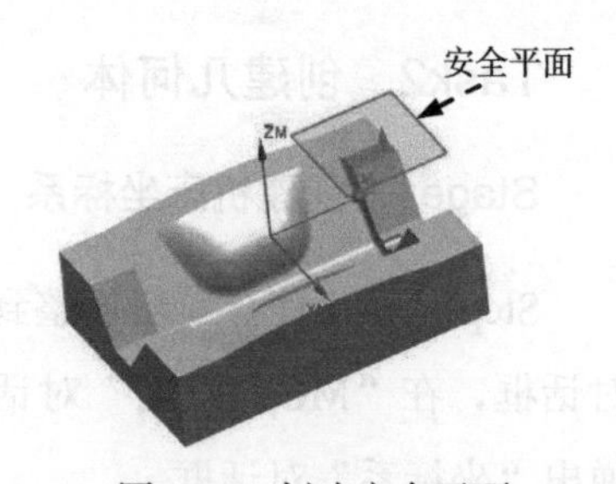

图 17.4　创建安全平面

Stage3. 创建部件几何体

Step1. 在工序导航器中双击 MCS_MILL 节点下的 WORKPIECE，系统弹出“工件”对话框。

Step2. 选取部件几何体。在“工件”对话框中单击按钮，系统弹出“部件几何体”对话框。

Step3. 在图形区选取整个零件为部件几何体。

Step4. 在“部件几何体”对话框中单击 确定 按钮，完成部件几何体的创建，系统返回到“工件”对话框。

Stage4. 创建毛坯几何体

Step1. 在“工件”对话框中单击按钮，系统弹出“毛坯几何体”对话框。

Step2. 在“毛坯几何体”对话框的 类型 下拉列表中选择 包容块 选项，在 限制 区域的 ZM+ 文本框中输入值 1。

Step3. 单击“毛坯几何体”对话框中的 确定 按钮，系统返回到“工件”对话框，完成图 17.5 所示毛坯几何体的创建。

Step4. 单击“工件”对话框中的 确定 按钮。

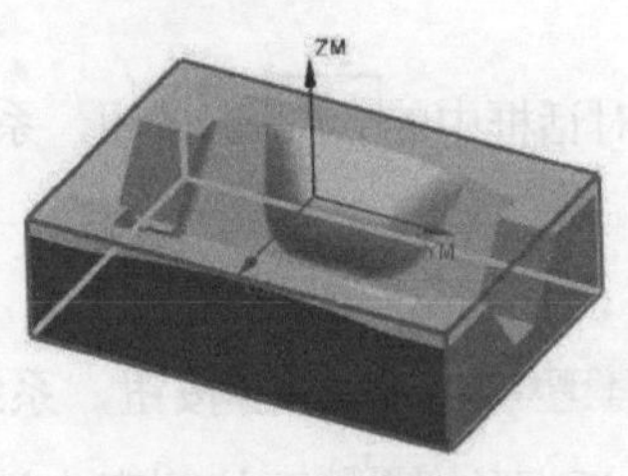

图 17.5　毛坯几何体

Task3. 创建刀具

Stage1. 创建刀具 1

Step1. 将工序导航器调整到机床视图。

Step2. 选择下拉菜单 插入(S) → 刀具(T)... 命令，系统弹出“创建刀具”对话框。

Step3. 在“创建刀具”对话框的 类型 下拉列表中选择 mill contour 选项，在 刀具子类型 区域中单击 MILL 按钮，在 位置 区域的 刀具 下拉列表中选择 GENERIC_MACHINE 选项，在 名称 文本框中输入 D10R1，然后单击 确定 按钮，系统弹出“铣刀-5 参数”对话框。

Step4. 在“铣刀-5 参数”对话框的 (D) 直径 文本框中输入值 10，在 (R1) 下半径 文本框中输入值 1，在 刀具号 文本框中输入值 1，其他参数采用系统默认设置，单击 确定 按钮，完成刀具 1 的创建。

Stage2．创建刀具 2

设置刀具类型为 mill contour ，刀具子类型 为 MILL 类型，刀具名称为 D5R1，刀具(D) 直径值为 5，刀具(R1) 下半径 值为 1，刀具号 值为 2，具体操作方法参照 Stage1。

Stage3．创建刀具 3

设置刀具类型为 mill contour ，刀具子类型 为 BALL_MILL 类型（单击按钮），刀具名称为 B5，刀具(D) 球直径 值为 5，刀具号 值为 3，具体操作方法参照 Stage1。

Task4．创建型腔铣操作

Stage1．创建工序

Step1. 将工序导航器调整到程序顺序视图。

Step2. 选择下拉菜单 插入(S) → 工序(E)... 命令，在“创建工序”对话框的 类型 下拉列表中选择 mill_contour 选项，在 工序子类型 区域中单击 CAVITY_MILL 按钮，在 程序 下拉列表中选择 NC PROGRAM 选项，在 刀具 下拉列表中选择前面设置的刀具 D10R1（铣刀-5 参数）选项，在 几何体 下拉列表中选择 WORKPIECE 选项，在 方法 下拉列表中选择 MILL ROUGH 选项，使用系统默认的名称。

Step3. 单击“创建工序”对话框中的 确定 按钮，系统弹出“型腔铣”对话框。

Stage2．设置修剪边界

Step1. 单击 几何体 区域 指定修剪边界 右侧的按钮，系统弹出“修剪边界”对话框。

Step2. 在“修剪边界”对话框的 修剪侧 下拉列表中选择 外侧 选项，其他参数采用系统默认设置，在图形区选取模型的底面。

Step3. 单击 确定 按钮，系统返回到“型腔铣”对话框。

Stage3．设置一般参数

在“型腔铣”对话框的 切削模式 下拉列表中选择 跟随周边 选项，在 步距 下拉列表中选择 % 刀具平直 选项，在 平面直径百分比 文本框中输入值 50，在 公共每刀切削深度 下拉列表中选择 恒定 选项，在 最大距离 文本框中输入值 3。

Stage4．设置切削参数

Step1. 在 刀轨设置 区域中单击“切削参数”按钮，系统弹出“切削参数”对话框。

Step2. 在“切削参数”对话框中单击 策略 选项卡，在 切削顺序 下拉列表中选择 层优先 选项，在 刀路方向 下拉列表中选择 向外 选项，其他参数采用系统默认设置。

Step3. 在“切削参数”对话框中单击 余量 选项卡，在 部件侧面余量 文本框中输入值 0.5，其他参数采用系统默认设置。

Step4. 在“切削参数”对话框中单击拐角选项卡，在光顺下拉列表中选择所有刀路选项。

Step5. 单击“切削参数”对话框中的确定按钮，系统返回到“型腔铣”对话框。

Stage5. 设置非切削移动参数

Step1. 在“型腔铣”对话框中单击“非切削移动”按钮，系统弹出“非切削移动”对话框。

Step2. 单击“非切削移动”对话框中的进刀选项卡，在封闭区域区域的进刀类型下拉列表中选择螺旋选项，在开放区域区域的进刀类型下拉列表中选择线性选项，其他参数采用系统默认设置。

Step3. 单击“非切削移动”对话框中的转移/快速选项卡，按图 17.6 所示设置参数。

Step4. 单击“非切削移动”对话框中的确定按钮，系统返回到“型腔铣”对话框。

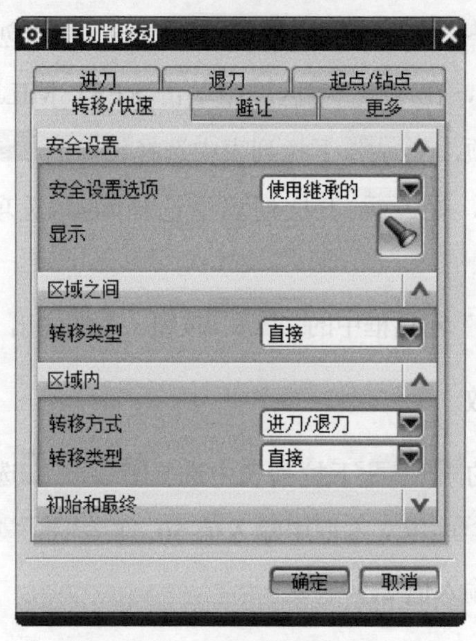

图 17.6 “转移/快速”选项卡

Stage6. 设置进给率和速度

Step1. 在“型腔铣”对话框中单击“进给率和速度”按钮，系统弹出“进给率和速度”对话框。

Step2. 选中“进给率和速度”对话框主轴速度区域中的主轴速度 (rpm)复选框，在其后的文本框中输入值 800，按 Enter 键，然后单击按钮，在进给率区域的切削文本框中输入值 125，再按 Enter 键，然后单击按钮，其他参数采用系统默认设置。

Step3. 单击确定按钮，完成进给率和速度的设置，系统返回“型腔铣”对话框。

Stage7．生成刀路轨迹并仿真

生成的刀路轨迹如图 17.7 所示，2D 动态仿真加工后的模型如图 17.8 所示。

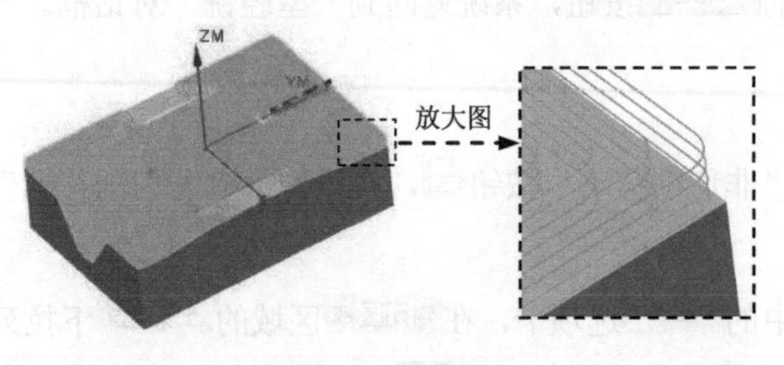

图 17.7　刀路轨迹

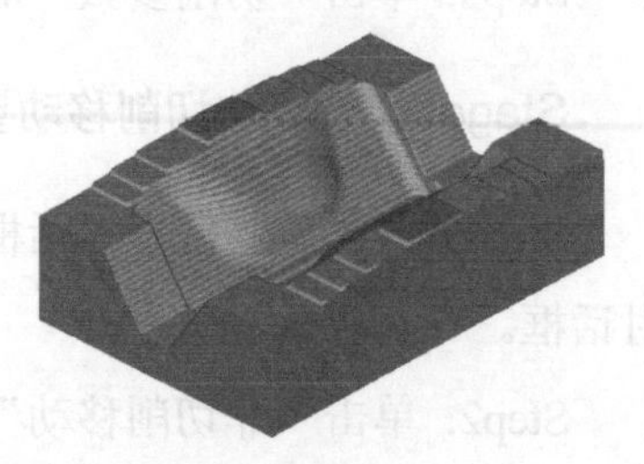

图 17.8　2D 仿真结果

Task5．创建剩余铣操作

Stage1．创建工序

Step1. 选择下拉菜单 插入(S) → 工序(E)... 命令，在“创建工序”对话框的 类型 下拉列表中选择 mill_contour 选项，在 工序子类型 区域中单击 REST_MILLING 按钮，在 程序 下拉列表中选择 NC_PROGRAM 选项，在 刀具 下拉列表中选择 D10R1（铣刀-5 参数）选项，在 几何体 下拉列表中选择 WORKPIECE 选项，在 方法 下拉列表中选择 METHOD 选项，使用系统默认的名称 REST_MILLING。

Step2. 单击“创建工序”对话框中的 确定 按钮，系统弹出“剩余铣”对话框。

Stage2．设置一般参数

在“剩余铣”对话框的 切削模式 下拉列表中选择 跟随周边 选项，在 步距 下拉列表中选择 % 刀具平直 选项，在 平面直径百分比 文本框中输入值 50，在 公共每刀切削深度 下拉列表中选择 恒定 选项，在 最大距离 文本框中输入值 2。

Stage3．设置切削参数

Step1. 在 刀轨设置 区域中单击“切削参数”按钮，系统弹出“切削参数”对话框。

Step2. 在“切削参数”对话框中单击 策略 选项卡，在 切削顺序 下拉列表中选择 层优先 选项，其他参数采用系统默认设置。

Step3. 在“切削参数”对话框中单击 余量 选项卡，在 部件侧面余量 文本框中输入值 0.2，其他参数采用系统默认设置。

Step4. 在“切削参数”对话框中单击 空间范围 选项卡，按图 17.9 所示设置参数。

Step5. 单击“切削参数”对话框中的 确定 按钮，系统返回到“剩余铣”对话框。

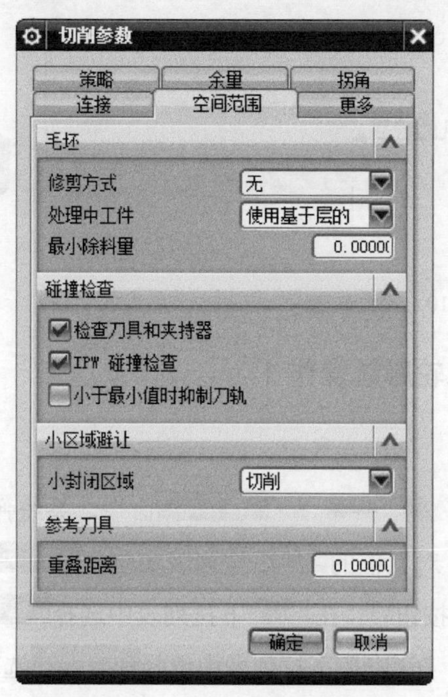

图 17.9 “空间范围”选项卡

Stage4．设置非切削移动参数

Step1. 在“剩余铣”对话框中单击“非切削移动”按钮，系统弹出“非切削移动”对话框。

Step2. 单击“非切削移动”对话框中的进刀选项卡，在封闭区域区域的进刀类型下拉列表中选择螺旋选项，在开放区域区域的进刀类型下拉列表中选择线性选项，其他参数采用系统默认设置。

Step3. 单击“非切削移动”对话框中的确定按钮，完成非切削移动参数的设置，系统返回到“剩余铣”对话框。

Stage5．设置进给率和速度

Step1. 在“剩余铣”对话框中单击“进给率和速度”按钮，系统弹出“进给率和速度”对话框。

Step2. 选中“进给率和速度”对话框主轴速度区域中的☑ 主轴速度 (rpm)复选框，在其后的文本框中输入值 1250，按 Enter 键，然后单击按钮，在进给率区域的切削文本框中输入值 400，再按 Enter 键，然后单击按钮，其他参数采用系统默认设置。

Step3. 单击确定按钮，完成进给率和速度的设置，系统返回“剩余铣”对话框。

Stage6．生成刀路轨迹并仿真

生成的刀路轨迹如图 17.10 所示，2D 动态仿真加工后的模型如图 17.11 所示。

图 17.10 刀路轨迹

图 17.11 2D 仿真结果

Task6. 创建等高线轮廓铣操作 1

Stage1. 创建工序

Step1. 选择下拉菜单 插入(S) → 工序(E)... 命令，系统弹出“创建工序”对话框。

Step2. 在“创建工序”对话框的 类型 下拉列表中选择 mill_contour 选项，在 工序子类型 区域中单击 ZLEVEL_CORNER 按钮，在 刀具 下拉列表中选择 D5R1（铣刀-5 参数）选项，在 程序 下拉列表中选择 NC_PROGRAM 选项，在 几何体 下拉列表中选择 WORKPIECE 选项，在 方法 下拉列表中选择 METHOD 选项，单击 确定 按钮，系统弹出“深度加工拐角”对话框。

Stage2. 指定切削区域

Step1. 单击“深度加工拐角”对话框 指定切削区域 右侧的按钮，系统弹出“切削区域”对话框。

Step2. 在绘图区选取图 17.12 所示的切削区域（共 55 个面），单击 确定 按钮，系统返回到“深度加工拐角”对话框。

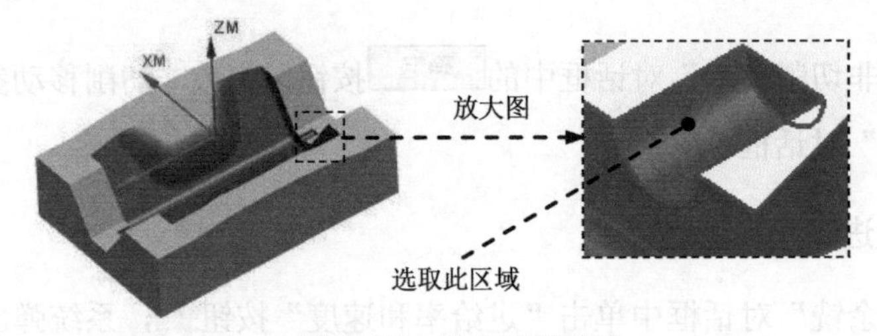

图 17.12 指定切削区域

Stage3. 设置刀具路径参数和切削层

Step1. 设置刀具路径参数。在“深度加工拐角”对话框的 陡峭空间范围 下拉列表中选择 无 选项，在 合并距离 文本框中输入值 3，在 最小切削长度 文本框中输入值 1，在 公共每刀切削深度 下拉列表中选择 恒定 选项，在 最大距离 文本框中输入值 1。

Step2. 设置切削层。单击“深度加工拐角”对话框中的“切削层”按钮，系统弹出“切削层”对话框，在 范围类型 下拉列表中选择 单侧 选项，然后选取图 17.13 所示的面为切削层的终止面，单击 确定 按钮，系统返回到“深度加工拐角”对话框。

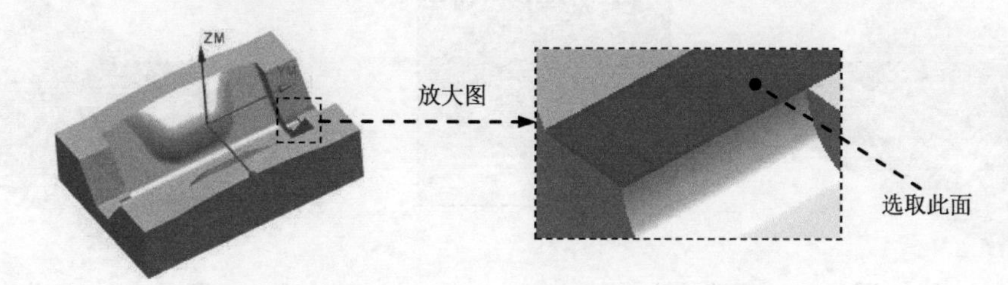

图 17.13 选取终止面

Stage4. 设置切削参数

Step1. 单击“深度加工拐角”对话框中的“切削参数”按钮，系统弹出“切削参数”对话框。

Step2. 在“切削参数”对话框中单击 策略 选项卡，在 切削顺序 下拉列表中选择 层优先 选项。

Step3. 在“切削参数”对话框中单击 拐角 选项卡，在 光顺 下拉列表中选择 所有刀路 选项。

Step4. 在“切削参数”对话框中单击 连接 选项卡，在 层到层 下拉列表中选择 直接对部件进刀 选项。

Step5. 单击“切削参数”对话框中的 确定 按钮，系统返回到“深度加工拐角”对话框。

Stage5. 设置非切削移动参数

Step1. 在“深度加工拐角”对话框中单击“非切削移动”按钮，系统弹出“非切削移动”对话框。

Step2. 单击“非切削移动”对话框中的 进刀 选项卡，在 封闭区域 的 进刀类型 下拉列表中选择 螺旋 选项，在 开放区域 的 进刀类型 下拉列表中选择 圆弧 选项，其他参数采用系统默认设置，单击 确定 按钮，完成非切削移动参数的设置。

Stage6. 设置进给率和速度

Step1. 在“深度加工拐角”对话框中单击“进给率和速度”按钮，系统弹出“进给率和速度”对话框。

Step2. 在“进给率和速度”对话框中选中 ☑ 主轴速度 (rpm) 复选框，在其文本框中输入值 1200，按 Enter 键，然后单击按钮，在 切削 文本框中输入值 200，再按 Enter 键，然后单击按钮。

Step3. 单击 确定 按钮，完成进给率的设置，系统返回“深度加工拐角”对话框。

Stage7. 生成刀路轨迹并仿真

生成的刀路轨迹如图 17.14 所示，2D 动态仿真加工后的模型如图 17.15 所示。

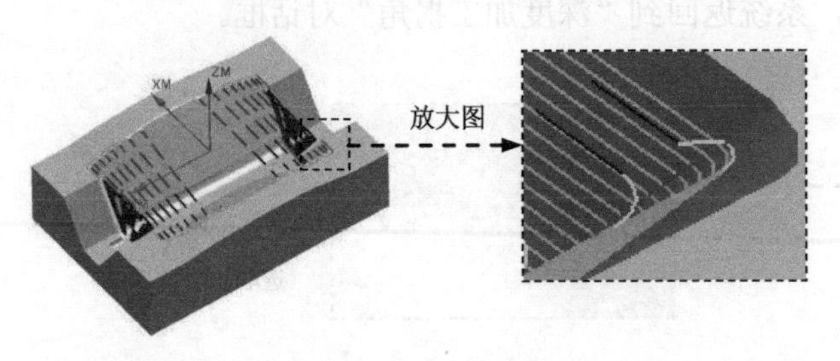

图 17.14　刀路轨迹

图 17.15　2D 仿真结果

Task7．创建等高线轮廓铣操作 2

Stage1．创建工序

Step1. 选择下拉菜单 插入(S) → 工序(E)... 命令，系统弹出“创建工序”对话框。

Step2. 在“创建工序”对话框的 类型 下拉列表中选择 mill_contour 选项，在 工序子类型 区域中单击 ZLEVEL_PROFILE 按钮，在 程序 下拉列表中选择 NC_PROGRAM 选项，在 刀具 下拉列表中选择 D5R1（铣刀-5 参数）选项，在 几何体 下拉列表中选择 WORKPIECE 选项，在 方法 下拉列表中选择 MILL_FINISH 选项，单击 确定 按钮，系统弹出“深度轮廓铣”对话框。

Stage2．指定切削区域

Step1. 单击“深度轮廓铣”对话框中的“切削区域”按钮，系统弹出“切削区域”对话框。

Step2. 在绘图区选取图 17.16 所示的切削区域（共 19 个面），单击 确定 按钮，系统返回到“深度轮廓铣”对话框。

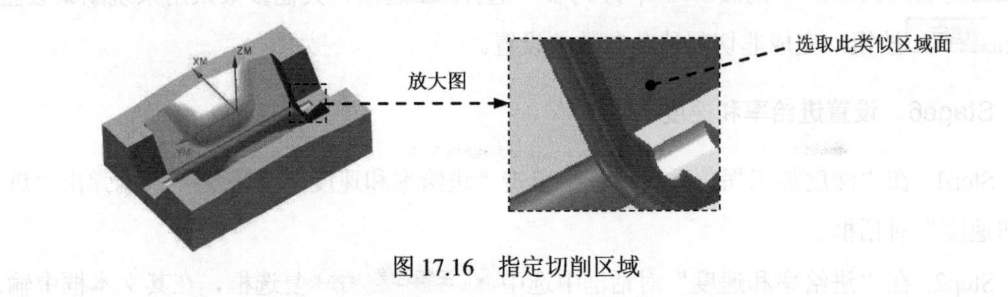

图 17.16　指定切削区域

Stage3．设置刀具路径参数和切削层

Step1. 设置刀具路径参数。在“深度轮廓铣”对话框的 合并距离 文本框中输入值 3，在 最小切削长度 文本框中输入值 1，在 公共每刀切削深度 下拉列表中选择 恒定 选项，在 最大距离 文本框中输入值 0.5。

Step2. 设置切削层。采用系统默认的参数设置。

Stage4．设置切削参数和非切削移动参数

采用系统默认的参数设置。

Stage5．设置进给率和速度

Step1. 在“深度轮廓铣”对话框中单击“进给率和速度”按钮，系统弹出“进给率和速度”对话框。

Step2. 在“进给率和速度”对话框中选中☑ 主轴速度（rpm）复选框，在其文本框中输入值1200，按Enter键，然后单击按钮，在切削文本框中输入值200，再按Enter键，然后单击按钮。

Step3. 单击确定按钮，系统返回“深度轮廓铣”对话框。

Stage6．生成刀路轨迹并仿真

生成的刀路轨迹如图17.17所示，2D动态仿真加工后的模型如图17.18所示。

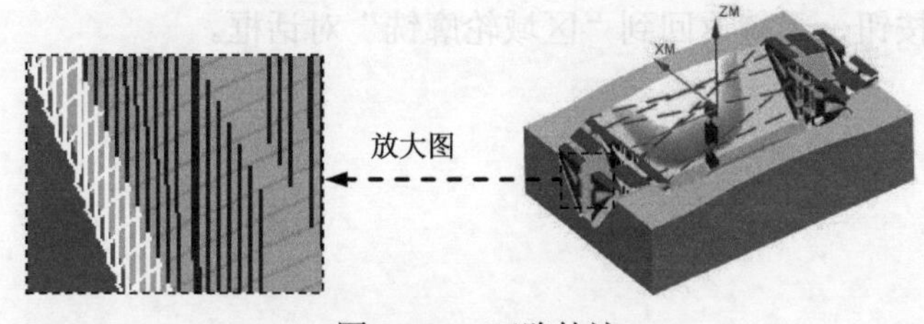

图17.17 刀路轨迹

图17.18 2D仿真结果

Task8．创建区域轮廓铣1

Stage1．创建工序

Step1. 选择下拉菜单插入(S) → 工序(E)...命令，在“创建工序”对话框的类型下拉列表中选择mill_contour选项，在工序子类型区域中单击CONTOUR_AREA按钮，在程序下拉列表中选择NC_PROGRAM选项，在刀具下拉列表中选择B5（铣刀-球头铣）选项，在几何体下拉列表中选择WORKPIECE选项，在方法下拉列表中选择METHOD选项，使用系统默认的名称CONTOUR_AREA。

Step2. 单击“创建工序”对话框中的确定按钮，系统弹出“区域轮廓铣”对话框。

Stage2．指定切削区域

Step1. 在几何体区域中单击“选择或编辑切削区域几何体”按钮，系统弹出“切削区域”对话框。

Step2. 选取图17.19所示的面为切削区域（共64个面），在“切削区域”对话框中单击确定按钮，完成切削区域的创建，系统返回到“区域轮廓铣”对话框。

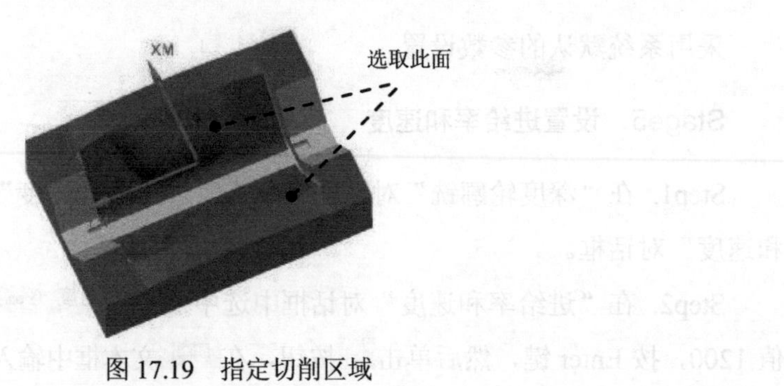

图 17.19　指定切削区域

Stage3．设置驱动方式

Step1．在“区域轮廓铣”对话框驱动方法区域的下拉列表中选择区域铣削选项，单击“编辑”按钮，系统弹出“区域铣削驱动方法”对话框。

Step2．在“区域铣削驱动方法”对话框的平面直径百分比文本框中输入值 10，其他参数采用系统默认设置，然后单击确定按钮，系统返回到“区域轮廓铣”对话框。

Stage4．设置刀轴

刀轴选择系统默认的+ZM 轴选项。

Stage5．设置切削参数

采用系统默认的切削参数。

Stage6．设置非切削移动参数

采用系统默认的非切削移动参数。

Stage7．设置进给率和速度

Step1．在“区域轮廓铣”对话框中单击“进给率和速度”按钮，系统弹出“进给率和速度”对话框。

Step2．选中“进给率和速度”对话框主轴速度区域中的☑ 主轴速度（rpm）复选框，在其后的文本框中输入值 900，按 Enter 键，然后单击按钮，在进给率区域的切削文本框中输入值 250，再按 Enter 键，然后单击按钮，其他参数采用系统默认设置。

Step3．单击确定按钮，完成进给率和速度的设置，系统返回“区域轮廓铣”对话框。

Stage8．生成刀路轨迹并仿真

生成的刀路轨迹如图 17.20 所示，2D 动态仿真加工后的模型如图 17.21 所示。

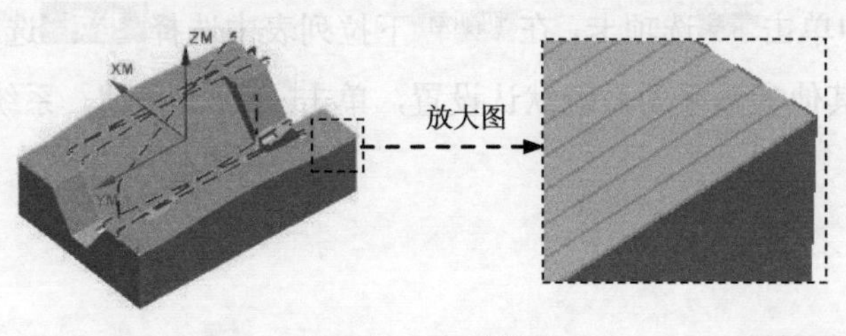

图 17.20 刀路轨迹

图 17.21 2D 仿真结果

Task9. 创建底壁铣铣操作

Stage1. 创建工序

Step1. 选择下拉菜单 插入(S) → 工序(E)... 命令，系统弹出“创建工序”对话框。

Step2. 确定加工方法。在“创建工序”对话框的 类型 下拉列表中选择 mill_planar 选项，在 工序子类型 区域中单击 FLOOR_WALL 按钮，在 刀具 下拉列表中选择 D5R1（铣刀-5 参数）选项，在 几何体 下拉列表中选择 WORKPIECE 选项，在 方法 下拉列表中选择 METHOD 选项，采用系统默认的名称。

Step3. 在“创建工序”对话框中单击 确定 按钮，系统弹出“底壁铣”对话框。

Stage2. 指定切削区域

Step1. 在 几何体 区域中单击“选择或编辑切削区域几何体”按钮，系统弹出“切削区域”对话框。

Step2. 选取图 17.22 所示的面(共 7 个)为切削区域，在“切削区域”对话框中单击 确定 按钮，完成切削区域的创建，系统返回到“底壁铣”对话框。

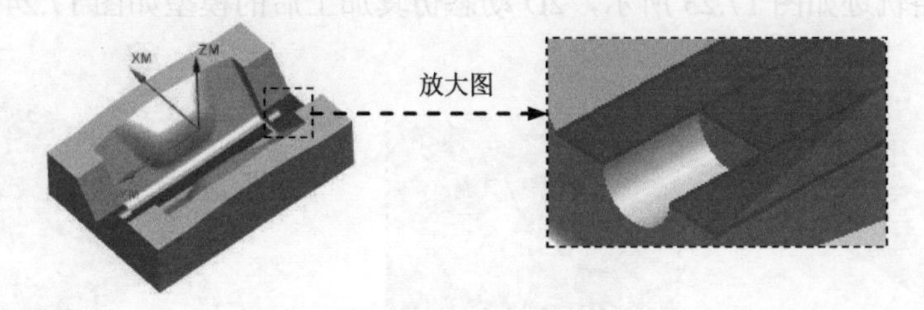

图 17.22 指定切削区域

Stage3. 设置刀具路径参数

Step1. 创建切削模式。在 刀轨设置 区域的 切削模式 下拉列表中选择 往复 选项。

Step2. 创建步进方式。在 步距 下拉列表中选择 % 刀具平直 选项，在 平面直径百分比 文本框中输入值 75。

Stage4. 设置切削参数

Step1. 在 刀轨设置 区域中单击“切削参数”按钮，系统弹出“切削参数”对话框。

Step2. 在“切削参数”对话框中单击策略选项卡，在切削角下拉列表中选择指定选项，在与 XC 的夹角文本框中输入值 90，其他参数采用系统默认设置，单击确定按钮，系统返回到“底壁铣”对话框。

Stage5. 设置非切削移动参数

Step1. 单击“底壁铣”对话框刀轨设置区域中的“非切削移动”按钮，系统弹出“非切削移动”对话框。

Step2. 单击“非切削移动”对话框中的进刀选项卡，在封闭区域区域的进刀类型下拉列表中选择沿形状斜进刀选项，在开放区域区域的进刀类型下拉列表中选择线性选项，其他选项卡中的参数采用系统默认设置，单击确定按钮，完成非切削移动参数的设置。

Stage6. 设置进给率和速度

Step1. 单击“底壁铣”对话框中的“进给率和速度”按钮，系统弹出“进给率和速度”对话框。

Step2. 选中“进给率和速度”对话框主轴速度区域中的☑ 主轴速度 (rpm)复选框，在其后的文本框中输入值 1000，按 Enter 键，然后单击按钮，在进给率区域的切削文本框中输入值 300，再按 Enter 键，然后单击按钮，其他参数采用系统默认设置。

Step3. 单击“进给率和速度”对话框中的确定按钮，系统返回“底壁铣”对话框。

Stage7. 生成刀路轨迹并仿真

生成的刀路轨迹如图 17.23 所示，2D 动态仿真加工后的模型如图 17.24 所示。

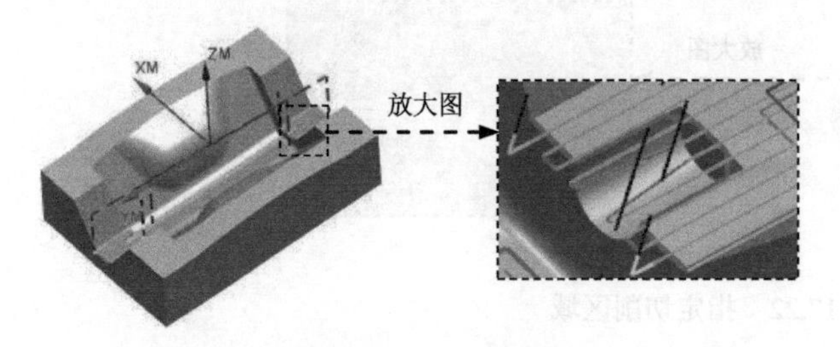

图 17.23 刀路轨迹

图 17.24 2D 仿真结果

Task10. 创建区域轮廓铣 2

Stage1. 创建工序

Step1. 选择下拉菜单插入(S) → 工序(E)...命令，在“创建工序”对话框的类型下拉列表中选择mill_contour选项，在工序子类型区域中单击 CONTOUR_AREA 按钮，在程序下拉列表中选择NC PROGRAM选项，在刀具下拉列表中选择D5R1 (铣刀-5 参数)选项，在几何体下拉列表中选择WORKPIECE选项，在方法下拉列表中选择METHOD选项，使用系统默认的名称

CONTOUR_AREA_1。

Step2. 单击“创建工序”对话框中的 确定 按钮，系统弹出“区域轮廓铣”对话框。

Stage2．指定切削区域

Step1. 在 几何体 区域中单击“选择或编辑切削区域几何体”按钮，系统弹出“切削区域”对话框。

Step2. 选取图 17.25 所示的面为切削区域，在“切削区域”对话框中单击 确定 按钮，完成切削区域的创建，系统返回到“区域轮廓铣”对话框。

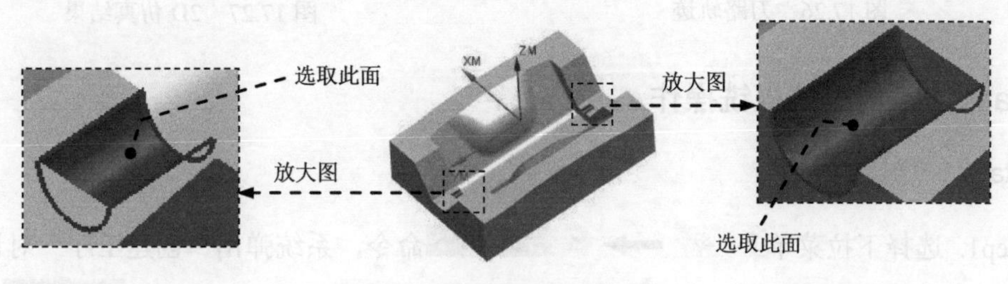

图 17.25 选取切削区域

Stage3．设置驱动方式

Step1. 在“区域轮廓铣”对话框的 驱动方法 下拉列表中选择 区域铣削 选项，单击“编辑参数”按钮，系统弹出“区域铣削驱动方法”对话框。

Step2. 在“区域铣削驱动方法”对话框的 平面直径百分比 文本框中输入值 10，其他参数采用系统默认设置，然后单击 确定 按钮，系统返回到“区域轮廓铣”对话框。

Stage4．设置刀轴

刀轴选择系统默认的 +ZM 轴 选项。

Stage5．设置切削参数和非切削移动参数

采用系统默认的切削参数和非切削移动参数。

Stage6．设置进给率和速度

Step1. 在“区域轮廓铣”对话框中单击“进给率和速度”按钮，系统弹出“进给率和速度”对话框。

Step2. 选中“进给率和速度”对话框 主轴速度 区域中的 ☑ 主轴速度 (rpm) 复选框，在其后的文本框中输入值 800，按 Enter 键，然后单击按钮，在 进给率 区域的 切削 文本框中输入值 200，再按 Enter 键，然后单击按钮，其他参数采用系统默认设置。

Step3. 单击 确定 按钮，完成进给率和速度设置，系统返回到“区域轮廓铣”对话框。

Stage7．生成刀路轨迹并仿真

生成的刀路轨迹如图 17.26 所示，2D 动态仿真加工后的模型如图 17.27 所示。

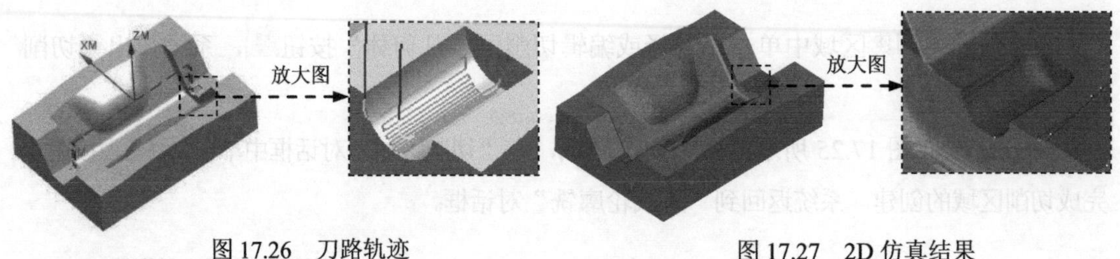

图 17.26　刀路轨迹　　　　图 17.27　2D 仿真结果

Task11．创建清根铣操作

Stage1．创建工序

Step1. 选择下拉菜单 插入(S) → 工序(E)... 命令，系统弹出“创建工序”对话框。

Step2. 确定加工方法。在“创建工序”对话框的 类型 下拉列表中选择 mill_contour 选项，在 工序子类型 区域中单击 FLOWCUT_MULTIPLE 按钮，在 刀具 下拉列表中选择 B5（铣刀-球头铣）选项，在 几何体 下拉列表中选择 WORKPIECE 选项，在 方法 下拉列表中选择 MILL_FINISH 选项，单击 确定 按钮，系统弹出“多刀路清根”对话框。

Stage2．设置驱动设置

在“多刀路清根”对话框 驱动设置 区域的 步距 文本框中输入值 0.2，其他参数采用默认设置。

Stage3．设置进给率和速度

Step1. 单击“多刀路清根”对话框中的“进给率和速度”按钮，系统弹出“进给率和速度”对话框。

Step2. 在“进给率和速度”对话框中选中 ☑ 主轴速度 (rpm) 复选框，在其文本框中输入值 1600，按 Enter 键，然后单击按钮，在 切削 文本框中输入值 1250，再按 Enter 键，然后单击按钮，在 进刀 文本框中输入值 500，其他参数采用系统默认设置。

Step3. 单击“进给率和速度”对话框中的 确定 按钮，系统返回到“多刀路清根”对话框。

Stage4．生成刀路轨迹并仿真

生成的刀路轨迹如图 17.28 所示，2D 动态仿真加工后的模型如图 17.29 所示。

图 17.28 刀路轨迹　　图 17.29 2D 仿真结果

Task12．保存文件

选择下拉菜单 文件(F) → 保存(S) 命令，保存文件。

学习拓展：扫码学习更多视频讲解。

讲解内容：运动仿真实例精选。讲解了一些典型的运动仿真实例，并对操作步骤做了详细的演示。制作数控加工的仿真效果，本部分的内容可以作为参考。

实例 18 扣盖凹模加工

本实例是扣盖凹模的加工，在加工过程中使用了平面铣、型腔铣、剩余铣、等高线轮廓铣、区域轮廓铣等方法，其工序大致按照先粗加工，然后半精加工，最后精加工的原则。该扣盖凹模加工工艺路线如图 18.1 和图 18.2 所示。

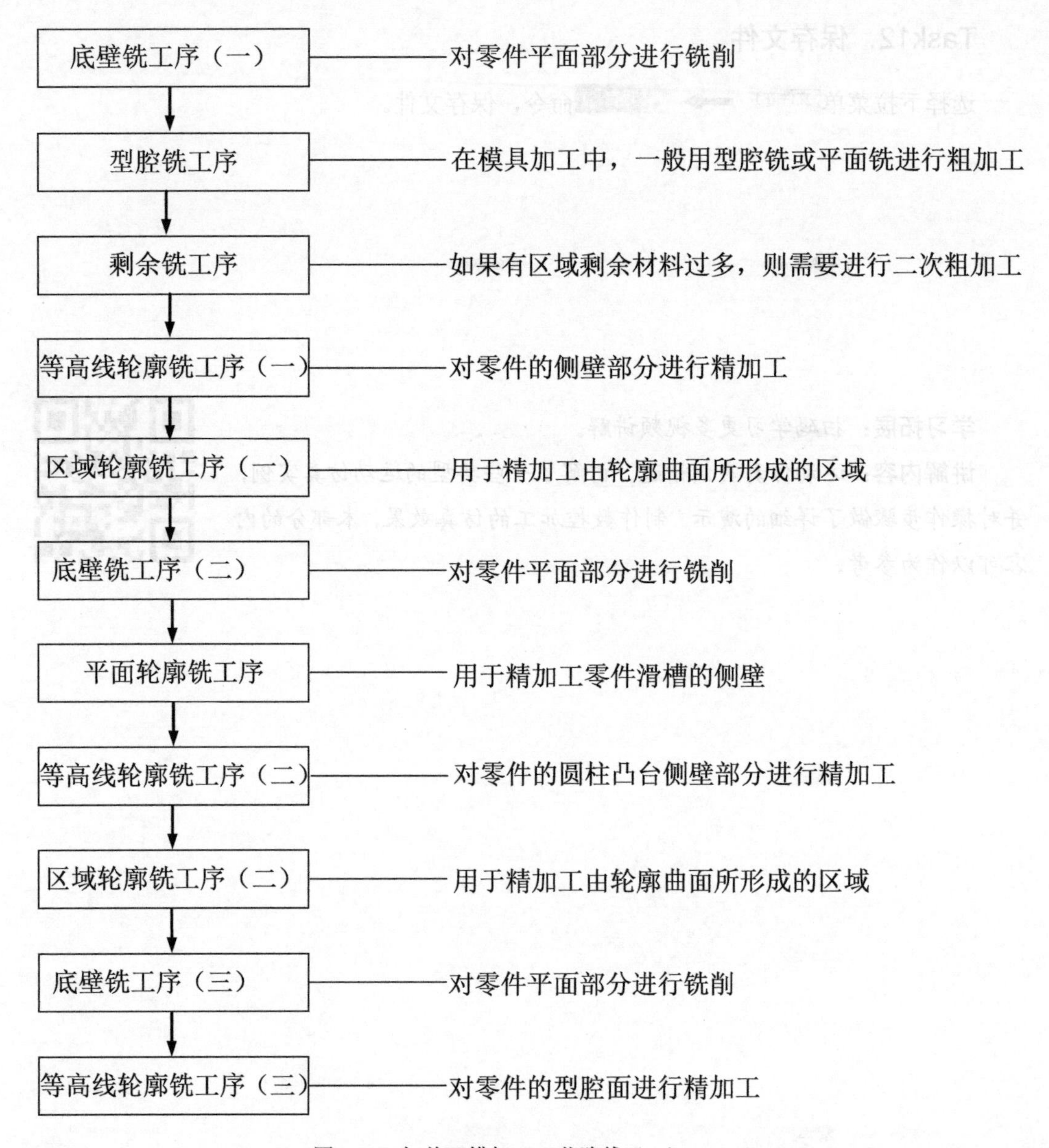

图 18.1 扣盖凹模加工工艺路线（一）

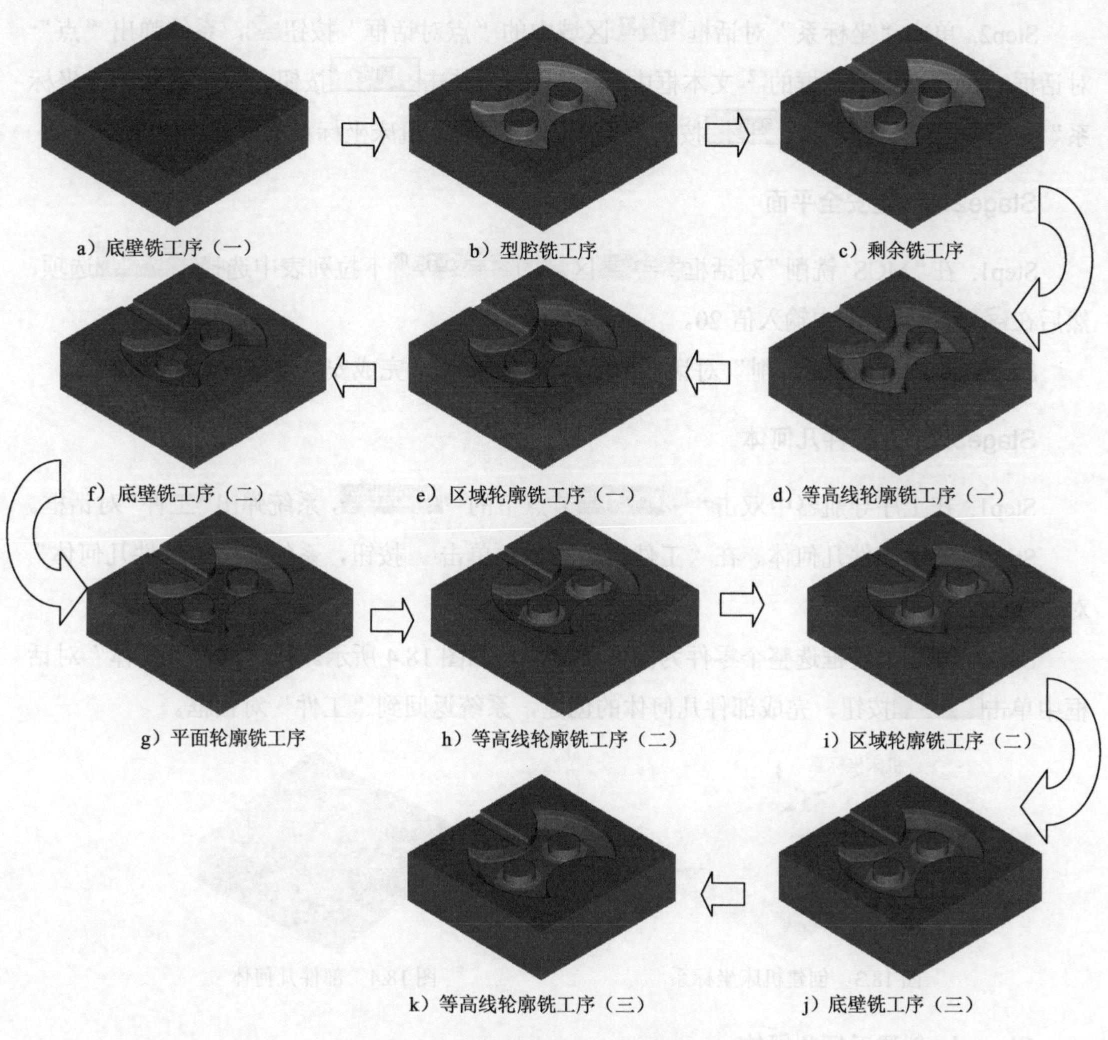

图 18.2 扣盖凹模加工工艺路线（二）

Task1．打开模型文件并进入加工环境

Step1．打开模型文件 D:\ug12.11\work\ch18\lid_down.prt。

Step2．进入加工环境。在 应用模块 功能选项卡的 加工 区域单击 按钮，系统弹出“加工环境”对话框，在“加工环境”对话框的 CAM 会话配置 列表框中选择 cam_general 选项，在 要创建的 CAM 组装 列表框中选择 mill contour 选项，单击 确定 按钮，进入加工环境。

Task2．创建几何体

Stage1．创建机床坐标系

Step1．将工序导航器调整到几何视图，双击节点 MCS_MILL，系统弹出“MCS 铣削”对话框，在“MCS 铣削”对话框的 机床坐标系 区域中单击“坐标系对话框”按钮，系统弹出“坐标系”对话框。

Step2. 单击“坐标系”对话框操控器区域中的“点对话框”按钮，系统弹出“点”对话框，在“点”对话框的Z文本框中输入值 90，单击确定按钮，系统返回至“坐标系”对话框，在其中单击确定按钮，完成图 18.3 所示机床坐标系的创建。

Stage2. 创建安全平面

Step1. 在“MCS 铣削”对话框安全设置区域的安全设置选项下拉列表中选择自动平面选项，然后在安全距离文本框中输入值 20。

Step2. 单击“MCS 铣削”对话框中的确定按钮，完成安全平面的创建。

Stage3. 创建部件几何体

Step1. 在工序导航器中双击MCS_MILL节点下的WORKPIECE，系统弹出“工件”对话框。

Step2. 选取部件几何体。在“工件”对话框中单击按钮，系统弹出“部件几何体”对话框。

Step3. 在图形区框选整个零件为部件几何体，如图 18.4 所示。在“部件几何体”对话框中单击确定按钮，完成部件几何体的创建，系统返回到“工件”对话框。

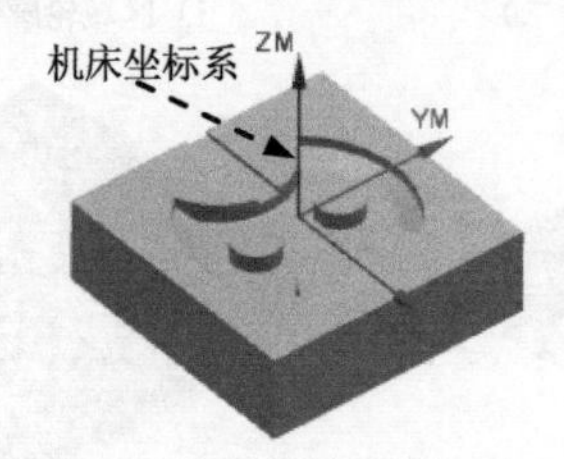

图 18.3 创建机床坐标系

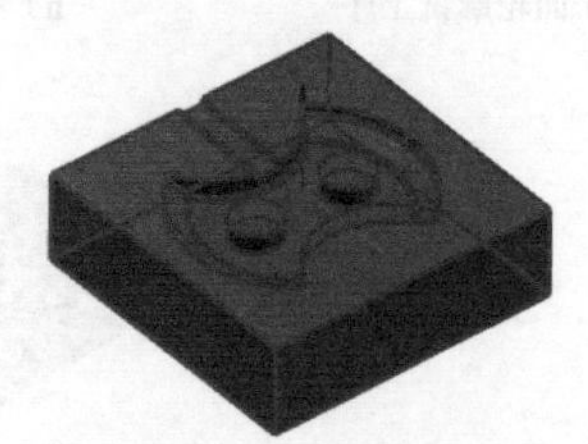

图 18.4 部件几何体

Stage4. 创建毛坯几何体

Step1. 在“工件”对话框中单击按钮，系统弹出“毛坯几何体”对话框。

Step2. 在“毛坯几何体”对话框的类型下拉列表中选择包容块选项，在限制区域的ZM+文本框中输入值 10。

Step3. 单击“毛坯几何体”对话框中的确定按钮，完成图 18.5 所示毛坯几何体的创建，系统返回到“工件”对话框。

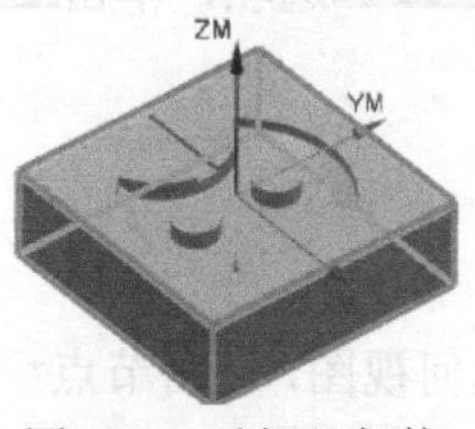

图 18.5 毛坯几何体

Step4. 单击“工件”对话框中的确定按钮。

Task3. 创建刀具

Stage1. 创建刀具 1

Step1. 将工序导航器调整到机床视图。

Step2. 选择下拉菜单 插入(S) → 刀具(T)... 命令，系统弹出“创建刀具”对话框。

Step3. 在“创建刀具”对话框的 类型 下拉列表中选择 mill contour 选项，在 刀具子类型 区域中单击 MILL 按钮，在 位置 区域的 刀具 下拉列表中选择 GENERIC_MACHINE 选项，在 名称 文本框中输入 D30，然后单击 确定 按钮，系统弹出“铣刀-5 参数”对话框。

Step4. 在“铣刀-5 参数”对话框的 (D) 直径 文本框中输入值 30，在 编号 区域的 刀具号、补偿寄存器 和 刀具补偿寄存器 文本框中均输入值 1，其他参数采用系统默认设置，单击 确定 按钮，完成刀具 1 的创建。

Stage2. 创建刀具 2

设置刀具类型为 mill contour，刀具子类型 为 MILL 类型，刀具名称为 D10R2，刀具 (D) 直径 值为 10，刀具 (R1) 下半径 值为 2，在 编号 区域的 刀具号、补偿寄存器 和 刀具补偿寄存器 文本框中均输入值 2，具体操作方法参照 Stage1。

Stage3. 创建刀具 3

设置刀具类型为 mill contour，刀具子类型 为 MILL 类型，刀具名称为 D10，刀具 (D) 直径 值为 10，在 编号 区域的 刀具号、补偿寄存器 和 刀具补偿寄存器 文本框中均输入值 3，具体操作方法参照 Stage1。

Stage4. 创建刀具 4

设置刀具类型为 mill contour，刀具子类型 为 BALL_MILL 类型（单击按钮），刀具名称为 B6，刀具 (D) 球直径 值为 6，在 编号 区域的 刀具号、补偿寄存器 和 刀具补偿寄存器 文本框中均输入值 4，具体操作方法参照 Stage1。

Stage5. 创建刀具 5

设置刀具类型为 mill contour，刀具子类型 为 BALL_MILL 类型（单击按钮），刀具名称为 B4，刀具 (D) 球直径 值为 4，在 编号 区域的 刀具号、补偿寄存器 和 刀具补偿寄存器 文本框中均输入值 5，具体操作方法参照 Stage1。

Stage6. 创建刀具 6

设置刀具类型为 mill contour，刀具子类型 为 MILL 类型，刀具名称为 D6R2，刀具 (D) 直径 值为 6，刀具 (R1) 下半径 值为 2，在 编号 区域的 刀具号、补偿寄存器 和 刀具补偿寄存器 文本框中均输入值 6，具体操作方法参照 Stage1。

Task4. 创建底壁铣工序 1

Stage1. 创建工序

Step1. 选择下拉菜单 插入(S) → 工序(E)... 命令，系统弹出“创建工序”对话框。

Step2. 确定加工方法。在“创建工序”对话框的 类型 下拉列表中选择 mill_planar 选项，在 工序子类型 区域中单击“底壁铣”按钮，在 程序 下拉列表中选择 PROGRAM 选项，在 刀具 下拉列表中选择 D30（铣刀-5 参数）选项，在 几何体 下拉列表中选择 WORKPIECE 选项，在 方法 下拉列表中选择 MILL_SEMI_FINISH 选项，采用系统默认的名称。

Step3. 在“创建工序”对话框中单击 确定 按钮，系统弹出“底壁铣”对话框。

Stage2. 指定切削区域

Step1. 在 几何体 区域中单击“选择或编辑切削区域几何体”按钮，系统弹出“切削区域”对话框。

Step2. 选取图 18.6 所示的面为切削区域，在“切削区域”对话框中单击 确定 按钮，完成切削区域的创建，系统返回到“底壁铣”对话框。

Stage3. 设置刀具路径参数

Step1. 设置切削模式。在 刀轨设置 区域的 切削模式 下拉列表中选择 往复 选项。

Step2. 设置步进方式。在 步距 下拉列表中选择 % 刀具平直 选项，在 平面直径百分比 文本框中输入值 60，在 底面毛坯厚度 文本框中输入值 10，在 每刀切削深度 文本框中输入值 1。

Stage4. 设置切削参数

Step1. 单击“底壁铣”对话框 刀轨设置 区域中的“切削参数”按钮，系统弹出“切削参数”对话框。

Step2. 在“切削参数”对话框中单击 空间范围 选项卡，在 将底面延伸至 下拉列表中选择 部件轮廓 选项，在 第一刀路延展量 文本框中输入值 60，其他参数采用系统默认设置。

Step3. 在“切削参数”对话框中单击 余量 选项卡，在 部件余量 文本框中输入值 0.25，在 最终底面余量 文本框中输入值 0.2，其他参数采用系统默认设置，单击 确定 按钮，系统返回到“底壁铣”对话框。

Stage5. 设置非切削移动参数

Step1. 单击“底壁铣”对话框 非切削移动 区域中的“切削参数”按钮，系统弹出“非切削移动”对话框。

Step2. 在“非切削移动”对话框中单击转移/快速选项卡，在区域内区域的转移类型下拉列表中选择前一平面选项，在安全距离文本框中输入值 3，其他参数采用系统默认设置，单击确定按钮，系统返回到“底壁铣”对话框。

Stage6．设置进给率和速度

Step1. 单击“底壁铣”对话框中的“进给率和速度”按钮，系统弹出“进给率和速度”对话框。

Step2. 选中主轴速度区域中的☑ 主轴速度 (rpm)复选框，在其后的文本框中输入值 500，在进给率区域的切削文本框中输入值 150，按 Enter 键，然后单击按钮。

Step3. 单击“进给率和速度”对话框中的确定按钮，系统返回“底壁铣”对话框。

Stage7．生成刀路轨迹并仿真

生成的刀路轨迹如图 18.7 所示，2D 动态仿真加工后的模型如图 18.8 所示。

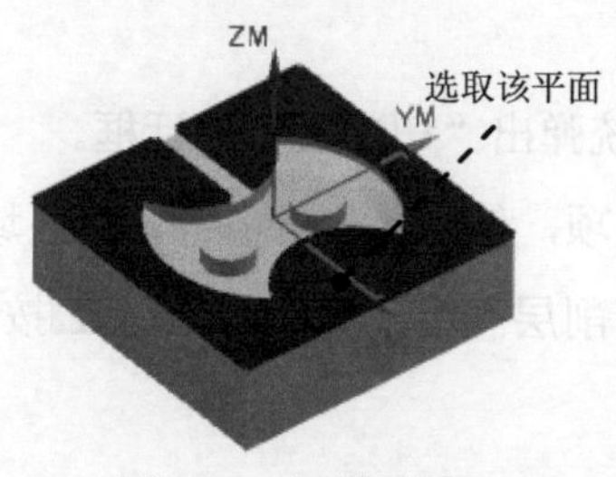

图 18.6　切削区域

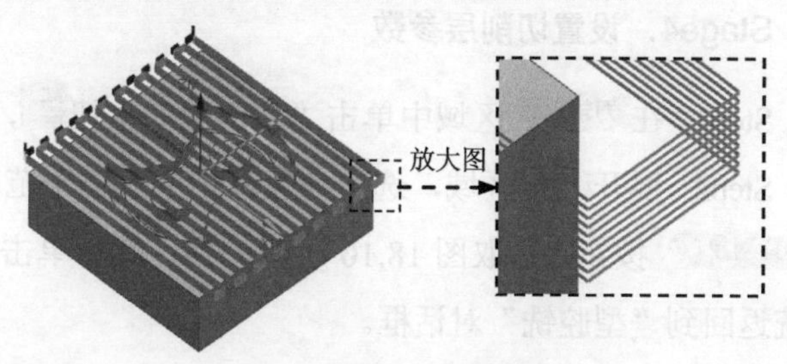

图 18.7　刀路轨迹

Task5．创建型腔铣工序

Stage1．创建工序

Step1. 将工序导航器调整到程序顺序视图。

Step2. 选择下拉菜单插入(S) → 工序(E)...命令，在“创建工序”对话框的类型下拉列表中选择mill_contour选项，在工序子类型区域中单击“型腔铣”按钮，在程序下拉列表中选择PROGRAM选项，在刀具下拉列表中选择前面设置的刀具D10R2 (铣刀-5 参数)选项，在几何体下拉列表中选择WORKPIECE选项，在方法下拉列表中选择MILL_ROUGH选项，使用系统默认的名称。

Step3. 单击“创建工序”对话框中的确定按钮，系统弹出“型腔铣”对话框。

Stage2．指定切削区域

Step1. 在“型腔铣”对话框的几何体区域中单击指定切削区域右侧的按钮，系统弹出“切削区域”对话框。

Step2. 在图形区中选取图 18.9 所示的面（共 33 个）为切削区域，然后单击“切削区

域”对话框中的确定按钮，系统返回到“型腔铣”对话框。

图 18.8　2D 仿真结果

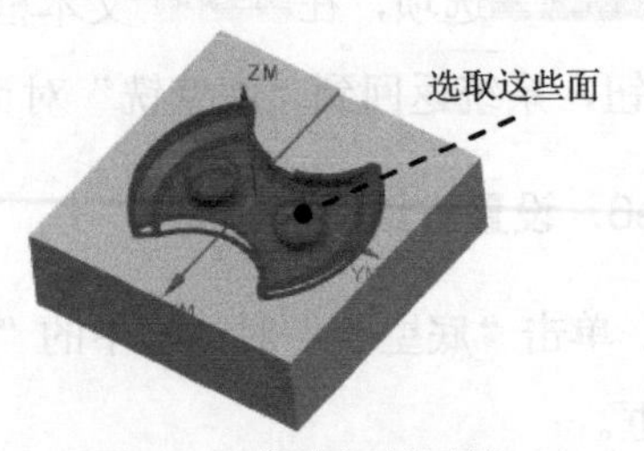

图 18.9　指定切削区域

Stage3．设置一般参数

在“型腔铣”对话框的切削模式下拉列表中选择跟随部件选项；在步距下拉列表中选择% 刀具平直选项，在平面直径百分比文本框中输入值 50；在每刀的公共深度下拉列表中选择恒定选项，在最大距离文本框中输入值 1。

Stage4．设置切削层参数

Step1．在刀轨设置区域中单击“切削层”按钮，系统弹出“切削层”对话框。

Step2．展开列表区域，选中列表框中的第一个范围选项，然后单击范围 1 的顶部区域中的选择对象 (0)按钮，选取图 18.10 所示的面；然后单击“切削层”对话框中的确定按钮，系统返回到“型腔铣”对话框。

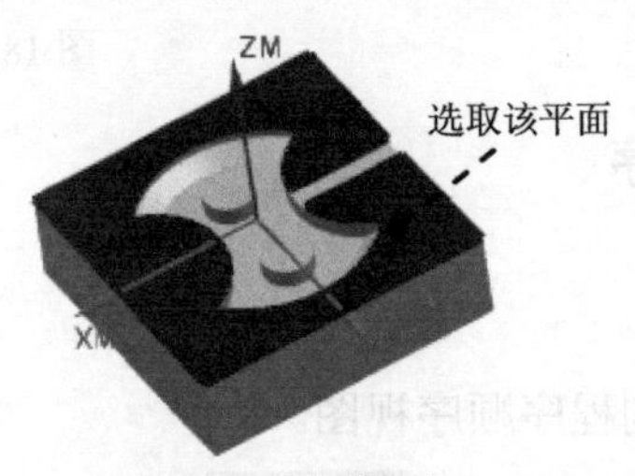

图 18.10　选取面

Stage5．设置切削参数

Step1．在刀轨设置区域中单击“切削参数”按钮，系统弹出“切削参数”对话框。

Step2．在“切削参数”对话框中单击拐角选项卡，在光顺下拉列表中选择所有刀路选项，其他参数采用系统默认设置。

Step3．单击“切削参数”对话框中的确定按钮，系统返回到“型腔铣”对话框。

Stage6．设置非切削移动参数

Step1．在刀轨设置区域中单击“非切削移动”按钮，系统弹出“非切削移动”对话框。

Step2. 在“非切削移动”对话框中单击进刀选项卡，在封闭区域区域的斜坡角度文本框中输入值 3，其余参数采用系统默认设置。

Step3. 单击“非切削移动”对话框中的确定按钮，系统返回到“型腔铣”对话框。

Stage7．设置进给率和速度

Step1. 在“型腔铣”对话框中单击“进给率和速度”按钮，系统弹出“进给率和速度”对话框。

Step2. 选中“进给率和速度”对话框主轴速度区域中的☑ 主轴速度（rpm）复选框，在其后的文本框中输入值 1200，按 Enter 键，然后单击按钮，在进给率区域的切削文本框中输入值 200，再按 Enter 键，然后单击按钮，其他参数采用系统默认设置。

Step3. 单击确定按钮，完成进给率和速度的设置，系统返回“型腔铣”对话框。

Stage8．生成的刀路轨迹并仿真

生成的刀路轨迹如图 18.11 所示，2D 动态仿真加工后的模型如图 18.12 所示。

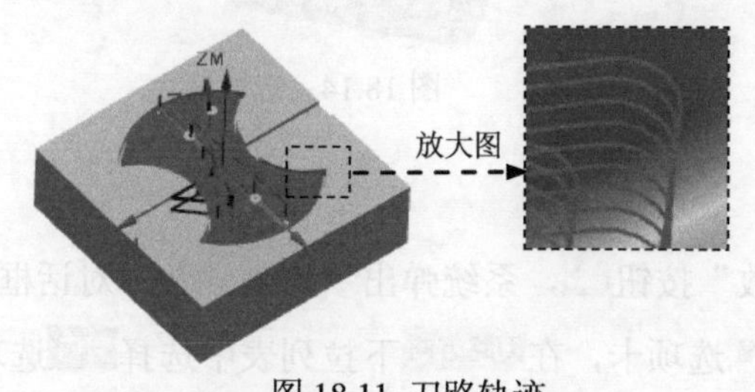

图 18.11 刀路轨迹

图 18.12 2D 仿真结果

Task6．创建剩余铣工序

Stage1．创建工序

Step1. 选择下拉菜单插入(S) → 工序(E)...命令，在“创建工序”对话框的类型下拉列表中选择mill_contour选项，在工序子类型区域中单击“剩余铣”按钮，在程序下拉列表中选择PROGRAM选项，在刀具下拉列表中选择D10（铣刀-5 参数）选项，在几何体下拉列表中选择WORKPIECE选项，在方法下拉列表中选择MILL_SEMI_FINISH选项，使用系统默认的名称。

Step2. 单击“创建工序”对话框中的确定按钮，系统弹出“剩余铣”对话框。

Stage2．指定切削区域

Step1. 在“剩余铣”对话框的几何体区域中单击指定切削区域右侧的按钮，系统弹出“切削区域”对话框。

Step2. 在图形区选取图 18.13 所示的面（共 3 个）为切削区域，然后单击“切削区域”对话框中的确定按钮，系统返回到“剩余铣”对话框。

Stage3．设置一般参数

在“剩余铣”对话框的切削模式下拉列表中选择跟随周边选项，在步距下拉列表中选择% 刀具平直选项，在平面直径百分比文本框中输入值 40，在公共每刀切削深度下拉列表中选择恒定选项，在最大距离文本框中输入值 1。

Stage4．设置切削层参数

Step1．在刀轨设置区域中单击“切削层”按钮，系统弹出“切削层”对话框。

Step2．单击列表区域列表框中的第一个范围选项，然后单击范围 1 的顶部区域中的选择对象 (0)按钮，选取图 18.14 所示的面，然后单击“切削层”对话框中的确定按钮，系统返回到“型腔铣”对话框。

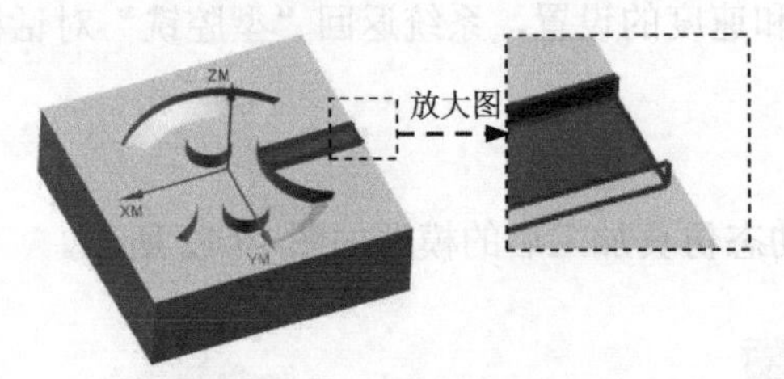

图 18.13　指定切削区域

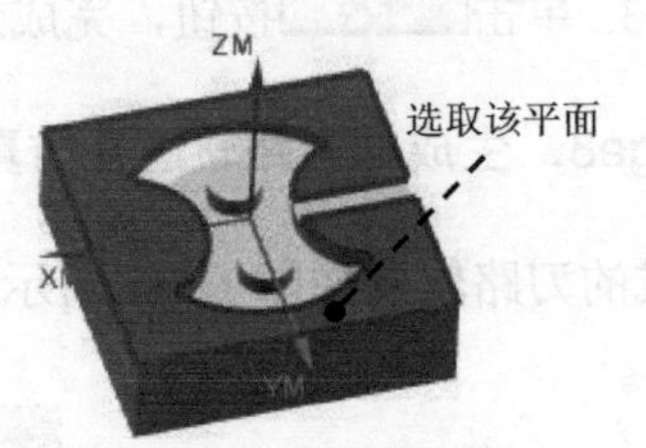

图 18.14　选取面

Stage5．设置切削参数

Step1．在刀轨设置区域中单击“切削参数”按钮，系统弹出“切削参数”对话框。

Step2．在“切削参数”对话框中单击策略选项卡，在刀路方向下拉列表中选择向内选项。

Step3．在“切削参数”对话框中单击余量选项卡，在部件侧面余量文本框中输入值 0.25，其他参数采用系统默认设置。

Step4．单击“切削参数”对话框中的确定按钮，系统返回到“剩余铣”对话框。

说明：本 Task 后面的详细操作过程请参见随书学习资源中 video\ch18\reference 文件下的语音视频讲解文件“扣盖凹模加工-r01.avi”。

Task7．创建等高线轮廓铣工序 1

Stage1．创建工序

Step1．选择下拉菜单插入(S) → 工序(E)... 命令，系统弹出“创建工序”对话框。

Step2．在“创建工序”对话框的类型下拉列表中选择mill_contour选项，在工序子类型区域中单击“深度轮廓铣”按钮，在程序下拉列表中选择PROGRAM选项，在刀具下拉列表中选择B6 (铣刀-球头铣)选项，在几何体下拉列表中选择WORKPIECE选项，在方法下拉列表中选择MILL_SEMI_FINISH选项。

Step3．单击确定按钮，系统弹出“深度轮廓铣”对话框。

Stage2．指定切削区域

Step1. 单击“深度轮廓铣”对话框指定切削区域右侧的按钮，系统弹出“切削区域”对话框。

Step2. 在绘图区选取图 18.15 所示的切削区域（共 31 个面），单击确定按钮，系统返回到“深度轮廓铣”对话框。

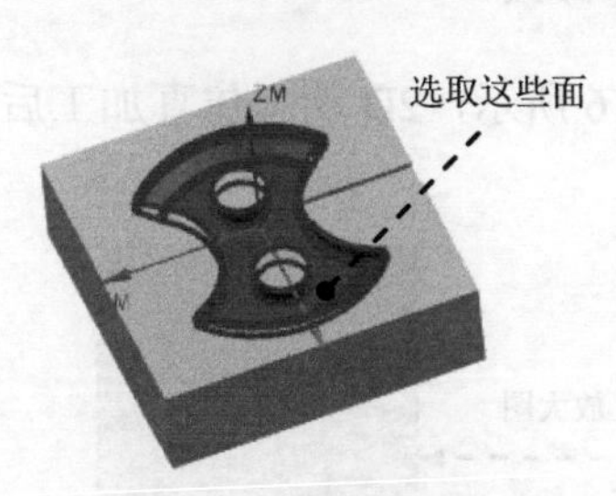

图 18.15　选取切削区域

Stage3．设置刀具路径参数和切削层

Step1. 设置刀具路径参数。在“深度轮廓铣”对话框的陡峭空间范围下拉列表中选择无选项，在合并距离文本框中输入值 3；在最小切削长度文本框中输入值 1；在公共每刀切削深度下拉列表中选择恒定选项，在最大距离文本框中输入值 0.5。

Step2. 设置切削层。单击“深度轮廓铣”对话框中的“切削层”按钮，采用系统默认参数设置，单击确定按钮，系统返回到“深度轮廓铣”对话框。

Stage4．设置切削参数

Step1. 单击“深度轮廓铣”对话框中的“切削参数”按钮，系统弹出“切削参数”对话框。

Step2. 在“切削参数”对话框中单击策略选项卡，在切削方向下拉列表中选择混合选项，在切削顺序下拉列表中选择始终深度优先选项。

Step3. 在“切削参数”对话框中单击连接选项卡，在层到层下拉列表中选择直接对部件进刀选项。

Step4. 单击“切削参数”对话框中的确定按钮，系统返回到“深度轮廓铣”对话框。

Stage5．设置非切削移动参数

采用系统默认的非切削移动参数设置。

Stage6．设置进给率和速度

Step1. 在“深度轮廓铣”对话框中单击“进给率和速度”按钮，系统弹出“进给率和速度”对话框。

Step2. 在“进给率和速度”对话框中选中☑ 主轴速度 (rpm)复选框，然后在其文本框中输入值 2000，按 Enter 键，然后单击按钮，在切削文本框中输入值 250，再按 Enter 键，然后单击按钮。

Step3. 单击确定按钮，完成进给率的设置，系统返回“深度轮廓铣”对话框。

Stage7. 生成刀路轨迹并仿真

生成的刀路轨迹如图 18.16 所示，2D 动态仿真加工后的模型如图 18.17 所示。

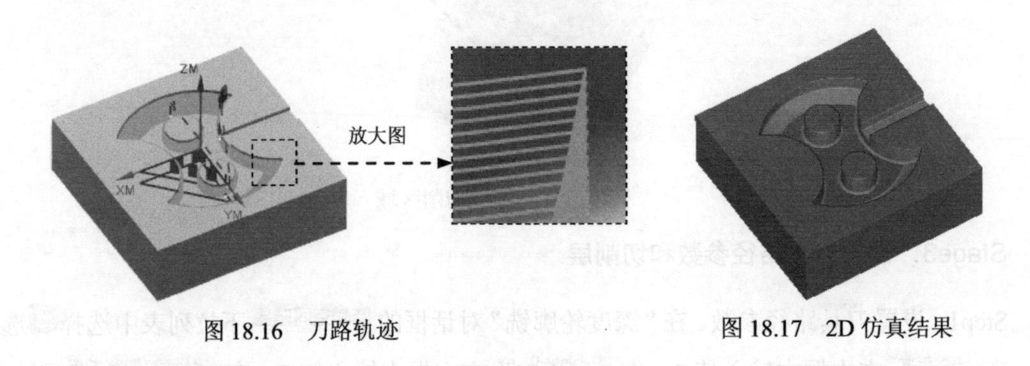

图 18.16 刀路轨迹 图 18.17 2D 仿真结果

Task8. 创建区域轮廓铣工序 1

Stage1. 创建工序

Step1. 选择下拉菜单插入(S) → 工序(E)...命令，在“创建工序”对话框的类型下拉列表中选择mill_contour选项，在工序子类型区域中单击“区域轮廓铣”按钮，在程序下拉列表中选择PROGRAM选项，在刀具下拉列表中选择B6 (铣刀-球头铣)选项，在几何体下拉列表中选择WORKPIECE选项，在方法下拉列表中选择MILL_SEMI_FINISH选项，使用系统默认的名称。

Step2. 单击“创建工序”对话框中的确定按钮，系统弹出“区域轮廓铣”对话框。

Stage2. 指定切削区域

Step1. 在几何体区域中单击“选择或编辑切削区域几何体”按钮，系统弹出“切削区域”对话框。

Step2. 选取图 18.18 所示的面为切削区域（共 3 个面），在“切削区域”对话框中单击确定按钮，完成切削区域的指定，系统返回到“区域轮廓铣”对话框。

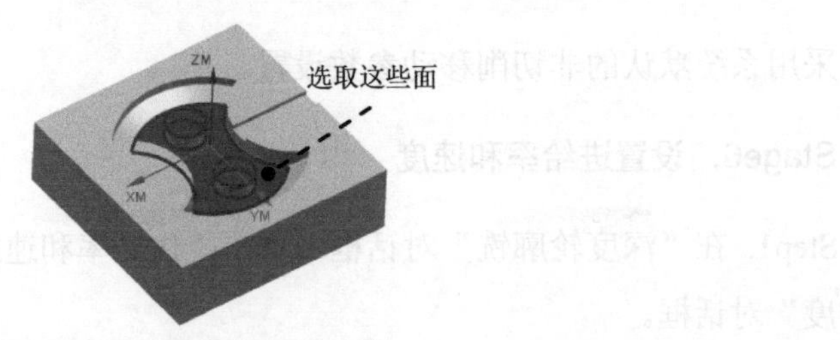

图 18.18 指定切削区域

Stage3．设置驱动方式

在“区域轮廓铣”对话框驱动方法区域的方法下拉列表中选择区域铣削选项，单击“编辑参数”按钮，系统弹出“区域铣削驱动方法”对话框，按图 18.19 所示设置参数。

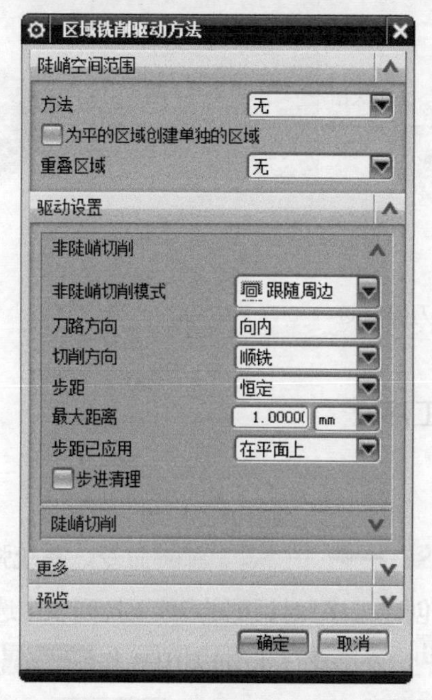

图 18.19　“区域铣削驱动方法”对话框

Stage4．设置切削参数

Step1．在刀轨设置区域中单击“切削参数”按钮，系统弹出“切削参数”对话框。

Step2．在“切削参数”对话框中单击拐角选项卡，在光顺下拉列表中选择所有刀路选项，其他参数采用系统默认设置。

Step3．单击“切削参数”对话框中的确定按钮，系统返回到“区域轮廓铣”对话框。

Stage5．设置非切削移动参数

采用系统默认的非切削移动参数。

Stage6．设置进给率和速度

Step1．在“区域轮廓铣”对话框中单击“进给率和速度”按钮，系统弹出“进给率和速度”对话框。

Step2．选中“进给率和速度”对话框主轴速度区域中的☑ 主轴速度（rpm）复选框，在其后的文本框中输入值 2000，按 Enter 键，然后单击按钮，在进给率区域的切削文本框中输入值 250，按 Enter 键，然后单击按钮，其他参数采用系统默认设置。

Step3．单击确定按钮，完成进给率和速度的设置，系统返回“区域轮廓铣”对话框。

Stage7．生成刀路轨迹并仿真

生成的刀路轨迹如图 18.20 所示，2D 动态仿真加工后的模型如图 18.21 所示。

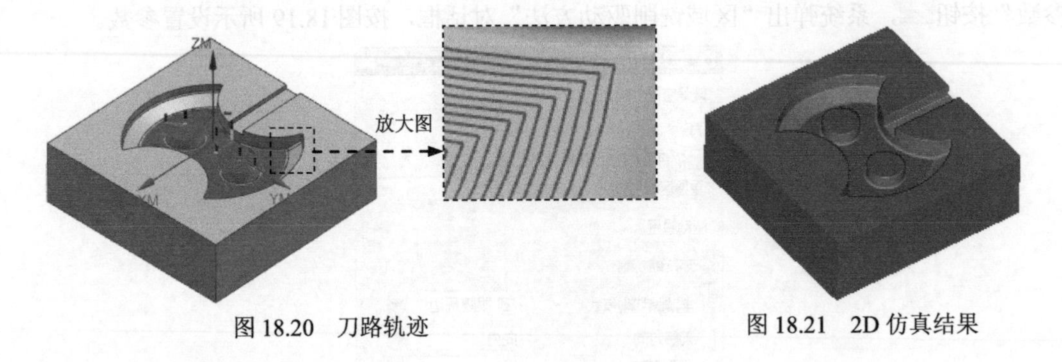

图 18.20　刀路轨迹　　　　图 18.21　2D 仿真结果

Task9．创建底壁铣工序 2

Stage1．创建工序

Step1. 选择下拉菜单插入(S) → 工序(E)... 命令，系统弹出“创建工序”对话框。

Step2. 确定加工方法。在“创建工序”对话框的类型下拉列表中选择mill_planar选项，在工序子类型区域中单击“底壁铣”按钮，在程序下拉列表中选择PROGRAM选项，在刀具下拉列表中选择D10（铣刀-5 参数）选项，在几何体下拉列表中选择WORKPIECE选项，在方法下拉列表中选择MILL_FINISH选项，采用系统默认的名称。

Step3. 在“创建工序”对话框中单击确定按钮，系统弹出“底壁铣”对话框。

Stage2．指定切削区域

Step1. 在几何体区域中单击“选择或编辑切削区域几何体”按钮，系统弹出“切削区域”对话框。

Step2. 选取图 18.22 所示的面（共 3 个）为切削区域，在“切削区域”对话框中单击确定按钮，完成切削区域的指定，同时系统返回到“底壁铣”对话框。

Step3. 选中☑ 自动壁复选框，单击指定壁几何体区域中的按钮查看壁几何体，如图 18.23 所示。

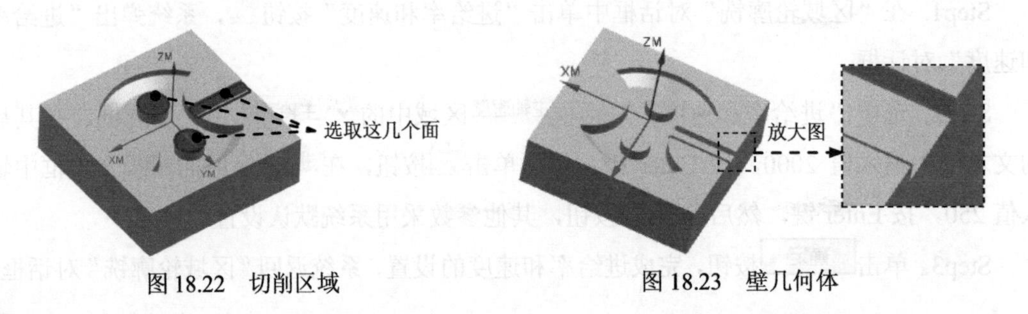

图 18.22　切削区域　　　　图 18.23　壁几何体

Stage3．设置刀具路径参数

Step1. 设置切削模式。在刀轨设置区域的切削模式下拉列表中选择跟随周边选项。

Step2. 设置步进方式。在步距下拉列表中选择% 刀具平直选项，在平面直径百分比文本框中输入值 40，在底面毛坯厚度文本框中输入值 1，在每刀切削深度文本框中输入值 0。

Stage4．设置切削参数

Step1. 单击“底壁铣”对话框刀轨设置区域中的“切削参数”按钮，系统弹出“切削参数”对话框。

Step2. 在“切削参数”对话框中单击余量选项卡，在壁余量文本框中输入值 0.3，其他参数采用系统默认设置。

Step3. 在“切削参数”对话框中单击拐角选项卡，在凸角下拉列表中选择延伸选项，单击确定按钮，系统返回到“底壁铣”对话框。

Stage5．设置非切削移动参数

Step1. 单击“底壁铣”对话框非切削移动区域中的“切削参数”按钮，系统弹出“非切削移动”对话框。

Step2. 在“非切削移动”对话框中单击进刀选项卡，在封闭区域区域的斜坡角文本框中输入值 3，其他参数采用系统默认设置，单击确定按钮，系统返回到“底壁铣”对话框。

Stage6．设置进给率和速度

Step1. 单击“底壁铣”对话框中的“进给率和速度”按钮，系统弹出“进给率和速度”对话框。

Step2. 选中主轴速度区域中的☑ 主轴速度 (rpm)复选框，在其后的文本框中输入值 1500，在进给率区域的切削文本框中输入值 400，按 Enter 键，然后单击按钮。

Step3. 单击“进给率和速度”对话框中的确定按钮，系统返回到“底壁铣”对话框。

Stage7．生成刀路轨迹并仿真

生成的刀路轨迹如图 18.24 所示，2D 动态仿真加工后的模型如图 18.25 所示。

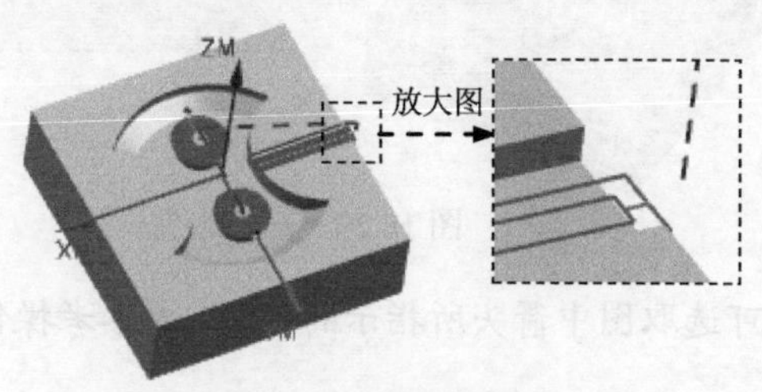

图 18.24　刀路轨迹

图 18.25　2D 仿真结果

Task10．创建平面轮廓铣工序

Stage1．创建工序

Step1．选择下拉菜单 插入(S) → 工序(E)... 命令，系统弹出“创建工序”对话框。

Step2．确定加工方法。在“创建工序”对话框的 类型 下拉列表中选择 mill_planar 选项，在 工序子类型 区域中单击“平面轮廓铣”按钮，在 程序 下拉列表中选择 PROGRAM 选项，在 刀具 下拉列表中选择 D10（铣刀-5 参数）选项，在 几何体 下拉列表中选择 WORKPIECE 选项，在 方法 下拉列表中选择 MILL_FINISH 选项，采用系统默认的名称。

Step3．在“创建工序”对话框中单击 确定 按钮，系统弹出“平面轮廓铣”对话框。

Stage2．指定部件边界

Step1．在“平面轮廓铣”对话框的 几何体 区域中单击按钮，系统弹出“部件边界”对话框。

Step2．在“部件边界”对话框的 选择方法 下拉列表中选择 曲线 选项，在 边界类型 下拉列表中选择 开放 选项。

Step3．在 平面 下拉列表中选择 指定 选项，然后单击按钮，系统弹出“平面”对话框。在绘图区选取图 18.26 所示的面，在 距离 文本框中输入值 0，单击 确定 按钮，系统返回到“部件边界”对话框。

Step4．激活 * 选择曲线 (0) 区域，在图形区选取图 18.27 所示的边线 1，然后单击按钮，在图形区选取图 18.28 所示的边线 2，完成后如图 18.29 所示。

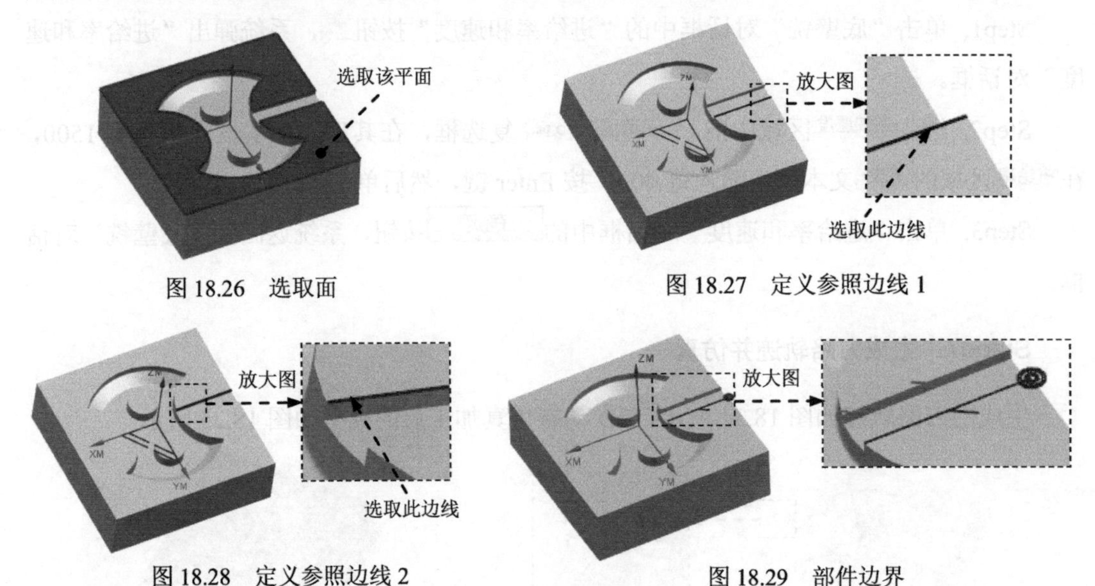

图 18.26　选取面

图 18.27　定义参照边线 1

图 18.28　定义参照边线 2

图 18.29　部件边界

说明： 选取边线时应注意选取的部位，可选取图中箭头所指示的部位，或参考操作视频。

Step5. 单击 确定 按钮，系统返回到“平面轮廓铣”对话框，完成部件边界的创建。

Stage3. 指定底面

Step1. 在“平面轮廓铣”对话框中单击按钮，系统弹出“平面”对话框，在 类型 下拉列表中选择 自动判断 选项。

Step2. 在模型上选取图 18.30 所示的模型底部平面，在 偏置 区域的 距离 文本框中输入值 0，单击 确定 按钮，完成底面的指定。

Stage4. 设置刀具路径参数

在“平面轮廓铣”对话框 刀轨设置 区域的 切削进给 文本框中输入值 250，在 切削深度 下拉列表中选择 恒定 选项，在 公共 文本框中输入值 0，其他参数采用系统默认设置。

Stage5. 设置切削参数

采用系统默认的切削参数。

Stage6. 设置非切削移动参数

采用系统默认的非切削移动参数。

Stage7. 设置进给率和速度

Step1. 单击“平面轮廓铣”对话框中的“进给率和速度”按钮，系统弹出“进给率和速度”对话框。

Step2. 选中“进给率和速度”对话框 主轴速度 区域中的 ☑ 主轴速度 (rpm) 复选框，在其后的文本框中输入值 1500，按 Enter 键，然后单击按钮，在 进给率 区域的 切削 文本框中输入值 250，再按 Enter 键，然后单击按钮，其他参数采用系统默认设置。

Step3. 单击“进给率和速度”对话框中的 确定 按钮，系统返回“平面轮廓铣”对话框。

Stage8. 生成刀路轨迹并仿真

生成的刀路轨迹如图 18.31 所示，2D 动态仿真加工后的模型如图 18.32 所示。

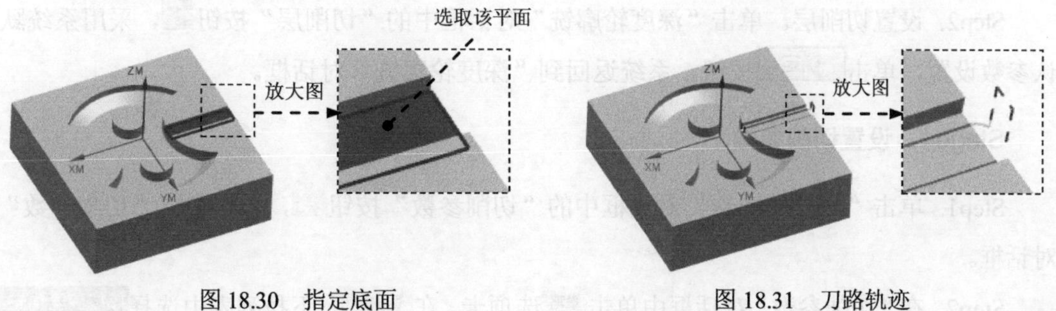

图 18.30 指定底面　　图 18.31 刀路轨迹

Task11．创建等高线轮廓铣工序 2

Stage1．创建工序

Step1．选择下拉菜单 插入(S) → 工序(E)... 命令，系统弹出“创建工序”对话框。

Step2．在“创建工序”对话框的 类型 下拉列表中选择 mill_contour 选项，在 工序子类型 区域中单击“深度轮廓铣”按钮，在 程序 下拉列表中选择 PROGRAM 选项，在 刀具 下拉列表中选择 D10（铣刀-5 参数）选项，在 几何体 下拉列表中选择 WORKPIECE 选项，在 方法 下拉列表中选择 MILL_FINISH 选项。

Step3．单击 确定 按钮，系统弹出“深度轮廓铣”对话框。

Stage2．指定切削区域

Step1．单击“深度轮廓铣”对话框 指定切削区域 右侧的按钮，系统弹出“切削区域”对话框。

Step2．在绘图区选取图 18.33 所示的切削区域（共两个面），单击 确定 按钮，系统返回到“深度轮廓铣”对话框。

图 18.32　2D 仿真结果

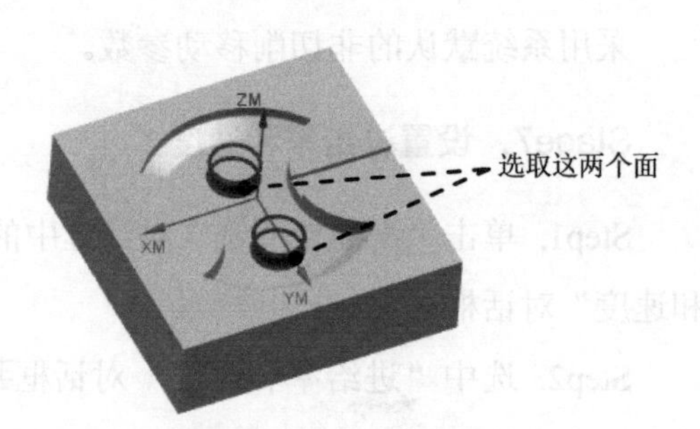

图 18.33　指定切削区域

Stage3．设置刀具路径参数和切削层

Step1．设置刀具路径参数。在“深度轮廓铣”对话框的 陡峭空间范围 下拉列表中选择 无 选项，在 合并距离 文本框中输入值 3，在 最小切削长度 文本框中输入值 1，在 公共每刀切削深度 下拉列表中选择 恒定 选项，在 最大距离 文本框中输入值 2。

Step2．设置切削层。单击“深度轮廓铣”对话框中的“切削层”按钮，采用系统默认参数设置，单击 确定 按钮，系统返回到“深度轮廓铣”对话框。

Stage4．设置切削参数

Step1．单击“深度轮廓铣”对话框中的“切削参数”按钮，系统弹出“切削参数”对话框。

Step2．在“切削参数”对话框中单击 策略 选项卡，在 切削顺序 下拉列表中选择 始终深度优先选项。

Step3. 在“切削参数”对话框中单击连接选项卡，在层到层下拉列表中选择沿部件斜进刀选项，在斜坡角文本框中输入值 10。

Step4. 单击“切削参数”对话框中的确定按钮，系统返回到“深度轮廓铣”对话框。

Stage5. 设置非切削移动参数

采用系统默认的非切削移动参数设置。

Stage6. 设置进给率和速度

Step1. 在“深度轮廓铣”对话框中单击“进给率和速度”按钮，系统弹出“进给率和速度”对话框。

Step2. 在“进给率和速度”对话框中选中☑ 主轴速度（rpm）复选框，然后在其文本框中输入值 1500，按 Enter 键，然后单击按钮，在切削文本框中输入值 250，再按 Enter 键，然后单击按钮。

Step3. 单击确定按钮，完成进给率的设置，系统返回“深度轮廓铣”对话框。

Stage7. 生成刀路轨迹并仿真

生成的刀路轨迹如图 18.34 所示，2D 动态仿真加工后的模型如图 18.35 所示。

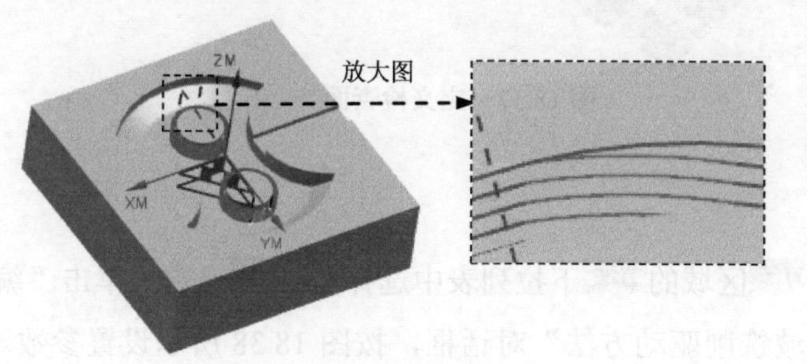

图 18.34 刀路轨迹

图 18.35 2D 仿真结果

Task12. 创建区域轮廓铣工序 2

Stage1. 创建工序

Step1. 选择下拉菜单插入(S) → 工序(E)... 命令，在“创建工序”对话框的类型下拉列表中选择mill_contour选项，在工序子类型区域中单击“区域轮廓铣”按钮，在程序下拉列表中选择PROGRAM选项，在刀具下拉列表中选择D6R2（铣刀-5 参数）选项，在几何体下拉列表中选择WORKPIECE选项，在方法下拉列表中选择MILL_FINISH选项，使用系统默认的名称。

Step2. 单击“创建工序”对话框中的 确定 按钮，系统弹出“区域轮廓铣”对话框。

Stage2. 指定切削区域

Step1. 在 几何体 区域中单击“选择或编辑切削区域几何体”按钮，系统弹出“切削区域”对话框。

Step2. 选取图 18.36 所示的面（1 个）为切削区域，在“切削区域”对话框中单击 确定 按钮，完成切削区域的指定，同时系统返回到“区域轮廓铣”对话框。

Stage3. 创建检查几何体

Step1. 在 几何体 区域中单击“选择或编辑检查几何体”按钮，系统弹出“检查几何体”对话框。

Step2. 选取图 18.37 所示的面（共 10 个），在“检查几何体”对话框中单击 确定 按钮，完成检查几何体的创建，系统返回到“区域轮廓铣”对话框。

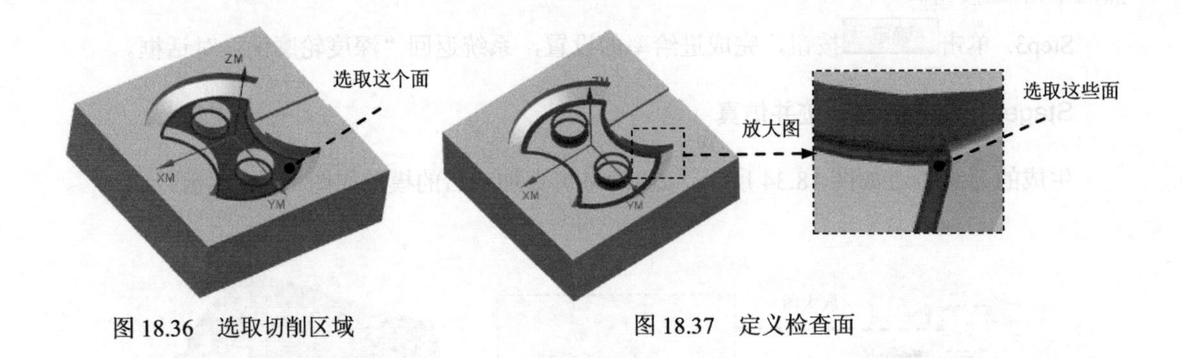

图 18.36 选取切削区域

图 18.37 定义检查面

Stage4. 设置驱动方式

在“区域轮廓铣”对话框 驱动方法 区域的 方法 下拉列表中选择 区域铣削 选项，单击“编辑参数”按钮，系统弹出“区域铣削驱动方法”对话框，按图 18.38 所示设置参数。

Stage5. 设置切削参数

Step1. 在 刀轨设置 区域中单击“切削参数”按钮，系统弹出“切削参数”对话框。

Step2. 在“切削参数”对话框中单击 余量 选项卡，在 检查余量 文本框中输入值 0.2，在 内公差 与 外公差 文本框中均输入值 0.01，其他参数采用系统默认设置。

Step3. 单击“切削参数”对话框中的 确定 按钮，系统返回到“区域轮廓铣”对话框。

Stage6. 设置非切削移动参数

采用系统默认的非切削移动参数。

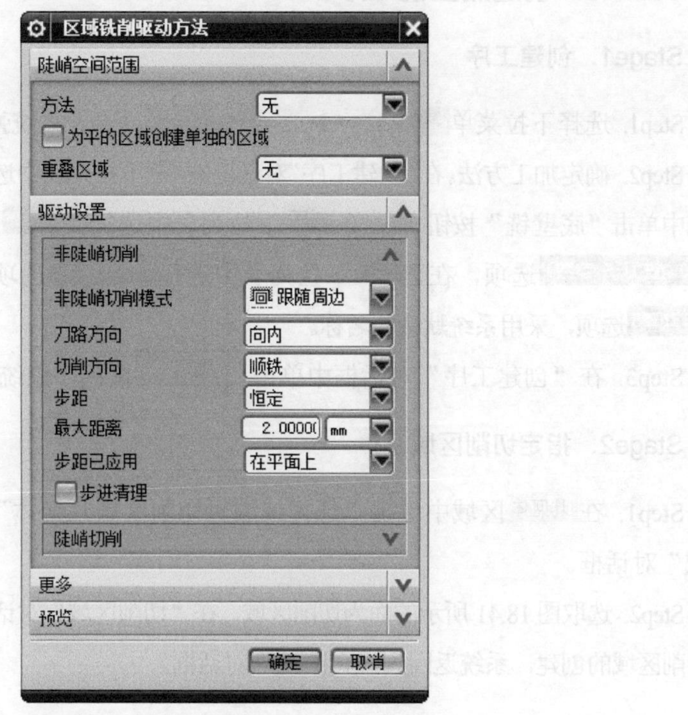

图 18.38 “区域铣削驱动方法”对话框

Stage7．设置进给率和速度

Step1. 在“区域轮廓铣”对话框中单击“进给率和速度”按钮，系统弹出“进给率和速度”对话框。

Step2. 选中“进给率和速度”对话框主轴速度区域中的☑ 主轴速度 (rpm)复选框，在其后的文本框中输入值 2200，按 Enter 键，然后单击按钮，在进给率区域的切削文本框中输入值 400，再按 Enter 键，然后单击按钮，其他参数采用系统默认设置。

Step3. 单击确定按钮，完成进给率和速度的设置，系统返回“区域轮廓铣”对话框。

Stage8．生成刀路轨迹并仿真

生成的刀路轨迹如图 18.39 所示，2D 动态仿真加工后的模型如图 18.40 所示。

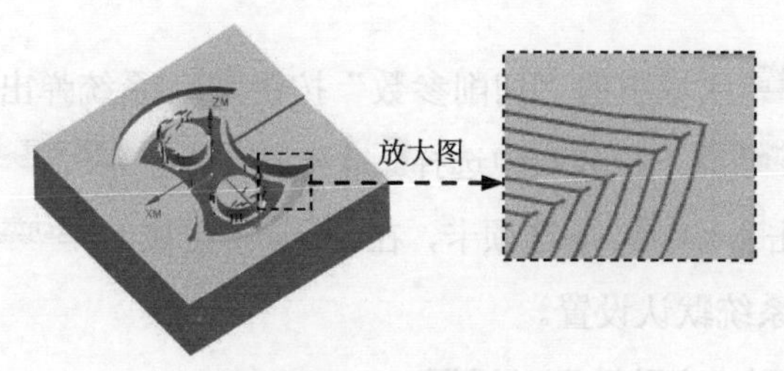

图 18.39 刀路轨迹

图 18.40 2D 仿真结果

Task13. 创建底壁铣工序 3

Stage1. 创建工序

Step1. 选择下拉菜单 插入(S) → 工序(E)... 命令，系统弹出“创建工序”对话框。

Step2. 确定加工方法。在“创建工序”对话框的 类型 下拉列表中选择 mill_planar 选项，在 工序子类型 区域中单击“底壁铣”按钮，在 程序 下拉列表中选择 PROGRAM 选项，在 刀具 下拉列表中选择 D30（铣刀-5 参数）选项，在 几何体 下拉列表中选择 WORKPIECE 选项，在 方法 下拉列表中选择 MILL_FINISH 选项，采用系统默认的名称。

Step3. 在“创建工序”对话框中单击 确定 按钮，系统弹出“底壁铣”对话框。

Stage2. 指定切削区域

Step1. 在 几何体 区域中单击“选择或编辑切削区域几何体”按钮，系统弹出“切削区域”对话框。

Step2. 选取图 18.41 所示的面为切削区域，在“切削区域”对话框中单击 确定 按钮，完成切削区域的创建，系统返回到“底壁铣”对话框。

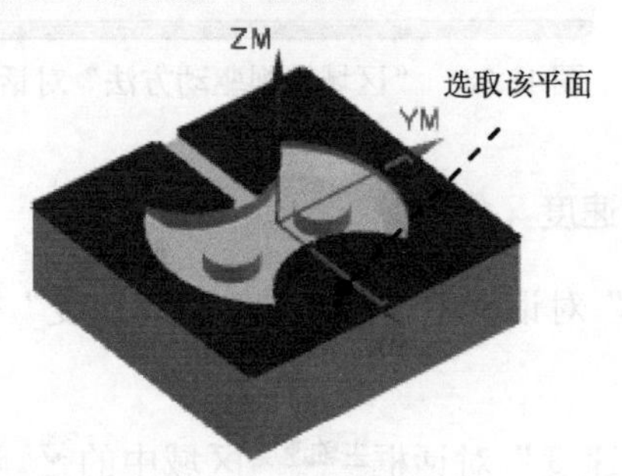

图 18.41 切削区域

Stage3. 设置刀具路径参数

Step1. 设置切削模式。在 刀轨设置 区域的 切削模式 下拉列表中选择 跟随周边 选项。

Step2. 设置步进方式。在 步距 下拉列表中选择 % 刀具平直 选项，在 平面直径百分比 文本框中输入值 75，在 毛坯距离 文本框中输入值 1，在 每刀深度 文本框中输入值 0。

Stage4. 设置切削参数

Step1. 单击“底壁铣”对话框 刀轨设置 区域中的“切削参数”按钮，系统弹出“切削参数”对话框；单击 策略 选项卡，在 刀路方向 下拉列表中选择 向内 选项；单击 空间范围 选项卡，在 刀具延展量 文本框中输入值 50，单击 连接 选项卡，在 跨空区域 区域的 运动类型 下拉列表中选择 跟随 选项；其他参数采用系统默认设置。

Step2. 单击 确定 按钮，系统返回到“底壁铣”对话框。

Stage5．设置非切削移动参数

采用系统默认的非切削移动参数。

Stage6．设置进给率和速度

Step1．单击“底壁铣”对话框中的“进给率和速度”按钮，系统弹出“进给率和速度”对话框。

Step2．选中主轴速度区域中的☑主轴速度（rpm）复选框，在其后的文本框中输入值800，在进给率区域的切削文本框中输入值500，按Enter键，然后单击按钮。

Step3．单击“进给率和速度”对话框中的确定按钮，系统返回“底壁铣”对话框。

Stage7．生成刀路轨迹并仿真

生成的刀路轨迹如图18.42所示，2D动态仿真加工后的模型如图18.43所示。

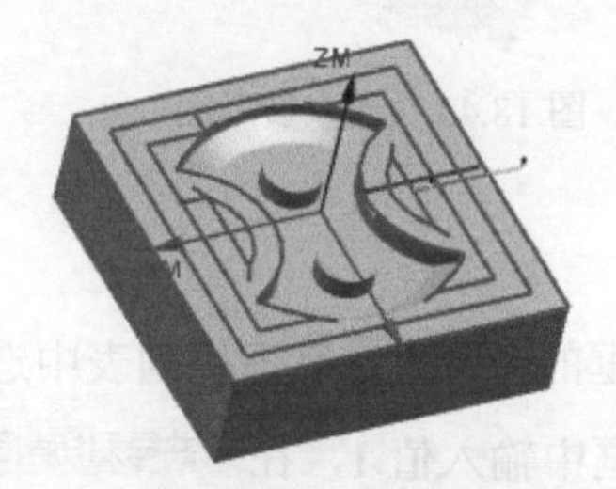

图18.42 刀路轨迹

图18.43 2D仿真结果

Task14．创建等高线轮廓铣工序3

Stage1．创建工序

Step1．选择下拉菜单插入(S) → 工序(E)...命令，系统弹出“创建工序”对话框。

Step2．在“创建工序”对话框的类型下拉列表中选择mill_contour选项，在工序子类型区域中单击“深度轮廓铣”按钮，在程序下拉列表中选择PROGRAM选项，在刀具下拉列表中选择B4（铣刀-球头铣）选项，在几何体下拉列表中选择WORKPIECE选项，在方法下拉列表中选择MILL_FINISH选项。

Step3．单击确定按钮，系统弹出“深度轮廓铣”对话框。

Stage2．指定切削区域

Step1．单击“深度轮廓铣”对话框指定切削区域右侧的按钮，系统弹出“切削区域”对话框。

Step2．在绘图区选取图18.44所示的切削区域（共29个面），单击确定按钮，系统返回到“深度轮廓铣”对话框。

Stage3．指定修剪边界

Step1. 单击“深度轮廓铣”对话框指定修剪边界右侧的按钮，系统弹出“修剪边界”对话框。

Step2. 在边界区域的选择方法下拉列表中选择面选项，在修剪侧下拉列表中选择内侧选项，然后在图形区选取图 18.45 所示的面。

Step3. 选中☑余量复选框，在其后的文本框中输入值-6.0，在“修剪边界”对话框中单击确定按钮，完成修剪边界的创建，系统返回到“深度轮廓铣”对话框。

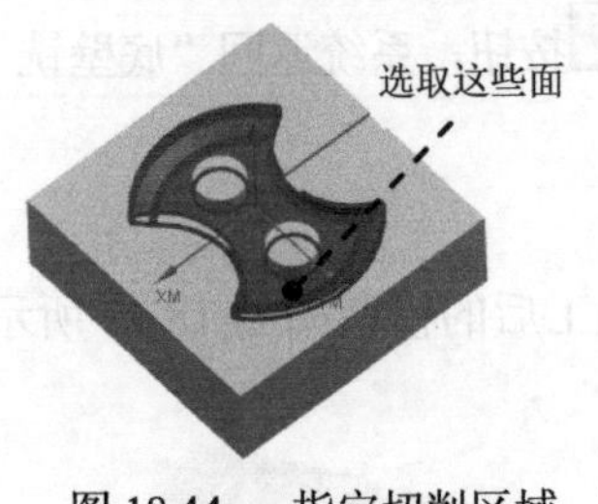

图 18.44　指定切削区域

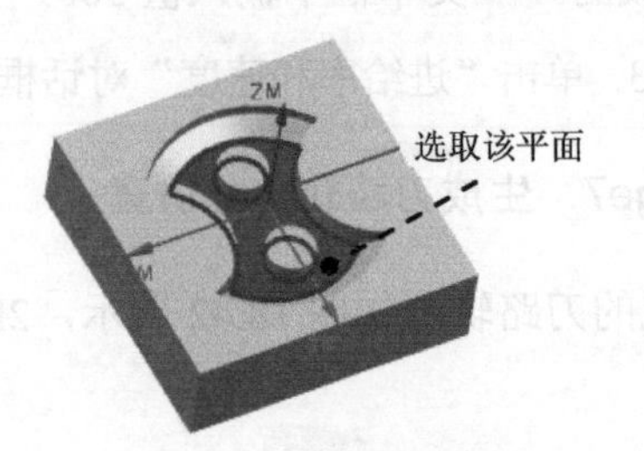

图 18.45　选取参考面

Stage4．设置刀具路径参数和切削层

Step1. 设置刀具路径参数。在“深度轮廓铣”对话框的陡峭空间范围下拉列表中选择无选项，在合并距离文本框中输入值 3，在最小切削长度文本框中输入值 1，在公共每刀切削深度下拉列表中选择恒定选项，在最大距离文本框中输入值 0.15。

Step2. 设置切削层。单击“深度轮廓铣”对话框中的“切削层”按钮，采用系统默认参数设置，单击确定按钮，系统返回到“深度轮廓铣”对话框。

Stage5．设置切削参数

Step1. 单击“深度轮廓铣”对话框中的“切削参数”按钮，系统弹出“切削参数”对话框。

Step2. 在“切削参数”对话框中单击策略选项卡，按图 18.46 所示设置参数。

Step3. 在“切削参数”对话框中单击余量选项卡，在内公差和外公差文本框中均输入值 0.01。

Step4. 单击连接选项卡，在层到层下拉列表中选择直接对部件进刀选项，选中☑层间切削复选框，在步距下拉列表中选择恒定选项，在最大距离文本框中输入值 0.1。

Step5. 单击“切削参数”对话框中的确定按钮，系统返回“深度轮廓铣”对话框。

Stage6．设置非切削移动参数

Step1. 单击“深度轮廓铣”对话框中的“非切削移动”按钮，系统弹出“非切削移

动”对话框。

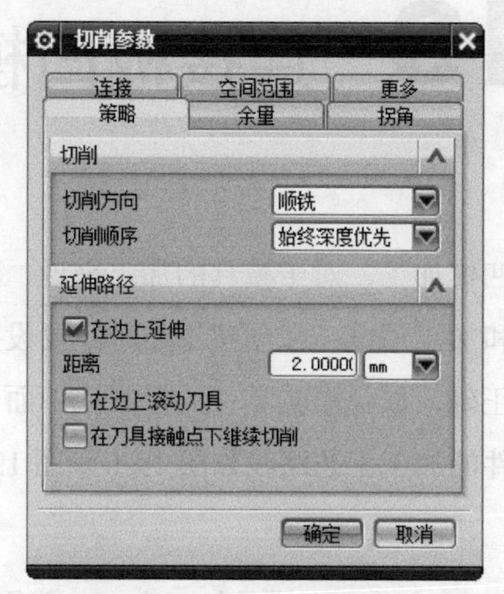

图 18.46 “策略”选项卡

Step2. 单击“非切削移动”对话框中的起点/钻点选项卡，在默认区域起点下拉列表中选择拐角选项，其他参数采用系统默认设置。

Step3. 单击确定按钮，完成非切削移动参数的设置，系统返回到“深度轮廓铣”对话框。

Stage7. 设置进给率和速度

Step1. 在“深度轮廓铣”对话框中单击“进给率和速度”按钮，系统弹出“进给率和速度”对话框。

Step2. 在“进给率和速度”对话框中选中☑ 主轴速度 (rpm)复选框，然后在其文本框中输入值 5000，按 Enter 键，然后单击按钮，在切削文本框中输入值 500，再按 Enter 键，然后单击按钮。

Step3. 单击确定按钮，完成进给率和速度的设置，系统返回“深度轮廓铣”对话框。

Stage8. 生成刀路轨迹并仿真

生成的刀路轨迹如图 18.47 所示，2D 动态仿真加工后的模型如图 18.48 所示。

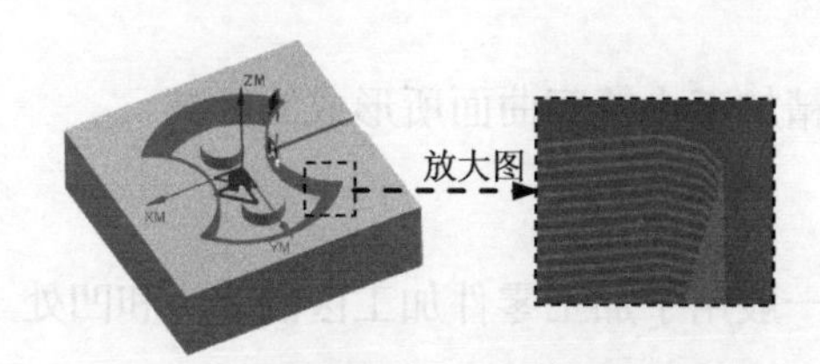

图 18.47 刀路轨迹

图 18.48 2D 仿真结果

Task15. 保存文件

选择下拉菜单文件(F) ➡ 保存(S)命令，保存文件。

实例 19 连接板凹模加工

本实例讲述的是连接板凹模加工，对于模具的加工来说，除了要安排合理的工序外，还应该特别注意模具的材料和加工精度；在创建工序时，要设置好每次切削的余量；另外要注意刀轨参数设置值是否正确，以免影响零件的精度。下面以连接板凹模为例介绍模具零件的一般加工方法，该零件的加工工艺路线如图 19.1 和图 19.2 所示。

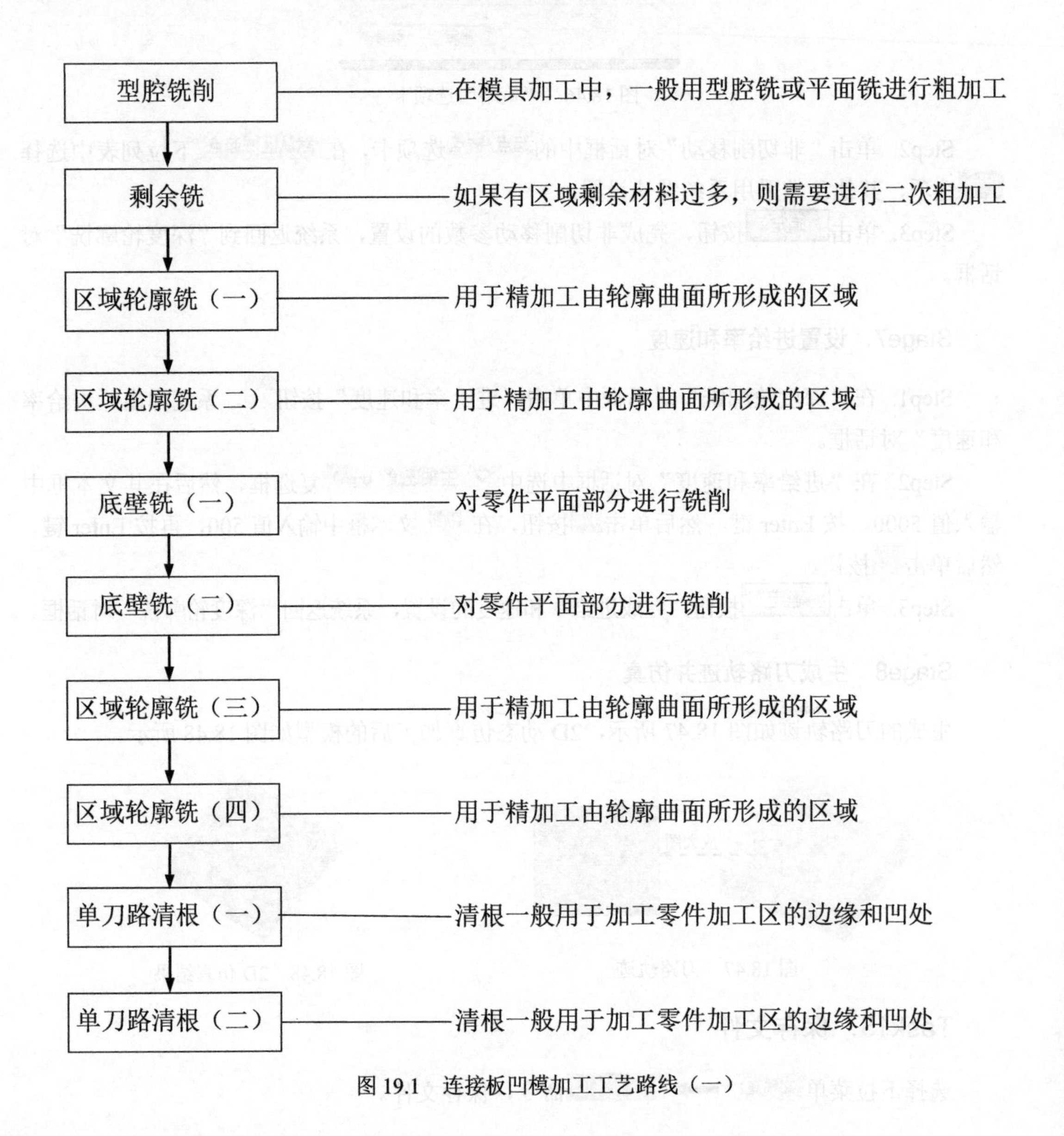

图 19.1 连接板凹模加工工艺路线（一）

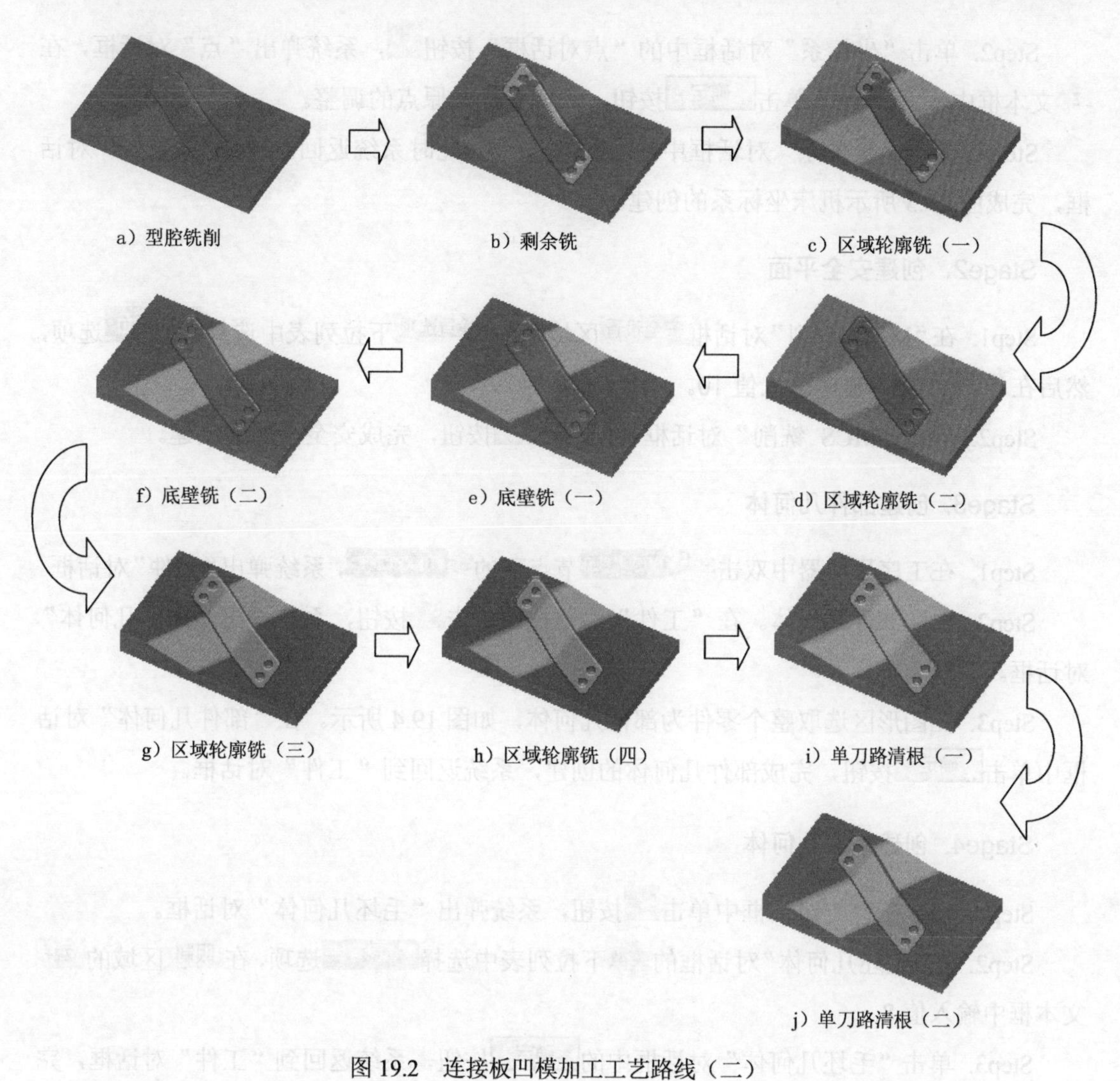

图 19.2 连接板凹模加工工艺路线（二）

Task1．打开模型文件并进入加工环境

Step1．打开模型文件 D:\ug12.11\work\ch19\board.prt。

Step2．进入加工环境。在 应用模块 功能选项卡的 加工 区域单击按钮，系统弹出“加工环境”对话框；在“加工环境”对话框的 CAM 会话配置 列表框中选择 cam_general 选项，在 要创建的 CAM 组装 列表框中选择 mill contour 选项，单击 确定 按钮，进入加工环境。

Task2．创建几何体

Stage1．创建机床坐标系

Step1．将工序导航器调整到几何视图，双击节点 MCS_MILL，系统弹出“MCS 铣削”对话框，在“MCS 铣削”对话框的 机床坐标系 区域中单击“坐标系对话框”按钮，系统弹出“坐标系”对话框。

Step2. 单击“坐标系”对话框中的“点对话框”按钮，系统弹出“点”对话框，在 Z 文本框中输入值 80，单击 确定 按钮，完成坐标系原点的调整。

Step3. 单击“坐标系”对话框中的 确定 按钮，此时系统返回至“MCS 铣削”对话框，完成图 19.3 所示机床坐标系的创建。

Stage2. 创建安全平面

Step1. 在“MCS 铣削”对话框 安全设置 区域的 安全设置选项 下拉列表中选择 自动平面 选项，然后在 安全距离 文本框中输入值 10。

Step2. 单击“MCS 铣削”对话框中的 确定 按钮，完成安全平面的创建。

Stage3. 创建部件几何体

Step1. 在工序导航器中双击 MCS_MILL 节点下的 WORKPIECE，系统弹出“工件”对话框。

Step2. 选取部件几何体。在“工件”对话框中单击按钮，系统弹出“部件几何体”对话框。

Step3. 在图形区选取整个零件为部件几何体，如图 19.4 所示。在“部件几何体”对话框中单击 确定 按钮，完成部件几何体的创建，系统返回到“工件”对话框。

Stage4. 创建毛坯几何体

Step1. 在“工件”对话框中单击按钮，系统弹出“毛坯几何体”对话框。

Step2. 在“毛坯几何体”对话框的 类型 下拉列表中选择 包容块 选项，在 限制 区域的 ZM+ 文本框中输入值 8。

Step3. 单击“毛坯几何体”对话框中的 确定 按钮，系统返回到“工件”对话框，完成图 19.5 所示毛坯几何体的创建。

Step4. 单击“工件”对话框中的 确定 按钮。

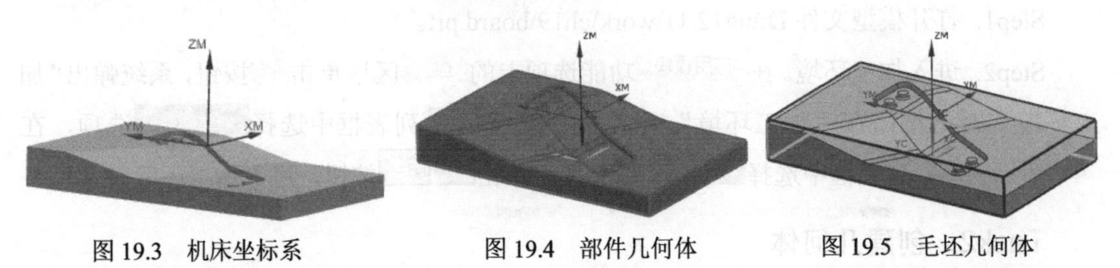

图 19.3　机床坐标系　　图 19.4　部件几何体　　图 19.5　毛坯几何体

Task3. 创建刀具

Stage1. 创建刀具 1

Step1. 将工序导航器调整到机床视图。

Step2. 选择下拉菜单插入(S) → 刀具(T)...命令，系统弹出“创建刀具”对话框。

Step3. 在“创建刀具”对话框的类型下拉列表中选择mill contour选项，在刀具子类型区域中单击 MILL 按钮，在位置区域的刀具下拉列表中选择GENERIC_MACHINE选项，在名称文本框中输入 D30R1，然后单击确定按钮，系统弹出“铣刀-5 参数”对话框。

Step4. 在“铣刀-5 参数”对话框的(D) 直径文本框中输入值 30，在(R1) 下半径文本框中输入值 1，在编号区域的刀具号、补偿寄存器和刀具补偿寄存器文本框中均输入值 1，其他参数采用系统默认设置值，单击确定按钮，完成刀具 1 的创建。

Stage2. 创建刀具 2

Step1. 选择下拉菜单插入(S) → 刀具(T)...命令，系统弹出“创建刀具”对话框。

Step2. 在“创建刀具”对话框的类型下拉列表中选择mill_planar选项，在刀具子类型区域中单击 MILL 按钮，在位置区域的刀具下拉列表中选择GENERIC_MACHINE选项，在名称文本框中输入 D10，然后单击确定按钮，系统弹出“铣刀-5 参数”对话框。

Step3. 在“铣刀-5 参数”对话框的(D) 直径文本框中输入值 10，在编号区域的刀具号、补偿寄存器和刀具补偿寄存器文本框中均输入值 2，其他参数采用系统默认设置，单击确定按钮，完成刀具 2 的创建。

Stage3. 创建刀具 3

Step1. 选择下拉菜单插入(S) → 刀具(T)...命令，系统弹出“创建刀具”对话框。

Step2. 在“创建刀具”对话框的类型下拉列表中选择mill contour选项，在刀具子类型区域中单击 BALL_MILL 按钮，在位置区域的刀具下拉列表中选择GENERIC_MACHINE选项，在名称文本框中输入 B16，然后单击确定按钮，系统弹出“铣刀-球头铣”对话框。

Step3. 在“铣刀-球头铣”对话框的(D) 球直径文本框中输入值 16，在编号区域的刀具号、补偿寄存器和刀具补偿寄存器文本框中均输入值 3，其他参数采用系统默认设置，单击确定按钮，完成刀具 3 的创建。

Stage4. 创建刀具 4

Step1. 选择下拉菜单插入(S) → 刀具(T)...命令，系统弹出“创建刀具”对话框。

Step2. 在“创建刀具”对话框的类型下拉列表中选择mill contour选项，在刀具子类型区域中单击 BALL_MILL 按钮，在位置区域的刀具下拉列表中选择GENERIC_MACHINE选项，在名称文本框中输入 B8，然后单击确定按钮，系统弹出“铣刀-球头铣”对话框。

Step3. 在“铣刀-球头铣”对话框的(D) 球直径文本框中输入值 8，在编号区域的刀具号、补偿寄存器和刀具补偿寄存器文本框中均输入值 4，其他参数采用系统默认设置，单击确定按钮，完成刀具 4 的创建。

Stage5. 创建刀具 5

Step1. 选择下拉菜单 插入(S) → 刀具(T)... 命令，系统弹出“创建刀具”对话框。

Step2. 在“创建刀具”对话框的 类型 下拉列表中选择 mill contour 选项，在 刀具子类型 区域中单击 BALL_MILL 按钮，在 位置 区域的 刀具 下拉列表中选择 GENERIC_MACHINE 选项，在 名称 文本框中输入 B6，然后单击 确定 按钮，系统弹出“铣刀-球头铣”对话框。

Step3. 在“铣刀-球头铣”对话框的 (D) 球直径 文本框中输入值 6，在 编号 区域的 刀具号、补偿寄存器 和 刀具补偿寄存器 文本框中均输入值 5，其他参数采用系统默认设置，单击 确定 按钮，完成刀具 5 的创建。

Stage6. 创建刀具 6

Step1. 选择下拉菜单 插入(S) → 刀具(T)... 命令，系统弹出“创建刀具”对话框。

Step2. 在“创建刀具”对话框的 类型 下拉列表中选择 mill contour 选项，在 刀具子类型 区域中单击 BALL_MILL 按钮，在 位置 区域的 刀具 下拉列表中选择 GENERIC_MACHINE 选项，在 名称 文本框中输入 B4，然后单击 确定 按钮，系统弹出“铣刀-球头铣”对话框。

Step3. 在“铣刀-球头铣”对话框的 (D) 球直径 文本框中输入值 4，在 编号 区域的 刀具号、补偿寄存器 和 刀具补偿寄存器 文本框中均输入值 6，其他参数采用系统默认设置，单击 确定 按钮，完成刀具 6 的创建。

Task4. 创建型腔铣工序

Stage1. 创建工序

Step1. 将工序导航器调整到程序顺序视图。

Step2. 选择下拉菜单 插入(S) → 工序(E)... 命令，在“创建工序”对话框的 类型 下拉列表中选择 mill_contour 选项，在 工序子类型 区域中单击“型腔铣”按钮，在 程序 下拉列表中选择 PROGRAM 选项，在 刀具 下拉列表中选择前面设置的刀具 D30R1 (铣刀-5 参数) 选项，在 几何体 下拉列表中选择 WORKPIECE 选项，在 方法 下拉列表中选择 MILL ROUGH 选项，使用系统默认的名称。

Step3. 单击“创建工序”对话框中的 确定 按钮，系统弹出“型腔铣”对话框。

Stage2. 设置一般参数

在 最大距离 文本框中输入值 1，其他参数采用系统默认设置。

Stage3. 设置切削参数

Step1. 在 刀轨设置 区域中单击“切削参数”按钮，系统弹出“切削参数”对话框。

Step2. 在“切削参数”对话框中单击连接选项卡，在开放刀路下拉列表中选择变换切削方向选项，其他参数采用系统默认设置。

Step3. 单击“切削参数”对话框中的确定按钮，系统返回到“型腔铣”对话框。

Stage4．设置非切削移动参数

Step1. 在刀轨设置区域中单击“非切削移动”按钮，系统弹出“非切削移动”对话框。

Step2. 在“非切削移动”对话框中单击进刀选项卡，在封闭区域区域的斜坡角度文本框中输入值 2，其他参数采用系统默认设置。

Step3. 单击“非切削移动”对话框中的确定按钮，系统返回到“型腔铣”对话框。

Stage5．设置进给率和速度

Step1. 在“型腔铣”对话框中单击“进给率和速度”按钮，系统弹出“进给率和速度”对话框。

Step2. 在主轴速度文本框中输入值 600，按 Enter 键，然后单击按钮，其他参数采用系统默认设置。

Step3. 单击确定按钮，完成进给率和速度的设置，系统返回“型腔铣”对话框。

Stage6．生成刀路轨迹并仿真

生成的刀路轨迹如图 19.6 所示，2D 动态仿真加工后的模型如图 19.7 所示。

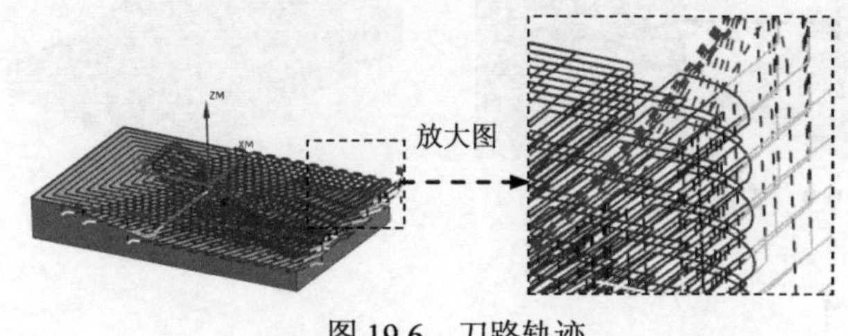

图 19.6　刀路轨迹

图 19.7　2D 仿真结果

Task5．创建剩余铣工序

Stage1．创建工序

Step1. 选择下拉菜单插入(S) → 工序(E)... 命令，在“创建工序”对话框的类型下拉列表中选择mill_contour选项，在工序子类型区域中单击“剩余铣”按钮，在程序下拉列表中选择PROGRAM选项，在刀具下拉列表中选择D10（铣刀-5 参数）选项，在几何体下拉列表中选择WORKPIECE选项，在方法下拉列表中选择MILL_SEMI_FINISH选项，使用系统默认的名称REST_MILLING。

Step2. 单击“创建工序”对话框中的确定按钮，系统弹出“剩余铣”对话框。

Stage2．指定切削区域

Step1．单击指定切削区域右侧的按钮，选取图 19.8 所示的面（共 29 个）作为切削区域。

Step2．单击“切削区域”对话框中的确定按钮，系统返回“剩余铣”对话框。

Stage3．设置一般参数

在“剩余铣”对话框的最大距离文本框中输入值 1，其他选项采用系统默认设置。

Stage4．设置切削参数

Step1．在刀轨设置区域中单击“切削参数”按钮，系统弹出“切削参数”对话框。

Step2．在“切削参数”对话框的切削顺序下拉列表中选择深度优先选项，单击连接选项卡，在开放刀路下拉列表中选择变换切削方向选项，单击空间范围选项卡，在最小除料量文本框中输入值 3，其他参数采用系统默认设置。

Step3．单击“切削参数”对话框中的确定按钮，系统返回到“剩余铣”对话框。

Stage5．生成刀路轨迹并仿真

生成的刀路轨迹如图 19.9 所示，2D 动态仿真加工后的模型如图 19.10 所示。

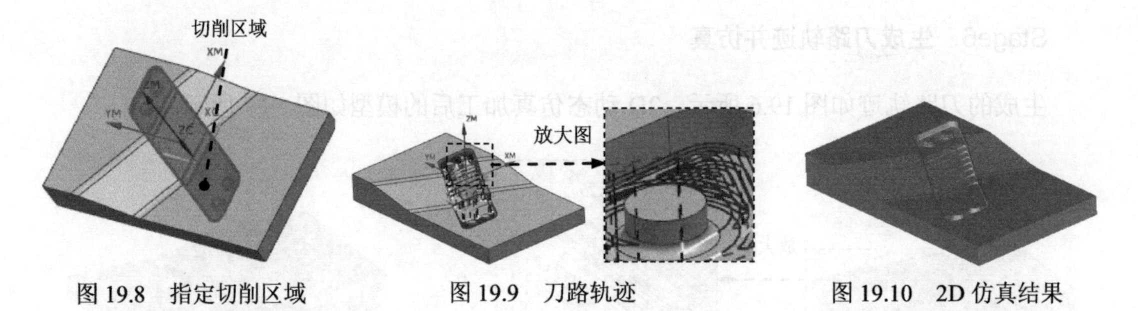

图 19.8　指定切削区域　　图 19.9　刀路轨迹　　图 19.10　2D 仿真结果

Task6．创建区域轮廓铣工序 1

Stage1．创建工序

Step1．选择下拉菜单插入(S) → 工序(E)... 命令，在“创建工序”对话框的类型下拉列表中选择mill_contour选项，在工序子类型区域中单击“区域轮廓铣”按钮，在程序下拉列表中选择PROGRAM选项，在刀具下拉列表中选择B16（铣刀-球头铣）选项，在几何体下拉列表中选择WORKPIECE选项，在方法下拉列表中选择MILL_FINISH选项，使用系统默认的名称。

Step2．单击“创建工序”对话框中的确定按钮，系统弹出“区域轮廓铣”对话框。

Stage2．指定切削区域

Step1．在几何体区域中单击“选择或编辑切削区域几何体”按钮，系统弹出“切削区域”对话框。

Step2. 选取图 19.11 所示的面（共 8 个）作为切削区域，在“切削区域”对话框中单击 确定 按钮，完成切削区域的指定，同时系统返回到“区域轮廓铣”对话框。

Stage3. 设置驱动方式

Step1. 在 驱动方法 区域中单击“编辑”按钮，系统弹出“区域铣削驱动方法”对话框。

Step2. 在“区域铣削驱动方法”对话框中按图 19.12 所示设置参数，然后单击 确定 按钮，系统返回到“区域轮廓铣”对话框。

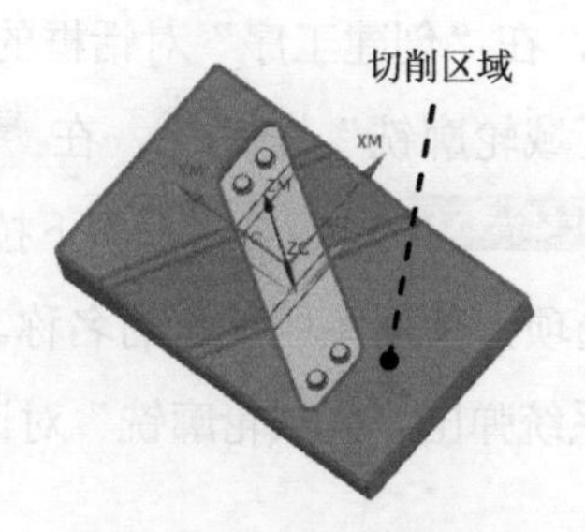

图 19.11　指定切削区域

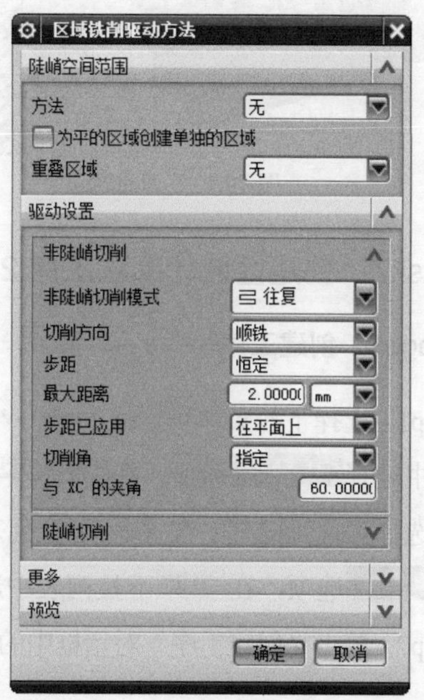

图 19.12　“区域铣削驱动方法”对话框

Stage4. 设置切削参数

Step1. 在 刀轨设置 区域中单击“切削参数”按钮，系统弹出“切削参数”对话框。

Step2. 选中 延伸路径 区域中的 ☑ 在边上延伸 复选框，在 距离 文本框中输入值 1，在 %刀具 下拉列表中选择 mm 选项，其他参数采用系统默认设置值。

Step3. 单击“切削参数”对话框中的 确定 按钮，系统返回到“区域轮廓铣”对话框。

Stage5. 设置非切削移动参数

采用系统默认的非切削移动参数。

Stage6. 设置进给率和速度

Step1. 在“区域轮廓铣”对话框中单击“进给率和速度”按钮，系统弹出“进给率和速度”对话框。

Step2. 选中“进给率和速度”对话框主轴速度区域中的☑ 主轴速度 (rpm)复选框，在其后的文本框中输入值 1000，按 Enter 键，其他参数采用系统默认设置。

Step3. 单击确定按钮，完成进给率和速度的设置，系统返回“区域轮廓铣”对话框。

Stage7. 生成刀路轨迹并仿真

生成的刀路轨迹如图 19.13 所示，2D 动态仿真加工后的模型如图 19.14 所示。

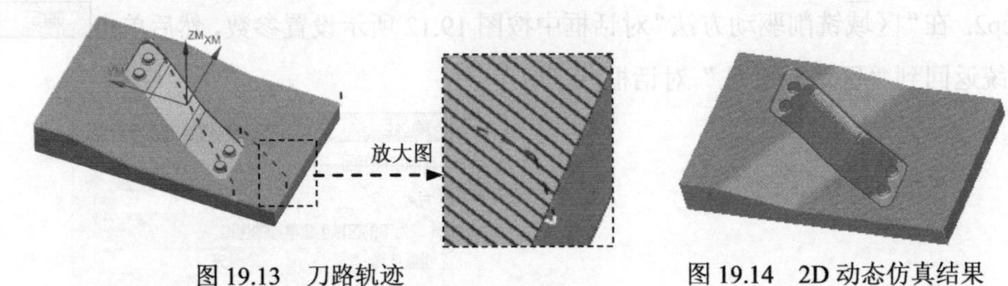

图 19.13 刀路轨迹　　图 19.14 2D 动态仿真结果

Task7. 创建区域轮廓铣工序 2

Stage1. 创建工序

Step1. 选择下拉菜单插入(S) → 工序(E)...命令，在“创建工序”对话框的类型下拉列表中选择mill_contour选项，在工序子类型区域中单击“区域轮廓铣”按钮，在程序下拉列表中选择PROGRAM选项，在刀具下拉列表中选择B8 (铣刀-球头铣)选项，在几何体下拉列表中选择WORKPIECE选项，在方法下拉列表中选择MILL_FINISH选项，使用系统默认的名称。

Step2. 单击“创建工序”对话框中的确定按钮，系统弹出“区域轮廓铣”对话框。

Stage2. 指定切削区域

Step1. 在几何体区域中单击“选择或编辑切削区域几何体”按钮，系统弹出“切削区域”对话框。

Step2. 选取图 19.15 所示的面（共 25 个）作为切削区域，在“切削区域”对话框中单击确定按钮，完成切削区域的指定，同时系统返回到“区域轮廓铣”对话框。

Stage3. 设置驱动方式

Step1. 在驱动方法区域中单击“编辑”按钮，系统弹出“区域铣削驱动方法”对话框。

Step2. 在“区域铣削驱动方法”对话框中按图 19.16 所示设置参数，然后单击确定按钮，系统返回到“区域轮廓铣”对话框。

Stage4. 设置切削参数

采用系统默认的切削参数。

Stage5．设置非切削移动参数

采用系统默认的非切削移动参数。

Stage6．设置进给率和速度

Step1．在“区域轮廓铣”对话框中单击“进给率和速度”按钮，系统弹出“进给率和速度”对话框。

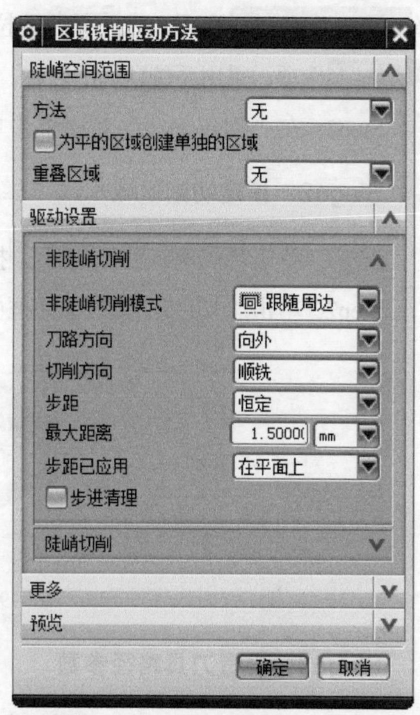

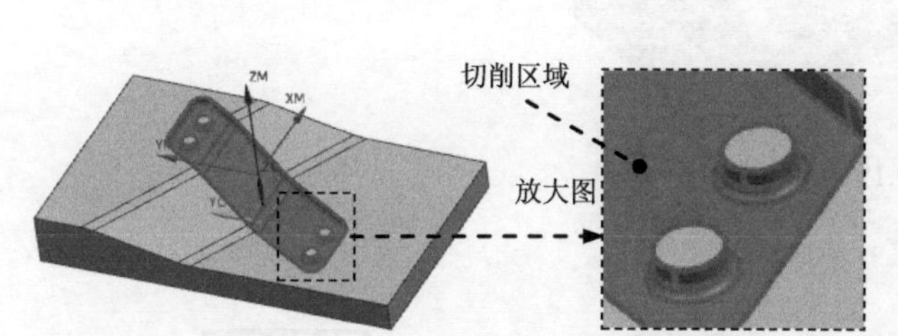

图 19.15 选取切削区域

图 19.16 “区域铣削驱动方法”对话框

Step2．选中“进给率和速度”对话框主轴速度区域中的☑ 主轴速度（rpm）复选框，在其后的文本框中输入值 1500，按 Enter 键，然后单击按钮，在进给率区域的切削文本框中输入值 400，再按 Enter 键，然后单击按钮，其他参数采用系统默认设置。

Step3．单击确定按钮，完成进给率和速度的设置，系统返回“区域轮廓铣”对话框。

Stage7．生成刀路轨迹并仿真

生成的刀路轨迹如图 19.17 所示，2D 动态仿真加工后的模型如图 19.18 所示。

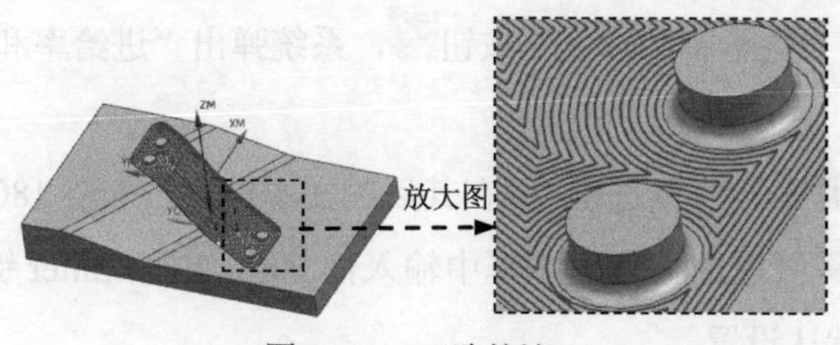

图 19.17 刀路轨迹

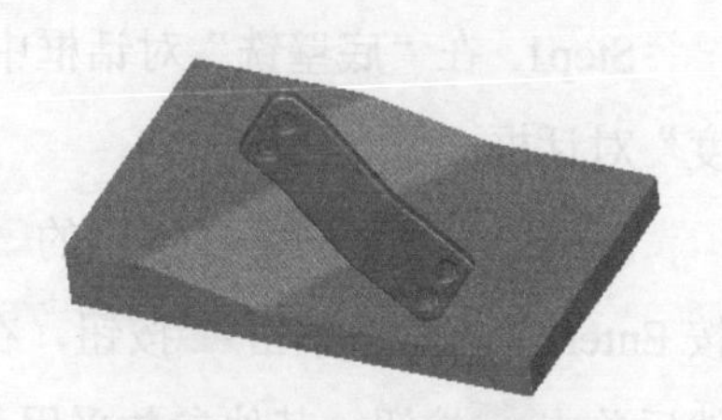

图 19.18 2D 动态仿真

Task8. 创建底壁铣工序 1

Stage1. 创建工序

Step1. 选择下拉菜单 插入(S) ➡ 工序(E)... 命令，系统弹出“创建工序”对话框。

Step2. 确定加工方法。在“创建工序”对话框的 类型 下拉列表中选择 mill_planar 选项，在 工序子类型 区域中单击“底壁铣”按钮，在 程序 下拉列表中选择 PROGRAM 选项，在 刀具 下拉列表中选择 D10（铣刀-5 参数）选项，在 几何体 下拉列表中选择 WORKPIECE 选项，在 方法 下拉列表中选择 MILL_FINISH 选项，采用系统默认的名称。

Step3. 在“创建工序”对话框中单击 确定 按钮，系统弹出“底壁铣”对话框。

Stage2. 指定切削区域

Step1. 单击 指定切削区域 右侧的按钮，选取图 19.19 所示的面。

Step2. 单击“切削区域”对话框中的 确定 按钮，系统返回到“底壁铣”对话框。

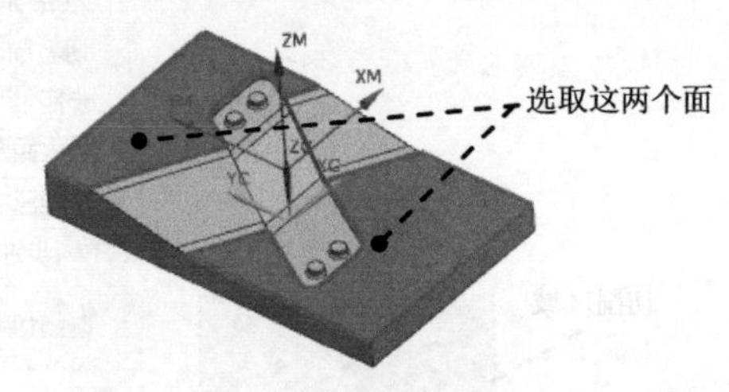

图 19.19　选取切削区域

Stage3. 设置刀具路径参数

Step1. 设置切削模式。在 刀轨设置 区域的 切削模式 下拉列表中选择 跟随周边 选项。

Step2. 设置步进方式。在 底面毛坯厚度 文本框中输入值 1，其他参数采用系统默认设置。

Stage4. 设置非切削移动参数

Step1. 在 刀轨设置 区域中单击“非切削移动”按钮，系统弹出“非切削移动”对话框。

Step2. 在 斜坡角度 文本框中输入值 3，在 高度起点 下拉列表中选择 当前层 选项。

Step3. 单击“非切削移动”对话框中的 确定 按钮，系统返回到“底壁铣”对话框。

Stage5. 设置进给率和速度

Step1. 在“底壁铣”对话框中单击“进给率和速度”按钮，系统弹出“进给率和速度”对话框。

Step2. 选中 主轴速度 区域中的 ☑ 主轴速度（rpm）复选框，并在其后的文本框中输入值 1800，按 Enter 键，然后单击按钮，在 进给率 区域的 切削 文本框中输入值 500，再按 Enter 键，然后单击按钮，其他参数采用系统默认设置。

Step3. 单击 确定 按钮，完成进给率和速度的设置，系统返回“底壁铣”对话框。

Stage6. 生成刀路轨迹并仿真

生成的刀路轨迹如图 19.20 所示，2D 动态仿真加工后的模型如图 19.21 所示。

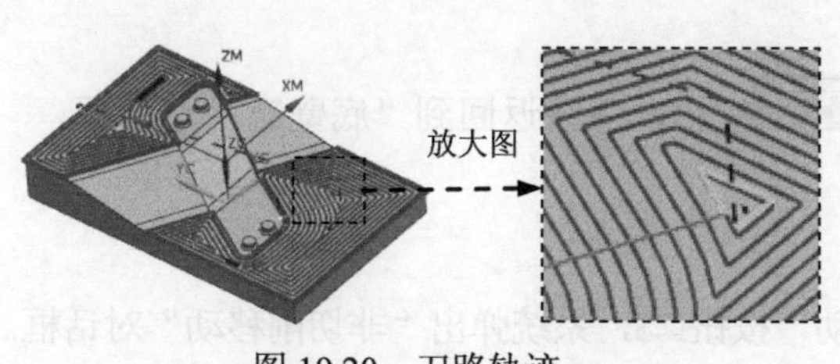

图 19.20　刀路轨迹

图 19.21　2D 仿真结果

Task9. 创建底壁铣工序 2

Stage1. 创建工序

Step1. 选择下拉菜单 插入(S) → 工序(E)... 命令，系统弹出“创建工序”对话框。

Step2. 确定加工方法。在“创建工序”对话框的 类型 下拉列表中选择 mill_planar 选项，在 工序子类型 区域中单击“底壁铣”按钮，在 程序 下拉列表中选择 PROGRAM 选项，在 刀具 下拉列表中选择 D10（铣刀-5 参数）选项，在 几何体 下拉列表中选择 WORKPIECE 选项，在 方法 下拉列表中选择 MILL_FINISH 选项，采用系统默认的名称。

Step3. 在“创建工序”对话框中单击 确定 按钮，系统弹出“底壁铣”对话框。

Stage2. 指定切削区域

Step1. 单击 指定切削区域 右侧的按钮，选取图 19.22 所示的面（共 4 个）为切削区域。

Step2. 单击“切削区域”对话框中的 确定 按钮，系统返回“底壁铣”对话框。

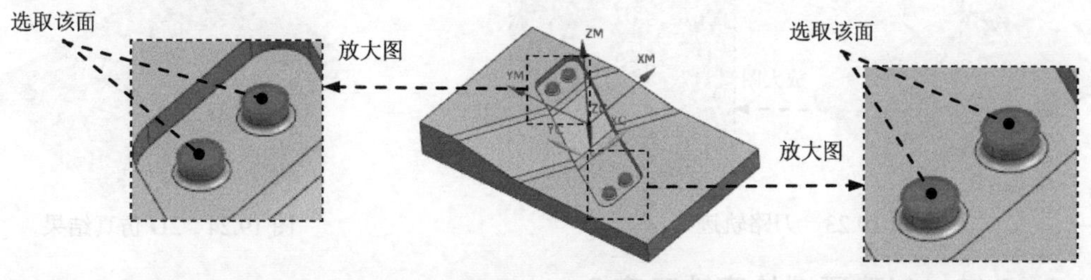

图 19.22　选取切削区域

Stage3. 设置刀具路径参数

Step1. 设置切削模式。在 刀轨设置 区域的 切削模式 下拉列表中选择 单向 选项。

Step2. 设置步进方式。在 步距 下拉列表中选择 % 刀具平直 选项，在 平面直径百分比 文本框中输入值 60，在 底面毛坯厚度 文本框中输入值 1，在 每刀切削深度 文本框中输入值 0.8。

Stage4. 设置切削参数

Step1. 在“底壁铣”对话框中单击“切削参数”按钮，系统弹出“切削参数”对话框；在对话框中单击 策略 选项卡，在 切削 区域的 切削角 下拉列表中选择 指定 选项，在 与 XC 的夹角 文本框中输入值 90；单击 空间范围 选项卡，在 切削区域 的 第一刀路延展量 文本框中输入值 50，其他参数采用系统默认设置。

Step2. 单击“切削参数”对话框中的 确定 按钮，系统返回到“底壁铣”对话框。

Stage5. 设置非切削移动参数

Step1. 在 刀轨设置 区域中单击“非切削移动”按钮，系统弹出“非切削移动”对话框。

Step2. 在 斜坡角度 文本框中输入值 3，在 高度起点 下拉列表中选择 当前层 选项。

Step3. 单击“非切削移动”对话框中的 确定 按钮，系统返回到“底壁铣”对话框。

Stage6. 设置进给率和速度

Step1. 在“底壁铣”对话框中单击“进给率和速度”按钮，系统弹出“进给率和速度”对话框。

Step2. 选中 主轴速度 区域中的 ☑ 主轴速度（rpm）复选框，在其后的文本框中输入值 1800，按 Enter 键，然后单击按钮，在 进给率 区域的 切削 文本框中输入值 400，再按 Enter 键，然后单击按钮，其他参数采用系统默认设置。

Step3. 单击 确定 按钮，完成进给率和速度的设置，系统返回“底壁铣”对话框。

Stage7. 生成刀路轨迹并仿真

生成的刀路轨迹如图 19.23 所示，2D 动态仿真加工后的模型如图 19.24 所示。

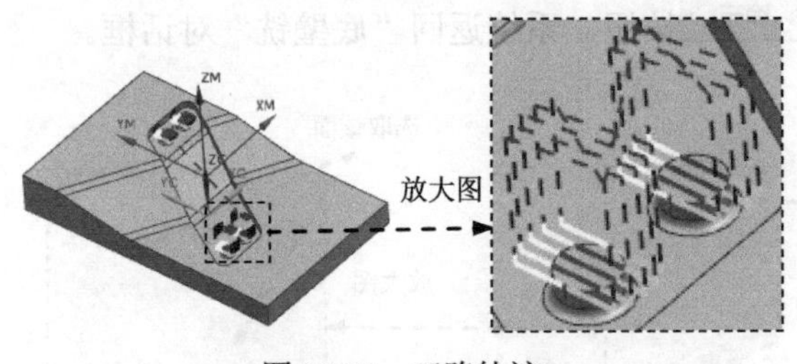

图 19.23　刀路轨迹

图 19.24　2D 仿真结果

Task10. 创建区域轮廓铣工序 3

Stage1. 创建工序

Step1. 选择下拉菜单 插入(S) → 工序(E)... 命令，在“创建工序”对话框的 类型 下拉列表中选择 mill_contour 选项，在 工序子类型 区域中单击“区域轮廓铣”按钮，在 程序 下拉列表中选择 PROGRAM 选项，在 刀具 下拉列表中选择 B6（铣刀-球头铣）选项，在 几何体 下拉列表中选择WORKPIECE选项，在方法下拉列表中选择MILL_FINISH选项，使用系统默认的名称。

Step2. 单击“创建工序”对话框中的确定按钮，系统弹出“区域轮廓铣”对话框。

Stage2. 指定切削区域

Step1. 在几何体区域中单击“选择或编辑切削区域几何体”按钮，系统弹出“切削区域”对话框。

Step2. 选取图 19.25 所示的面（共 5 个）作为切削区域，在“切削区域”对话框中单击确定按钮，完成切削区域的创建，同时系统返回到“区域轮廓铣”对话框。

Stage3. 设置驱动方式

Step1. 在驱动方法区域中单击“编辑”按钮，系统弹出“区域铣削驱动方法”对话框。

Step2. 在“区域铣削驱动方法”对话框中按图 19.26 所示设置参数，然后单击确定按钮，系统返回到“区域轮廓铣”对话框。

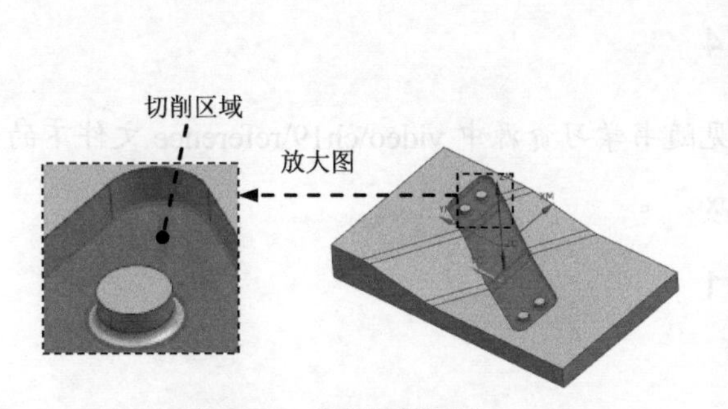

图 19.25　定义切削区域

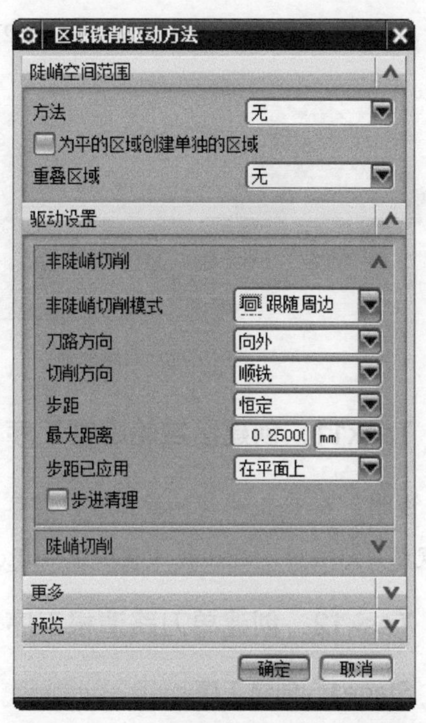

图 19.26　“区域铣削驱动方法”对话框

Stage4. 设置切削参数

Step1. 在刀轨设置区域中单击“切削参数”按钮，系统弹出“切削参数”对话框。

Step2. 单击余量选项卡，在公差区域的内公差和外公差文本框中均输入值 0.01。

Step3. 单击“切削参数”对话框中的确定按钮，系统返回到“区域轮廓铣”对话框。

Stage5．设置非切削移动参数

采用系统默认的非切削移动参数。

Stage6．设置进给率和速度

Step1．在“区域轮廓铣”对话框中单击“进给率和速度”按钮，系统弹出“进给率和速度”对话框。

Step2．选中“进给率和速度”对话框主轴速度区域中的☑ 主轴速度（rpm）复选框，在其后的文本框中输入值 2200，按 Enter 键，然后单击按钮，在进给率区域的切削文本框中输入值 400，再按 Enter 键，然后单击按钮，其他参数采用系统默认设置。

Step3．单击 确定 按钮，完成进给率和速度的设置，系统返回“区域轮廓铣”对话框。

Stage7．生成刀路轨迹并仿真

生成的刀路轨迹如图 19.27 所示，2D 动态仿真加工后的模型如图 19.28 所示。

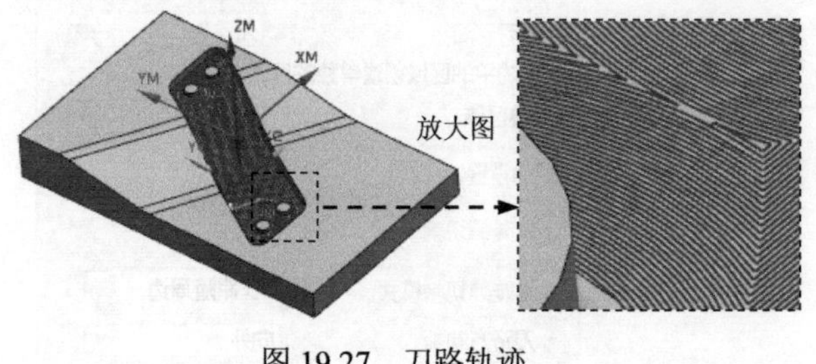

图 19.27　刀路轨迹

图 19.28　2D 动态仿真

Task11．创建区域轮廓铣工序 4

说明：本 Task 的详细操作过程请参见随书学习资源中 video\ch19\reference 文件下的语音视频讲解文件“连接板凹模加工-r01.exe”。

Task12．创建单刀路清根工序 1

Stage1．创建工序

Step1．选择下拉菜单 插入(S) → 工序(E)... 命令，系统弹出“创建工序”对话框。

Step2．确定加工方法。在“创建工序”对话框的类型下拉列表中选择mill_contour选项，在工序子类型区域中单击“单刀路清根”按钮，在刀具下拉列表中选择B6（铣刀-球头铣）选项，在几何体下拉列表中选择WORKPIECE选项，在方法下拉列表中选择MILL_FINISH选项，单击 确定 按钮，系统弹出“单刀路清根”对话框。

Stage2．设置进给率和速度

Step1. 单击“单刀路清根”对话框中的“进给率和速度”按钮，系统弹出“进给率和速度”对话框。

Step2. 在“进给率和速度”对话框中选中 ☑ 主轴速度 (rpm) 复选框，然后在其文本框中输入值 1500，按 Enter 键，然后单击按钮，其他选项均采用系统默认参数设置。

Step3. 单击“进给率和速度”对话框中的 确定 按钮，完成切削参数的设置，系统返回到“单刀路清根”对话框。

Stage3．生成刀路轨迹并仿真

生成的刀路轨迹如图 19.29 所示，2D 动态仿真加工后的模型如图 19.30 所示。

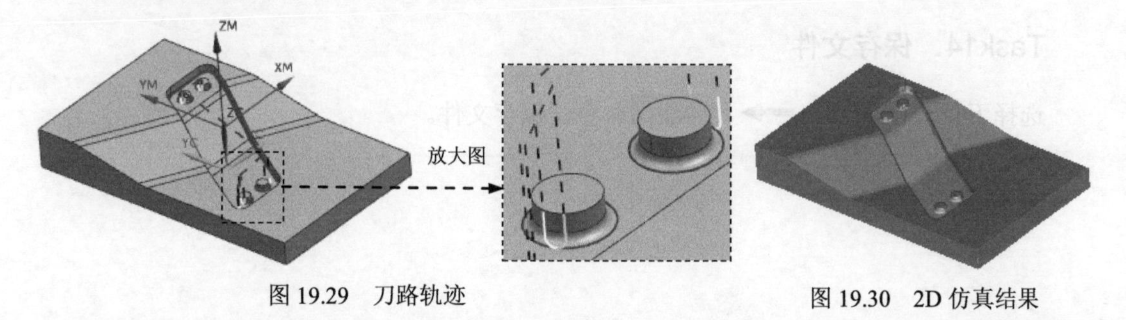

图 19.29 刀路轨迹

图 19.30 2D 仿真结果

Task13．创建单刀路清根工序 2

Stage1．创建工序

Step1. 选择下拉菜单 插入(S) → 工序(E)... 命令，系统弹出“创建工序”对话框。

Step2. 确定加工方法。在“创建工序”对话框的 类型 下拉列表中选择 mill_contour 选项，在 工序子类型 区域中单击“单刀路清根”按钮，在 刀具 下拉列表中选择 B4（铣刀-球头铣）选项，在 几何体 下拉列表中选择 WORKPIECE 选项，在 方法 下拉列表中选择 MILL_FINISH 选项，单击 确定 按钮，系统弹出“单刀路清根”对话框。

Stage2．设置进给率和速度

Step1. 单击“单刀路清根”对话框中的“进给率和速度”按钮，系统弹出“进给率和速度”对话框。

Step2. 在“进给率和速度”对话框中选中 ☑ 主轴速度 (rpm) 复选框，然后在其文本框中输入值 2500，按 Enter 键，然后单击按钮，在 进给率 区域的 切削 文本框中输入值 200，再按 Enter 键，然后单击按钮，其他选项均采用系统默认参数设置。

Step3. 单击“进给率和速度”对话框中的 确定 按钮，完成切削参数的设置，系统返

回到“单刀路清根”对话框。

Stage3．生成刀路轨迹并仿真

生成的刀路轨迹如图 19.31 所示，2D 动态仿真加工后的模型如图 19.32 所示。

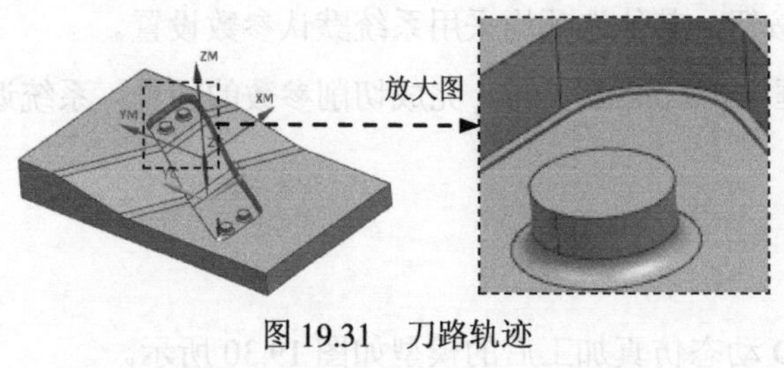

图 19.31　刀路轨迹

图 19.32　2D 仿真结果

Task14．保存文件

选择下拉菜单 文件(F) → 保存(S) 命令，保存文件。

学习拓展： 扫码学习更多视频讲解。

讲解内容： 工程图设计实例精选。讲解了一些典型的工程图设计案例，重点讲解了工程图设计中视图创建和尺寸标注的操作技巧。

实例 20 吹风机凸模加工

下面以吹风机凸模加工为例介绍模具零件的一般加工方法，该零件的加工工艺路线如图 20.1 和图 20.2 所示。

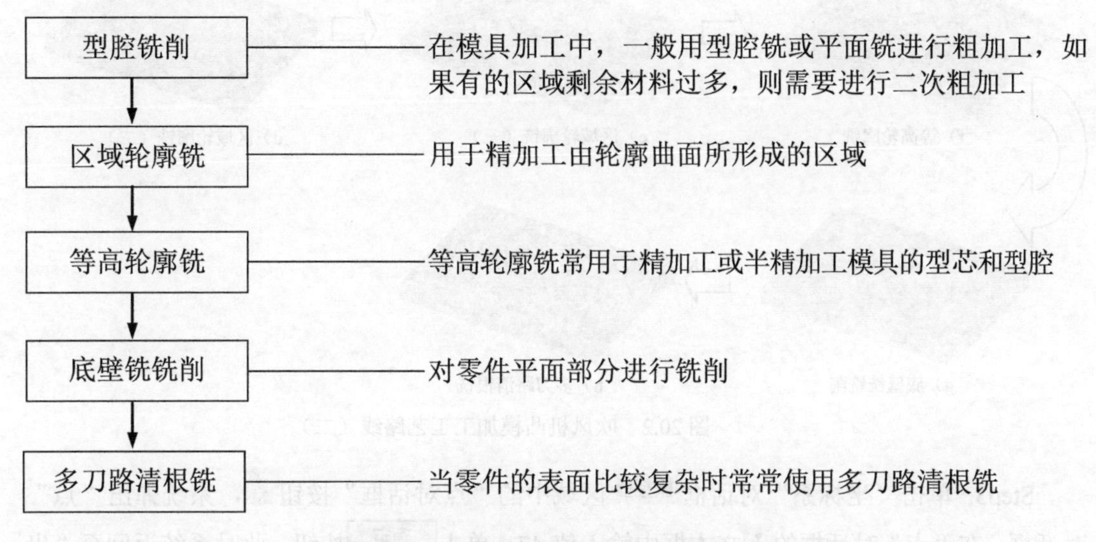

图 20.1 吹风机凸模加工工艺路线（一）

Task1．打开模型文件并进入加工环境

Step1．打开模型文件 D:\ug12.11\work\ch20\blower_mold.prt。

Step2. 进入加工环境。在 应用模块 功能选项卡的 加工 区域单击 按钮，系统弹出“加工环境”对话框；在“加工环境”对话框的 CAM 会话配置 列表框中选择 cam_general 选项，在 要创建的 CAM 组装 列表框中选择 mill contour 选项，单击 确定 按钮，进入加工环境。

Task2．创建几何体

Stage1．创建机床坐标系

Step1. 将工序导航器调整到几何视图，双击节点 MCS_MILL，系统弹出“MCS 铣削”对话框，在“MCS 铣削”对话框的机床坐标系选项区域中单击“坐标系对话框”按钮，系统弹出“坐标系”对话框。

Step2. 在模型中选取图 20.3 所示的顶点，此时机床坐标原点移动至该顶点，然后将机床坐标系绕 XM 轴旋转-90°，绕 ZM 轴旋转-90°。

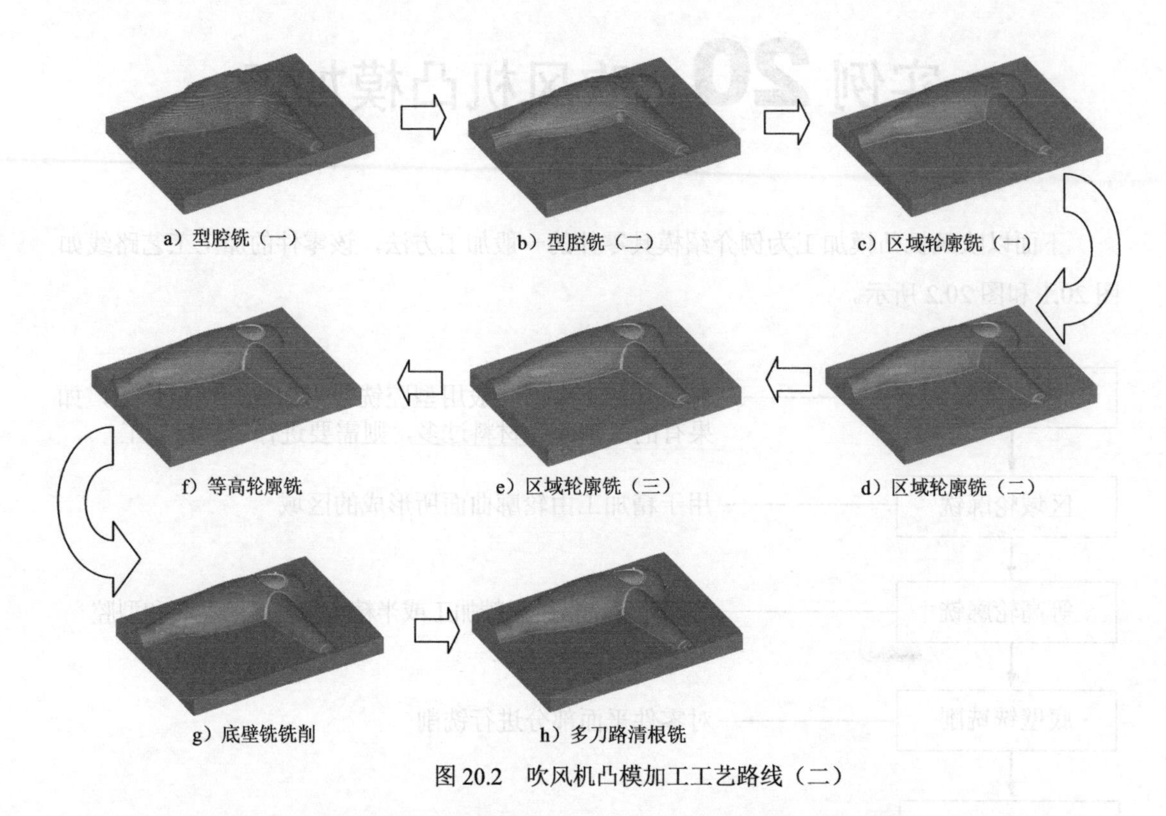

图 20.2 吹风机凸模加工工艺路线（二）

Step3. 单击“坐标系”对话框操控器区域中的“点对话框”按钮，系统弹出“点”对话框，在“点”对话框的 Y 文本框中输入值 47，单击确定按钮，此时系统返回至“坐标系”对话框，单击确定按钮，完成图 20.3 所示机床坐标系的创建。

Stage2. 创建安全平面

Step1. 在“MCS 铣削”对话框安全设置区域的安全设置选项下拉列表中选择平面选项，单击“平面对话框”按钮，系统弹出“平面”对话框。

Step2. 在“平面”对话框类型区域的下拉列表中选择按某一距离选项，在平面参考区域中单击按钮，选取图 20.4 所示的平面为对象平面；在偏置区域的距离文本框中输入值 55，按 Enter 键确认，单击确定按钮，系统返回到“MCS 铣削”对话框，完成图 20.4 所示安全平面的创建。

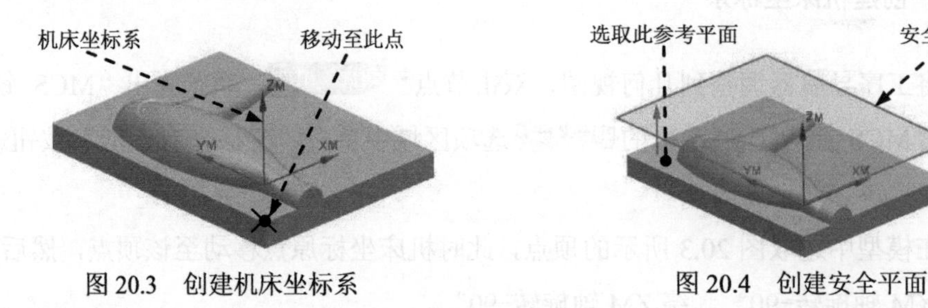

图 20.3 创建机床坐标系　　图 20.4 创建安全平面

Step3. 单击“MCS 铣削”对话框中的确定按钮。

Stage3. 创建部件几何体

Step1. 在工序导航器中双击MCS_MILL节点下的WORKPIECE，系统弹出“工件”对话框。

Step2. 选取部件几何体。在“工件”对话框中单击按钮，系统弹出“部件几何体”对话框。

Step3. 在“部件几何体”对话框中单击按钮，在图形区框选整个零件为部件几何体，如图 20.5 所示。

Step4. 在“部件几何体”对话框中单击确定按钮，完成部件几何体的创建，系统返回到“工件”对话框。

Stage4. 创建毛坯几何体

Step1. 在“工件”对话框中单击按钮，系统弹出“毛坯几何体”对话框。

Step2. 在“毛坯几何体”对话框的类型下拉列表中选择包容块选项，在限制区域的ZM+文本框中输入值 1。

Step3. 单击“毛坯几何体”对话框中的确定按钮，系统返回到“工件”对话框，完成图 20.6 所示毛坯几何体的创建。

Step4. 单击“工件”对话框中的确定按钮。

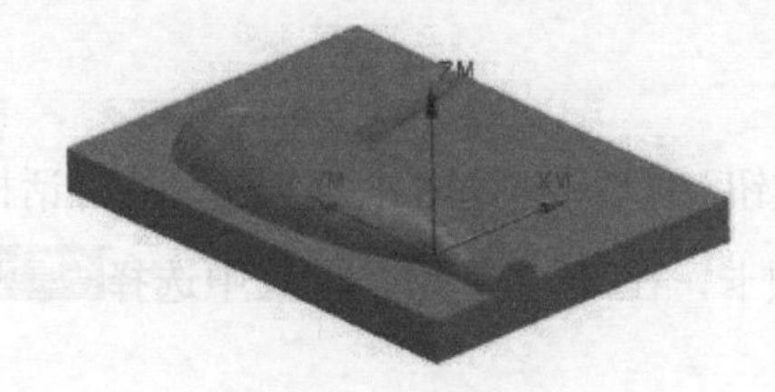

图 20.5　部件几何体

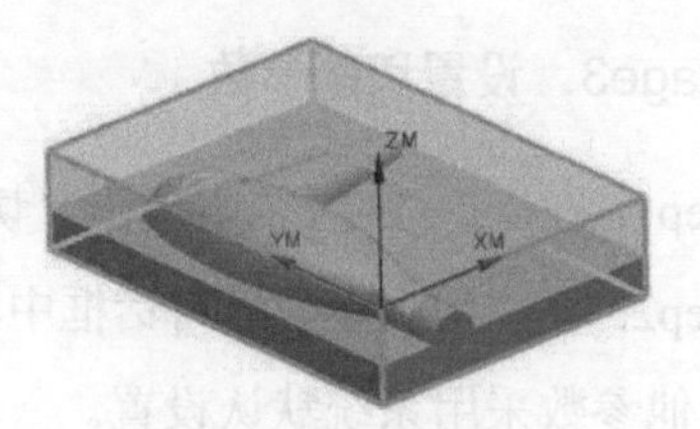

图 20.6　毛坯几何体

Task3. 创建刀具

创建刀具 1

Step1. 将工序导航器调整到机床视图。

Step2. 选择下拉菜单插入(S) ➡ 刀具(T)...命令，系统弹出“创建刀具”对话框。

Step3. 在“创建刀具”对话框的类型下拉列表中选择mill_contour选项，在刀具子类型区域中单击 MILL 按钮，在位置区域的刀具下拉列表中选择GENERIC_MACHINE选项，在名称文本框中输入 D20R2，然后单击确定按钮，系统弹出“铣刀-5 参数”对话框。

Step4. 在“铣刀-5 参数”对话框的(D) 直径文本框中输入值 20，在(R1) 下半径文本框中输入值 2，在刀具号文本框中输入值 1，其他参数采用系统默认设置，单击确定按钮，完成刀具 1 的创建。

说明：本 Task 后面的详细操作过程请参见随书学习资源中 video\ch20\reference 文件下的语音视频讲解文件“吹风机凸模加工-r01.exe”。

Task4．创建型腔铣工序 1

Stage1．创建工序

Step1．将工序导航器调整到程序顺序视图。

Step2．选择下拉菜单 插入(S) ➡ 工序(E)... 命令，在“创建工序”对话框的 类型 下拉列表中选择 mill_contour 选项，在 工序子类型 区域中单击 CAVITY_MILL 按钮，在 程序 下拉列表中选择 NC PROGRAM 选项，在 刀具 下拉列表中选择前面设置的刀具 D20R2（铣刀-5 参数）选项，在 几何体 下拉列表中选择 WORKPIECE 选项，在 方法 下拉列表中选择 MILL ROUGH 选项，使用系统默认的名称。

Step3．单击“创建工序”对话框中的 确定 按钮，系统弹出“型腔铣”对话框。

Stage2．设置一般参数

在“型腔铣”对话框的 切削模式 下拉列表中选择 跟随周边 选项；在 步距 下拉列表中选择 % 刀具平直 选项，在 平面直径百分比 文本框中输入值 50，在 公共每刀切削深度 下拉列表中选择 恒定 选项，在 最大距离 文本框中输入值 3。

Stage3．设置切削参数

Step1．在 刀轨设置 区域中单击“切削参数”按钮，系统弹出“切削参数”对话框。

Step2．在“切削参数”对话框中单击 策略 选项卡，在 切削顺序 下拉列表中选择 深度优先 选项，其他参数采用系统默认设置。

Step3．在“切削参数”对话框中单击 余量 选项卡，在 部件侧面余量 文本框中输入值 0.5，其他参数采用系统默认设置。

Step4．在“切削参数”对话框中单击 拐角 选项卡，在 光顺 下拉列表中选择 所有刀路 选项。

Step5．单击“切削参数”对话框中的 确定 按钮，系统返回到“型腔铣”对话框。

Stage4．设置非切削移动参数

Step1．在“型腔铣”对话框中单击“非切削移动”按钮，系统弹出“非切削移动”对话框。

Step2．单击“非切削移动”对话框中的 转移/快速 选项卡，参数设置如图 20.7 所示。

Step3．单击“非切削移动”对话框中的 确定 按钮，完成非切削移动参数的设置，系

统返回到“型腔铣”对话框。

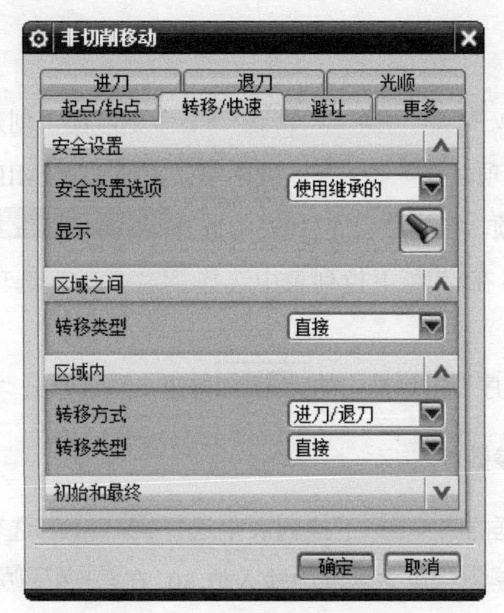

图 20.7 “转移/快递”选项卡

Stage5．设置进给率和速度

Step1. 在“型腔铣”对话框中单击“进给率和速度”按钮，系统弹出“进给率和速度”对话框。

Step2. 选中“进给率和速度”对话框主轴速度区域中的☑ 主轴速度（rpm）复选框，在其后的文本框中输入值 800，按 Enter 键，然后单击按钮，在进给率区域的切削文本框中输入值 125，再按 Enter 键，然后单击按钮，其他参数采用系统默认设置。

Step3. 单击确定按钮，完成进给率和速度的设置，系统返回“型腔铣”对话框。

Stage6．生成刀路轨迹并仿真

生成的刀路轨迹如图 20.8 所示，2D 动态仿真加工后的模型如图 20.9 所示。

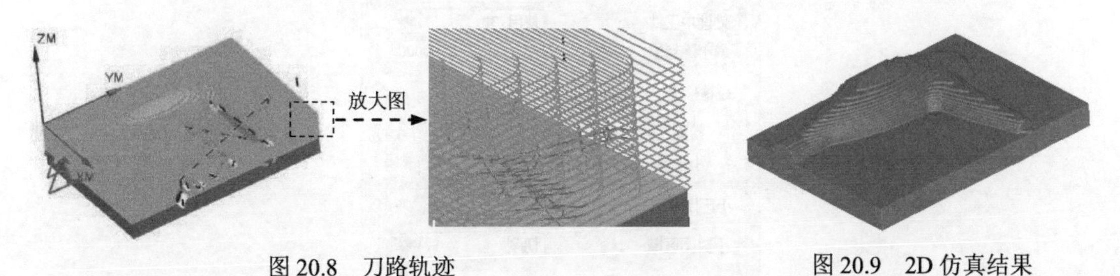

图 20.8 刀路轨迹

图 20.9 2D 仿真结果

Task5．创建型腔铣工序 2

说明：本 Task 是继承上一步的 IPW 对毛坯进行二次粗加工。创建工序时应选用直径

较小的端铣刀，并设置较小的每刀切削深度值，以保证更多区域能被加工到。

Stage1．创建工序

Step1．选择下拉菜单 插入(S) → 工序(E)... 命令，在“创建工序”对话框的 类型 下拉列表中选择 mill_contour 选项，在 工序子类型 区域中单击 CAVITY_MILL 按钮，在 程序 下拉列表中选择 NC PROGRAM 选项，在 刀具 下拉列表中选择 D12R1（铣刀-5 参数）选项，在 几何体 下拉列表中选择 WORKPIECE 选项，在 方法 下拉列表中选择 MILL_SEMI_FINISH 选项，使用系统默认的名称 CAVITY_MILL_1。

Step2．单击“创建工序”对话框中的 确定 按钮，系统弹出“型腔铣”对话框。

Stage2．设置一般参数

在“型腔铣”对话框的 切削模式 下拉列表中选择 跟随周边 选项，在 步距 下拉列表中选择 % 刀具平直 选项，在 平面直径百分比 文本框中输入值 30，在 公共每刀切削深度 下拉列表中选择 恒定 选项，在 最大距离 文本框中输入值 1.2。

Stage3．设置切削参数

Step1．在 刀轨设置 区域中单击“切削参数”按钮，系统弹出“切削参数”对话框。

Step2．在“切削参数”对话框中单击 策略 选项卡，在 切削顺序 下拉列表中选择 深度优先 选项，其他参数采用系统默认设置。

Step3．在“切削参数”对话框中单击 拐角 选项卡，在 光顺 下拉列表中选择 所有刀路 选项。

Step4．在“切削参数”对话框中单击 空间范围 选项卡，参数设置如图 20.10 所示。

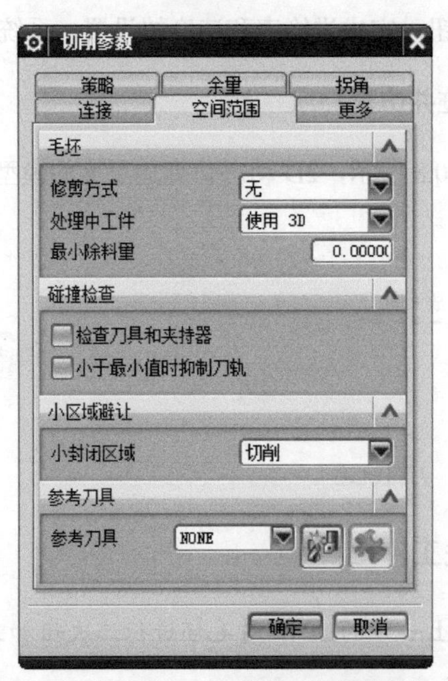

图 20.10 “切削参数”对话框的“空间范围”选项卡

Step5. 单击“切削参数”对话框中的 确定 按钮，系统返回到“型腔铣”对话框。

Stage4. 设置非切削移动参数

Step1. 在“型腔铣”对话框中单击“非切削移动”按钮，系统弹出“非切削移动”对话框。

Step2. 单击“非切削移动”对话框中的 转移/快速 选项卡，在 区域内 的 转移类型 下拉列表中选择 直接 选项。

Step3. 单击“非切削移动”对话框中的 确定 按钮，完成非切削移动参数的设置，系统返回到“型腔铣”对话框。

Stage5. 设置进给率和速度

Step1. 在“型腔铣”对话框中单击“进给率和速度”按钮，系统弹出“进给率和速度”对话框。

Step2. 选中“进给率和速度”对话框 主轴速度 区域中的 ☑ 主轴速度 (rpm) 复选框，在其后的文本框中输入值 1250，按 Enter 键，然后单击按钮，在 进给率 区域的 切削 文本框中输入值 400，再按 Enter 键，然后单击按钮，其他参数采用系统默认设置。

Step3. 单击 确定 按钮，完成进给率和速度的设置，系统返回“型腔铣”对话框。

Stage6. 生成刀路轨迹并仿真

生成的刀路轨迹如图 20.11 所示，2D 动态仿真加工后的模型如图 20.12 所示。

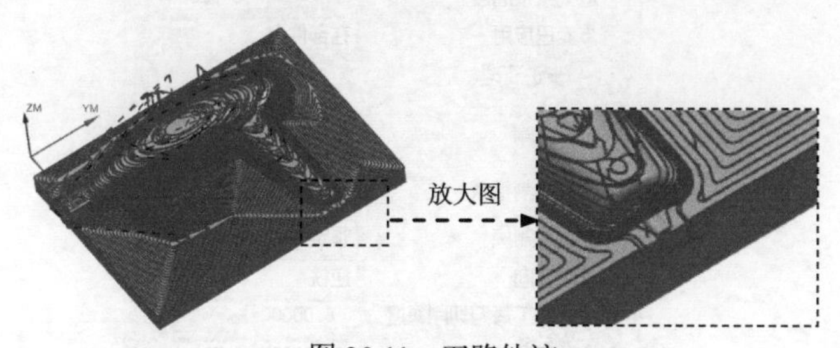

图 20.11 刀路轨迹

图 20.12 2D 仿真结果

Task6. 创建区域轮廓铣 1

Stage1. 创建工序

Step1. 选择下拉菜单 插入(S) → 工序(E)... 命令，在“创建工序”对话框的 类型 下拉列表中选择 mill_contour 选项，在 工序子类型 区域中单击 CONTOUR_AREA 按钮，在 程序 下拉列表中选择 NC_PROGRAM 选项，在 刀具 下拉列表中选择 B6 (铣刀-球头铣) 选项，在 几何体 下拉列表中选择 WORKPIECE 选项，在 方法 下拉列表中选择 MILL_FINISH 选项，使用系统默认的名称 CONTOUR_AREA。

Step2. 单击“创建工序”对话框中的 确定 按钮，系统弹出“区域轮廓铣”对话框。

Stage2. 指定切削区域

Step1. 在 几何体 区域中单击“选择或编辑切削区域几何体”按钮，系统弹出“切削区域”对话框。

Step2. 选取图 20.13 所示的面（共 6 个）作为切削区域，在“切削区域”对话框中单击 确定 按钮，完成切削区域的创建，同时系统返回到“区域轮廓铣”对话框。

Stage3. 设置驱动方式

Step1. 在“区域轮廓铣”对话框 驱动方法 区域的下拉列表中选择 区域铣削 选项，系统弹出“区域铣削驱动方法”对话框（或单击 驱动方法 区域中的“编辑参数”按钮）。

Step2. 在“区域铣削驱动方法”对话框中按图 20.14 所示设置参数，然后单击 确定 按钮，系统返回到“区域轮廓铣”对话框。

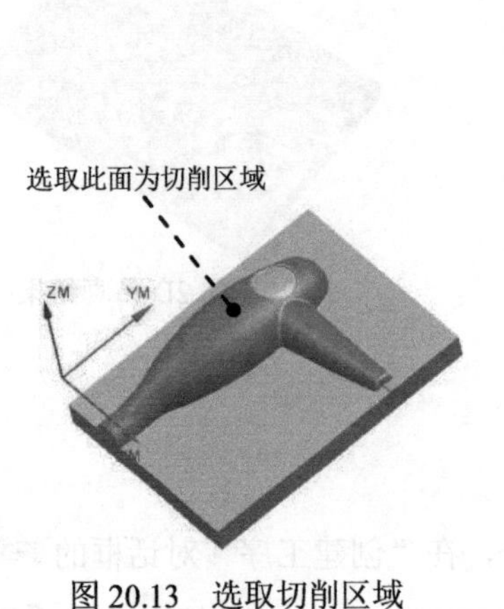

图 20.13 选取切削区域

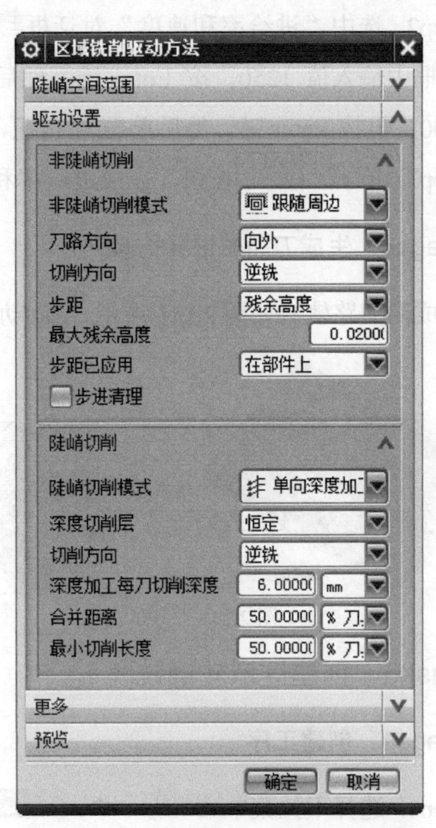

图 20.14 “区域铣削驱动方法”对话框

Stage4. 设置刀轴

刀轴选择系统默认的 +ZM 轴。

Stage5．设置切削参数

Step1．单击“切削参数”按钮，系统弹出“切削参数”对话框。

Step2．在“切削参数”对话框中单击策略选项卡，按图 20.15 所示设置参数。

Step3．单击“切削参数”对话框中的确定按钮，完成切削参数的设置，系统返回到“区域轮廓铣”对话框。

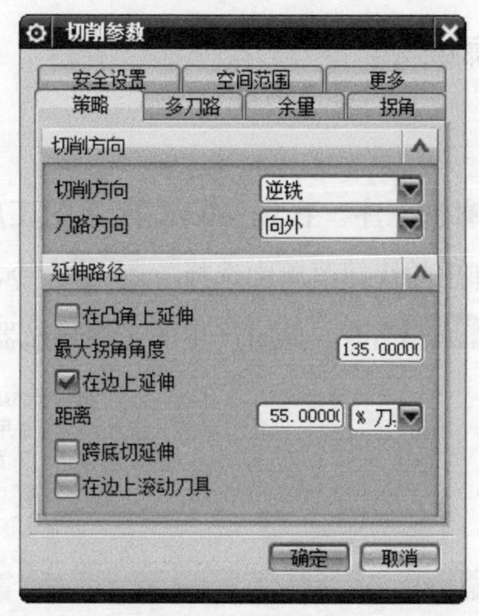

图 20.15 “切削参数”对话框的“策略”选项卡

Stage6．设置非切削移动参数

采用系统默认的非切削移动参数。

Stage7．设置进给率和速度

Step1．在“区域轮廓铣”对话框中单击“进给率和速度”按钮，系统弹出“进给率和速度”对话框。

Step2．选中“进给率和速度”对话框主轴速度区域中的☑ 主轴速度 (rpm)复选框，在其后的文本框中输入值 2000，按 Enter 键，然后单击按钮，在进给率区域的切削文本框中输入值 800，再按 Enter 键，然后单击按钮，其他参数采用系统默认设置。

Step3．单击确定按钮，完成进给率和速度的设置，系统返回到“区域轮廓铣”对话框。

Stage8．生成刀路轨迹并仿真

生成的刀路轨迹如图 20.16 所示，2D 动态仿真加工后的模型如图 20.17 所示。

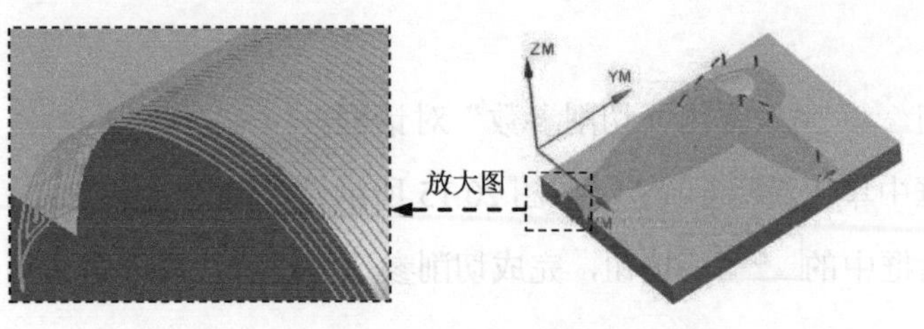

图 20.16　刀路轨迹

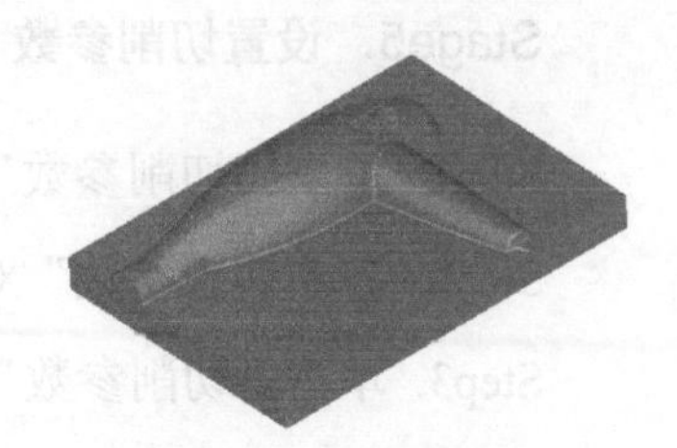

图 20.17　2D 仿真结果

Task7．创建区域轮廓铣 2

Stage1．创建工序

Step1．复制固定区域轮廓铣工序。在图 20.18 所示的工序导航器界面（一）中右击 CONTOUR_AREA 节点，在系统弹出的快捷菜单中选择 复制 命令，然后右击 NC_PROGRAM 节点，在系统弹出的快捷菜单中选择 内部粘贴 命令，此时产生的工序导航器界面（二）如图 20.19 所示。

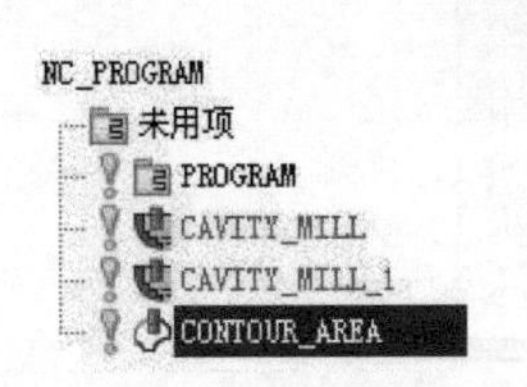

图 20.18　工序导航器界面（一）

图 20.19　工序导航器界面（二）

Step2．双击 CONTOUR_AREA_COPY 节点，系统弹出“区域轮廓铣”对话框。

Stage2．指定切削区域

Step1．在 几何体 区域中单击“选择或编辑切削区域几何体”按钮，系统弹出“切削区域”对话框。

Step2．单击“切削区域”对话框中的按钮，选取图 20.20 所示的面（共 7 个）为切削区域，在“切削区域”对话框中单击 确定 按钮，完成切削区域的创建，系统返回到“区域轮廓铣”对话框。

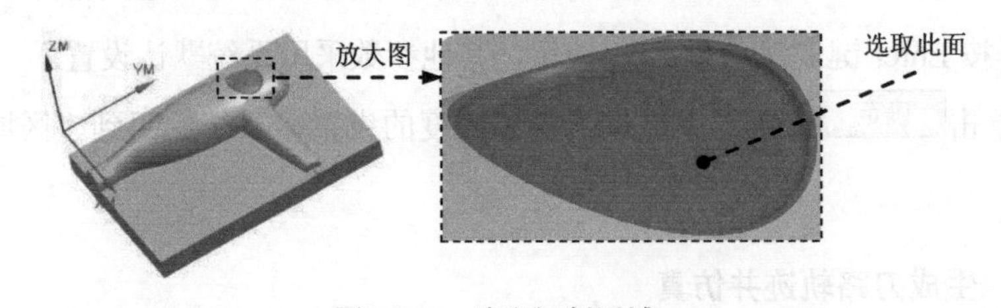

图 20.20　选取切削区域

Stage3．设置刀具

在“区域轮廓铣”对话框的 刀具 下拉列表中选择 D2R0.5（铣刀-5 参数）选项，如图 20.21 所示。

Stage4．设置驱动方式

Step1．在“区域轮廓铣”对话框中单击驱动方法区域中的“编辑参数”按钮，系统弹出“区域铣削驱动方法”对话框。

Step2．在“区域铣削驱动方法”对话框中按图20.22所示设置参数，然后单击确定按钮，系统返回到“区域轮廓铣”对话框。

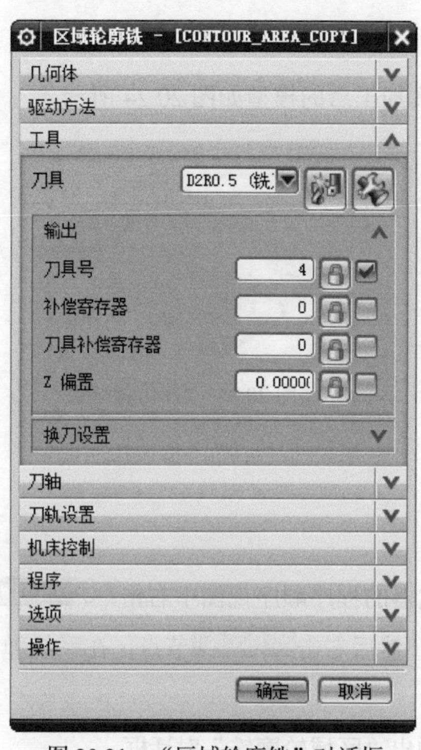

图20.21 “区域轮廓铣”对话框

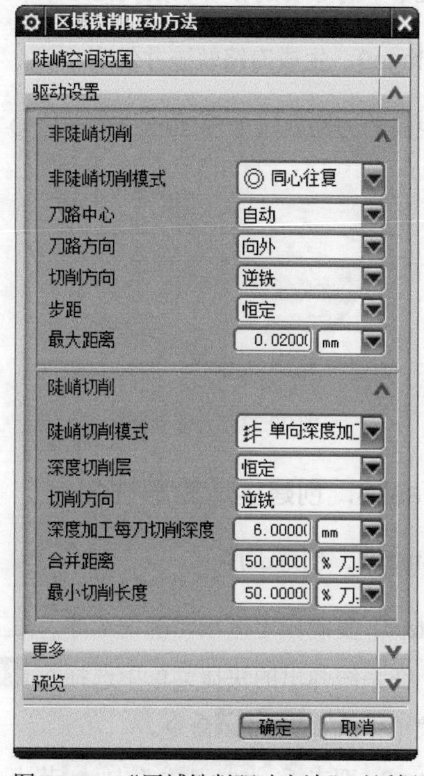

图20.22 “区域铣削驱动方法”对话框

Stage5．设置刀轴

刀轴选择系统默认的+ZM 轴。

Stage6．设置切削参数

Step1．单击“区域轮廓铣”对话框中的“切削参数”按钮，系统弹出“切削参数”对话框。

Step2．在“切削参数”对话框中单击策略选项卡，选中延伸路径区域中的☑在边上延伸复选框，在距离文本框中输入值35，选择单位为%刀具。

Step3．单击“切削参数”对话框中的确定按钮，完成切削参数的设置，系统返回到“区域轮廓铣”对话框。

Stage7．设置非切削移动参数

采用系统默认的非切削移动参数设置。

Stage8. 设置进给率和速度

采用系统默认的进给率和速度设置。

说明：由于固定区域轮廓铣 2 是通过复制固定区域轮廓铣 1 创建的，包含了固定区域轮廓铣 1 中的非切削移动参数及进给率和速度设置，所以不需要重新设置。

Stage9. 生成刀路轨迹并仿真

生成的刀路轨迹如图 20.23 所示，2D 动态仿真加工后的模型如图 20.24 所示。

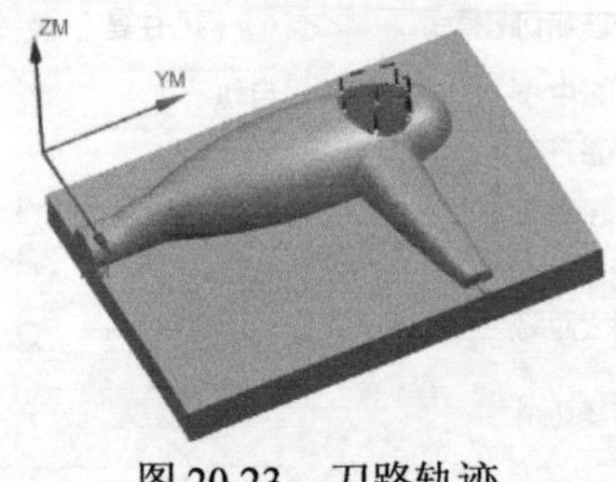

图 20.23 刀路轨迹

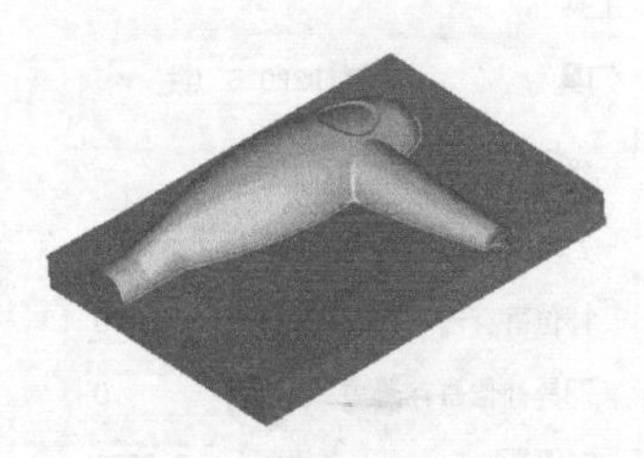

图 20.24 2D 仿真结果

Task8. 创建区域轮廓铣 3

Stage1. 创建工序

Step1. 复制固定区域轮廓铣工序。在工序导航器的程序顺序视图中右击 CONTOUR_AREA 节点，在系统弹出的快捷菜单中选择 复制 命令，然后右击 NC_PROGRAM 节点，在系统弹出的快捷菜单中选择 内部粘贴 命令。

Step2. 双击 CONTOUR_AREA_COPY_1 节点，系统弹出“区域轮廓铣”对话框。

Stage2. 指定切削区域

Step1. 在 几何体 区域中单击“选择或编辑切削区域几何体”按钮，系统弹出“切削区域”对话框。

Step2. 单击“切削区域”对话框中的按钮，选取图 20.25 所示的面为切削区域，在“切削区域”对话框中单击 确定 按钮，完成切削区域的创建，系统返回到“区域轮廓铣”对话框。

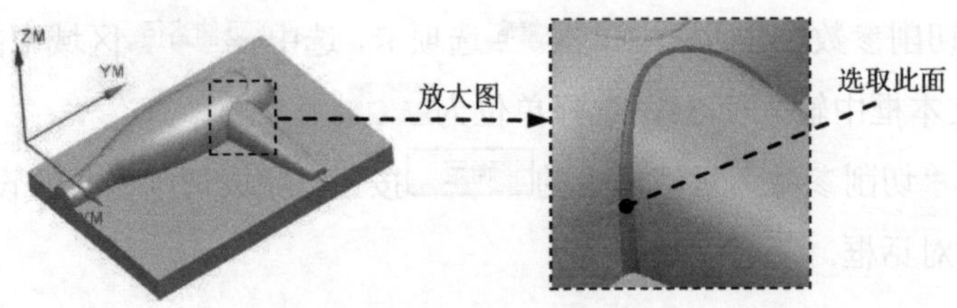

图 20.25 选取切削区域

Stage3．设置刀具

在“区域轮廓铣”对话框的 刀具 下拉列表中选择 D2R0.5 (铣刀-5 参数) 选项。

Stage4．设置驱动方式

Step1．在“区域轮廓铣”对话框中单击 驱动方法 区域中的“编辑参数”按钮，系统弹出“区域铣削驱动方法”对话框。

Step2．在“区域铣削驱动方法”对话框中按图 20.26 所示设置参数，然后单击 确定 按钮，系统返回到“区域轮廓铣”对话框。

Stage5．设置切削参数和非切削移动参数

切削参数和非切削移动参数均采用系统默认设置。

Stage6．生成刀路轨迹并仿真

生成的刀路轨迹如图 20.27 所示，2D 动态仿真加工后的模型如图 20.28 所示。

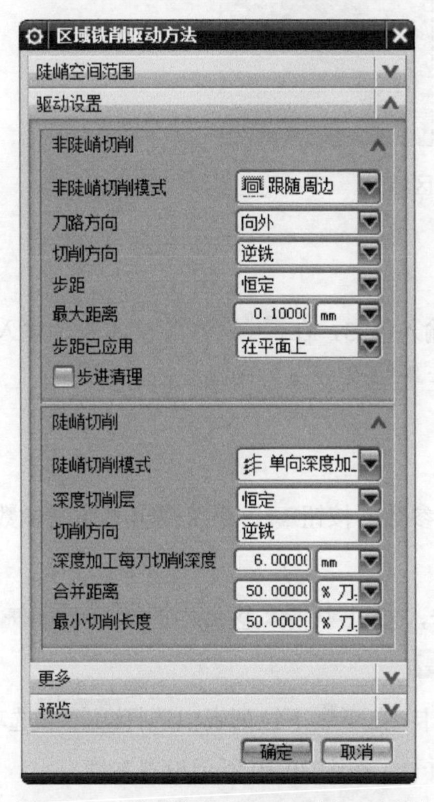

图 20.26 “区域铣削驱动方法”对话框

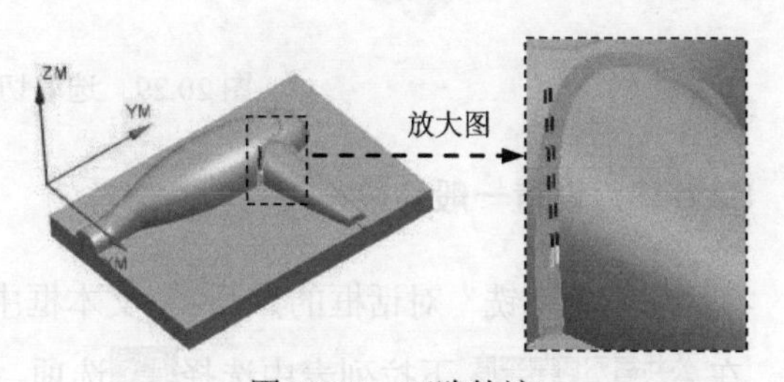

图 20.27 刀路轨迹

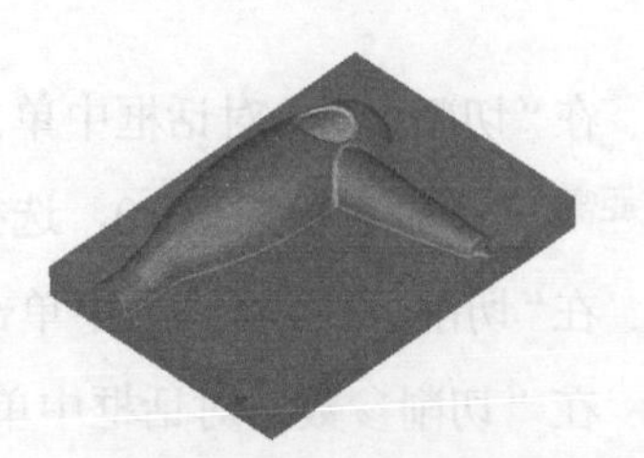

图 20.28 2D 仿真结果

Task9．创建深度轮廓铣工序

Stage1．创建工序

Step1. 选择下拉菜单插入(S) → 工序(E)... 命令，在“创建工序”对话框的类型下拉菜单中选择mill_contour选项，在工序子类型区域中单击 ZLEVEL_PROFILE 按钮，在程序下拉列表中选择NC_PROGRAM选项，在刀具下拉列表中选择D2R0.5（铣刀-5 参数）选项，在几何体下拉列表中选择WORKPIECE选项，在方法下拉列表中选择MILL_FINISH选项，使用系统默认的名称。

Step2. 单击“创建工序”对话框中的确定按钮，系统弹出“深度轮廓铣”对话框。

Stage2. 指定切削区域

Step1. 在“深度轮廓铣”对话框的几何体区域中单击指定切削区域右侧的按钮，系统弹出“切削区域”对话框。

Step2. 在图形区选取图 20.29 所示的面为切削区域，然后单击“切削区域”对话框中的确定按钮，系统返回到“深度轮廓铣”对话框。

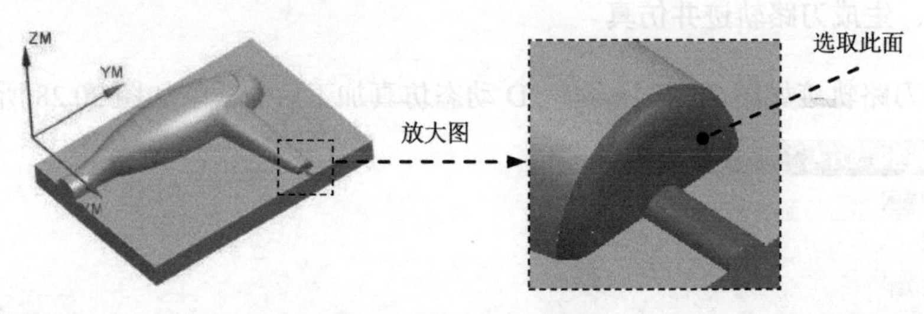

图 20.29　选取切削区域

Stage3. 设置一般参数

在“深度轮廓铣”对话框的合并距离文本框中输入值 3，在最小切削长度文本框中输入值 0.3，在公共每刀切削深度下拉列表中选择恒定选项，在最大距离文本框中输入值 0.3。

Stage4. 设置切削参数

Step1. 单击“深度轮廓铣”对话框中的“切削参数”按钮，系统弹出“切削参数”对话框。

Step2. 在“切削参数”对话框中单击策略选项卡，选中延伸路径区域中的☑ 在边上延伸复选框，在距离文本框中输入值 20，选择单位为%刀具。

Step3. 在“切削参数”对话框中单击拐角选项卡，在光顺下拉列表中选择所有刀路选项。

Step4. 在“切削参数”对话框中单击连接选项卡，按图 20.30 所示设置参数。

Step5. 单击“切削参数”对话框中的确定按钮，完成切削参数的设置，系统返回到“深度轮廓铣”对话框。

Stage5. 设置非切削移动参数

Step1. 单击“深度轮廓铣”对话框中的“非切削移动”按钮，系统弹出“非切削移动”对话框。

Step2. 单击“非切削移动”对话框中的转移/快速选项卡，按图 20.31 所示设置参数。

Step3. 单击“非切削移动”对话框中的确定按钮，完成非切削移动参数的设置，系统返回到“深度轮廓铣”对话框。

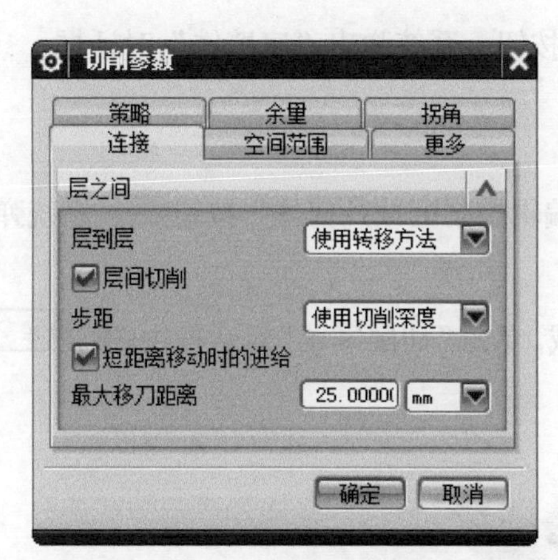

图 20.30 “连接”选项卡

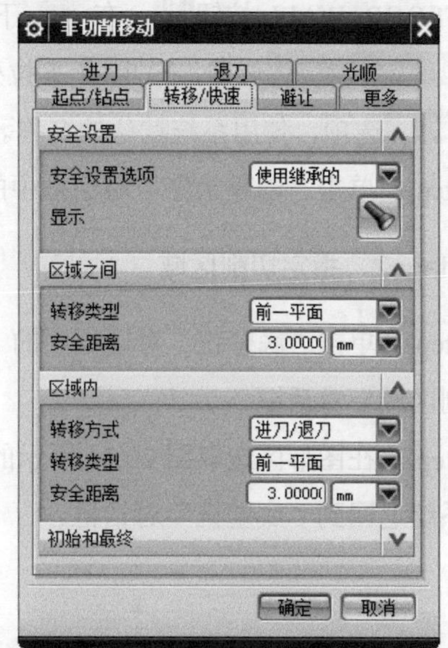

图 20.31 “转移/快速”选项卡

Stage6. 设置进给率和速度

Step1. 在“深度轮廓铣”对话框中单击“进给率和速度”按钮，系统弹出“进给率和速度”对话框。

Step2. 选中“进给率和速度”对话框主轴速度区域中的☑ 主轴速度 (rpm)复选框，在其后的文本框中输入值 1200，按 Enter 键，然后单击按钮，在进给率区域的切削文本框中输入值 800，再按 Enter 键，然后单击按钮，在进刀文本框中输入值 200，其他参数采用系统默认设置值。

Step3. 单击确定按钮，完成进给率和速度的设置，系统返回“深度轮廓铣”对话框。

Stage7. 生成刀路轨迹并仿真

生成的刀路轨迹如图 20.32 所示，2D 动态仿真加工后的模型如图 20.33 所示。

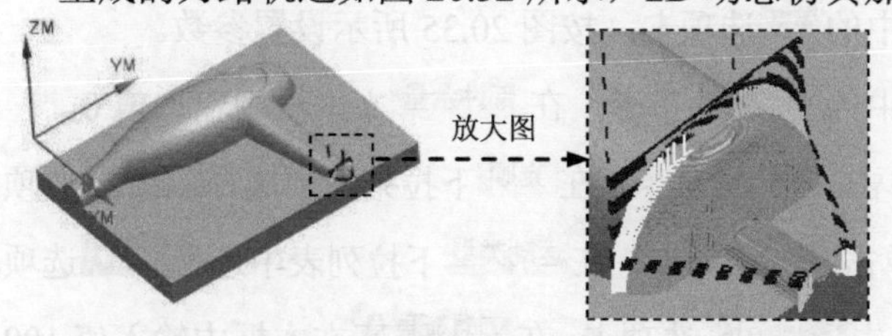

图 20.32 刀路轨迹

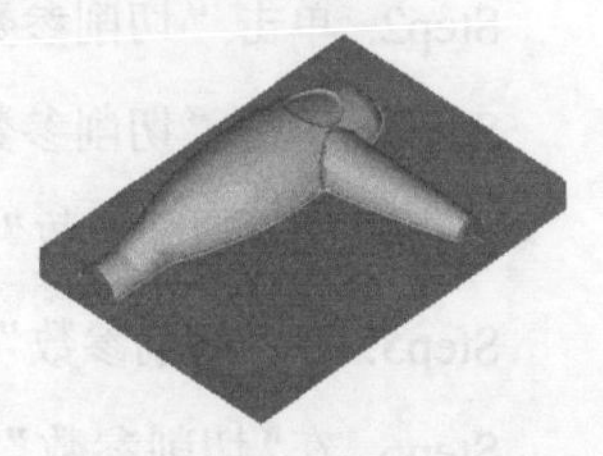

图 20.33 2D 仿真结果

Task10. 创建底壁铣工序

Stage1. 创建工序

Step1. 选择下拉菜单 插入(S) → 工序(E)... 命令，系统弹出“创建工序”对话框。

Step2. 在“创建工序”对话框的 类型 下拉列表中选择 mill_planar 选项，在 工序子类型 区域中单击 FLOOR_WALL 按钮，在 程序 下拉列表中选择 NC_PROGRAM 选项，在 刀具 下拉列表中选择 D6R1（铣刀-5 参数）选项，在 几何体 下拉列表中选择 WORKPIECE 选项，在 方法 下拉列表中选择 MILL_FINISH 选项，使用系统默认的名称。

Step3. 单击“创建工序”对话框中的 确定 按钮，系统弹出“底壁铣”对话框。

Stage2. 指定切削区域

Step1. 单击“底壁铣”对话框中的“选择或编辑切削区域几何体”按钮，系统弹出“切削区域”对话框。

Step2. 在图形区选取图 20.34 所示的切削区域，单击“切削区域”对话框中的 确定 按钮，系统返回到“底壁铣”对话框。

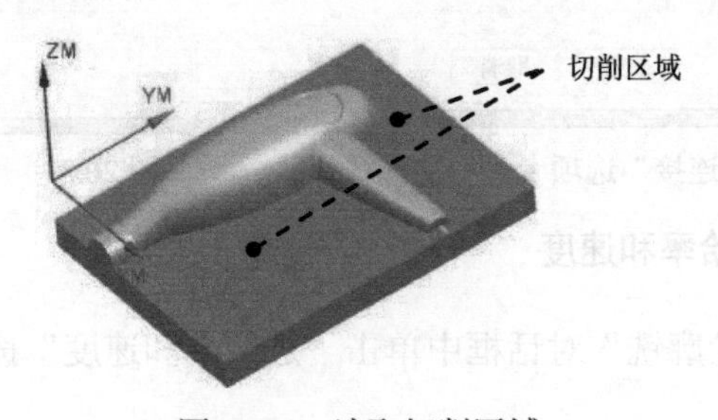

图 20.34　选取切削区域

Stage3. 设置一般参数

在“底壁铣”对话框的 切削模式 下拉列表中选择 跟随周边 选项，在 步距 下拉列表中选择 % 刀具平直 选项，在 平面直径百分比 文本框中输入值 35，在 底面毛坯厚度 文本框中输入值 0.25，在 每刀切削深度 文本框中输入值 0.1。

Stage4. 设置切削参数

Step1. 单击“底壁铣”对话框中的“切削参数”按钮，系统弹出“切削参数”对话框。

Step2. 单击“切削参数”对话框中的 策略 选项卡，按图 20.35 所示设置参数。

Step3. 单击“切削参数”对话框中的 余量 选项卡，在 部件余量 文本框中输入值 0。

Step4. 在“切削参数”对话框中单击 拐角 选项卡，在 光顺 下拉列表中选择 所有刀路 选项。

Step5. 在“切削参数”对话框中单击 连接 选项卡，在 运动类型 下拉列表中选择 跟随 选项。

Step6. 在“切削参数”对话框中单击 空间范围 选项卡，在 刀具延展量 文本框中输入值 100。

Step7. 单击“切削参数”对话框中的 确定 按钮，完成切削参数的设置，系统返回到“底壁铣”对话框。

图 20.35 “切削参数”对话框的“策略”选项卡

Stage5. 设置非切削移动参数

采用系统默认的非切削移动参数设置。

Stage6. 设置进给率和速度

Step1. 单击“底壁铣”对话框中的“进给率和速度”按钮，系统弹出“进给率和速度”对话框。

Step2. 选中“进给率和速度”对话框 主轴速度 区域中的 ☑ 主轴速度（rpm）复选框，在其后的文本框中输入值 1500，按 Enter 键，然后单击按钮，在 进给率 区域的 切削 文本框中输入值 600，再按 Enter 键，然后单击按钮，在 进刀 文本框中输入值 200，单击 确定 按钮，系统返回“底壁铣”对话框。

Stage7. 生成刀路轨迹并仿真

生成的刀路轨迹如图 20.36 所示，2D 动态仿真加工后的模型如图 20.37 所示。

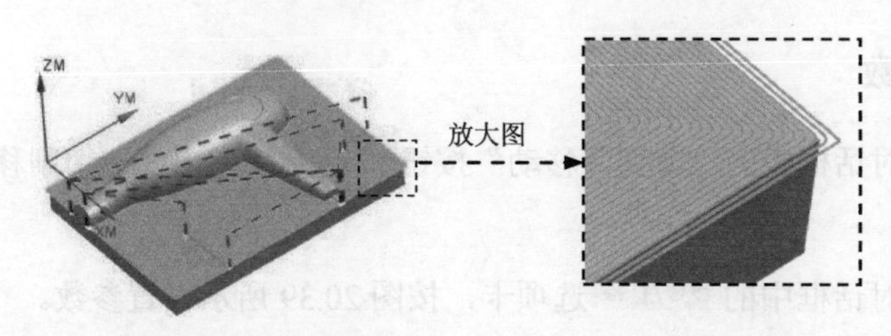

图 20.36 刀路轨迹

图 20.37 2D 仿真结果

Task11．创建多刀路清根工序

Stage1．创建工序

Step1．选择下拉菜单插入(S) → 工序(E)... 命令，系统弹出“创建工序”对话框。

Step2．在“创建工序”对话框的类型下拉列表中选择mill_contour选项，在工序子类型区域中单击 FLOWCUT_MULTIPLE 按钮，在程序下拉列表中选择NC PROGRAM选项，在刀具下拉列表中选择D2R0（铣刀-5 参数）选项，在几何体下拉列表中选择WORKPIECE选项，在方法下拉列表中选择MILL_FINISH选项，使用系统默认的名称。

Step3．单击确定按钮，系统弹出“多刀路清根”对话框。

Stage2．设置驱动参数

在“多刀路清根”对话框驱动设置区域的非陡峭切削模式下拉列表中选择往复选项，在步距文本框中输入值 0.4，在每侧步距数文本框中输入值 2，在顺序下拉列表中选择后陡选项。

Stage3．设置切削参数

Step1．单击“多刀路清根”对话框中的“切削参数”按钮，系统弹出“切削参数”对话框。

Step2．在“切削参数”对话框中单击策略选项卡，参数设置如图 20.38 所示。

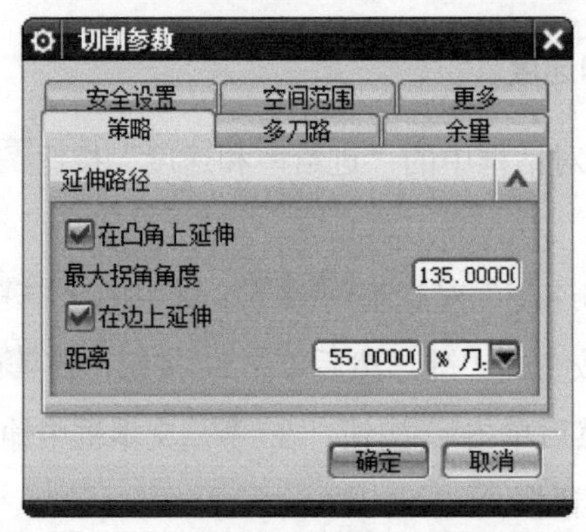

图 20.38　“切削参数”对话框的“策略”选项卡

Step3．单击“切削参数”对话框中的确定按钮，完成切削参数的设置，系统返回到“多刀路清根”对话框。

Stage4．设置非切削移动参数

Step1．单击“多刀路清根”对话框中的“非切削移动”按钮，系统弹出“非切削移动”对话框。

Step2．单击“非切削移动”对话框中的转移/快速选项卡，按图 20.39 所示设置参数。

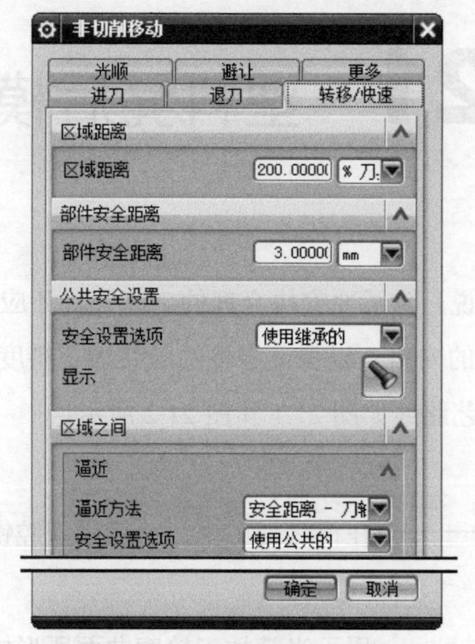

图 20.39　“转移/快速”选项卡

Step3. 单击“非切削移动”对话框中的确定按钮，完成非切削移动参数的设置，系统返回到“多刀路清根”对话框。

Stage5．设置进给率和速度

Step1. 单击“多刀路清根”对话框中的“进给率和速度”按钮，系统弹出“进给率和速度”对话框。

Step2. 选中“进给率和速度”对话框主轴速度区域中的☑ 主轴速度（rpm）复选框，在其后的文本框中输入值 1500，按 Enter 键，然后单击按钮，在进给率区域的切削文本框中输入值 600，再按 Enter 键，然后单击按钮，在进刀文本框中输入值 300。

Step3. 单击“进给率和速度”对话框中的确定按钮，完成进给率和速度的设置。

Stage6．生成刀路轨迹并仿真

生成的刀路轨迹如图 20.40 所示，2D 动态仿真加工后的模型如图 20.41 所示。

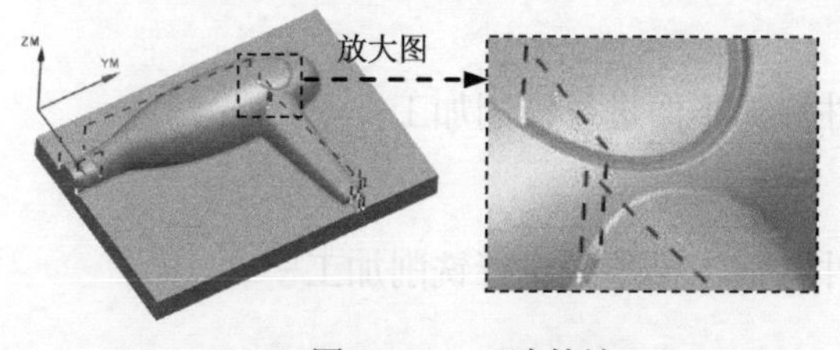

图 20.40　刀路轨迹

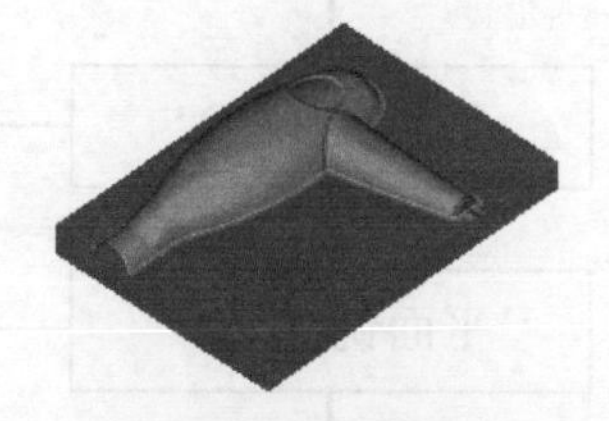

图 20.41　2D 仿真结果

Task12．保存文件

选择下拉菜单文件(F) ➡ 保存(S)命令，保存文件。

实例 21 塑料凳后模加工

对于复杂的模具加工来说，除了要安排合理的工序外，还应该特别注意模具的材料加工精度以及粗、精加工工序的安排，以保证零件的最终加工精度。本实例讲述的是塑料凳后模加工，该零件的加工工艺路线如图 21.1 和图 21.2 所示。

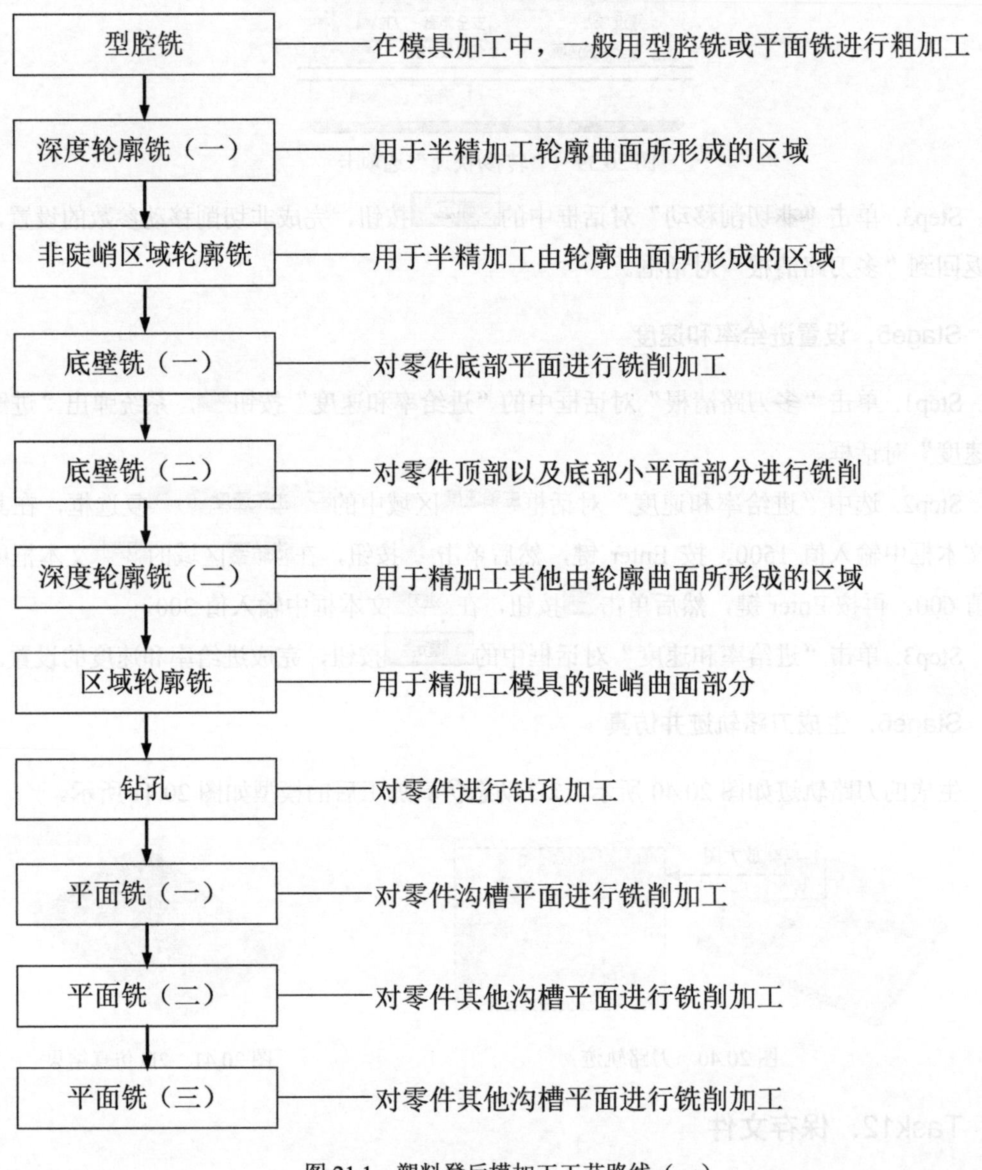

图 21.1 塑料凳后模加工工艺路线（一）

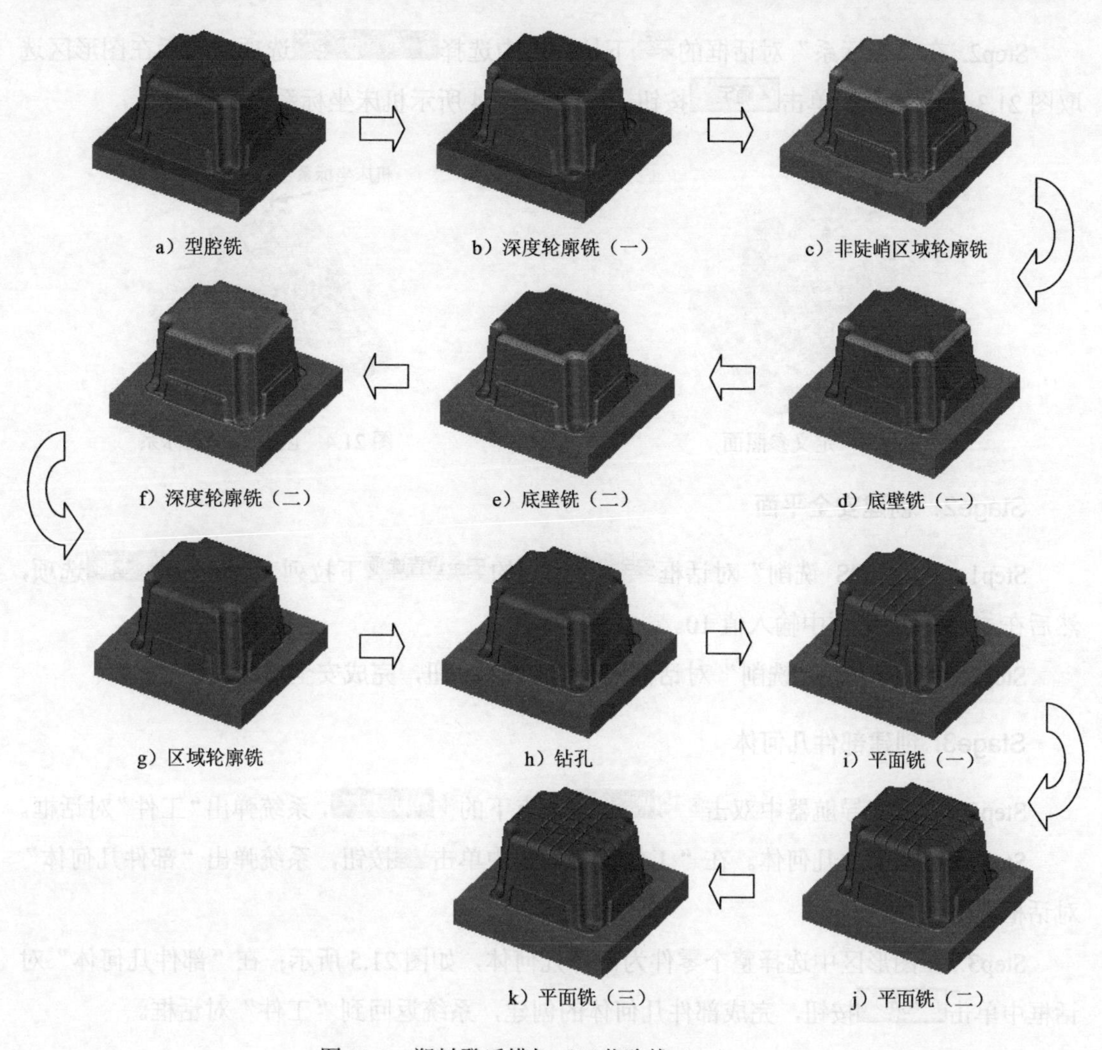

图 21.2 塑料凳后模加工工艺路线（二）

Task1．打开模型文件并进入加工环境

Step1．打开模型文件 D:\ug12.11\work\ch21\plastic_stool_down.prt。

Step2．进入加工环境。在应用模块功能选项卡的加工区域单击按钮，系统弹出“加工环境”对话框；在“加工环境”对话框的CAM 会话配置列表框中选择cam_general选项，在要创建的 CAM 组装列表框中选择mill contour选项，单击确定按钮，进入加工环境。

Task2．创建几何体

Stage1．创建机床坐标系

Step1．将工序导航器调整到几何视图，双击MCS_MILL节点，系统弹出“MCS 铣削”对话框，在“MCS 铣削”对话框的机床坐标系区域中单击“坐标系对话框”按钮，系统弹出“坐标系”对话框。

Step2. 在“坐标系”对话框的类型下拉列表中选择对象的 CSYS选项，然后在图形区选取图 21.3 所示的面，单击确定按钮，完成图 21.4 所示机床坐标系的创建。

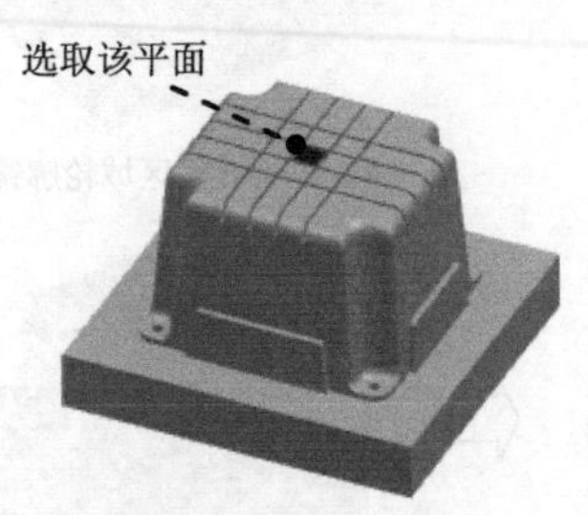

图 21.3 定义参照面

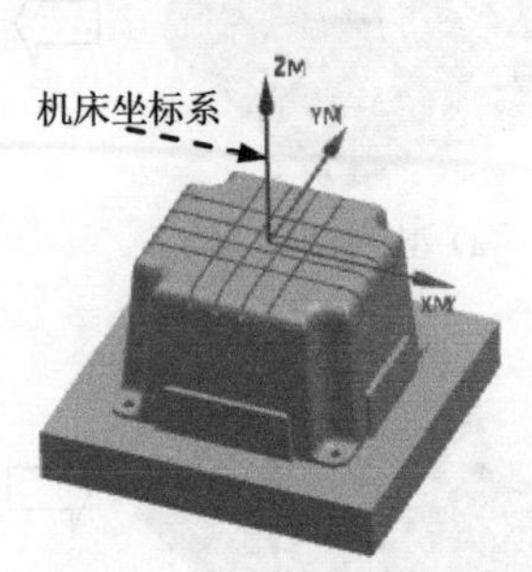

图 21.4 创建机床坐标系

Stage2. 创建安全平面

Step1. 在“MCS 铣削”对话框安全设置区域的安全设置选项下拉列表中选择自动平面选项，然后在安全距离文本框中输入值 10。

Step2. 单击“MCS 铣削”对话框中的确定按钮，完成安全平面的创建。

Stage3. 创建部件几何体

Step1. 在工序导航器中双击MCS_MILL节点下的WORKPIECE，系统弹出“工件”对话框。

Step2. 选取部件几何体。在“工件”对话框中单击按钮，系统弹出“部件几何体”对话框。

Step3. 在图形区中选择整个零件为部件几何体，如图 21.5 所示；在“部件几何体”对话框中单击确定按钮，完成部件几何体的创建，系统返回到“工件”对话框。

Stage4. 创建毛坯几何体

Step1. 在“工件”对话框中单击按钮，系统弹出“毛坯几何体”对话框。

Step2. 在“毛坯几何体”对话框的类型下拉列表中选择包容块选项，在限制区域的 ZM+文本框中输入值 10。

Step3. 单击“毛坯几何体”对话框中的确定按钮，系统返回到“铣削几何体”对话框，完成图 21.6 所示毛坯几何体的创建。

Step4. 单击“工件”对话框中的确定按钮。

Task3. 创建刀具

创建刀具 1

Step1. 将工序导航器调整到机床视图。

Step2. 选择下拉菜单插入(S) → 刀具(T)...命令，系统弹出“创建刀具”对话框。

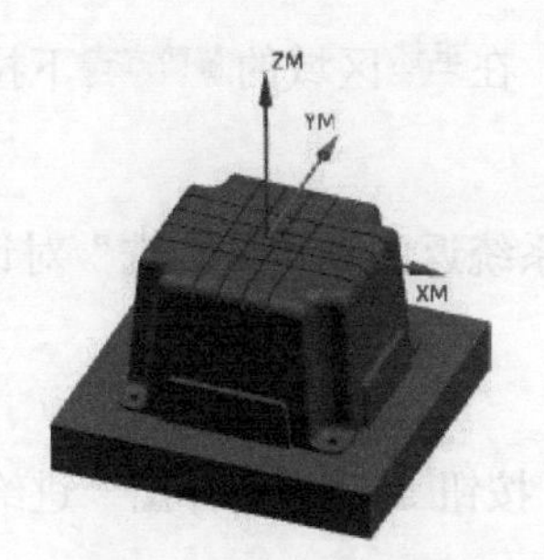

图 21.5 部件几何体

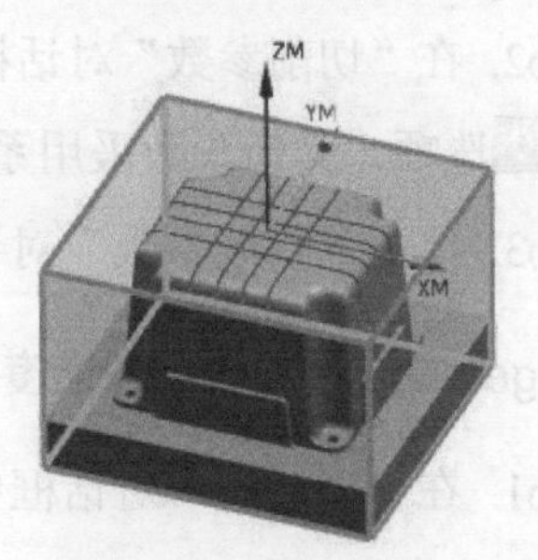

图 21.6 毛坯几何体

Step3. 在“创建刀具”对话框的类型下拉列表中选择mill contour选项，在刀具子类型区域中单击 MILL 按钮，在位置区域的刀具下拉列表中选择GENERIC_MACHINE选项，在名称文本框中输入 D30，然后单击确定按钮，系统弹出“铣刀-5 参数”对话框。

Step4. 在“铣刀-5 参数”对话框的(D) 直径文本框中输入值 30，在编号区域的刀具号、补偿寄存器和刀具补偿寄存器文本框中均输入值 1，其他参数采用系统默认设置，单击确定按钮，完成刀具 1 的创建。

说明：本 Task 后面的详细操作过程请参见随书学习资源中 video\ch21\reference 文件下的语音视频讲解文件“塑料凳后模加工-r01.exe”。

Task4. 创建型腔铣工序

Stage1. 创建工序

Step1. 将工序导航器调整到程序顺序视图。

Step2. 选择下拉菜单插入(S) ➡ 工序(E)...命令，在“创建工序”对话框的类型下拉列表中选择mill_contour选项，在工序子类型区域中单击“型腔铣”按钮，在程序下拉列表中选择PROGRAM选项，在刀具下拉列表中选择前面设置的刀具D10R2 (铣刀-5 参数)选项，在几何体下拉列表中选择WORKPIECE选项，在方法下拉列表中选择MILL ROUGH选项，使用系统默认的名称。

Step3. 单击“创建工序”对话框中的确定按钮，系统弹出“型腔铣”对话框。

Stage2. 设置一般参数

在“型腔铣”对话框的切削模式下拉列表中选择跟随部件选项；在步距下拉列表中选择% 刀具平直选项，在平面直径百分比文本框中输入值 50；在公共每刀切削深度下拉列表中选择恒定选项，在最大距离文本框中输入值 1。

Stage3. 设置切削参数

Step1. 在刀轨设置区域中单击“切削参数”按钮，系统弹出“切削参数”对话框。

Step2. 在“切削参数”对话框中单击空间范围选项卡，在毛坯区域的修剪方式下拉列表中选择轮廓线选项，其他参数采用系统默认设置。

Step3. 单击“切削参数”对话框中的确定按钮，系统返回到“型腔铣”对话框。

Stage4. 设置进给率和速度

Step1. 在“型腔铣”对话框中单击“进给率和速度”按钮，系统弹出“进给率和速度”对话框。

Step2. 选中“进给率和速度”对话框主轴速度区域中的☑ 主轴速度 (rpm)复选框，在其后的文本框中输入值 500，按 Enter 键，然后单击按钮，在进给率区域的切削文本框中输入值 250，再按 Enter 键，然后单击按钮，其他参数采用系统默认设置。

Step3. 单击确定按钮，完成进给率和速度的设置，系统返回“型腔铣”对话框。

Stage5. 生成刀路轨迹并仿真

生成的刀路轨迹如图 21.7 所示，2D 动态仿真加工后的模型如图 21.8 所示。

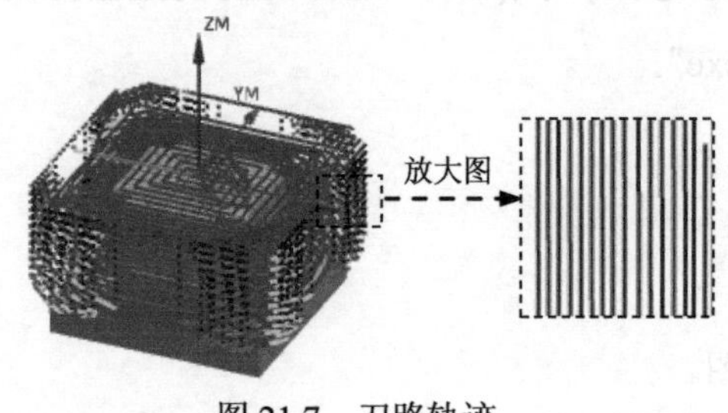

图 21.7 刀路轨迹

图 21.8 2D 仿真结果

Task5. 创建深度轮廓铣工序 1

Stage1. 创建工序

Step1. 选择下拉菜单插入(S) → 工序(E)...命令，在“创建工序”对话框的类型下拉菜单中选择mill_contour选项，在工序子类型区域中单击“深度轮廓铣”按钮，在程序下拉列表中选择PROGRAM选项，在刀具下拉列表中选择B20 (铣刀-球头铣)选项，在几何体下拉列表中选择WORKPIECE选项，在方法下拉列表中选择MILL_SEMI_FINISH选项，使用系统默认的名称。

Step2. 单击“创建工序”对话框中的确定按钮，系统弹出“深度轮廓铣”对话框。

Stage2. 指定切削区域

Step1. 在“深度轮廓铣”对话框的几何体区域中单击指定切削区域右侧的按钮，系统弹出“切削区域”对话框。

Step2. 在图形区中选取图 21.9 所示的面（共 286 个）为切削区域，然后单击“切削区域”对话框中的 确定 按钮，系统返回到“深度轮廓铣”对话框。

Stage3．设置一般参数

在“深度轮廓铣”对话框的 合并距离 文本框中输入值 3，在 最小切削长度 文本框中输入值 1，在 公共每刀切削深度 下拉列表中选择 恒定 选项，在 最大距离 文本框中输入值 2。

Stage4．设置切削参数

Step1. 单击“深度轮廓铣”对话框中的“切削参数”按钮，系统弹出“切削参数”对话框。

Step2. 在“切削参数”对话框中单击 连接 选项卡，在 层之间 区域的 层到层 下拉列表中选择 直接对部件进刀 选项，其他参数采用系统默认设置。

Step3. 单击“切削参数”对话框中的 确定 按钮，完成切削参数的设置，系统返回到“深度轮廓铣”对话框。

Stage5．非切削移动参数

非切削移动参数采用系统默认设置。

Stage6．设置进给率和速度

Step1. 在“深度轮廓铣”对话框中单击“进给率和速度”按钮，系统弹出“进给率和速度”对话框。

Step2. 选中“进给率和速度”对话框 主轴速度 区域中的 ☑ 主轴速度 (rpm) 复选框，在其后的文本框中输入值 1200，按 Enter 键，然后单击 按钮，在 进给率 区域的 切削 文本框中输入值 250，再按 Enter 键，然后单击 按钮，其他参数采用系统默认设置。

Step3. 单击 确定 按钮，完成进给率和速度的设置，系统返回“深度轮廓铣”对话框。

Stage7．生成刀路轨迹并仿真

生成的刀路轨迹如图 21.10 所示，2D 动态仿真加工后的模型如图 21.11 所示。

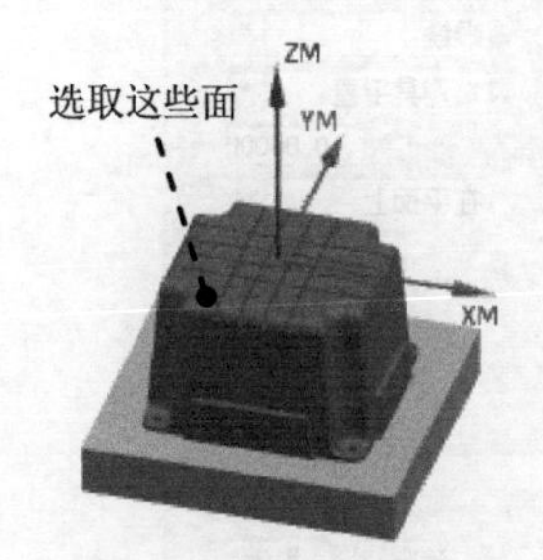

图 21.9　指定切削区域

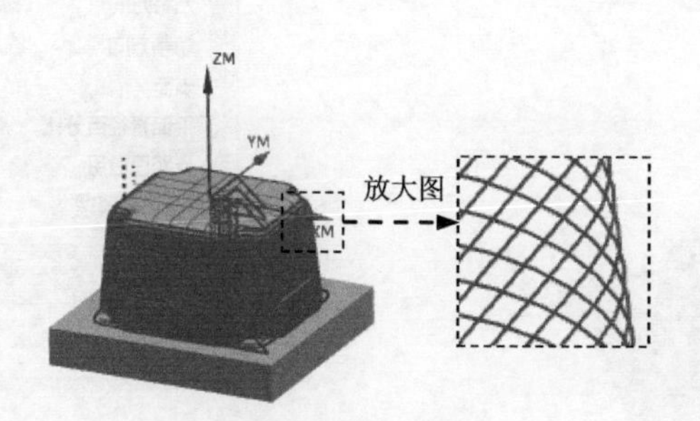

图 21.10　刀路轨迹

图 21.11　2D 仿真结果

Task6．创建非陡峭区域轮廓铣工序

Stage1．创建工序

Step1．选择下拉菜单 插入(S) → 工序(E)... 命令，在“创建工序”对话框的 类型 下拉列表中选择 mill_contour 选项，在 工序子类型 区域中单击“非陡峭区域轮廓铣”按钮，在 程序 下拉列表中选择 PROGRAM 选项，在 刀具 下拉列表中选择 B20（铣刀-球头铣）选项，在 几何体 下拉列表中选择 WORKPIECE 选项，在 方法 下拉列表中选择 MILL_SEMI_FINISH 选项，使用系统默认的名称。

Step2．单击 确定 按钮，系统弹出“非陡峭区域轮廓铣”对话框。

Stage2．指定切削区域

Step1．在“非陡峭区域轮廓铣”对话框的 几何体 区域中单击 指定切削区域 右侧的按钮，系统弹出“切削区域”对话框。

Step2．在图形区选取图 21.12 所示的面（共 275 个）为切削区域，然后单击“切削区域”对话框中的 确定 按钮，系统返回到“非陡峭区域轮廓铣”对话框。

Stage3．设置驱动方式

Step1．在“非陡峭区域轮廓铣”对话框 驱动方法 区域的 方法 下拉列表中选择 区域铣削 选项，单击“编辑”按钮，系统弹出“区域铣削驱动方法”对话框。

Step2．在“区域铣削驱动方法”对话框中按图 21.13 所示设置参数，然后单击 确定 按钮，系统返回到“非陡峭区域轮廓铣”对话框。

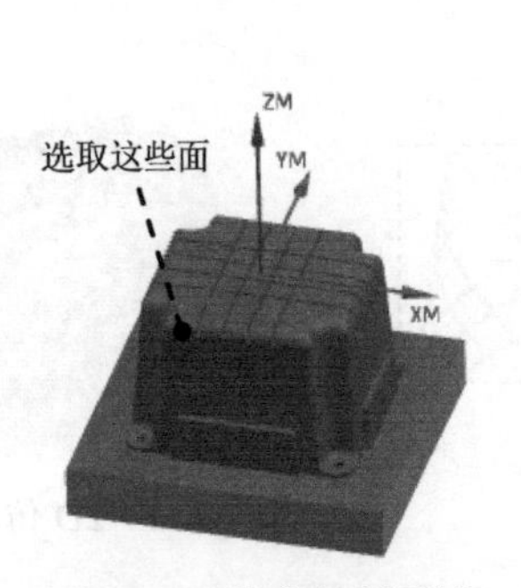

图 21.12　指定切削区域

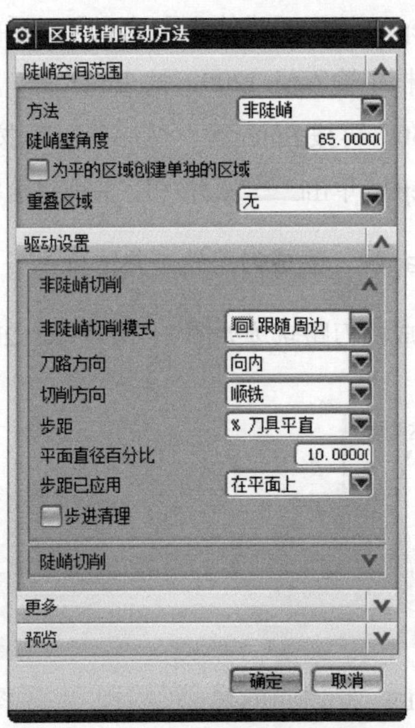

图 21.13　“区域铣削驱动方法”对话框

Stage4．设置切削参数和非切削移动参数

参数均采用系统默认设置。

Stage5．设置进给率和速度

Step1. 在“非陡峭区域轮廓铣”对话框中单击“进给率和速度”按钮，系统弹出“进给率和速度”对话框。

Step2. 选中“进给率和速度”对话框主轴速度区域中的☑ 主轴速度（rpm）复选框，在其后的文本框中输入值 700，按 Enter 键，然后单击按钮，在进给率区域的切削文本框中输入值 200，再按 Enter 键，然后单击按钮，其他参数采用系统默认设置。

Step3. 单击确定按钮，完成进给率和速度的设置，系统返回“非陡峭区域轮廓铣”对话框。

Stage6．生成的刀路轨迹并仿真

生成的刀路轨迹如图 21.14 所示，2D 动态仿真加工后的模型如图 21.15 所示。

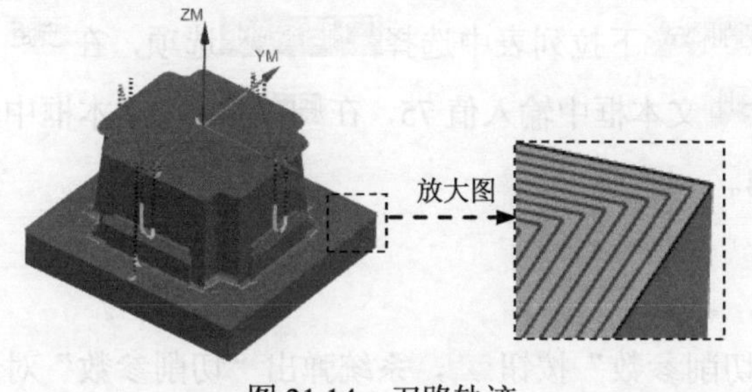

图 21.14　刀路轨迹

图 21.15　2D 仿真结果

Task7．创建底壁铣工序 1

Stage1．创建工序

Step1. 选择下拉菜单插入(S) → 工序(E)... 命令，系统弹出“创建工序”对话框。

Step2. 在“创建工序”对话框的类型下拉列表中选择mill_planar选项，在工序子类型区域中单击“底壁铣”按钮，在程序下拉列表中选择PROGRAM选项，在刀具下拉列表中选择D12（铣刀-5 参数）选项，在几何体下拉列表中选择WORKPIECE选项，在方法下拉列表中选择MILL FINISH选项，使用系统默认的名称。

Step3. 单击“创建工序”对话框中的确定按钮，系统弹出“底壁铣”对话框。

Stage2．指定切削区域

Step1. 单击“底壁铣”对话框中的“选择或编辑切削区域几何体”按钮，系统弹出“切削区域”对话框。

Step2. 在图形区选取图 21.16 所示的切削区域，单击“切削区域”对话框中的确定按钮，系统返回到“底壁铣”对话框。

Stage3. 指定壁几何体

在“底壁铣”对话框的几何体区域中选中☑ 自动壁复选框，单击指定壁几何体右侧的“显示”按钮，结果如图 21.17 所示。

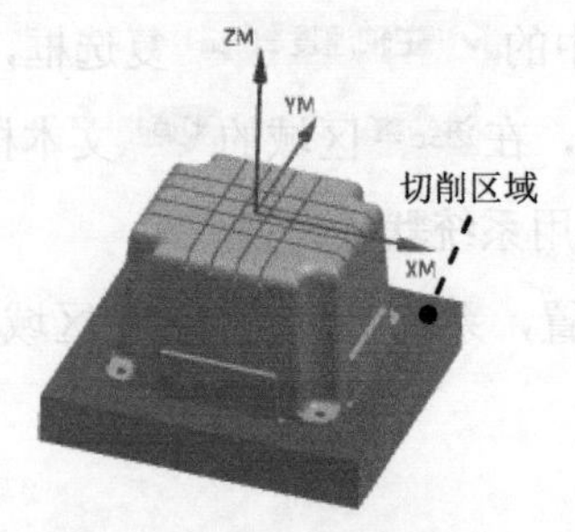

图 21.16 指定切削区域

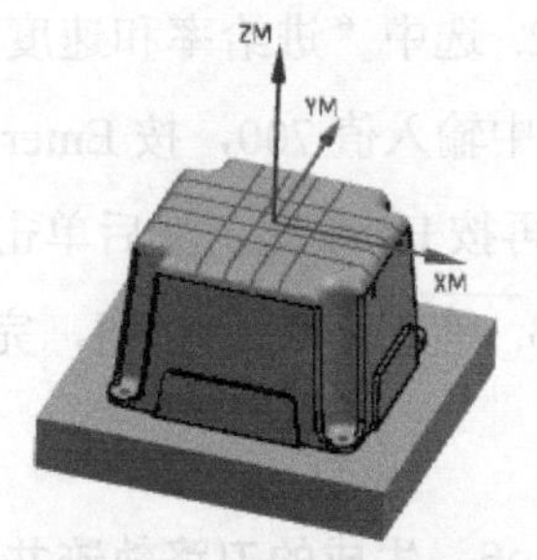

图 21.17 指定壁几何体

Stage4. 设置一般参数

在“底壁铣”对话框刀轨设置区域的切削模式下拉列表中选择跟随部件选项，在步距下拉列表中选择% 刀具平直选项，在平面直径百分比文本框中输入值 75，在底面毛坯厚度文本框中输入值 1，在每刀切削深度文本框中输入值 0.4。

Stage5. 设置切削参数

Step1. 单击“底壁铣”对话框中的“切削参数”按钮，系统弹出“切削参数”对话框。

Step2. 单击“切削参数”对话框中的余量选项卡，在壁余量文本框中输入值 1，其他参数采用系统默认设置。

Step3. 单击“切削参数”对话框中的确定按钮，完成切削参数的设置，系统返回到“底壁铣”对话框。

Stage6. 设置非切削移动参数

采用系统默认的非切削移动参数值。

Stage7. 设置进给率和速度

Step1. 单击“底壁铣”对话框中的“进给率和速度”按钮，系统弹出“进给率和速度”对话框。

Step2. 选中“进给率和速度”对话框主轴速度区域中的☑ 主轴速度 (rpm)复选框，在其后的文本框中输入值 1200，按 Enter 键，然后单击按钮，在进给率区域的切削文本框中输入值 250，再按 Enter 键，然后单击按钮，再单击确定按钮，系统返回“底壁铣”对话框。

Stage8．生成刀路轨迹并仿真

生成的刀路轨迹如图 21.18 所示，2D 动态仿真加工后的模型如图 21.19 所示。

Task8．创建底壁铣工序 2

Stage1．创建工序

Step1．选择下拉菜单 插入(S) → 工序(E)... 命令，系统弹出“创建工序”对话框。

Step2．在“创建工序”对话框的类型下拉列表中选择mill_planar选项，在工序子类型区域中单击“底壁铣”按钮，在程序下拉列表中选择PROGRAM选项，在刀具下拉列表中选择D12（铣刀-5 参数）选项，在几何体下拉列表中选择WORKPIECE选项，在方法下拉列表中选择MILL FINISH选项，使用系统默认的名称。

Step3．单击“创建工序”对话框中的确定按钮，系统弹出“底壁铣”对话框。

Stage2．指定切削区域

Step1．单击“底壁铣”对话框中的“选择或编辑切削区域几何体”按钮，系统弹出“切削区域”对话框。

Step2．在图形区选取图 21.20 所示的切削区域（共 29 个面），单击“切削区域”对话框中的确定按钮，系统返回到“底壁铣”对话框。

Stage3．指定壁几何体

在“底壁铣”对话框的几何体区域中选中☑自动壁复选框，单击指定壁几何体右侧的“显示”按钮，结果如图 21.21 所示。

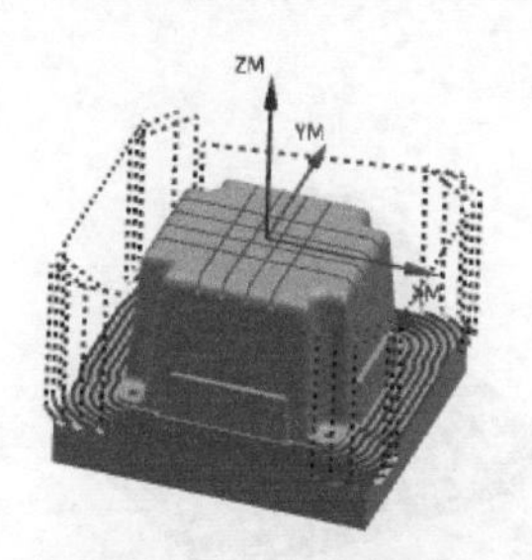

图 21.18　刀路轨迹

图 21.19　2D 仿真结果

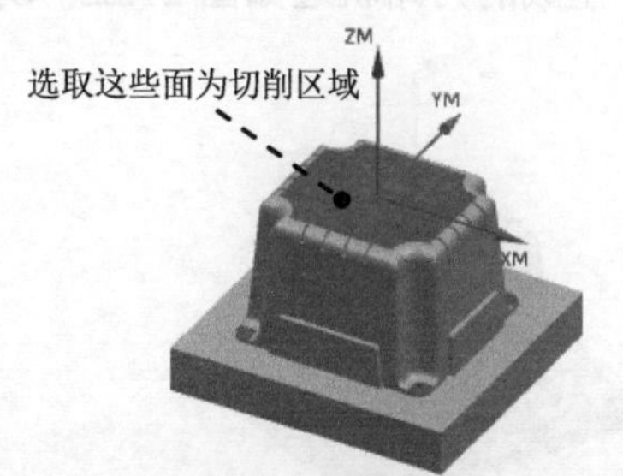

图 21.20　指定切削区域

Stage4．设置一般参数

在“底壁铣”对话框刀轨设置区域的切削模式下拉列表中选择跟随周边选项，在步距下拉列表中选择% 刀具平直选项，在平面直径百分比文本框中输入值 50，在底面毛坯厚度文本框中输入值 1，在每刀切削深度文本框中输入值 0。

Stage5．设置切削参数

Step1．单击“底壁铣”对话框中的“切削参数”按钮，系统弹出“切削参数”对话框。

Step2．单击“切削参数”对话框中的策略选项卡，在切削区域的刀路方向下拉列表中选择向内选项。

Step3．单击“切削参数”对话框中的确定按钮，完成切削参数的设置，系统返回到“底壁铣”对话框。

Stage6．设置非切削移动参数

Step1．在“底壁铣”对话框中单击“非切削移动”按钮，系统弹出“非切削移动”对话框。

Step2．单击“非切削移动”对话框中的进刀选项卡，在封闭区域区域的斜坡角文本框中输入值 3，其他参数采用系统默认设置，单击确定按钮，完成非切削移动参数的设置。

Stage7．设置进给率和速度

Step1．单击“底壁铣”对话框中的“进给率和速度”按钮，系统弹出“进给率和速度”对话框。

Step2．选中“进给率和速度”对话框主轴速度区域中的☑ 主轴速度 (rpm) 复选框，在其后的文本框中输入值 1200，按 Enter 键，然后单击按钮，在进给率区域的切削文本框中输入值 250，再按 Enter 键，然后单击按钮，再单击确定按钮，系统返回“底壁铣”对话框。

Stage8．生成刀路轨迹并仿真

生成的刀路轨迹如图 21.22 所示，2D 动态仿真加工后的模型如图 21.23 所示。

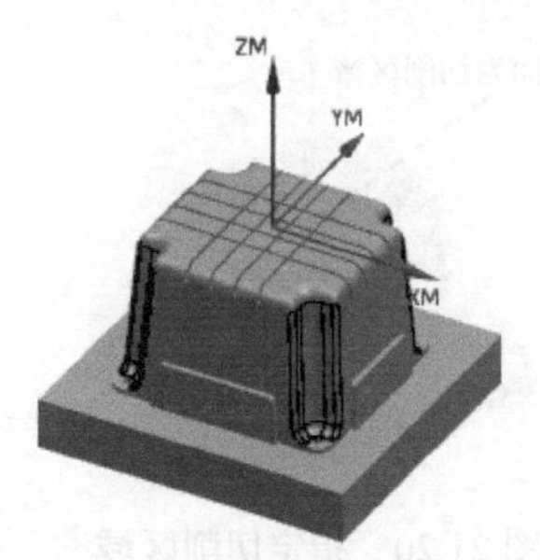

图 21.21　指定壁几何体

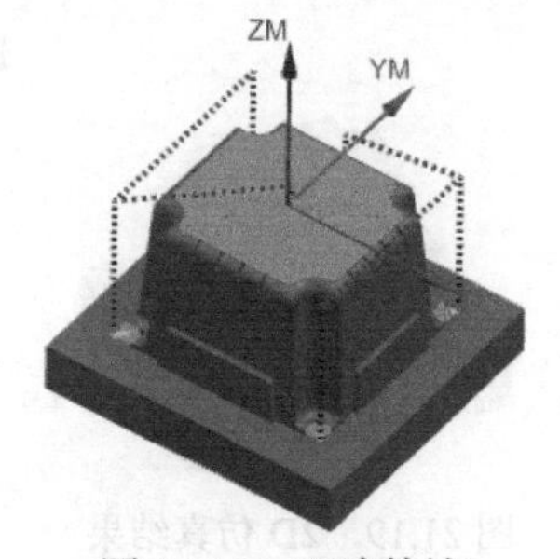

图 21.22　刀路轨迹

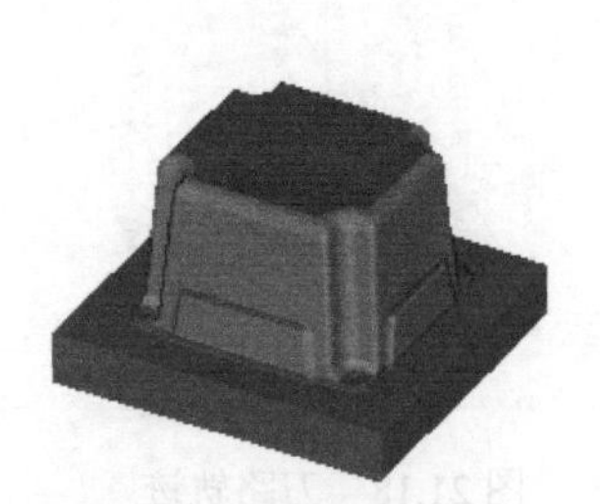
图 21.23　2D 仿真结果

Task9．创建深度轮廓铣工序 2

Stage1．创建工序

Step1．选择下拉菜单插入(S) ➡ 工序(E)... 命令，在“创建工序”对话框的类型下拉列表中选择mill_contour选项，在工序子类型区域中单击“深度轮廓铣”按钮，在程序下拉列表中选择PROGRAM选项，在刀具下拉列表中选择刀具D10R2（铣刀-5 参数）选项，在几何体下拉列表中选择WORKPIECE选项，在方法下拉列表中选择MILL FINISH选项，使用系统默认的名称。

Step2. 单击“创建工序”对话框中的确定按钮，系统弹出“深度轮廓铣”对话框。

Stage2. 指定切削区域

Step1. 在“深度轮廓铣”对话框的几何体区域中单击指定切削区域右侧的按钮，系统弹出“切削区域”对话框。

Step2. 在图形区选取图 21.24 所示的面（共 84 个）为切削区域，然后单击“切削区域”对话框中的确定按钮，系统返回到“深度轮廓铣”对话框。

Stage3. 设置一般参数

在“深度轮廓铣”对话框的合并距离文本框中输入值 6，在最小切削长度文本框中输入值 1，在公共每刀切削深度下拉列表中选择恒定选项，在最大距离文本框中输入值 0.2。

Stage4. 设置切削参数

Step1. 单击“深度轮廓铣”对话框中的“切削参数”按钮，系统弹出“切削参数”对话框。

Step2. 单击余量选项卡，在公差区域的内公差和外公差文本框中分别输入值 0.01；单击连接选项卡，在层之间区域的层到层下拉列表中选择直接对部件进刀选项，其他参数采用系统默认设置。

Step3. 单击“切削参数”对话框中的确定按钮，完成切削参数的设置，系统返回到“深度轮廓铣”对话框。

Stage5. 非切削移动参数

参数采用系统默认设置。

Stage6. 设置进给率和速度

Step1. 在“深度轮廓铣”对话框中单击“进给率和速度”按钮，系统弹出“进给率和速度”对话框。

Step2. 选中“进给率和速度”对话框主轴速度区域中的☑ 主轴速度（rpm）复选框，在其后的文本框中输入值 1800，按 Enter 键，然后单击按钮，在进给率区域的切削文本框中输入值 250，再按 Enter 键，然后单击按钮，其他参数采用系统默认设置。

Step3. 单击确定按钮，完成进给率和速度的设置，系统返回“深度轮廓铣”对话框。

Stage7．生成刀路轨迹并仿真

生成的刀路轨迹如图 21.25 所示，2D 动态仿真加工后的模型如图 21.26 所示。

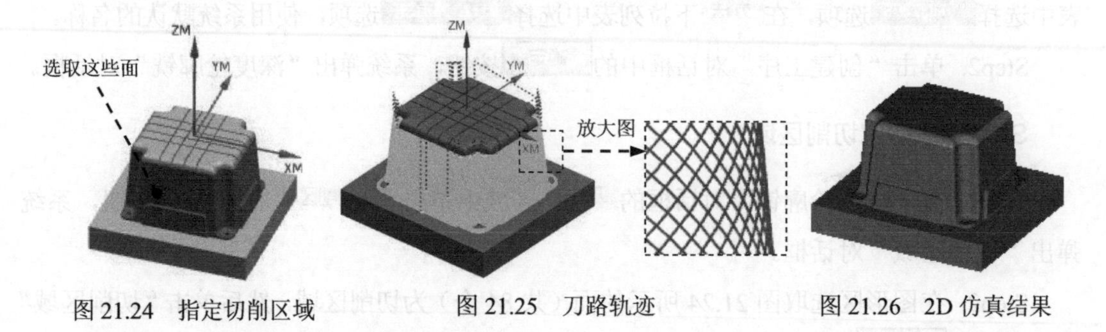

图 21.24　指定切削区域　　图 21.25　刀路轨迹　　图 21.26　2D 仿真结果

Task10．创建区域轮廓铣工序

Stage1．创建工序

Step1．选择下拉菜单 插入(S) → 工序(E)... 命令，在“创建工序”对话框的 类型 下拉列表中选择 mill_contour 选项，在 工序子类型 区域中单击“区域轮廓铣”按钮，在 程序 下拉列表中选择 PROGRAM 选项，在 刀具 下拉列表中选择 B8（铣刀-球头铣）选项，在 几何体 下拉列表中选择 WORKPIECE 选项，在 方法 下拉列表中选择 MILL_FINISH 选项，使用系统默认的名称。

Step2．单击“创建工序”对话框中的 确定 按钮，系统弹出“区域轮廓铣”对话框。

Stage2．指定切削区域

Step1．在 几何体 区域中单击“选择或编辑切削区域几何体”按钮，系统弹出“切削区域”对话框。

Step2．选取图 21.27 所示的面(共 40 个)为切削区域，在“切削区域”对话框中单击 确定 按钮，完成切削区域的创建，系统返回到“区域轮廓铣”对话框。

Stage3．设置驱动方式

Step1．在“区域轮廓铣”对话框 驱动方法 区域的 方法 下拉列表中选择 区域铣削 选项，单击“编辑”按钮，系统弹出“区域铣削驱动方法”对话框。

Step2．在“区域铣削驱动方法”对话框 驱动设置 区域的 非陡峭切削模式 下拉列表中选择 往复 选项，在 步距 下拉列表中选择 恒定 选项，在 最大距离 文本框中输入值 0.25，在 步距已应用 下拉列表中选择 在部件上 选项，然后单击 确定 按钮，系统返回到“区域轮廓铣”对话框。

Stage4．设置切削参数

说明：本 Stage 的详细操作过程请参见随书学习资源中 video\ch21\reference 文件下的语音视频讲解文件“塑料凳后模加工-r02.exe”。

Stage5．设置非切削移动参数

采用系统默认的非切削移动参数。

Stage6．设置进给率和速度

Step1. 在“区域轮廓铣”对话框中单击“进给率和速度”按钮，系统弹出“进给率和速度”对话框。

Step2. 选中“进给率和速度”对话框主轴速度区域中的☑ 主轴速度 (rpm)复选框，在其后文本框中输入值 2000，按 Enter 键，然后单击按钮，在进给率区域的切削文本框中输入值 800，再按 Enter 键，然后单击按钮，其他参数采用系统默认设置。

Step3. 单击确定按钮，完成进给率和速度的设置，系统返回“区域轮廓铣”对话框。

Stage7．生成刀路轨迹并仿真

生成的刀路轨迹如图 21.28 所示，2D 动态仿真加工后的模型如图 21.29 所示。

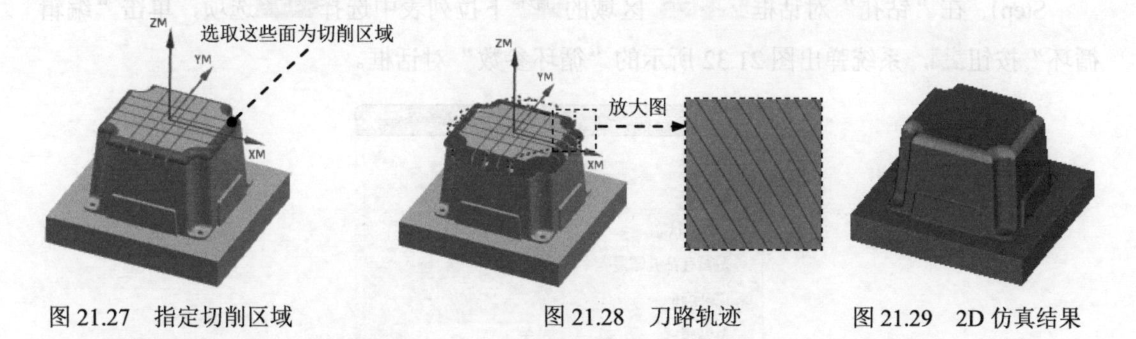

图 21.27　指定切削区域　　图 21.28　刀路轨迹　　图 21.29　2D 仿真结果

Task11．创建钻孔工序

Stage1．创建工序

Step1. 选择下拉菜单插入(S) → 工序(E)...命令，在“创建工序”对话框的类型下拉列表中选择hole_making选项，在工序子类型区域中单击“钻孔”按钮，在程序下拉列表中选择PROGRAM选项，在刀具下拉列表中选择DR5 (钻刀)选项，在几何体下拉列表中选择WORKPIECE选项，在方法下拉列表中选择DRILL_METHOD选项，使用系统默认的名称。

Step2. 单击“创建工序”对话框中的确定按钮，系统弹出“钻孔”对话框。

Stage2．指定几何体

Step1. 单击“钻孔”对话框指定特征几何体右侧的按钮，系统弹出“特征几何体”对话框。

Step2. 在图形区选取图 21.30 所示的 8 个孔边线，在公共参数区域的Machining Area下拉列表中选择FACES_CYLINDER_2选项，然后单击按钮，如图 21.31 所示。

注意：选择的顺序不同，出来的刀路轨迹也不同。

Step3. 指定深度。在 特征 区域单击 深度 后面的按钮，在系统弹出的菜单中选择 用户定义(U) 选项，然后在 深度 文本框中输入值 40，在 深度限制 下拉列表中选择 盲孔 选项。

Step4. 单击“特征几何体”对话框中的 确定 按钮，系统返回“钻孔”对话框。

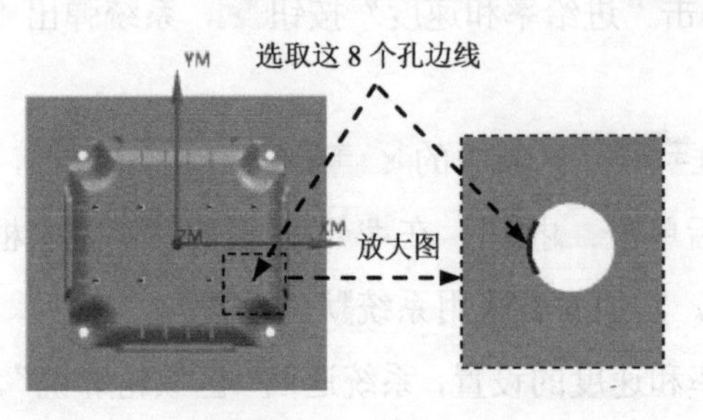

图 21.30 选择孔

图 21.31 调整方向

Stage3. 设置循环参数

Step1. 在“钻孔”对话框 刀轨设置 区域的 循环 下拉列表中选择 钻 选项，单击“编辑循环”按钮，系统弹出图 21.32 所示的“循环参数”对话框。

图 21.32 “循环参数”对话框

Step2. 在“循环参数”对话框中采用系统默认的参数，单击 确定 按钮，系统返回“钻孔”对话框。

Stage4. 设置切削参数

采用系统默认的切削参数设置。

Stage5. 设置进给率和速度

Step1. 单击“钻孔”对话框中的“进给率和速度”按钮，系统弹出“进给率和速度”对话框。

Step2. 在“进给率和速度”对话框中选中 主轴速度 (rpm) 复选框，然后在其文本框中输入值 1500，按 Enter 键，然后单击按钮，在切削文本框中输入值 200，再按 Enter 键，然后单击按钮，其他选项采用系统默认设置，单击确定按钮。

Stage6．生成刀路轨迹并仿真

生成的刀路轨迹如图 21.33 所示，2D 动态仿真加工后结果如图 21.34 所示。

Task12．创建平面铣工序 1

Stage1．创建工序

Step1. 选择下拉菜单插入(S) → 工序(E)...命令，系统弹出“创建工序”对话框。

Step2. 确定加工方法。在“创建工序”对话框的类型下拉列表中选择mill_planar选项，在工序子类型区域中单击“平面铣”按钮，在程序下拉列表中选择PROGRAM选项，在刀具下拉列表中选择D3（铣刀-5 参数）选项，在几何体下拉列表中选择WORKPIECE选项，在方法下拉列表中选择MILL_FINISH选项，采用系统默认的名称。

Step3. 在“创建工序”对话框中单击确定按钮，系统弹出“平面铣”对话框。

Stage2．指定部件边界

Step1. 在几何体区域中单击“选择或编辑部件边界”按钮，系统弹出“部件边界”对话框。

Step2. 在“部件边界”对话框的选择方法下拉列表中选择曲线选项。

Step3. 在平面下拉列表中选择指定选项，然后单击按钮，系统弹出“平面”对话框，选取图 21.35 所示的平面为参照，然后单击确定按钮，系统返回“部件边界”对话框。

图 21.33　刀路轨迹

图 21.34　2D 仿真结果

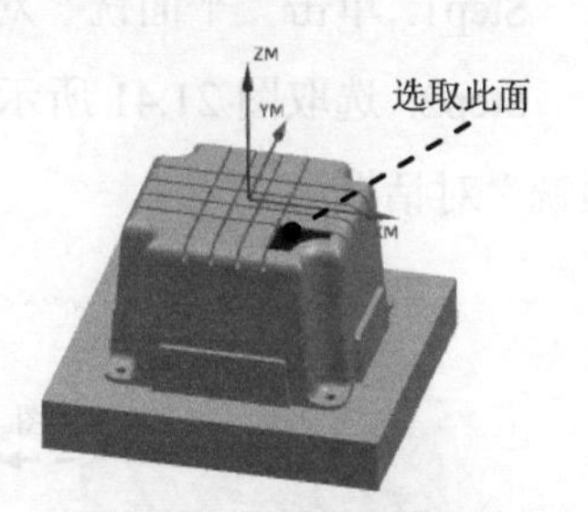

图 21.35　定义参照面

Step4. 创建边界。

（1）在刀具侧下拉列表中选择内侧选项，激活选择曲线 (0)区域，在图形区选择图 21.36 所示的边线 1。然后在成员区域的列表中选中Member 1，在刀具位置下拉列表中选择开选项。

（2）激活选择曲线 (0)区域，在图形区选择图 21.37 所示的边线 2。

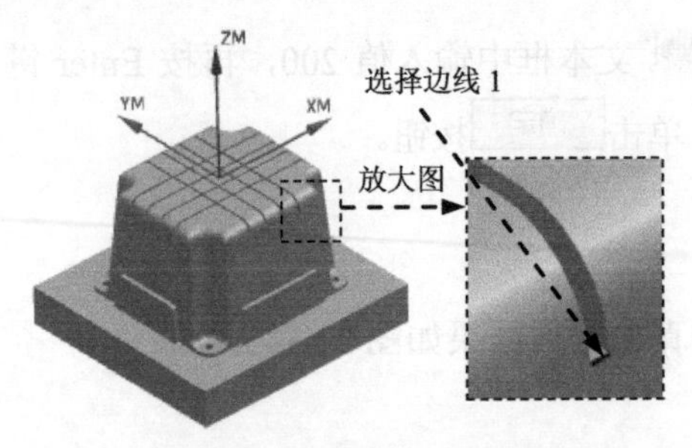

图 21.36 定义参照边 1

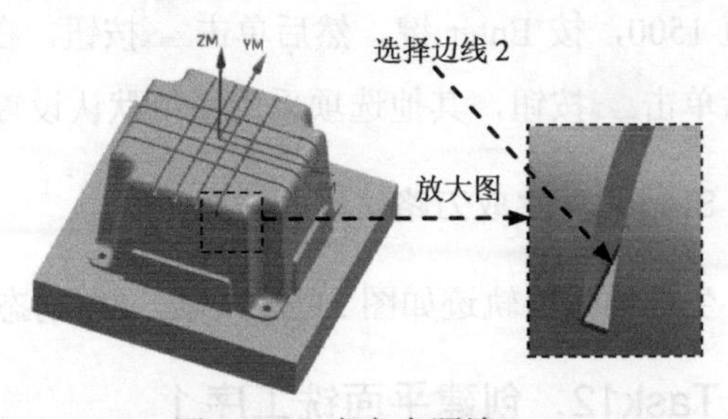

图 21.37 定义参照边 2

（3）在图形区选择图 21.38 所示的边线 3。然后在成员区域的列表中选中Member 3，在刀具位置下拉列表中选择开选项。

（4）激活* 选择曲线 (0)区域，在图形区选择图 21.39 所示的边线 4，如图 21.40 所示。

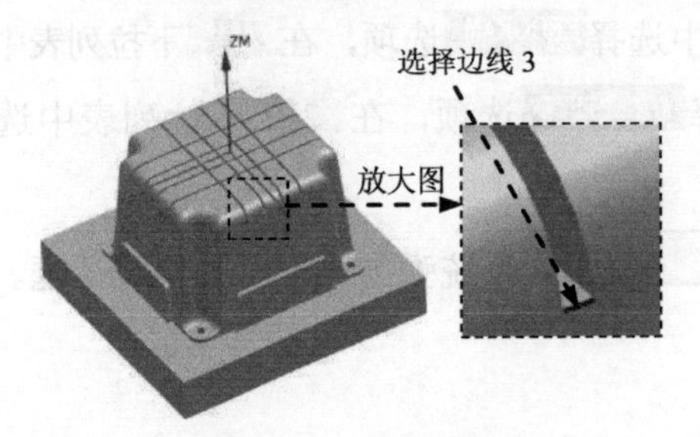

图 21.38 定义参照边 3

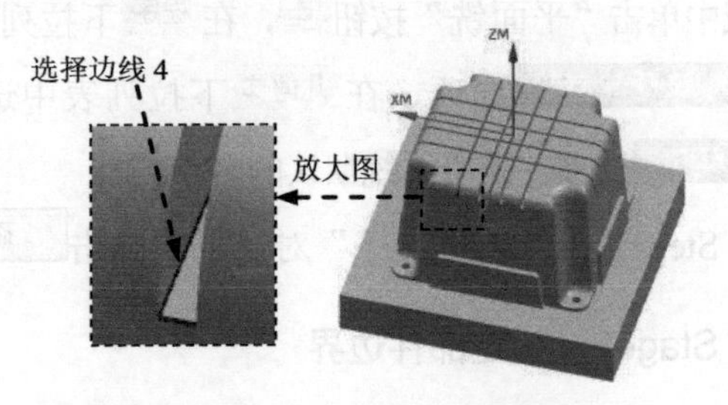

图 21.39 定义参照边 4

Step5. 创建其余边界。创建其余 3 条边界，详细过程参照 Step4，结果如图 21.40 所示。

Step6. 单击“部件边界”对话框中的确定按钮，系统返回“平面铣”对话框。

Stage3. 指定底面

Step1. 单击“平面铣”对话框指定底面右侧的按钮，系统弹出“平面”对话框。

Step2. 选取图 21.41 所示的面，单击“平面”对话框中的确定按钮，系统返回“平面铣”对话框。

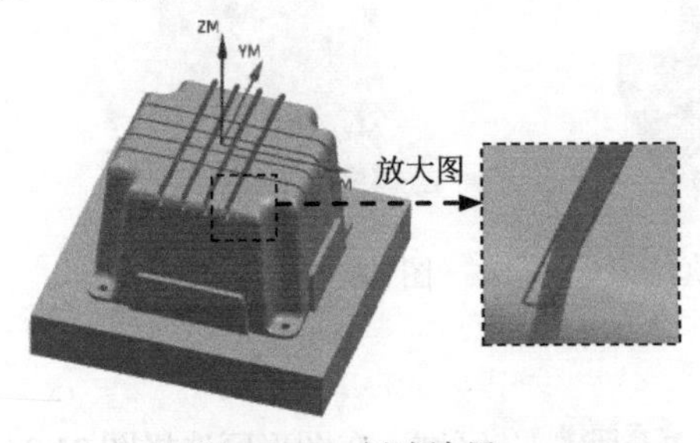

图 21.40 创建边界

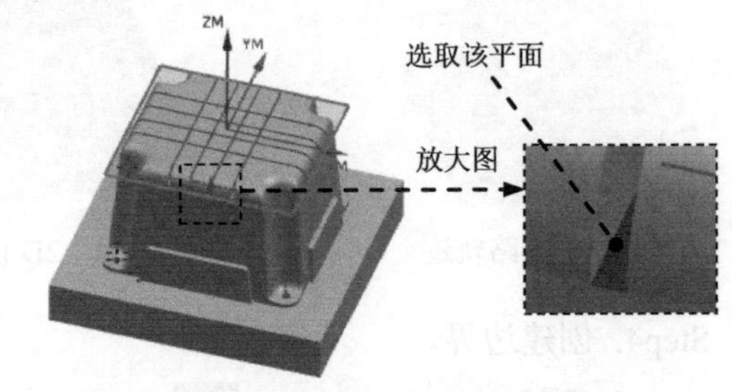

图 21.41 指定底面

Stage4. 设置刀具路径参数

Step1. 选择切削模式。在“平面铣”对话框的切削模式下拉列表中选择轮廓选项。

Step2. 设置一般参数。在步距下拉列表中选择% 刀具平直选项，在平面直径百分比文本框中输入值 50，其他参数采用系统默认设置。

Stage5．设置切削层

在刀轨设置区域中单击“切削层”按钮，系统弹出“切削层”对话框；在每刀切削深度区域的公共文本框中输入值 1，然后单击确定按钮，系统返回到“平面铣”对话框。

Stage6．设置切削参数

Step1．在刀轨设置区域中单击“切削参数”按钮，系统弹出“切削参数”对话框。

Step2．在“切削参数”对话框中单击策略选项卡，在切削区域的切削顺序下拉列表中选择深度优先选项，其他参数采用系统默认设置。

Step3．单击“切削参数”对话框中的确定按钮，系统返回到“平面铣”对话框。

Stage7．设置非切削移动参数

Step1．在“平面铣”对话框的刀轨设置区域中单击“非切削移动”按钮，系统弹出“非切削移动”对话框。

Step2．单击“非切削移动”对话框中的进刀选项卡，在封闭区域区域的进刀类型下拉列表中选择沿形状斜进刀选项，在斜坡角度文本框中输入值 2；单击起点/钻点选项卡，在区域起点区域的默认区域起点下拉列表中选择拐角选项，其他参数采用系统默认设置，单击确定按钮，完成非切削移动参数的设置。

Stage8．设置进给率和速度

Step1．单击“平面铣”对话框中的“进给率和速度”按钮，系统弹出“进给率和速度”对话框。

Step2．在“进给率和速度”对话框的主轴速度区域中选中☑ 主轴速度（rpm）复选框，在其后的文本框中输入值 3500，按 Enter 键，在进给率区域的切削文本框中输入值 500，再按 Enter 键，然后单击按钮，其他参数采用系统默认设置。

Step3．单击“进给率和速度”对话框中的确定按钮，完成进给率和速度的设置。

Stage9．生成刀路轨迹并仿真

生成的刀路轨迹如图 21.42 所示，2D 动态仿真加工后结果如图 21.43 所示。

Task13．创建平面铣工序 2

Stage1．创建工序

Step1．选择下拉菜单插入(S) → 工序(E)... 命令，系统弹出“创建工序”对话框。

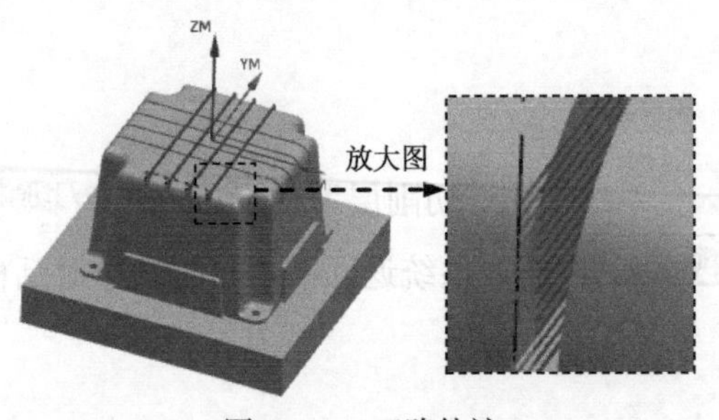

图 21.42 刀路轨迹

图 21.43 2D 仿真结果

Step2. 确定加工方法。在“创建工序”对话框的类型下拉列表中选择mill_planar选项，在工序子类型区域中单击“平面铣”按钮，在程序下拉列表中选择PROGRAM选项，在刀具下拉列表中选择D3 (铣刀-5 参数)选项，在几何体下拉列表中选择WORKPIECE选项，在方法下拉列表中选择MILL_FINISH选项，采用系统默认的名称。

Step3. 在“创建工序”对话框中单击确定按钮，系统弹出“平面铣”对话框。

Stage2. 指定部件边界

Step1. 在几何体区域中单击“选择或编辑部件边界”按钮，系统弹出“部件边界”对话框。

Step2. 在“部件边界”对话框的选择方法下拉列表中选择曲线选项。

Step3. 创建边界。在“部件边界”对话框的刀具侧下拉列表中选择内侧选项，激活✱ 选择曲线 (0)区域，在图形区选择图 21.44 所示的边线 1 和图 21.45 所示的边线 2，在成员区域的列表中选中Member 2，在刀具位置下拉列表中选择开选项。激活✱ 选择曲线 (0)区域，然后在图形区选择图 21.46 所示的边线 3 和图 21.47 所示的边线 4，在成员区域的列表中选中Member 4，在刀具位置下拉列表中选择开选项。

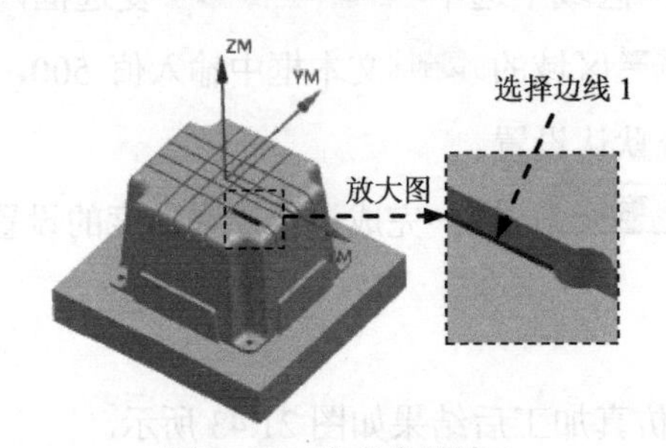

图 21.44 定义参照边 1

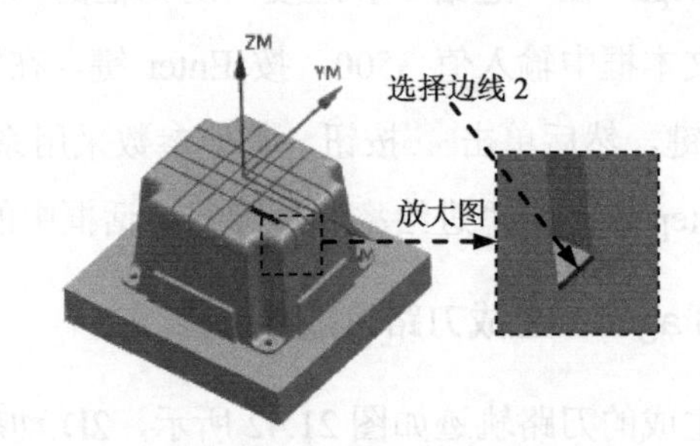

图 21.45 定义参照边 2

Step4. 创建其余边界。创建其余 3 条边界，详细过程参照 Step3，结果如图 21.48 所示。

Step5. 单击“部件边界”对话框中的确定按钮，系统返回“平面铣”对话框。

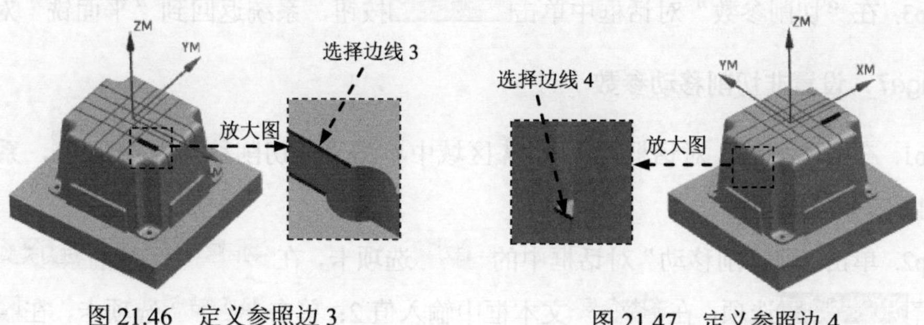

图 21.46 定义参照边 3　　图 21.47 定义参照边 4

Stage3．指定底面

Step1．单击“平面铣”对话框指定底面右侧的按钮，系统弹出“平面”对话框。

Step2．选取图 21.49 所示的面，单击“平面”对话框中的确定按钮，系统返回“平面铣”对话框。

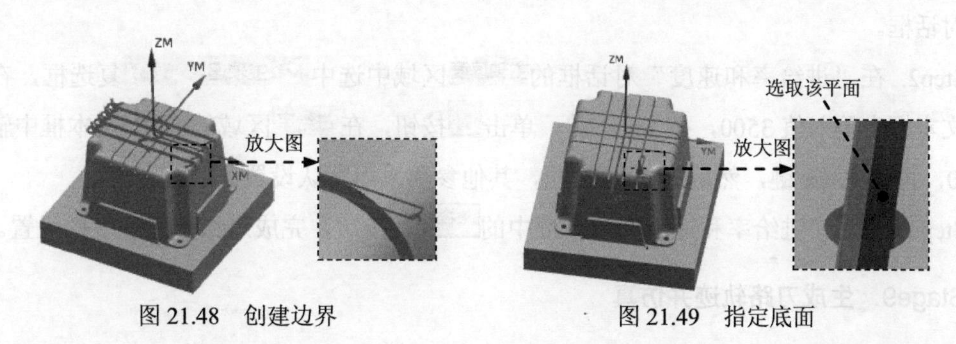

图 21.48 创建边界　　图 21.49 指定底面

Stage4．设置刀具路径参数

Step1．选择切削模式。在“平面铣”对话框的切削模式下拉列表中选择轮廓选项。

Step2．设置一般参数。在步距下拉列表中选择% 刀具平直选项，在平面直径百分比文本框中输入值 50，其他参数采用系统默认设置。

Stage5．设置切削层

在刀轨设置区域中单击“切削层”按钮，系统弹出“切削层”对话框。在每刀切削深度区域的公共文本框中输入值 1，然后单击该对话框中的确定按钮，系统返回到“平面铣”对话框。

Stage6．设置切削参数

Step1．在刀轨设置区域中单击“切削参数”按钮，系统弹出“切削参数”对话框。

Step2．在“切削参数”对话框中单击策略选项卡，在切削区域的切削顺序下拉列表中选择深度优先选项，其他参数采用系统默认设置。

Step3. 在“切削参数”对话框中单击 确定 按钮，系统返回到“平面铣”对话框。

Stage7. 设置非切削移动参数

Step1. 在“平面铣”对话框的 刀轨设置 区域中单击“非切削移动”按钮，系统弹出“非切削移动”对话框。

Step2. 单击“非切削移动”对话框中的 进刀 选项卡，在 封闭区域 区域的 进刀类型 下拉列表中选择 沿形状斜进刀 选项，在 斜坡角度 文本框中输入值 2；单击 起点/钻点 选项卡，在 区域起点 区域的 默认区域起点 下拉列表中选择 拐角 选项，其他参数采用系统默认设置，单击 确定 按钮，完成非切削移动参数的设置。

Stage8. 设置进给率和速度

Step1. 单击“平面铣”对话框中的“进给率和速度”按钮，系统弹出“进给率和速度”对话框。

Step2. 在“进给率和速度”对话框的 主轴速度 区域中选中 ☑ 主轴速度（rpm） 复选框，在其后的文本框中输入值 3500，按 Enter 键，单击 按钮，在 进给率 区域的 切削 文本框中输入值 500，再按 Enter 键，然后单击 按钮，其他参数采用默认设置。

Step3. 单击“进给率和速度”对话框中的 确定 按钮，完成进给率和速度的设置。

Stage9. 生成刀路轨迹并仿真

生成的刀路轨迹如图 21.50 所示，2D 动态仿真加工后结果如图 21.51 所示。

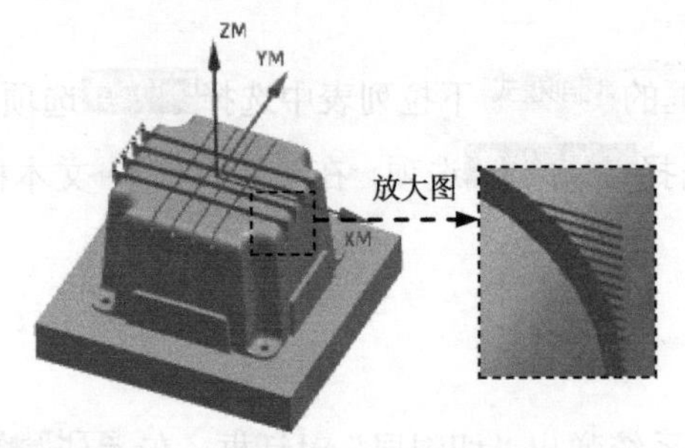

图 21.50 刀路轨迹

图 21.51 2D 仿真结果

Task14. 创建平面铣工序 3

Stage1. 创建工序

Step1. 选择下拉菜单 插入(S) → 工序(E)... 命令，系统弹出“创建工序”对话框。

Step2. 确定加工方法。在“创建工序”对话框的 类型 下拉列表中选择 mill_planar 选项，在 工序子类型 区域中单击“平面铣”按钮，在 程序 下拉列表中选择 PROGRAM 选项，在 刀具 下拉列表中选择 D3（铣刀-5 参数）选项，在 几何体 下拉列表中选择 WORKPIECE 选项，在 方法 下拉列表中选择

MILL_FINISH选项，采用系统默认的名称。

Step3. 在“创建工序”对话框中单击 确定 按钮，系统弹出“平面铣”对话框。

Stage2. 指定部件边界

Step1. 在几何体区域中单击“选择或编辑部件边界”按钮，系统弹出“部件边界”对话框。

Step2. 在“部件边界”对话框的选择方法下拉列表中选择曲线选项。

Step3. 在平面下拉列表中选择指定选项，然后单击按钮，系统弹出“平面”对话框，选取图 21.52 所示的平面为参照，然后单击 确定 按钮，系统返回“部件边界”对话框。

Step4. 创建边界。在刀具侧下拉列表中选择外侧选项，激活* 选择曲线 (0)区域，然后在图形区选择图 21.53 所示的边线 1 和图 21.54 所示的边线 2，在成员区域的列表中选中Member 1，在刀具位置下拉列表中选择开选项。激活* 选择曲线 (0)区域，在图形区选择图 21.55 所示的边线 3 和图 21.56 所示的边线 4，然后在成员区域的列表中选中Member 3，在刀具位置下拉列表中选择开选项，如图 21.57 所示。

Step5. 单击“部件边界”对话框中的 确定 按钮，系统返回“平面铣”对话框。

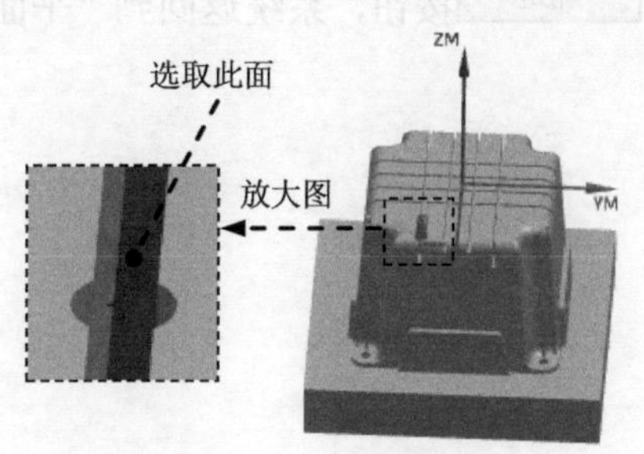

图 21.52 定义参照面

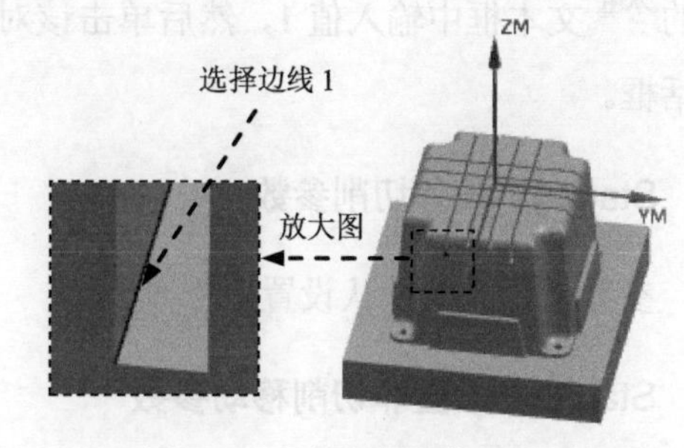

图 21.53 定义参照边 1

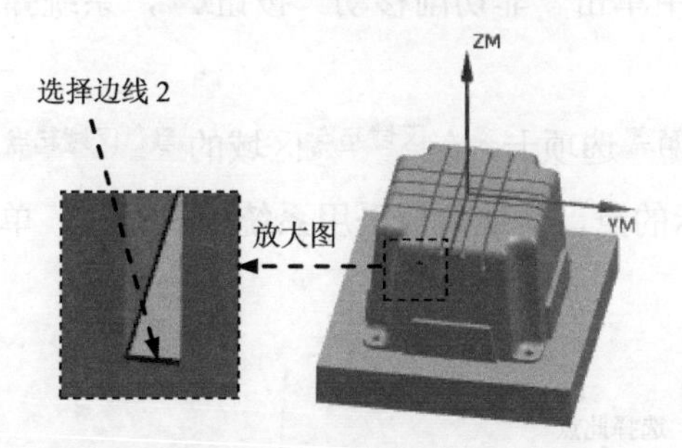

图 21.54 定义参照边 2

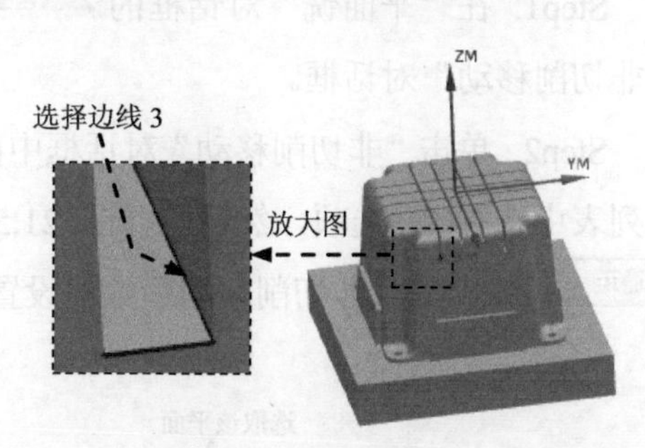

图 21.55 定义参照边 3

Stage3. 指定底面

Step1. 单击“平面铣”对话框指定底面右侧的按钮，系统弹出“平面”对话框。

Step2. 选取图 21.58 所示的面，单击“平面”对话框中的 确定 按钮，系统返回“平面铣”对话框。

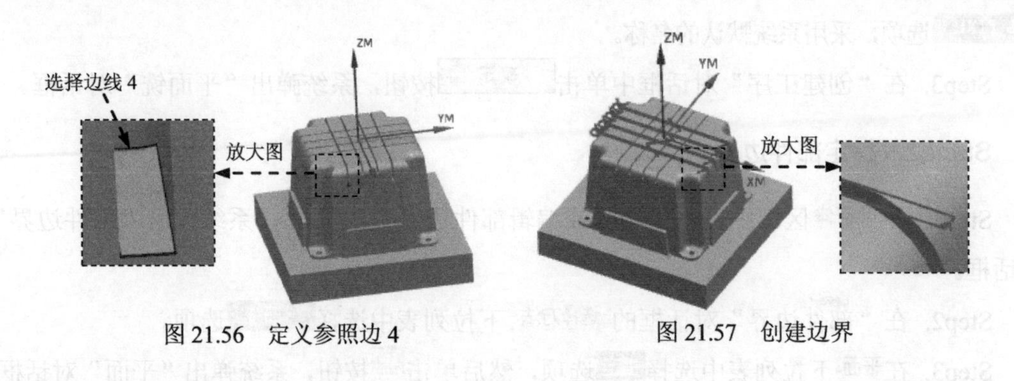

图 21.56　定义参照边 4　　　　图 21.57　创建边界

Stage4．设置刀具路径参数

Step1．选择切削模式。在“平面铣”对话框的切削模式下拉列表中选择轮廓选项。

Step2．设置一般参数。在步距下拉列表中选择％刀具平直选项，在平面直径百分比文本框中输入值 50，其他参数采用系统默认设置。

Stage5．设置切削层

在刀轨设置区域中单击“切削参数”按钮，系统弹出“切削层”对话框；在每刀深度区域的公共文本框中输入值 1，然后单击该对话框中的确定按钮，系统返回到“平面铣”对话框。

Stage6．设置切削参数

参数采用系统默认设置。

Stage7．设置非切削移动参数

Step1．在“平面铣”对话框的刀轨设置区域中单击“非切削移动”按钮，系统弹出“非切削移动”对话框。

Step2．单击“非切削移动”对话框中的起点/钻点选项卡，在区域起点区域的默认区域起点下拉列表中选择拐角选项，然后选择图 21.59 所示的点，其他参数采用系统默认设置，单击确定按钮，完成非切削移动参数的设置。

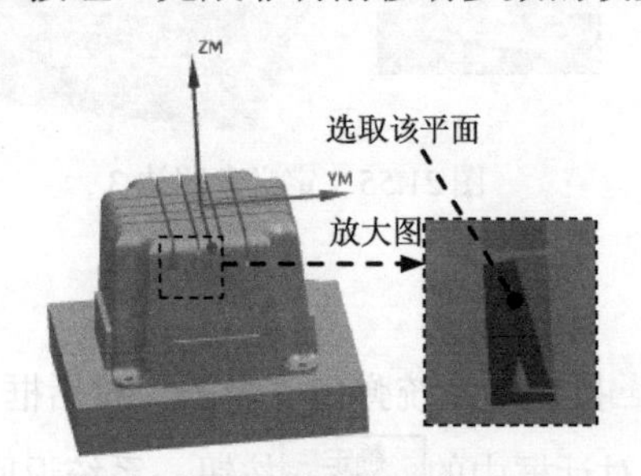

图 21.58　指定底面

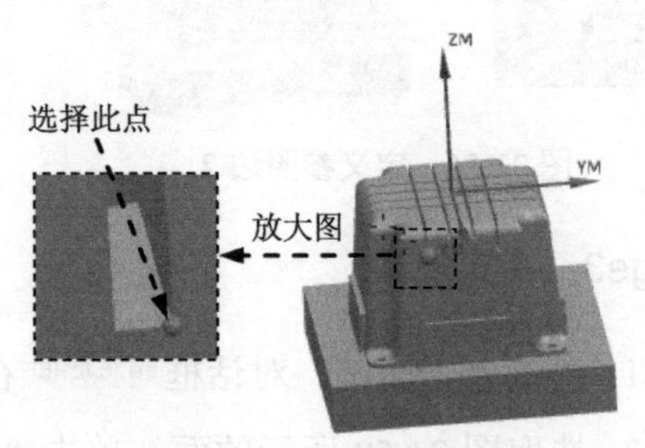

图 21.59　定义参照点

Stage8．设置进给率和速度

Step1．单击“平面铣”对话框中的“进给率和速度”按钮，系统弹出“进给率和速度”对话框。

Step2．在“进给率和速度”对话框的主轴速度区域中选中☑主轴速度（rpm）复选框，在其后的文本框中输入值3500，按Enter键，单击按钮，在进给率区域的切削文本框中输入值500，再按Enter键，然后单击按钮，其他参数采用默认设置。

Step3．单击“进给率和速度”对话框中的确定按钮，完成进给率和速度的设置。

Stage9．生成刀路轨迹并仿真

生成的刀路轨迹如图21.60所示，2D动态仿真加工后结果如图21.61所示。

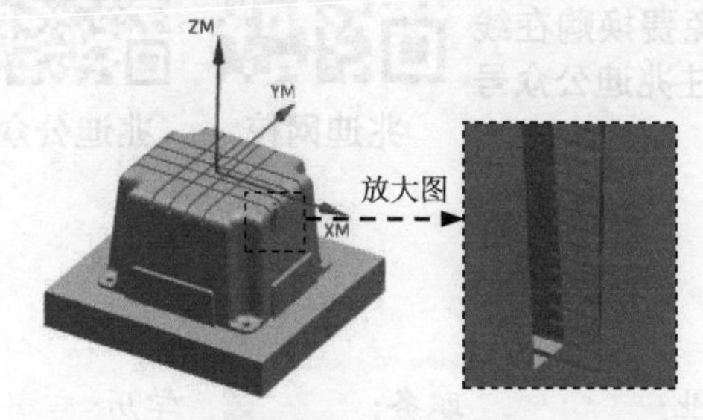

图21.60　刀路轨迹

图21.61　2D仿真结果

Task15．变换工序1

说明：本Task的详细操作过程请参见随书学习资源中video\ch21\reference文件下的语音视频讲解文件“塑料凳后模加工-r03.exe”。

Task16．变换工序2

说明：本Task的详细操作过程请参见随书学习资源中video\ch21\reference文件下的语音视频讲解文件“塑料凳后模加工-r04.exe”。

Task17．保存文件

选择下拉菜单文件(F) ➡ 保存(S)命令，保存文件。

学习拓展：扫码学习更多视频讲解。

讲解内容：结构分析实例精选。讲解了一些典型的结构分析实例，并对操作步骤做了详细的演示。详细了解加工对象的结构，本部分的内容可以作为参考。

读者意见反馈卡

尊敬的读者：

感谢您购买机械工业出版社出版的图书！

我们一直致力于CAD、CAPP、PDM、CAM和CAE等相关技术的跟踪，希望能将更多优秀作者的宝贵经验与技巧介绍给您。当然，我们的工作离不开您的支持。如果您在看完本书之后，有什么好的意见和建议，或是有一些感兴趣的技术话题，都可以直接与我联系。E-mail：兆迪科技 zhanygjames@163.com，丁锋 fengfener@qq.com。

策划编辑：丁锋

为了感谢广大读者对兆迪科技图书的信任与支持，兆迪科技面向读者推出“免费送课”活动，即日起，读者凭有效购书证明，可以领取价值100元的在线课程代金券1张，此券可在兆迪科技网校（http://www.zalldy.com/）免费换购在线课程1门。活动详情可以登录兆迪网校或者关注兆迪公众号查看。

兆迪网校

兆迪公众号

书名：《UG NX 12.0数控加工实例精解》

1. 读者个人资料：

姓名：________性别：___年龄：____职业：________职务：________学历：______

专业：_______单位名称：___________________电话：___________手机：________

邮寄地址：__________________________邮编：_________E-mail：__________

2. 影响您购买本书的因素（可以选择多项）：

□内容　□作者　□价格

□朋友推荐　□出版社品牌　□书评广告

□工作单位（就读学校）指定　□内容提要、前言或目录　□封面封底

□购买了本书所属丛书中的其他图书　□其他__________

3. 您对本书的总体感觉：

□很好　□一般　□不好

4. 您认为本书的语言文字水平：

□很好　□一般　□不好

5. 您认为本书的版式编排：

□很好　□一般　□不好

6. 您认为UG其他哪些方面的内容是您所迫切需要的？

____

7. 其他哪些CAD/CAM/CAE方面的图书是您所需要的？

____

8. 您认为我们的图书在叙述方式、内容选择等方面还有哪些需要改进？

____